# 土壤污染风险管控与修复技术手册

生态环境部土壤生态环境司
生态环境部南京环境科学研究所
编著

中国环境出版集团·北京

**图书在版编目（CIP）数据**

土壤污染风险管控与修复技术手册/生态环境部土壤生态环境司，生态环境部南京环境科学研究所编著. —北京：中国环境出版集团，2021.12

ISBN 978-7-5111-4660-1

Ⅰ. ①土… Ⅱ. ①生… ②生… Ⅲ. ①土壤污染—风险管理—手册②土壤改良—手册 Ⅳ. ① X53-62②S156-62

中国版本图书馆 CIP 数据核字（2021）第 266264 号

**出 版 人** 武德凯
**责任编辑** 赵 艳
**责任校对** 任 丽
**封面设计** 彭 杉

---

**出版发行** 中国环境出版集团
（100062 北京市东城区广渠门内大街 16 号）
网 址：http://www.cesp.com.cn
电子邮箱：bjgl@cesp.com.cn
联系电话：010-67112765（编辑管理部）
010-67147349（第四分社）
发行热线：010-67125803，010-67113405（传真）
**印 刷** 北京市联华印刷厂
**经 销** 各地新华书店
**版 次** 2021 年 12 月第 1 版
**印 次** 2021 年 12 月第 1 次印刷
**开 本** 787×1092 1/16
**印 张** 28.25
**字 数** 615 千字
**定 价** 199.00 元

---

# 《土壤污染风险管控与修复技术手册》编委会

# 《土壤污染风险管控与修复技术手册》编写组

**组　长：** 龙　涛

**副组长：** 李　义　魏彦昌　杨　伟

**成　员：**（按姓氏笔画排序）

| | | | | | | | |
|---|---|---|---|---|---|---|---|
| 丁浩然 | 卜凡阳 | 于焕云 | 万金忠 | 万　鹏 | 马　杰 | 马　烈 | 马　骏 |
| 王文峰 | 王　玉 | 王加华 | 王　向 | 王向琴 | 王国庆 | 王　峰 | 王　菲 |
| 王　旌 | 王湘徽 | 王慧玲 | 王　磊 | 方利平 | 方　位 | 尹业新 | 尹爱经 |
| 孔令雅 | 邓　林 | 邓绍坡 | 甘　平 | 甘信宏 | 石佳奇 | 申　亮 | 田　图 |
| 邢玉权 | 尧一骏 | 吕正勇 | 朱奇宏 | 朱捍华 | 朱　焰 | 朱湖地 | 任静华 |
| 刘永兵 | 刘同旭 | 刘传平 | 刘冰冰 | 刘兴华 | 刘志阳 | 刘　芳 | 刘泽权 |
| 刘　倩 | 刘登峰 | 刘　鹏 | 闫利刚 | 许伟伟 | 芦园园 | 杜衍红 | 李凤梅 |
| 李芳柏 | 李　明 | 李忠元 | 李　佳 | 李　柱 | 李奕杰 | 李凌梅 | 李淑彩 |
| 李　群 | 李　黎 | 杨乐巍 | 杨宝森 | 杨　洁 | 杨　勇 | 杨　敏* | 杨　敏** |
| 杨　璐 | 肖　满 | 吴龙华 | 吴运金 | 吴　波 | 佟雪娇 | 余　冉 | 余国峰 |
| 应蓉蓉 | 宋庆赟 | 宋德君 | 张　亚 | 张杰西 | 张玲妍 | 张　恒 | 张　莉 |
| 张晓东 | 张晓雨 | 张晓斌 | 张　峰 | 陈世宝 | 陈　奇 | 陈岩赟 | 陈　恺 |
| 陈素云 | 陈梦舫 | 陈　樯 | 范婷婷 | 明晓贺 | 周小勇 | 周　艳 | 周　通 |
| 郑　阳 | 单艳红 | 赵方杰 | 赵　欣 | 赵　玲 | 赵　婕 | 胡佳晨 | 胡哲伟 |
| 胡鹏杰 | 钟茂生 | 侯德义 | 姜登登 | 祝　欣 | 骆永明 | 秦春燕 | 秦　森 |
| 袁雨珍 | 聂　溧 | 夏天翔 | 顾爱良 | 钱林波 | 徐　建 | 郭书海 | 郭观林 |
| 郭　琳 | 唐　阔 | 涂　辉 | 黄剑波 | 黄道友 | 黄新元 | 曹卫承 | 曹少华 |
| 曹　柳 | 常　珏 | 崔江虎 | 阎秀兰 | 梁　爽 | 曾跃春 | 温　冰 | 解宇峰 |
| 窦　飞 | 漆静娴 | 滕　应 | 滕　浪 | 颜增光 | 魏鹏鹏 | 籍龙杰 | |

* 生态环境部南京环境科学研究所；

** 生态环境部土壤与农业农村生态环境监管技术中心。

# 前言

土壤是万物之母，是经济社会可持续发展的物质基础，关系人民群众身体健康，关系美丽中国建设，保护好土壤环境是推进生态文明建设和维护国家生态安全的重要内容。我国土壤环境总体良好，但一些地区耕地重金属污染严重，部分工矿企业用地土壤污染突出。随着净土保卫战的扎实推进，我国土壤污染加重趋势得到初步遏制，土壤环境风险得到基本管控。

为贯彻落实《土壤污染防治行动计划》要求，生态环境部会同相关部门，综合土壤污染类型、程度和区域代表性，针对典型受污染农用地、污染地块，组织地方分批实施了200余个土壤污染治理与修复技术应用试点项目。通过以试点项目为代表的一批土壤污染治理修复项目的实施，我国在土壤污染风险管控和修复领域，不断引进吸收国外先进技术、创新研发本土技术，逐步建立健全适应我国国情的技术方法和技术体系。

为指导各地土壤污染防治工作，生态环境部委托生态环境部南京环境科学研究所，会同相关科研院所、企事业单位及社会团体，系统总结近年来全国范围内具有一定数量应用案例的土壤污染风险管控和修复技术，比选具有较好应用潜力的实用技术，编制完成《土壤污染风险管控与修复技术手册》（以下简称《手册》）。《手册》共分为七章，前五章系统介绍土壤污染风险管控与修复概念、农用地土壤污染风险管控与修复技术8类、建设用地地块土壤污染风险管控与修复技术13类、地下水污染风险管控与修复技术5类以及土壤污染防治常用配套技术6类，并配有各技术相关案例供读者借鉴。第六章、第七章分别介绍有代表性的农用地和建设用地土壤风险管控与修复示范项目，其中农用地包含了我国北方、南方不同农业条件的案例，建设用地涵盖了有色金属矿采选、有色金属冶炼、石油开采、石油加工、化工、农药、焦化、电镀等重点行业，以及城市老工业区地块集中修复案例。本书收录的案例有助于读者了解相关技术应用的适宜条件，借鉴其解决问题的管理经验与技术手段，进而因地制宜地制订风险管控和修复思路，选择相应的技术或技术组合。

需要指出的是，土壤污染防治首先应当遵循“预防为主、保护优先”的原则，防止新增污染；对已受污染的土壤，应当遵循“分类管理、风险管控”的原则，不搞盲目的大治理大修复。土壤污染治理修复技术的选择与土壤类型、污染物和污染程度等相关，对案例不能简单照搬复制。本手册收录案例的技术经济参数、参照标准等仅代表当时的技术条件和管理要求，相关技术模式和工艺仍需在实践中不断优化提升。此外，从试点看，受污染耕地治理修复（将污染物从土壤中去除）成本高，推广应用受经济成本制约大，受污染耕地宜采取以安全利用为主的技术路线。

由于时间和水平所限，疏漏之处在所难免，敬请读者批评指正！

编写组

2021 年 12 月 5 日

# 目录

第一章　概论 / 1
1.1　土壤污染防治概述 / 1
1.1.1　土壤污染的概念及特点 / 1
1.1.2　土壤污染的风险管控与修复概述 / 2
1.2　农用地土壤污染风险管控与修复技术概述 / 6
1.2.1　农用地分类管理制度 / 6
1.2.2　农用地土壤污染风险管控技术概述 / 8
1.2.3　农用地土壤污染修复技术概述 / 10
1.2.4　其他注意事项 / 10
1.3　建设用地地块土壤污染风险管控与修复技术概述 / 10
1.3.1　建设用地准入管理制度 / 10
1.3.2　建设用地土壤污染风险管控技术概述 / 12
1.3.3　建设用地土壤污染修复技术概述 / 12

第二章　农用地土壤污染风险管控与修复技术 / 14
2.1　农用地土壤污染风险管控技术 / 14
2.1.1　农艺调控 / 14
2.1.2　替代种植 / 22
2.1.3　调整种植结构 / 26
2.1.4　生理阻隔/ 29
2.2　农用地土壤污染修复技术 / 33
2.2.1　植物吸取 / 33
2.2.2　土壤重金属原位钝化 / 39
2.2.3　客土法 / 44
2.2.4　深翻法 / 52

第三章　建设用地地块土壤污染风险管控与修复技术 / 58
3.1　建设用地地块土壤污染风险管控技术 / 58
3.1.1　阻隔 / 58
3.1.2　制度控制 / 72
3.1.3　土壤气控制/ 77
3.2　建设用地地块土壤污染修复技术 / 80
3.2.1　化学氧化 / 80
3.2.2　化学还原 / 92
3.2.3　固化/稳定化 / 98
3.2.4　土壤气相抽提 / 108
3.2.5　原位热脱附 / 113
3.2.6　异位热脱附 / 120
3.2.7　化学热升温解吸 / 128
3.2.8　水泥窑协同处置 / 134
3.2.9　异位土壤淋洗 / 138
3.2.10　生物堆 / 145

第四章　地下水污染风险管控与修复技术 / 152
4.1　地下水污染风险管控技术 / 152
4.1.1　水力控制 / 152
4.1.2　可渗透反应墙 / 156
4.1.3　监控自然衰减 / 166
4.2　地下水污染修复技术 / 173
4.2.1　抽出处理 / 173
4.2.2　多相抽提 / 178

第五章　常用配套技术 / 187
5.1　土壤混合技术 / 187
5.1.1　异位混合 / 187
5.1.2　原位混合 / 199
5.2　注射技术 / 207
5.2.1　建井注射 / 207
5.2.2　直推注射 / 212

5.2.3 高压旋喷注射 / 223
5.2.4 水力压裂 / 226

第六章 农用地土壤污染风险管控与修复案例 / 234
6.1 北方农用地土壤污染风险管控与修复案例 / 234
6.1.1 河南某镉铅污染农用地土壤污染风险管控与修复项目 / 234
6.1.2 河南某镉污染农用地土壤污染风险管控与修复项目 / 245
6.1.3 河北某重金属污染农用地土壤污染风险管控与修复项目 / 253
6.1.4 辽宁某镉污染农用地土壤污染风险管控与修复项目 / 263
6.2 南方农用地土壤污染风险管控与修复案例 / 268
6.2.1 云南某铅锌矿周边农用地土壤污染风险管控与修复项目 / 268
6.2.2 云南某有色金属采冶污染农用地土壤污染风险管控与修复项目 / 277
6.2.3 湖南水稻降镉 VIP+ 技术示范项目 / 282
6.2.4 广东某重金属污染农用地土壤植物吸取修复项目 / 287
6.2.5 广西某铅锌矿废水污染农用地土壤污染风险管控与修复项目 / 289
6.2.6 贵州某汞污染农用地土壤污染风险管控与修复项目 / 293
6.2.7 江西某冶炼废水污染农用地土壤污染风险管控与修复项目 / 299

第七章 建设用地土壤污染风险管控与修复案例 / 303
7.1 化工类污染地块风险管控与修复案例 / 303
7.1.1 江苏某溶剂厂地块治理修复项目 / 303
7.1.2 重庆某化工厂暂不开发利用地块风险管控项目 / 307
7.2 农药类污染地块修复案例 / 311
7.2.1 浙江某农化企业地块治理修复项目 / 311
7.2.2 江苏某农化企业地块治理修复项目 / 318
7.2.3 湖南某农化企业地块治理修复项目 / 326
7.2.4 广西某砒霜厂地块治理修复项目 / 333
7.3 制药类污染地块修复案例 / 338
7.3.1 辽宁某制药企业地块治理修复项目 / 338
7.4 焦化类污染地块修复案例 / 345
7.4.1 山西某焦化企业地块治理修复项目 / 345
7.4.2 云南某焦化企业地块治理修复项目 / 351
7.5 钢铁类污染地块修复案例 / 357

7.5.1 湖北某钢铁企业地块治理修复项目 / 357
7.5.2 重庆某钢铁企业地块治理修复项目 / 364
7.6 石油开采、加工类污染地块修复案例 / 373
7.6.1 甘肃某石化公司自来水管线周边土壤和地下水污染修复项目 / 373
7.6.2 广东某油制气厂地块治理修复项目 / 377
7.7 电镀类污染地块修复案例 / 383
7.7.1 广东某电镀工业园区地块治理修复项目 / 383
7.8 有色金属采选、冶炼类污染地块风险管控与修复案例 / 390
7.8.1 云南某冶炼废渣堆场风险管控项目 / 390
7.8.2 内蒙古某铬盐企业历史铬渣堆场污染土壤及地下水修复项目 / 399
7.8.3 甘肃某历史遗留含铬土壤污染治理修复项目 / 404
7.8.4 广东某历史遗留矿山生态恢复项目 / 412
7.9 老旧工业区污染地块集中治理修复案例 / 415
7.9.1 上海某大型老旧工业区污染地块集中治理修复项目 / 415
7.10 国内外污染地块风险管控案例 / 421
7.10.1 意大利北部某加油站泄漏影响周边住宅案例 / 421
7.10.2 德国卡尔斯鲁厄历史性保护建筑案例 / 423
7.10.3 美国纽约州纽约市商住混合区案例 / 424
7.10.4 美国纽约州布鲁克林商住混合建筑案例 / 425
7.10.5 美国纽约州布朗克斯综合性住宅楼案例 / 425
7.10.6 美国纽约州布朗克斯住宅案例 / 426
7.10.7 美国加利福尼亚州圣何塞商业、轻工业和住宅区案例 / 427
7.10.8 美国科罗拉多州丹佛市案例 / 429
7.10.9 意大利米兰市地块再开发过程中应急风险管控案例 / 430
7.10.10 上海某汽车空调企业风险管控与修复案例 / 432
7.10.11 广东某在役加油站地块风险管控与修复案例 / 434
7.10.12 天津某香料油墨厂地块风险管控案例 / 437

# 第一章 概 论

## 1.1 土壤污染防治概述

### 1.1.1 土壤污染的概念及特点

土壤是位于陆地表层的疏松多孔物质层及其相关自然地理要素的综合体，由矿物质、有机质、水、空气及生物有机体等组成。土壤的主要功能包括提供植物生长的场所和植物生长必需的养分；提供各种动植物及微生物的生存空间；具有环境净化的作用；作为建筑物的基础，提供工程材料等。

根据《中华人民共和国土壤污染防治法》，土壤污染是指“因人为因素导致某种物质进入陆地表层土壤，引起土壤化学、物理、生物等方面特性的改变，影响土壤功能和有效利用，危害公众健康或者破坏生态环境的现象”。由此可见，从法律角度判断土壤是否被污染，有两个必要条件：第一，土壤污染是由人为因素（包括工业生产、农业生产、服务业生产及社会日常生活等活动）导致的。土壤高重金属含量仅源于自然地质背景的，不属于土壤污染。第二，污染物造成了土壤功能的损失，影响土地利用，对人体健康或者生态环境产生危害。例如，农用地受到重金属污染，产出的特定农产品重金属含量超标，土地就失去了产出合格农产品的功能，因此必须采取安全利用或严格管控措施，不能再作为正常农用地利用；建设用地土壤污染物含量过高，在其上直接开发住宅可能对居民健康造成不良影响，不能发挥承载人居环境的功能，若不经过治理修复或风险管控，就不能直接作为生产生活用地。

土壤污染主要是长期累积形成的。农用地土壤污染主要源于水污染（如灌溉用水污染、夹杂污染物的洪水淹没农田形成污染）、大气污染（如大气重金属沉降）、农业投入品污染（如施用重金属含量高的有机肥、畜禽粪便污染）、固体废物污染等。工矿企业用地土壤污染主要源于原辅料和固体废物在厂区内转运中的遗撒、上下料中的无组织排放、贮存中防渗不到位、有毒有害物质跑冒滴漏与事故泄漏、废水处理设施与管网渗漏、危险废物非法堆放与倾倒填埋等。

土壤中污染物一般可分为无机污染物和有机污染物。无机污染物有镉、汞、砷等重金属（类金属）污染物，以及氰化物、氟化物等非金属污染物。有机污染物种类繁多，常见的有苯、甲苯、二甲苯、乙苯、三氯乙烯等挥发性有机污染物，以及多环芳烃、多氯联苯、有机农药类等半挥发性有机污染物。

土壤污染具有隐蔽性、积累性、长期性、不均匀性等特点。隐蔽性是指土壤污染通常不像大气污染和水污染一样容易通过视觉、嗅觉进行感官识别，往往需要通过土壤样品检测分析、农作物检测等方法识别判断。积累性是指与大气和水体相比，污染物进入土壤后更难迁移、扩散或稀释，容易不断积累。长期性是指由于进入土壤的一些污染物降解缓慢或者难以降解（如重金属），土壤污染一旦发生就很难在短期内自然消除。不均匀性是指污染物在土壤中的空间分布不均匀、变异性大，同一地块内邻近点位以及同一点位不同深度采集的样品中污染物含量都会存在差异，对准确刻画土壤污染的范围和程度提出了挑战。

## 1.1.2 土壤污染的风险管控与修复概述

### 1.1.2.1 土壤污染防治的风险管控原则

受污染土壤可能对农产品质量、人体健康、生态环境安全和地下水质量等造成危害的属性称为土壤污染风险。土壤污染风险主要体现在以下方面：一是影响农产品质量。由于农作物对土壤污染物的吸收，某些土壤污染物可被输移至农作物可食用部分，造成农产品污染物含量超标。一些污染物（如铜、镍、锌）则会影响农作物生长，造成农产品减产。二是威胁人居环境安全。建设用地土壤中的污染物可能通过经口摄入、皮肤接触、呼吸吸入等途径进入人体，对人体健康造成潜在影响。三是威胁生态环境安全。土壤污染可能对土壤植物、动物及微生物的生存生长造成不利影响，继而危害正常的土壤生态过程和生态服务功能。四是影响其他环境介质质量，尤其是地下水。部分土壤污染物可在溶解、淋滤、重力流等作用下迁移进入地下水，危害地下水环境质量，甚至可能造成饮用水水源污染。

《土壤污染防治法》提出，土壤污染防治应当坚持“预防为主、保护优先、分类管理、风险管控”的原则。对未污染的土壤，要防止新增污染；对已污染的土壤，要管控风险，而不是盲目地搞大治理大修复。根据风险评估理论，污染源、暴露途径和受体是产生环境风险的三要素（图 1.1.2-1）。对于土壤污染风险，污染源主要是指污染土壤；而受体则是需要关注的保护对象，在农用地中主要是农产品，在建设用地中则主要是地块内工作生活的人群；暴露途径则是受污染土壤对受体产生影响的作用路径，例如建设用地中的污染土壤通过居民的经口摄入、皮肤接触或者吸入地表扬尘等路径进入人体（图 1.1.2-2）。“源、途径、受体”三要素在风险的产生中缺一不可。因而，针对三要素，采取污染源去除、暴露途径阻断或者受体保护等措施，均可以达到消除或有效降低风险的目的。风险管控原则是根据土壤污染风险的内在特征提出的，它使土壤污染防治工作可以通过全方位分析土壤污染风险产生的关键环节，提出有针对性的解决方案，采取有效可行的措施，避免治理手段单一（如仅针对污染源——污染土壤进行治理，以土壤环境质量治理达标为唯一目的），有效节约成本与社会资源。在土壤污染防治中，风险管控既是指导原则，也是行动目标，实现了风险管控，也就保障了农产品质量和人居环境等安全。

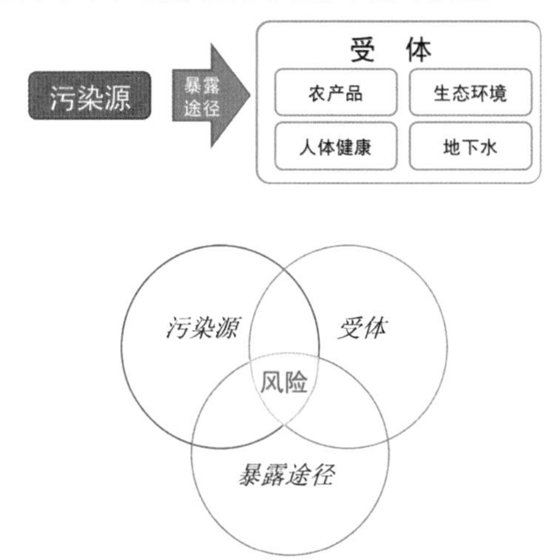


图 1.1.2-1　产生风险的三要素：污染源、暴露途径、受体

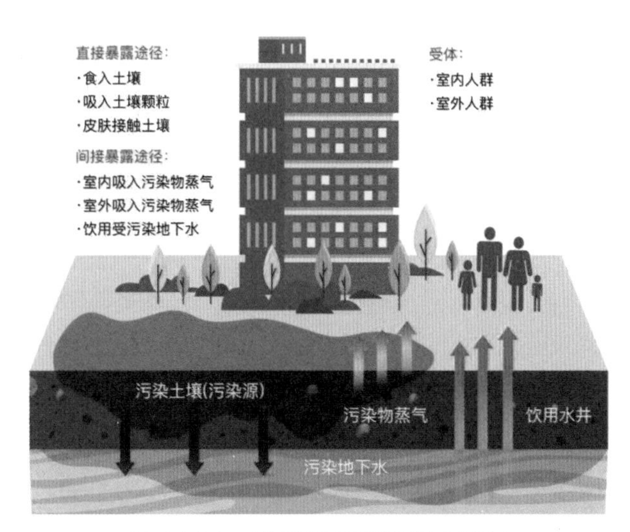


图 1.1.2-2　建设用地风险要素示意图

国家建立农用地分类管理制度。按照土壤污染程度和相关标准，将农用地划分为优先保护类、安全利用类和严格管控类，采取不同的管理措施。将符合条件的优先保护类耕地划为永久基本农田，实行严格保护；对安全利用类农用地地块制定并实施安全利用方案，采用农艺调控、替代种植等措施，降低农产品超标风险；对严格管控类农用地地块，依法

划定特定农产品禁止生产区域，主要采取种植结构调整或者退耕还林还草等风险管控措施。

建设用地准入管理是防范人居环境风险的重要制度安排。建设用地准入管理是将建设用地土壤环境管理要求纳入国土空间规划、供地管理。《中华人民共和国土地管理法实施条例》明确规定从事土地开发利用活动，应当确保建设用地符合土壤环境质量要求。对有土壤污染风险的建设用地地块，以及用途变更为住宅、公共管理与公共服务等敏感用途的地块，应通过土壤污染状况调查、土壤污染风险评估确定其污染与风险水平。需要实施风险管控、修复的地块纳入建设用地土壤污染风险管控和修复名录，不得作为住宅、公共管理和公共服务用地。未依法完成土壤污染状况调查和风险评估的地块，应当禁止开工建设任何与风险管控、修复无关的项目。

#### 1.1.2.2 土壤污染防治活动中的风险管控与修复技术

依据《土壤污染防治法》，“土壤污染风险管控和修复”这一术语“包括土壤污染状况调查和土壤污染风险评估、风险管控、修复、风险管控效果评估、修复效果评估、后期管理等活动”。在土壤污染风险管控和修复活动中，“风险管控”和“修复”是实现农用地和建设用地安全利用的两种主要技术手段。

**“风险管控”**主要针对土壤污染风险的暴露途径采取截断措施，或针对风险的受体采取保护措施，不以削减污染源中有害物质的总量为主要目标，是土壤污染防治的特色手段和有效手段，在世界范围内已得到了广泛的应用。对于农用地而言，风险管控主要是指通过农艺调控、替代种植、种植结构调整或退耕还林还草，以及划定特定农产品禁止生产区域等措施，保障农用地安全利用，确保农产品安全。对于建设用地而言，风险管控主要是指通过采取隔离、阻断等措施，防止污染进一步扩散；设立标志和标识，划定管控区域，限制人员进入，防止人为扰动；以及通过用途管制，规避随意开发带来的风险。

**“修复”**是指针对污染土壤主动采用物理、化学、生物等工程技术手段，不可逆地削减有害物质的总量或释放强度，消除或显著降低土壤污染风险的治理活动。修复活动主要的特点包括：一是针对风险三要素中的污染源，例如含有大量高浓度污染物的土壤或地下水污染源区；二是采用主动干预的技术手段，包括开挖修复、地下注入药剂等异位、原位实施方式；三是以削减污染源中的有害物质总量或释放强度为目的，例如采用热脱附技术从污染土壤中去除高浓度有机污染物，或采用固化/稳定化的方式使重金属污染物形成固化稳定态，降低污染物向地下水的淋滤通量；四是不可逆性，即污染物需要降解或稳定转化为低毒、低迁移性的形态；五是通常需要在较短时间内达到修复目标（对某些污染物的修复，如氯代烃污染地下水的原位生物修复，可能需要多年的时间）。

部分土壤和地下水污染治理技术归属于风险管控还是修复技术，目前还存在不同的理解。例如采用固化/稳定化技术治理土壤重金属污染，重金属的总量虽然没有削减，但其价态、形态发生了改变，属于针对污染源、降低重金属释放强度的治理技术。但在不同实施条件下，固化/稳定化处理对重金属毒性、迁移性的削减是否具有长效性和不可逆性，则需要深入研究分析。又如监控自然衰减技术，包含了利用自然存在的生物降解等方式对土壤污染进行削减，但不采用工程手段进行主动干预。因此，对部分技术，很难明确划分为风险管控技术或是修复技术。此外，为了实现管控风险的目的，部分土壤和地下水污染防治项目需要防、控、治相结合，协同采用多种风险管控和修复技术。

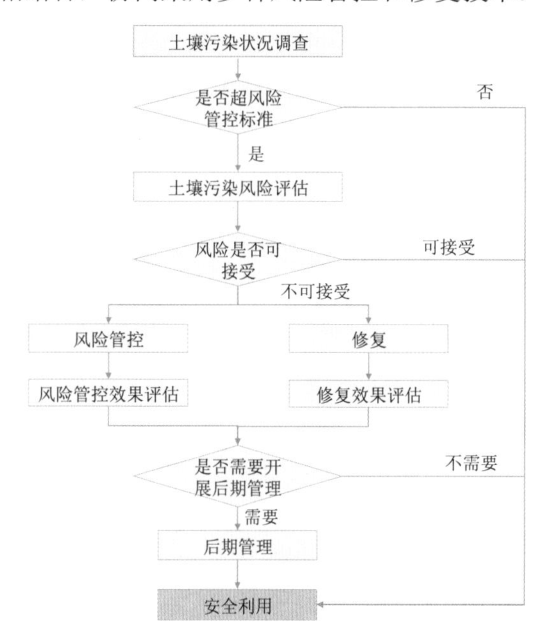


**图 1.1.2-3 土壤污染风险管控和修复活动基本管理流程**

对于可能存在土壤污染风险的农用地或建设用地，《土壤污染防治法》规定的基本管理流程如图 1.1.2-3 所示。首先应进行土壤污染状况调查。农用地土壤污染状况调查表明污染物含量超过土壤污染风险管控标准的农用地地块，应组织进行土壤污染风险评估，并按照农用地分类管理制度管理。建设用地土壤污染状况调查可以分为三个阶段。第一阶段调查是以资料收集、现场踏勘和人员访谈为主的污染识别阶段，这一阶段原则上不进行现场采样分析；第二阶段是以采样与分析为主的污染证实阶段；第三阶段主要是补充采样测试，以获取风险评估和后续管控、修复所需的参数，通常可包含在第二阶段中进行。第二阶段调查又分为初步采样分析（初步调查）和详细采样分析（详细调查）两步；初步采样分析发现污染物含量超过《土壤环境质量 建设用地土壤污染风险管控标准（试行）》（GB 36600—2018）规定的土壤污染风险筛选值的，应进行详细采样分析，并开展土壤污染风险评估。根据风险评估结果，需要采取风险管控或修复措施的，应确定是进行风险管控还是修复，或是二者协同开展。风险管控、修复活动完成后，应当对风险管控效果、修复效果进行评估。效果评估工作应制订工作方案。根据风险管控、修复措施、技术选择的不同，效果评估工作有时需要在风险管控、修复活动期间同步开展。达到预定管控或修复目标后，部分地块还需开展后期管理等活动。本手册主要介绍土壤污染防治的风险管控技术与修复技术。

土壤污染风险管控与修复技术体系如图 1.1.2-4 所示，可分为农用地土壤风险管控与修复技术、建设用地土壤风险管控与修复技术、地下水风险管控与修复技术，以及配套技术。农用地土壤风险管控与修复技术、建设用地土壤风险管控与修复技术针对农用地和建设用地两种用地类型下土壤的主要环境功能，分别以保障农产品质量和保护人体健康为主要目标。地下水与土壤的关系紧密，在污染防治工作中往往需要协同考虑，因此地下水污染的风险管控与修复也是土壤污染防治技术体系的重要组成部分，尤其是对于存在地下水污染的建设用地地块。地下水和土壤污染往往密不可分，部分风险管控与修复技术为二者通用技术，例如风险管控技术中的垂向阻隔技术，以及修复技术中的多种原位修复技术等。地下水污染涉及含水层介质，污染物同时影响固液两相。大部分土壤原位修复技术（如原位化学氧化、原位化学还原、原位热脱附等）可同时去除固液两相中的污染物，因此也适用于地下水的修复，达到水土协同修复的效果。针对地下水污染防治技术，读者还可参考《地下水污染风险管控与修复技术手册》一书。此外，针对土壤和地下水的污染防治，还有一部分专用配套技术，例如针对土壤非均质性的强化修复药剂与土壤颗粒混匀程度的混合技术，原位修复中向地下注入药剂的注射技术等。如前文所述，当前对土壤重金属原位钝化、固化/稳定化等部分技术的类别划分存在不同看法，建议对此类技术应重点关注具体项目治理效果的长效性、可逆性。

## 1.2 农用地土壤污染风险管控与修复技术概述

### 1.2.1 农用地分类管理制度

我国针对农用地实行分类管理制度。根据《土壤污染防治法》，依照《农用地土壤环境质量类别划分技术指南（试行）》（环办土壤〔2017〕97 号），采用《土壤环境质量 农用地土壤污染风险管控标准（试行）》（GB 15618—2018）和《食品安全国家标准 食品中污染物限量》（GB 2762—2017），将农用地划分为优先保护类、安全利用类和严格管控类。首先，基于基础资料数据、详查数据等，进行耕地土壤环境质量类别初步划分，其大致原则是单项污染物含量低于（或等于）筛选值的，划分为优先保护类；介于筛选值和管制值之间的，划分为安全利用类；高于管制值的，划分为严格管控类。然后，综合初步判定类别、食用农产品质量超标情况，开展耕地土壤环境质量类别辅助判定。例如，初步判定为安全利用类的耕地地块，如果点位总数不少于 3 个的评价单元内农产品均未超标的，

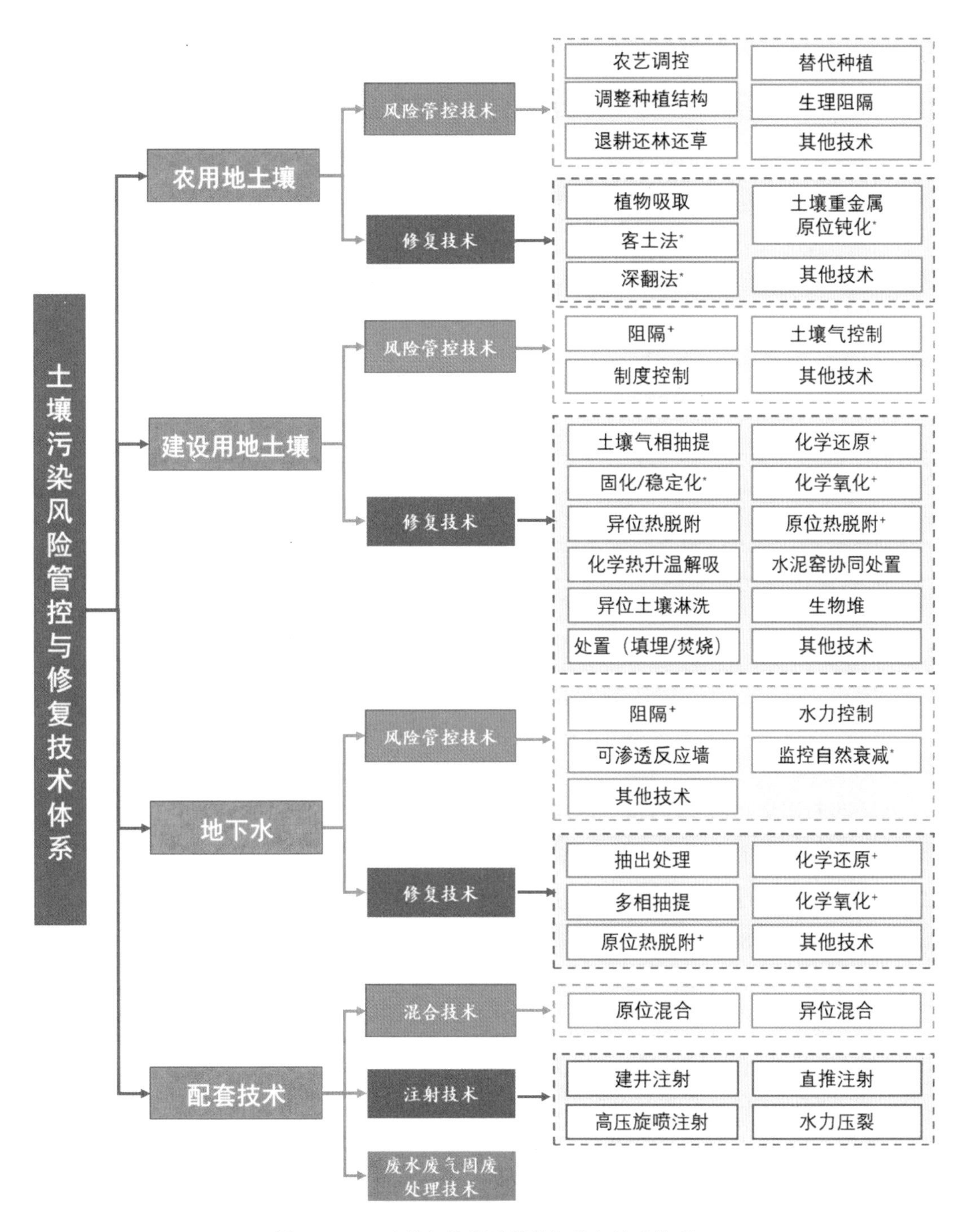


图 1.1.2-4 土壤污染风险管控与修复技术体系

* 当前对客土法、土壤重金属原位钝化、深翻法、固化/稳定化、监控自然衰减等技术的类别划分存在不同看法，建议对此类技术应关注具体项目治理效果的长效性、可逆性。

\+ 阻隔、化学还原、化学氧化、原位热脱附等技术既可用于土壤污染治理，也可用于地下水污染治理，本手册主要在第三章建设用地地块土壤污染风险管控与修复技术中进行介绍。

则可辅助判定为优先保护类耕地。此外，根据土地用途变更情况，受污染耕地治理修复结果和水稻、小麦协同检测结果等，对耕地土壤环境质量类别及时进行动态调整。农用地分类管理如图 1.2.1-1 所示，具体流程及方法按照《农用地土壤环境质量类别划分技术指南（试行）》执行。

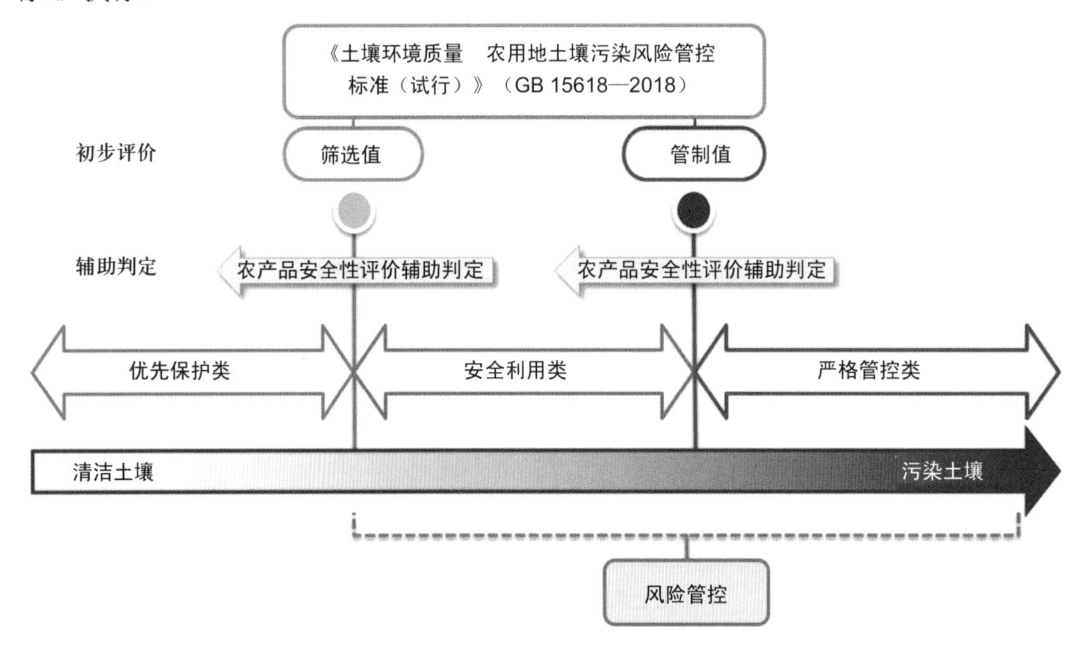


图 1.2.1-1　农用地分类管理示意图

仅有少数国家和地区针对农用地制定了土壤环境相关标准，而各国和地区标准的保护目标亦各不相同。有的是保护农产品质量安全，有的是保护农作物生长（防止减产），有的是兼顾保护人体健康和土壤生态。我国《土壤环境质量　农用地土壤污染风险管控标准（试行）》（GB 15618—2018）以保护食用农产品质量安全为主要目标，同时兼顾保护农作物生长和土壤生态的需要。《土壤环境质量　农用地土壤污染风险管控标准（试行）》遵循风险管控的思路，提出了风险筛选值和风险管制值的概念，不同于水、空气环境质量标准的简单达标判定，而是用于风险筛查和分类，这更符合农用地土壤环境管理的内在规律，更能科学合理地指导农用地安全利用，保障农产品质量安全。

本手册涉及的农用地土壤污染风险管控与修复技术主要适用于耕地，园地、林地、草地可参照执行。如 1.1 节所述，由于对风险管控及修复相关技术概念理解的不同，就农用地风险管控、修复技术的类别划分，当前没有形成完全一致的认识。

### 1.2.2　农用地土壤污染风险管控技术概述

对受污染农用地进行治理与修复技术难度大，资金投入多，周期长，长期影响不明确，实施不当还可能对农用地土壤功能造成破坏。因此，农用地土壤污染防治目前应以风险管控为主。对于农用地而言，风险管控主要是指通过农艺调控、替代种植、调整种植结构或退耕还林还草，以及划定特定农产品禁止生产区域等措施，保障农用地安全利用，确保农产品安全。农用地土壤污染风险管控技术体系如图 1.2.2-1 所示。

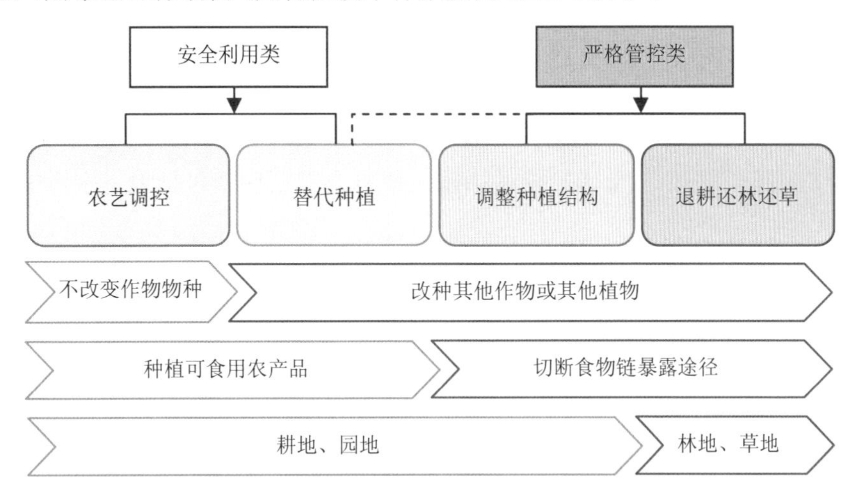


图 1.2.2-1 农用地土壤污染风险管控技术体系示意图

安全利用类农用地在科学管理的前提下，可以实现生产合格农产品的功能。针对安全利用类农用地的风险管控包括农艺调控、替代种植等措施，通过阻断或者减少污染物进入农作物可食部分，降低农产品超标风险。农艺调控是指通过农艺措施阻断或减少污染物从土壤向农作物可食部分的转移，包括选种同一农作物的低积累品种、调节土壤理化性质、科学管理水分、施用功能性肥料等。替代种植是指用食用农产品安全风险较低的农作物替代食用农产品安全风险较高的农作物的措施。

严格管控类农用地由于土壤污染物含量较高，若直接用于食用农产品生产，则农产品超标风险较大。严格管控类农用地的风险管控措施主要包括调整种植结构、退耕还林还草、退耕还湿、轮作休耕、轮牧休牧等。调整种植结构是指用其他作物替代食用的作物，实现农用地污染土壤的安全利用。退耕还林还草是指将土地利用类型由耕地转变为林地或草地。

需要指出的是，农艺调控中的选种低积累品种，利用的是作物对重金属积累的种内差异，选种同种作物的低积累品种，但仍保持原有的作物物种。替代种植则是利用食用农产品对重金属累积的种间差异，替代种植重金属低积累的其他食用农产品。调整种植结构和退耕还林还草均切断了土壤中污染物的食物链传播途径，而调整种植结构并未改变原有的土地利用类型，退耕还林还草则需依规将土地利用类型转变为林地或草地。农艺调控、替代种植、调整种植结构和退耕还林还草等风险管控措施体现了随着土壤污染风险程度由低到高，管控力度不断深入，对农用地利用方式的限制依次增强，对区域规划和管理政策配合的要求也依次提高。

### 1.2.3 农用地土壤污染修复技术概述

农用地土壤污染防治主要考虑保障农产品质量安全，以风险管控为主。对安全利用类和严格管控类农用地中农产品污染物含量超标，确实有必要实施修复的农用地地块，应当优先考虑不影响农业生产、不降低土壤生产功能的修复措施。修复活动应当因地制宜，选择科学的修复技术，降低污染土壤中目标污染物的总量或释放强度，同时防止对土壤造成新的污染，避免对土壤功能的损害。修复方案还应当包括地下水污染防治的相关内容。

根据技术原理，农用地修复技术可分为物理修复技术、化学修复技术和生物修复技术三类。物理修复技术包括客土法、深翻法等，化学修复技术包括重金属原位钝化技术等，均存在处理成本较高等问题。生物修复技术包括植物吸取、微生物修复等。各类修复技术均存在一定的局限性，如深翻法和重金属原位钝化技术均未减少农田土壤中污染物的总量；植物吸取技术虽然对土壤性状及生产功能影响相对较小，但存在修复周期较长、受限于气候条件及污染物类型等问题。相对于农用地风险管控技术，农用地修复技术普遍存在成本较高的问题。此外，当前对农用地风险管控与修复技术的分类尚存在不同认识，如将深翻法、土壤重金属原位钝化列入风险管控类技术。

### 1.2.4 其他注意事项

在对农用地开展风险管控与修复时，应避免对作物造成不利影响以及对土壤、地下水、大气等周边环境造成二次污染。实施过程中使用的农业投入品（肥料、调理剂等）等应满足《肥料中有毒有害物质的限量要求》（GB 38400—2019）、《有机无机复混肥料》（GB/T 18877—2020）、《肥料中砷、镉、铅、铬、汞含量的测定》（GB/T 23349—2020）和《肥料合理使用准则 通则》（NY/T 496—2010）等相关标准规定，禁止使用重金属超标的投入品，禁止施用未经国家或省级农业农村部门登记的肥料。开展风险管控与修复期间，应对土壤、农产品污染物含量及有效态等进行跟踪监测，根据监测结果及时优化调整风险管控与修复措施。

## 1.3 建设用地地块土壤污染风险管控与修复技术概述

### 1.3.1 建设用地准入管理制度

我国实行建设用地土壤污染风险管控和修复名录制度，针对建设用地进行准入管理

（见图 1.3.1-1）。根据《土壤污染防治法》，对土壤污染状况普查、详查和监测、现场检查表明有土壤污染风险的建设用地地块，用途变更为住宅、公共管理与公共服务用地的，以及土壤污染重点监管单位生产经营用地的用途变更或者在其土地使用权收回、转让前，应启动土壤污染状况调查。调查结果显示污染物含量超过《土壤环境质量 建设用地土壤污染风险管控标准（试行）》（GB 36600—2018）筛选值的，应启动土壤污染风险评估，确定其风险水平。若风险不可接受，则需要实施风险管控、修复，地块纳入建设用地土壤污染风险管控和修复名录，不得作为住宅、公共管理和公共服务用地。风险管控、修复方案应包含地下水污染防治内容。风险管控、修复工作完成后，达到土壤污染风险评估报告确定的风险管控、修复目标，可以安全利用的建设用地地块，可以申请移出建设用地土壤污染风险管控和修复名录。

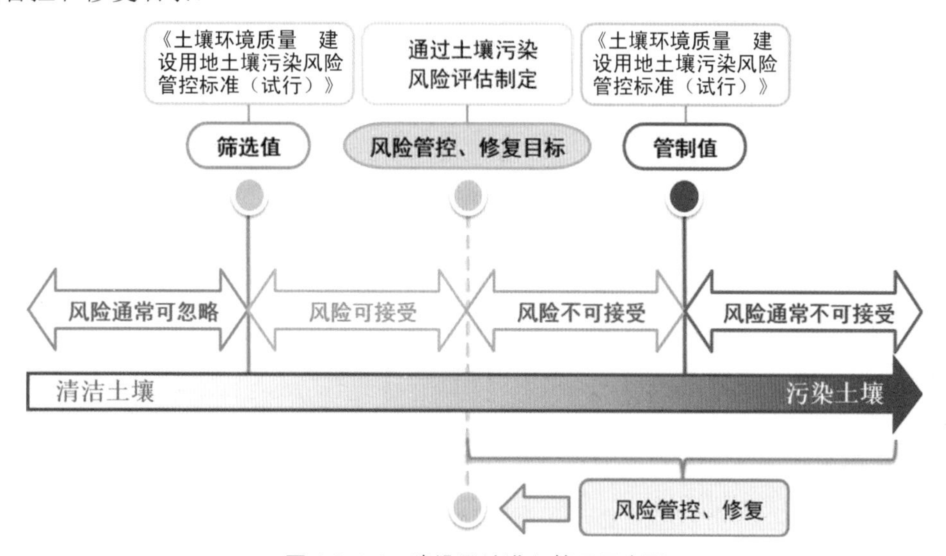


图 1.3.1-1 建设用地准入管理示意图

多数发达国家针对建设用地土壤污染制定了风险筛选值或类似标准，标准的保护目标主要是人体健康，个别国家的保护目标还包括生态受体。对于保护人体健康的土壤污染风险筛选值，主要是根据风险评估方法学，构建合理保守的不利暴露场景（即同一浓度的污染物在该暴露场景下导致的人体健康风险较大），利用土壤污染物的健康毒理参数及相关暴露参数进行推导计算。土壤污染风险筛选值主要用于筛查土壤污染风险，避免对每块需要调查的地块都逐一进行详细调查和风险评估，以提高效率、节约成本。我国《土壤环境质量 建设用地土壤污染风险管控标准（试行）》以人体健康为保护目标，规定了建设用地土壤污染风险筛选值和管制值。风险筛选值的基本内涵是：在特定土地利用方式下，土壤中污染物含量等于或低于该值的，对人体健康的风险可以忽略；超过该值的，对人体健康可能存在风险，应当开展进一步的详细调查和风险评估，确定具体污染范围和风险水平，并结合规划用途，判断是否需要开展风险管控或治理修复。风险管制值基本内涵是：在特定土地利用方式下，土壤中污染物含量超过该限值的，对人体健康通常存在不可接受风险，需要开展修复或风险管控行动。筛选值和管制值不是修复目标值。建设用地若需采取修复措施，其修复目标值应当依据《建设用地土壤污染风险评估技术导则》（HJ 25.3—2019）、《建设用地土壤修复技术导则》（HJ 25.4—2019）等标准及相关技术要求确定，且应当低于风险管制值。

### 1.3.2 建设用地土壤污染风险管控技术概述

建设用地土壤污染的风险管控可以管控污染源为主，阻隔土壤污染物高浓度区域（污染源）向周边扩散；也可以保护受体为主，阻断土壤污染对人体健康造成影响的途径，或者限制公众进入土壤污染的影响范围。对存在地下水污染的建设用地地块，土壤和地下水的风险管控通常需要协同考虑。

建设用地土壤污染风险管控的技术主要包括阻隔技术和制度控制。阻隔技术是通过设置阻隔层，阻断土壤和地下水中污染物迁移扩散的路径，使污染土壤和地下水与周边环境隔离，或是将污染土壤置于与周边环境隔离的阻隔结构内，避免污染物与人体接触以及随地下水迁移对人体和周边环境造成危害。按其实施方式，可以分为原位阻隔覆盖和异位隔离填埋。制度控制则是通过建立地块风险管控制度，通过限制地块的利用方式、限制公众在污染地块上的活动等，降低污染物可能对公众健康造成的不利影响。制度控制的具体方式包括限制场地使用、改变活动方式、向相关人群发布通知等。

地下水污染风险管控技术除阻隔以外，还包括水力控制、可渗透反应墙、监控自然衰减等。水力控制技术是通过布置抽/注水井，人工抽取地下水或向含水层中注水，改变地下水的流场，从而控制污染物运移的水动力技术。可渗透反应墙是在地下水中污染物迁移的路径上设置可渗透的反应介质，通过物理、化学及生物降解等作用去除地下水中的污染组分。监控自然衰减则通过实施有计划的监控策略，依据场地自然发生的物理、化学及生物作用，使得地下水和土壤中污染物的数量、毒性、移动性降低到风险可接受水平。

### 1.3.3 建设用地土壤污染修复技术概述

建设用地土壤污染的修复是针对污染源——污染土壤进行的削减污染物总量或者降低污染物释放强度的工程技术活动，按照污染物的主要去除（控制）机理，大致可以分为化学技术、物理技术和生物技术。化学技术包括化学氧化、化学还原等，物理技术包括气相抽提、热脱附、洗脱、固化/稳定化等，生物技术包括生物堆等。按照是否需要对土壤进行挖掘，土壤修复技术又可以分为原位技术和异位技术。原位技术不需要进行污染土壤的开挖，直接通过地下注射、加热、混合等方式，对地下环境中的污染物进行处理。异位技术则需要将污染土壤挖出后，在地面的设备、设施中进行处理。此外，按照修复地点是在污染地块内，还是开挖清运后离开原地块进行处理处置，土壤污染修复的模式又可以分为原场修复、离场修复和离场处置等。

对存在地下水污染的建设用地地块，土壤和地下水的修复通常需要协同考虑。由于地下水污染涉及含水层介质，污染物同时影响固液两相，因此适用于土壤的大部分原位修复技术也适用于地下水的修复（如原位化学氧化、原位化学还原、原位热脱附等），可以达到水土协同修复的效果。

## 参考文献

[1] 环境保护部就《土壤污染防治行动计划》答记者问[EB/OL]. (2016-05-31)[2021-12-19]. http://www.gov.cn/xinwen/2016-05/31/content_5078433. htm.

[2] 中华人民共和国土壤污染防治法[EB/OL]. （2018-08-31）[2021-12-19]. http://www.npc.gov.cn/zgrdw/npc/lfzt/rlyw/2018-08/31/content_2060840. htm.

[3] 国务院关于印发土壤污染防治行动计划的通知（国发〔2016〕31 号）[EB/OL]. （2016-05-31）[2021-12-19]. http://www. gov. cn/zhengce/content/2016-05/31/content_5078377. htm.

[4] 生态环境部，国家市场监督管理总局. 土壤环境质量 农用地土壤污染风险管控标准（试行）：GB 15618—2018[S]. 北京：中国环境出版集团，2018.

[5] 生态环境部，国家市场监督管理总局. 土壤环境质量 建设用地土壤污染风险管控标准（试行）：GB 36600—2018[S]. 北京：中国环境出版集团，2018.

[6] 生态环境部，农业农村部. 农用地土壤环境管理办法（试行）（环境保护部、农业部令第 46 号）[EB/OL]. （2017-09-25）[2021-12-19]. https://www. mee. gov. cn/gkml/hbb/bl/201710/t20171009_423104. htm.

[7] 生态环境部. 污染地块土壤环境管理办法（试行）（环境保护部令 第 42 号）[EB/OL]. （2016-12-31）[2021-12-19]. http://www. gov. cn/gongbao/content/2017/content_5213197. htm.

[8] 生态环境部办公厅，农业农村部办公厅. 农用地土壤环境质量类别划分技术指南（环办土壤〔2019〕53 号）[Z]. 2019-11-19.

[9] 农业农村部办公厅. 轻中度污染耕地安全利用与治理修复推荐技术名录（2019 年版）（农办科〔2019〕14 号）[Z]. 2019-03-25.

[10] 生态环境部土壤环境管理司有关负责人就农用地、建设用地土壤污染风险管控标准有关问题答记者问[EB/OL]. （2018-07-03）[2021-12-19]. http://www.mee.gov.cn/gkml/sthjbgw/qt/201807/t20180703_446049.htm.

# 第二章　农用地土壤污染风险管控与修复技术

## 2.1　农用地土壤污染风险管控技术

### 2.1.1　农艺调控

#### 2.1.1.1　技术名称

农艺调控，Agronomy Regulation。

#### 2.1.1.2　技术介绍

（1）技术原理

农艺调控是指通过采取农艺措施，减少污染物从土壤向作物特别是作物可食部分的转移，从而保障农产品安全生产，实现受污染农用地的安全利用。

（2）技术分类

农艺调控包括筛选低积累品种、调节土壤理化性质、科学进行水肥管理等。

#### 2.1.1.3　适用性

主要适用于中轻度污染的安全利用类农用地土壤，也常被作为其他风险管控或修复技术的配套技术应用。

#### 2.1.1.4　关键工艺

（1）低积累品种筛选

污染物在农作物可食部位的积累同时受环境和基因型的影响。不同农作物对污染物的吸收和累积能力不同，即使同一作物的不同品种，对污染物的吸收和累积也存在差异。低积累品种是一个相对的概念，指在相同土壤环境条件下作物可食部位中污染物积累量相对较低的品种。在污染物含量超筛选值的土壤中，部分低积累品种可食部位污染物含量可满足食品中污染物限量要求。比如，镉低积累水稻品种指在相同土壤环境条件下种植，稻米镉积累量相对较低的水稻品种；其在镉中轻度污染的土壤中种植时，稻米镉含量低于食品中镉限量值（GB 2762—2017），即 0.2 mg/kg。

1）低积累品种的筛选标准

低积累品种的筛选标准通常包括：①种植在中轻度污染土壤的作物品种，其可食部位污染物积累量不超过食品中污染物限量值。②具有较低的生物富集系数（Bioaccumulation Factors，BCF）。③具有在不同环境条件下均较为稳定的低积累特征。作物可食部位污染物的积累量不仅与作物的积累能力（即基因型）有关，还与环境条件有关，尤其是土壤环境条件，包括污染物在土壤中的生物有效性、土壤 pH 等。同时，低积累特征还存在基因型与环境的互作。因此，低积累品种通常应具有在不同环境条件下均较为稳定的低积累特征。④低积累品种还需要具有较高产量、抗病性、抗虫性和环境适应性。

2）低积累品种的筛选流程

低积累品种的筛选可以在温室盆栽、大棚池栽和大田等条件下进行。前两者对土壤污染物的均匀度、水分管理和光温条件等方面控制得更精确，但筛选结果不一定在实际大田生产中得到验证，仅供参考。而大田筛选更容易实现大规模筛选，筛选条件更接近实际生产，筛选出的低积累品种更容易在实际生产中推广。下面以大田筛选水稻重金属低积累品种为例，介绍低积累品种的筛选流程和方法。

低积累品种筛选基本包括以下流程：

①品种收集。根据作物的品种类型、环境适应性、产量、抗性等分类，初步筛出供试品种清单，同时选 1～2 个已知的稳定低积累品种作为参照。

②选择中轻度污染农用地进行大田初筛。采用随机区组设计，每个品种至少设置 3 个重复，初筛时每个品种可以种植 2～3 行。采用常规农艺及田间水肥管理，记录抽穗期，成熟后收集每行中间 3～5 个单株籽粒，混合成一个生物学重复，测定籽粒污染物含量。

③进行多年多点验证，一般需要进行 2～3 年至少 3 个不同试验点的验证。从初筛中挑选达标品种进行验证，采用随机区组设计，至少 3 个重复；采用小区种植，小区面积一般为 2 m×2 m（小区面积可根据作物种类、种植方式、试验区地形特征等确定）。采用初筛相同的田间水肥管理方式，成熟后测定产量和籽粒污染物含量。

④对籽粒污染物含量结果进行统计分析，比较各品种的低积累特性和稳定性等，最终确定对污染物稳定低积累、产量和抗性合适的品种清单。

3）低积累品种的筛选方法

①比较法。广泛收集已经通过审定的品种、当前主推品种、优质种质资源等作为供试品种。根据作物类型不同进行初步分类，如水稻品种按早、中、晚季进行分类，分别在相同的环境及栽培技术条件下进行大田种植。测定籽粒中重金属等污染物的含量，筛选污染

物积累相对低的品种。

②排除法。以初筛结果为基础，排除筛选中表现既不低积累也不高积累的品种，保留部分高积累品种作为对照。

③验证法。在至少 3 个环境条件各异的地点分别进行筛选，挑选在不同地点都表现出低积累性状的品种。利用不同试验地点土壤污染物含量和有效性的自然差异，对候选低积累品种进行验证，综合多个试点结果进行评价。对重复性良好的低积累品种，在不同试验地点选择中轻度污染农用地，以常规栽培方式进行小区种植，以当地主推品种为参照，验证低积累品种在实际大田种植中的表现。同时考察产量、抗病性和抗虫性等农艺性状。

④设置局部对照法。为减少大田土壤不均一等因素对筛选造成的影响，在紧邻每一个候选低积累品种区域都种植已知的低积累品种和高积累品种，以这些品种作为对照，对所有品种进行均一化处理，消除大田不同部位由于土壤不均一、水肥管理差异等因素引起的差异。

⑤统计分析方法。通过主成分分析、因子分析和聚类分析等方法，对所有品种进行归类，明确影响污染物积累的主要环境因子。通过计算低积累品种在不同年份间、不同地点间的广义遗传力和狭义遗传力，评价低积累品种的遗传稳定性。

（2）土壤 pH 调节

对于酸性污染土壤，可通过调节土壤 pH，影响土壤中重金属的转化和释放，降低土壤重金属生物有效性，阻控重金属在作物可食部位积累。生石灰、熟石灰、石灰石、白云石等是农业生产中常用的土壤 pH 调节材料。施用石灰质物料时应注意以下事项。

1）质量控制

石灰质物料的质量要求通常包括 CaO 含量、水分、粒径等。石灰石和白云石溶解度小、分解速率慢，利用率较低，若需确保当季农用地安全利用，不建议单独施用。以镉为例，湖南省农业技术规程《镉污染稻田安全利用 石灰施用技术规程》（HNZ 141—2017）推荐的石灰质物料质量要求见表 2.1.1-1。此外，应关注物料的重金属含量，不得使用重金属含量超标的物料，以防对土壤造成污染。

**表 2.1.1-1 石灰质物料质量要求**

| 农用石灰质物料 | 主要成分 | CaO/% | 水分/% | 粒径 |
|---|---|---|---|---|
| 生石灰 | $CaO$ | ≥70 | ≤5 | 要求不低于 80%过 10 目筛（2.0 mm） |
| 熟灰石 | $Ca(OH)_2$ | ≥38 | ≤10 | |

2）施用量

CaO 施用量：施用量的设计一般以调控土壤 pH 至 6.5～7.0 为目标，石灰质物料实际用量根据 CaO 施用量和石灰质物料的折算比例进行计算。同样以镉为例，湖南省农业技术规程《镉污染稻田安全利用　石灰施用技术规程》（HNZ 141—2017）推荐的 CaO 施用量见表 2.1.1-2。

表 2.1.1-2　CaO 施用量

| 土壤镉含量范围/（mg/kg） | 土壤 pH | CaO 施用量/[kg/（亩·年）] | | |
|---|---|---|---|---|
| | | 砂壤土 | 壤土 | 黏土 |
| 0.3～0.9 | <4.5 | 120 | 160 | 200 |
| | 4.5～5.5 | 90 | 120 | 150 |
| | 5.5～6.5 | 60 | 80 | 100 |
| 0.9～1.5 | <4.5 | 160 | 200 | 250 |
| | 4.5～5.5 | 120 | 150 | 200 |
| | 5.5～6.5 | 80 | 100 | 150 |

石灰质物料施用折算比例：应尽可能在当地可获取的石灰质物料资源中，根据品质选择供施石灰质物料。根据湖南省农业技术规程《镉污染稻田安全利用　石灰施用技术规程》（HNZ 141—2017），不同来源的石灰质物料对酸性土壤改良和土壤镉污染修复的效果有一定差异，不同石灰质物料可以按纯 CaO、生石灰、熟石灰、石灰石、白云石的质量比为 100∶（140～150）∶（270～300）∶（400～450）∶（450～500）的比例进行复配使用。

在修复时间宽裕、石灰质物料充足、机械化作业程度高的条件下，可选择石灰石、白云石等缓释性碱性材料，提高土壤修复的长效性。

3）施用时期

为了错开农时并方便石灰质物料施用，可选择在当年第一季水稻移栽前或中稻、晚稻收获后的冬闲时或秋冬作物种植前施用石灰质物料，并立即进行土壤翻耕以促进石灰质物料与土壤中的游离酸和潜在酸发生中和反应。

4）施用方法

人工施用时可采用撒施的方式，将石灰质物料均匀地撒施在土壤表面，然后进行翻耕，翻耕深度应在 15 cm 以上。也可配合机械化施用，利用拖拉机或旋耕机等，以挂漏斗的形式进行机械化施用。

5）其他注意事项

施用时间间隔：施用石灰质物料后，当季农作物收获时土壤 pH 达到 6.5～7.0，效果基本能保持1年以上，因此需停施1年。此后可每年或隔几年少量施加石灰质物料，确保土壤pH调节效果。但连年过量施用石灰质物料容易破坏土壤团粒结构，导致土壤出现板结现象。

安全措施：人工施用时应佩戴防护用具，如乳胶手套、防尘口罩和套鞋等，防止田间撒施时因石灰遇水灼伤手脚以及吸入石灰粉尘灼伤呼吸系统。若施工人员因施用石灰出现皮肤灼伤等症状，应及时送医院进行救治。

（3）水分调节

通过田间水分管理，调节土壤的pH和Eh（氧化还原电位），降低土壤中重金属的有效性、减少农作物对重金属的吸收与积累。水分调节是轻中度污染稻田（如土壤全镉＜0.9 mg/kg），尤其是轻度污染稻田（如土壤全镉＜0.6 mg/kg），实现达标生产与安全利用最经济、最简便的技术措施。酸性土壤在淹水条件下，土壤环境呈还原状态，土壤pH显著升高，镉容易形成硫化物沉淀，活性也随之降低，从而减少作物对镉的吸收。相反，针对砷污染，在降低土壤含水量的情况下，可提高土壤的氧化还原电位，促使As(Ⅲ)向As(Ⅴ)的转化，从而降低砷的有效性。

1）田间设施

排灌系统通畅：结合农田水利工程建设，开展灌区塘堰库坝以及田间排灌沟渠等的清淤与提质改造工作，确保稻田排灌系统畅通。

田埂坚固结实：实施田埂维修与加固工程，确保田埂坚固结实，以防坍塌、漏水、跑水。其基本要求是：田埂高出田面15～20 cm，且田埂顶宽不少于20 cm、底宽不少于35 cm。

专用进出水口：在面积较大的田块，以1～2亩为单元，沿灌溉水流方向在田块中间位置开挖数量不等的专用进出水口主沟，其宽30～50 cm（深度以能快速排干田块积水为宜），确保田间可随时尽快灌水与排水。

田面平整：在翻耕过程中，强化田面平整工作，确保同一丘块田面的高差不超过3 cm。

2）灌溉水质及水源

灌溉水质：结合当地的生产实际，对灌溉水质提出要求。例如，湖南某镉污染农用地项目经研究分析，提出灌溉水中镉含量应低于0.005 mg/L，严于现行《农田灌溉水质标准》（GB 5084—2021）总镉限值0.01 mg/L的规定。

灌溉水源：选取符合上述水质要求的水源作为污染农田的灌溉水。对水质达不到要求的，应重新选择灌溉水源，或对选定的水源进行净化处理，确保灌溉水质。

3）日常管理

田面水深与缺水时限：提出水稻不同生育期内田面保持的水深及其允许的缺水时限要求。湖南某项目给出的日常水分管理要求见表2.1.1-3。

表 2.1.1-3 水稻不同生育期内田面水深及允许缺水时限

| 季别 | 项目 | 水稻生育期 | | | | | | |
|---|---|---|---|---|---|---|---|---|
| | | 苗期至分蘖期 | 分蘖末期至孕穗期 | 扬花期 | 灌浆期 | 乳熟期 | 蜡熟期 | 完熟期 |
| 早稻 | 水深/cm | 3～4 | 6～8 | 5～6 | 5～6 | 4～5 | 3～4 | 排水晒田 |
| | 允许缺水时限/天 | <2 | <1 | <1 | <1 | <1 | <3 | |
| 晚稻 | 水深/cm | 4～5 | 8～10 | 6～8 | 5～6 | 4～5 | 3～4 | 排水晒田 |
| | 允许缺水时限/天 | <2 | <1 | <1 | <1 | <1 | <1 | |
| 中稻 | 水深/cm | 4～5 | 8～10 | 6～8 | 5～6 | 4～5 | 3～4 | 排水晒田 |
| | 允许缺水时限/天 | <2 | <1 | <1 | <1 | <1 | <1 | |

及时灌水和排水：按要求及时灌水与排水，确保水稻全生育期淹水灌溉降镉技术措施的全面落地，并强化田间日常巡查工作，即根据水稻各生育期内允许的缺水时限要求，定时巡查田面水深，当水深达不到该生育期要求时，需及时灌水；当水深超过该生育期要求时，应及时排水。

按时排水晒田：分蘖末期不用排水晒田，可通过提高田面水深的方式控制水稻无效分蘖；在水稻完熟期（即收获前 7～10 天）内及时排水晒田，以保证田面适当硬度，便于水稻收获；在冬闲期间要确保排水晒田，以防止长期淹水诱发稻田次生潜育化现象。

4）注意事项

全生育期淹水处理不适用于砷污染稻田或含砷污染的复合污染稻田。

对于潜育性稻田，从移栽至分蘖盛期要尽量避免深水灌溉，可实行浅湿灌溉。

淹水灌溉期间，应加强灌溉水质监测，确保灌溉水中重金属含量符合《农田灌溉水质标准》要求。应用本技术时要强化田间进出水口和田埂等设施的巡查与维护、水稻病虫害的防控等日常工作。

#### 2.1.1.5 实施周期及成本

农艺调控采用日常耕作中的农艺手段，技术实施过程不产生额外的时间和经济损耗。采取农艺调控前，应先开展技术适用性验证，验证过程耗费的时间和费用应纳入考虑，这部分时间和费用主要受当地气候条件、土壤理化性质、地理特征及农业管理水平等多方面因素影响。

### 技术应用案例 2-1：水稻镉、砷低积累品种筛选示范案例

（1）项目基本情况

对 471 个主栽水稻品种进行镉（Cd）、砷（As）低积累品种筛选，获得了多年多点稳定镉低积累品种 8 个、砷低积累品种 6 个。

（2）水稻品种

水稻品种为从湖南、江苏、浙江、江西、四川、广西等南方地区收集的 471 个主栽水稻品种。

（3）土壤重金属含量和 pH

3 个试验点土壤重金属含量和 pH 见表 1。

表 1　湖南和浙江 3 个试验点土壤重金属含量和 pH

| 试验点 | Cd/(mg/kg) | As/(mg/kg) | Cu/(mg/kg) | Zn/(mg/kg) | Pb/(mg/kg) | pH |
|---|---|---|---|---|---|---|
| 湖南试验点 1 | 0.55 | 22.5 | 28.6 | 137.4 | 42.3 | 4.88 |
| 湖南试验点 2 | 1.4 | 19.4 | 27.4 | 125.3 | 39.9 | 4.87 |
| 浙江试验点 | 0.39 | 12.2 | 28.3 | 120.6 | 36.4 | 5.64 |

（4）筛选过程

2014 年，将从湖南、江苏、浙江、江西、四川、广西等南方地区收集的 471 个主栽水稻品种种植于湖南试验点 1 和浙江试验点镉、砷中度污染土壤。根据随机区组设计，每个品种种植 3 个重复，每个重复种植 3 行，每行 10 个单株，行距和株距均为 20 cm。按当地常规栽培及水肥管理方法种植，在成熟收获期采集籽粒样品，糙米经研磨后进行微波消解，用电感耦合等离子体质谱测定镉、砷含量。湖南试验点 1 糙米 Cd 含量为 0.03～0.87 mg/kg，品种间相差 28 倍，17%的品种糙米 Cd 含量未超标（<0.2 mg/kg），糙米 Cd 的富集系数在 0.05～1.58；糙米总 As 含量为 0.12～0.42 mg/kg，品种之间相差 2.5 倍。浙江试验点糙米 Cd 含量为 0.04～0.52 mg/kg，品种之间相差约 12 倍，其中有 66%的品种糙米 Cd 含量达标，糙米 Cd 的富集系数为 0.10～1.33；糙米中总 As 含量为 0.11～0.44 mg/kg，品种之间相差 3 倍。除上述两地外，2005 年，另外增加湖南试验点 2。3 个试验点糙米 Cd 含量分别为 0.02～0.24 mg/kg、0.08～0.68 mg/kg 和 0.14～1.17 mg/kg，糙米 Cd 的富集系数分别为 0.04～0.52、0.21～1.74 和 0.1～0.84。

综合两年多点结果，筛选出相对稳定低镉、低砷积累的主栽品种 50 个，于 2016 年在湖南试验点 2 进行验证。将初步筛选出的 50 个镉、砷相对低积累的品种按照抽穗期分为早稻、中稻和晚稻 3 类，每一类型品种按抽穗期先后分 3 期播种，以保证 3 种类型品种同时抽穗，减少晒田、灌水等水分管理措施对不同抽穗期品种稻米重金属积累的影响。根据验证的结果，最终确定多年多点稳定镉低积累品种 8 个、砷低积累品种 6 个。

（5）镉、砷低积累水稻品种

根据两年三点初筛和一年三期验证的结果，最终确定稳定镉低积累品种 8 个、砷低积累品种 6 个。稳定镉低积累水稻品种见表 2。

**表 2 筛选出的稳定镉低积累水稻品种**

| 序号 | 品种 | 类型 | 品类 |
| --- | --- | --- | --- |
| 1 | 株两优 168 | 杂交稻 | 早稻 |
| 2 | 金优 402 | 杂交稻 | 早稻 |
| 3 | 金优 463 | 杂交稻 | 早稻 |
| 4 | T 优 535 | 杂交稻 | 早稻 |
| 5 | 杰丰优 1 号 | 杂交稻 | 早稻 |
| 6 | I 优 899 | 杂交稻 | 早稻 |
| 7 | 深优 957 | 杂交稻 | 晚稻 |
| 8 | 隆平 602 | 杂交稻 | 晚稻 |

稳定砷低积累水稻品种见表 3。

**表 3 筛选出的稳定砷低积累水稻品种**

| 序号 | 品种 | 类型 | 品类 |
| --- | --- | --- | --- |
| 1 | Y 两优 1998 | 杂交稻 | 中稻 |
| 2 | II 优 936 | 杂交稻 | 中稻 |
| 3 | 甬优 538 | 杂交稻 | 中稻 |
| 4 | 冈优 94－11 | 杂交稻 | 中稻 |
| 5 | II 优 310 | 杂交稻 | 晚稻 |
| 6 | 甬优 17 | 杂交稻 | 晚稻 |

## 参考文献

[1] 黄道友，朱奇宏，朱捍华，等. 重金属污染耕地农业安全利用研究进展与展望[J]. 农业现代化研究，2018，39（6）：1030-1043.

[2] 陈彩艳，唐文帮. 筛选和培育镉低积累水稻品种的进展和问题探讨[J]. 农业现代化研究，2018，39（6）：1044-1051.

[3] Duan G，Shao G，Tang Z，et al. Genotypic and environmental variations in grain cadmium and arsenic concentrations among a panel of high yielding rice cultivars[J]. Rice，2017，10：9.

[4] 沈欣，朱奇宏，朱捍华，等. 农艺调控措施对水稻镉积累的影响及其机理研究[J]. 农业环境科学学报，2015，34（8）：1449-1454.

[5] 沈欣. 农艺调控措施对水稻镉积累的阻控效应[D]. 北京：中国科学院大学，2016.

[6] Zhu H，Chen C，Xu C，et al. Effects of soil acidification and liming on the phytoavailability of cadmium in paddy soils of central subtropical China[J]. Environmental Pollution，2016，219：99-106.

[7] 湖南省农业委员会. 镉污染稻田安全利用 田间水分管理技术规程（HNZ 143—2017）[S]. 2017.

[8] 湖南省农业委员会. 镉污染稻田安全利用 石灰施用技术规程（HNZ 141—2017）[S]. 2017.

[9] 湖南省农业委员会. 镉污染稻田安全利用 土壤钝化剂质量要求及应用技术规程（HNZ 144—2017）[S].2017.

[10] 湖南省农业委员会. 镉污染稻田安全利用 水稻施肥管理技术规程（HNZ 145—2017）[S]. 2017.

### 2.1.2 替代种植

#### 2.1.2.1 技术名称

替代种植，Alternative Planting。

#### 2.1.2.2 技术介绍

（1）技术原理

在受污染农用地上替代种植对重金属抗性强且吸收能力弱的低积累作物物种（如用玉米替代水稻），利用食用农作物重金属积累的种间差异实现受污染农用地的安全利用。

需要注意的是，农艺调控中低积累作物品种筛选是利用作物种内差异，选育同种作物中低积累的品种，并未改变耕种作物物种（如用低积累水稻品种替代常规水稻品种）。而替代种植则是利用作物的种间差异，选育种植可食部分对重金属积累能力弱的作物，替代原有的可食部分对重金属积累能力强的作物。

（2）技术体系

低积累作物的筛选一般以当地主要的农作物为主，对通过国家或者地方审定的农作物进行初步筛选与验证，获得可在污染区生长良好且可食部分对重金属积累能力弱的作物进行种植，替代原有的对重金属积累能力强的作物。

#### 2.1.2.3　适用性

替代种植技术作为单项技术适用于中轻度污染农用地，且用于替代的低积累作物应适应当地气候和土壤性质。如果配合农艺调控措施，替代种植技术适宜的情境可扩大。对严格管控类农用地，在措施到位、确保农产品达标的前提下，也可考虑替代种植。

#### 2.1.2.4　关键工艺

替代种植技术的工作重点在重金属低积累作物的选育。应用推广过程中应注意作物的生态安全性、气候适宜性、种植经济性及农民可接受程度。

（1）低积累作物筛选

结合地方种植模式、土壤污染程度与类型、气候条件、修复目标等因素，筛选出高产且目标污染重金属低积累的作物类型。

（2）监测

监测内容包括替代种植作物可食部分重金属含量、作物产量变化。

#### 2.1.2.5　实施周期及成本

替代种植技术依据低积累作物品种的获取方式不同，周期可能为几个月到几年。如果低积累作物品种可直接购买，则周期较短；若需要项目组重新筛选与验证，则周期较长。

影响替代种植技术费用的因素有：①修复工程规模；②种苗费用；③经济植物市场价格变化；④土地租用成本；⑤人工劳务成本等。

**技术应用案例 2-2：替代种植**

（1）项目基本情况

由于历史原因，项目所在区域工业排放的砷、镉、铅等重（类）金属已经造成局部地区土壤重金属超标。项目区土壤污染来源为铅锌冶炼企业大气沉降。

（2）实施年限

项目实施年限为5年。

（3）主要污染物及污染程度

项目区土壤中镉含量范围为1.78～2.73 mg/kg，平均含量为2.26 mg/kg，超标率为100%，单因子污染指数达3.76。土壤中铅含量范围为139.71～201.38 mg/kg，平均含量为178.91 mg/kg，超标率为65%，单因子污染指数为1.05。土壤中砷含量为12.45～20.23 mg/kg，平均含量为17.73 mg/kg，所有监测样点均未超出风险筛选值。因此，项目区土壤中主要重金属污染为镉污染，其次为铅污染，且污染物主要分布在耕作层，项目区土壤属于典型的重金属污染农用地土壤。

参照《食品安全国家标准 食品中污染物限量》（GB 2762—2017），项目区小麦样品中镉、铅含量全部超标。矮抗58品种镉平均含量为0.26 mg/kg，超标1.6倍；铅平均含量为0.53 mg/kg，超标1.65倍；砷平均含量为0.61 mg/kg，超标0.22倍。洛麦23品种镉平均含量为0.29 mg/kg，超标1.9倍；铅平均含量为0.77 mg/kg，超标2.85倍；砷平均含量为0.62 mg/kg，超标0.24倍。采集的全部玉米样品中镉、铅、砷含量均未超标。

（4）耕地类型

项目区耕地类型为旱地，原种植农作物为玉米和小麦。

（5）关键工艺

土壤中Cd含量为2.22 mg/kg，种植低积累冬油菜替代小麦，实现安全利用类土壤的风险管控。通过前期田间试验，筛选出重金属低积累油菜品种（如图1所示）。

（6）修复效果及成本

筛选种植的低积累油菜籽粒中Cd含量均低于《食品安全国家标准 食品中污染物限量》（GB 2762—2017）中籽粒Cd限量标准0.5 mg/kg；制成毛油经过相应工艺处理后其中As、Cd、Pb含量均符合《食品安全国家标准 食品中污染物限量》（GB 2762—2017）要求，油菜籽品质不低于《油菜籽》（GB/T 11762—2006），成品油中重金属含量不高于市场同类产品。油菜籽制油后的副产物油粕重金属含量低于《饲料卫生标准》（GB 13078—2017），可作为饲料添加物或有机肥料进行资源化利用。

项目区田间低积累油菜—玉米轮作经验总结：低积累冬油菜—玉米安全利用技术可满足《食品安全国家标准 食品中污染物限量》（GB 2762—2017），低积累油菜—玉米轮作技术每亩年种植管护成本约1 230元（见表1）。油菜籽亩产200～300 kg，玉米亩产500～600 kg，以市场平均价格油菜籽5元/kg、玉米1.8元/kg的售价，低积累油菜—玉米轮作可产生收益1 900～2 580元/亩，净收益可达670～1 350元/亩。

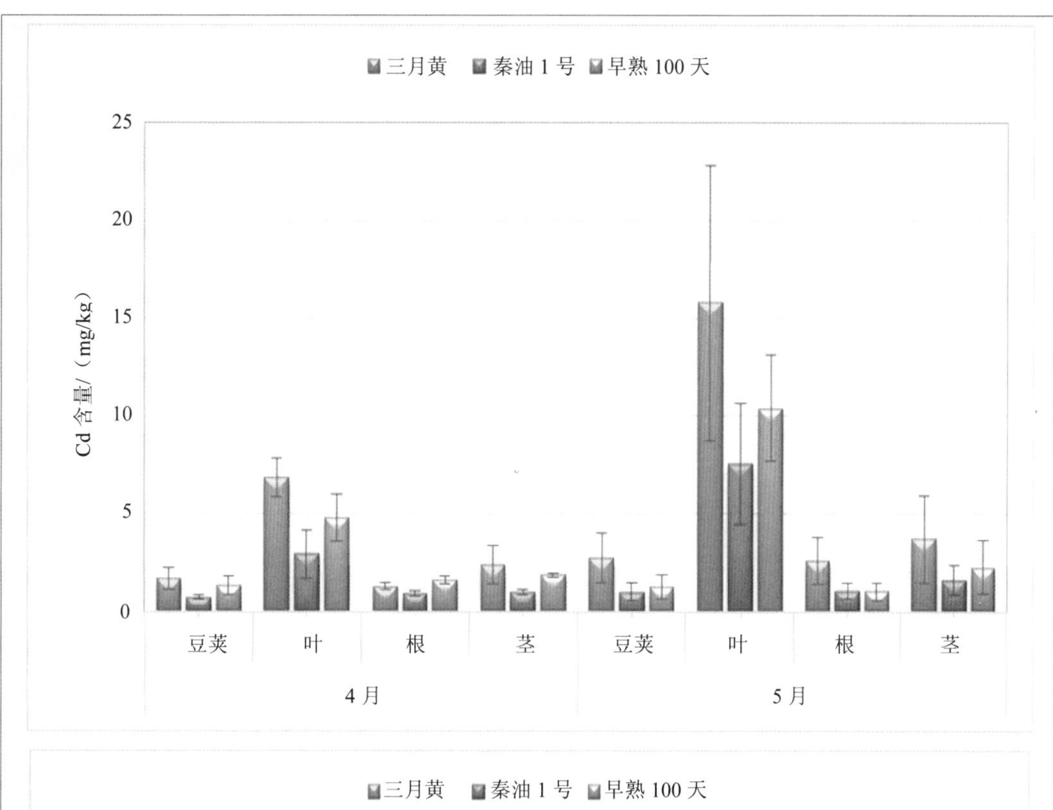


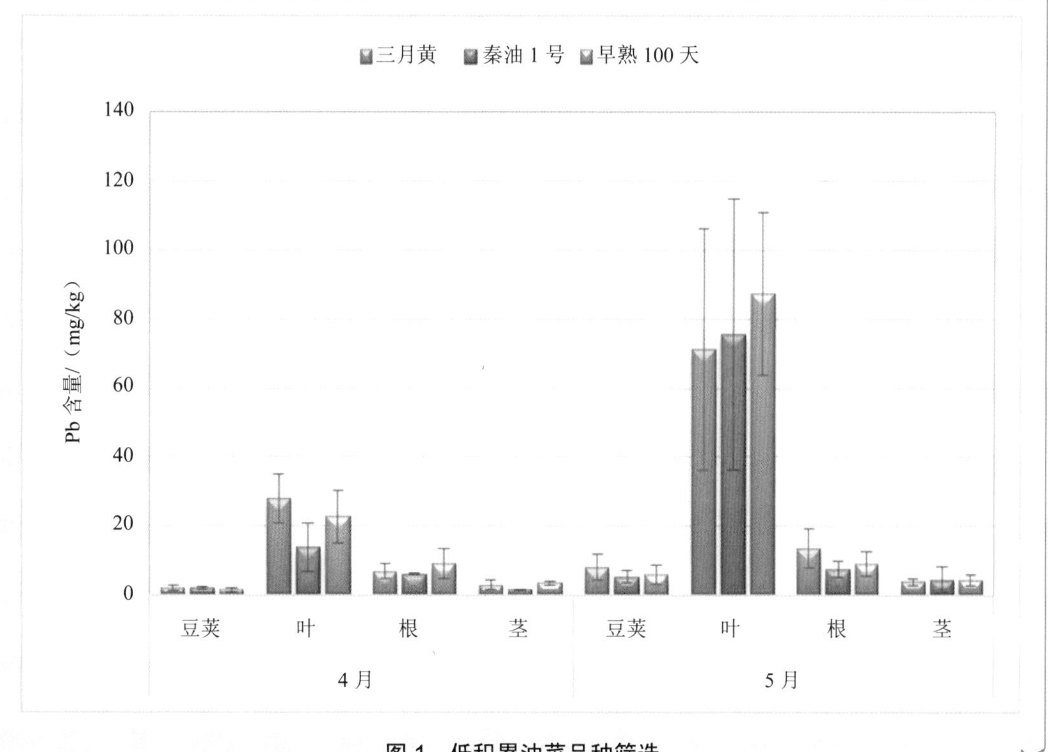


图 1 低积累油菜品种筛选

表 1 低积累油菜—玉米轮作模式年投入成本

| 种植季度 | 项目 | 单价/（元/亩） |
|---|---|---|
| 油菜季 | 整地 | 200 |
| | 油菜种子 | 30 |
| | 油菜播种 | 50 |
| | 灌溉 | 150 |
| | 施肥 | 160 |
| | 打药 | 50 |
| | 机械收获 | 100 |
| 玉米季 | 玉米种子 | 60 |
| | 玉米播种 | 50 |
| | 灌溉 | 70 |
| | 施肥 | 160 |
| | 打药 | 50 |
| | 机械收获 | 100 |
| 合计 | | 1 230 |

## 2.1.3 调整种植结构

### 2.1.3.1 技术名称

调整种植结构，Adjustment of Planting Structure。

### 2.1.3.2 技术介绍

（1）技术原理

在重度污染农用地上种植非食用的农产品作物或花卉苗木等，切断土壤污染物通过食物链进入人体的暴露途径，实现污染农用地的安全利用。

（2）技术体系

种植结构调整技术包括非食用的农产品作物或花卉苗木的筛选和栽培，以及对上述技术在项目区的适用性、效果效益进行评估。

非食用的农产品作物或花卉苗木的筛选需因地制宜，以适应性强的当地常规经济作物为主；也可引种适宜的外地品种，但需要在项目区进行小试或中试研究，探究其在项目区的适用性与安全性。除需要适宜项目区的土壤、气候水文等因素外，筛选出的经济植物通常也需具有较高的市场价值，且栽培技术可推广。

#### 2.1.3.3　适用性

调整种植结构技术可适用于土壤重金属含量超过管制值、农产品污染物含量超标的农用地。

#### 2.1.3.4　关键工艺

首先，选育适宜当地种植的、经济价值较高的经济作物品种；其次，对经济作物在受污染农用地上的安全性、操作性和经济性进行综合评价，最终实现受污染农用地的安全利用。

选育经济作物品种，种植条件与作物特性应相互适应，应对作物的生物学和生态学特征均进行充分的调研和论证。选育经济作物包含选择和培育两层含义。选择适应当地气候条件和土壤性质的本地种是最简单、最有效的做法，无须对作物或土壤进行改良。种植本地种可能存在经济效益欠佳的问题，需引种种植。应充分调研作物的天然分布范围，判断其对引入地环境的适应性和抗逆性，明确其生长限制因素，结合地势、坡向、水位等地理条件，种植适宜的经济作物。同时，须考虑天敌和生物入侵等问题。如需种植经济性较好的特定作物，则应配合农艺措施改善土壤环境，例如通过开沟排水、施肥调节、套种遮阴等方式为作物提供适宜的生境，并通过育种改良提高作物的抗逆性。

#### 2.1.3.5　实施周期及成本

本地特色经济作物的适宜性强且易获取，筛选周期会缩短，调整种植结构技术的实施周期也会缩短。

影响调整种植结构技术处置费用的因素有：①修复工程规模；②种苗费用；③经济作物市场价格变化；④土地租用成本；⑤种植管理人工劳务成本。

调整种植结构技术成本不确定性较大，若选用价格高的种苗，成本会大幅增加；若是多年生的花果苗木，则长期成本会下降。

**技术应用案例 2-3：调整种植结构**

（1）项目基本情况

受露天铅锌矿采选活动影响，云南某矿区周边农用地受到严重的重金属污染。本项目将其中受污染的 10 亩农用地用于花卉种植。

（2）主要污染物及污染程度

土壤中镉（Cd）最高含量为 244 mg/kg，铅（Pb）最高含量为 17 940 mg/kg。

（3）耕地类型

项目区耕地类型为旱地，原主要农作物为玉米和蔬菜；土壤类型为紫色土。

（4）物种选择

万寿菊（*Tagetes erecta* L.）为菊科万寿菊属一年生草本植物，喜欢温暖湿润和阳光充足的环境，生长的适宜温度为 15～25℃，花期适宜温度为 18～20℃。万寿菊为喜光性植物，充足的阳光有利于万寿菊生长。万寿菊原产墨西哥，20 世纪 90 年代引入我国云南，已形成规模化种植，栽培技术成熟。

项目所在区平均日照 2 008.7 h（河谷为 1 704.5 h），年均有效光时 897.3 h，有效光时比为 45%，光热能辐射年均 125.148 kcal[①]/$cm^2$。多年平均气温 13.7℃（河谷 16.2℃），7 月气温最高，平均气温达 25.5℃，极端最高气温为 31.7℃。土壤类型为紫色土，pH 为 4.82～6.86，有机质含量为 28.3～78.8 g/kg，土壤阳离子交换量为 8.83～14.6 cmol/kg。当地气候和土壤条件均适宜万寿菊生长。

（5）实施成果

如图 1 所示，种植花卉植物万寿菊，给当地带来一定的景观价值，避免了农用地土壤中污染物向食物链转移。

图 1　受污染农用地调整为种植万寿菊

① 1 cal=4.184 J。

## 2.1.4　生理阻隔

### 2.1.4.1　技术名称

生理阻隔，Physiological Regulation。

### 2.1.4.2　技术介绍

（1）技术原理

利用作物重金属累积生理特性、离子拮抗效应、重金属吸收与转运过程调控等，喷施生理阻隔剂，抑制作物吸收重金属或改变重金属在植株体内的分配，从而降低农产品可食部位重金属超标风险。

（2）技术分类

按照添加成分的不同，生理阻隔剂可分为含硅、含锌、含铁/锰等不同类型。

（3）技术体系构成

以水稻镉/砷积累生理阻隔技术体系为例，可分为阻隔原理分析、产品研制、技术实施和效果评价四个阶段。

1）阻隔原理分析

水稻等农作物的重金属积累主要与根系吸收、茎秆和叶片的转运有关。硅、硒等有益元素和锌、铁、锰等微量元素，具有降低农作物吸收、转运镉砷等重（类）金属元素的功效，从而改变重金属元素在农作物植株体内的分配，降低农产品中重金属含量。针对不同的重金属元素，其吸收、转运的机制不同，需要研制不同的生理阻隔产品。

2）产品研制

根据产品有效成分、pH、粒径、稳定性、杂质含量等关键参数，研制水溶性优良、杂质含量低和较稳定的硅溶胶、硒硅复合溶胶和微量元素硅溶胶等生理阻隔剂。

3）技术实施

综合稻田镉/砷污染程度和土壤理化性质，确定合适的生理阻隔剂，确定生理阻隔剂的实施时期、实施方式、用量和次数，并结合水分管理和施肥等农艺措施，确定经济可行的和不影响农业生产的水稻镉/砷生理阻隔技术方案。

4）效果评价

从农产品达标率和生理阻隔技术的经济可行性等方面评价技术效果。

①基本指标：农产品重金属达标率与下降率；

②水稻产量：农作物产量提升率；

③生理阻隔技术应具有经济可行性。

#### 2.1.4.3 适用性

生理阻隔技术适用于中轻度污染农用地。

#### 2.1.4.4 关键工艺

本部分以硅溶胶叶面阻隔剂为例，介绍生理阻隔技术的关键工艺参数。

（1）生理阻隔剂研制关键工艺参数

产品形态：生理阻隔剂为液态溶胶形式，具有一定的黏度，出现丁达尔现象。

有效成分：硅含量≥85 g/L，硒或微量元素质量分数为0.5%～1%。

平均粒径：生理阻隔剂平均粒径在100 nm以内。

pH：5.0～7.0。

生理阻隔剂的有效元素成分应达到有关中量元素肥料、微量元素肥料的要求。其中，硅含量应符合《硅肥》（NY/T 797—2004）的要求，锌、铁、锰含量应符合《微量元素叶面肥料》（GB/T 17420—2020）的要求。同时，应关注生理阻隔剂中镉、汞、铅、铬、锌、镍、铜和砷等重（类）金属含量，避免对土壤造成二次污染。

（2）生理阻隔剂施用关键参数

1）施用方式

采用叶面喷施的方式。建议使用去离子水或蒸馏水稀释产品。一般应在晴天的下午喷施。具体操作细节应按照产品说明书规范实施。

2）施用时期

实施的适宜生育期为水稻拔节后期至抽穗期。实施次数应根据污染风险等级确定。为了提高稻米镉的达标率，推荐水稻拔节后期、抽穗期两次喷施。

3）施用量

每次折合纯二氧化硅为3～6 $kg/hm^2$。在种植镉累积能力较强的水稻品种、土壤有效硅含量较低（＜100 mg/kg）和晚季种植的情况下，宜加大喷施剂量。

（3）技术效果评价参数

水稻重金属积累生理阻隔技术的效果评价参数包括稻米重金属含量下降百分比、稻米重金属达标率和稻米产量。

#### 2.1.4.5 实施周期及成本

影响生理阻隔技术成本的因素主要包括土壤重金属含量、工程规模、阻隔剂品种以及人力成本。综合上述各因素，生理阻隔技术费用为60～100元/亩。由于需要根据当地污染情况与农产品种植情况进行分析后，因地制宜地制订生理阻隔技术方案，因此还需要考虑相应的技术方案编制成本。

**技术应用案例 2-4：生理阻隔技术应用于镉砷轻度复合污染稻田**

（1）项目基本情况

广东省某镉砷污染稻田。

（2）工程规模

稻田面积约为 50 亩。

（3）主要污染物及污染程度

土壤镉、砷平均含量分别为 0.817 mg/kg 和 48.7 mg/kg，稻田土壤属于轻度镉砷复合污染土壤，对水稻生长具有一定危害。

修复目标值：稻米镉、无机砷浓度下降至《食品安全国家标准 食品中污染物限量》（GB 2762—2012）限值以内（镉、无机砷限值均为 0.2 mg/kg）。

（4）土壤理化性质

稻田土壤黏粒含量为 367.1 g/kg，砂粒含量为 102.7 g/kg，有机质含量为 20.2 g/kg，总氮为 1.33 g/kg，有效磷为 77.4 mg/kg，有效钾为 59.8 g/kg，土壤阳离子交换量为 9.89 cmol/kg，土壤 pH 为 6.53，呈酸性。

（5）施用流程及关键步骤

根据筛选的生理阻隔技术，估算目标污染稻田实施工程量，确定施用的生理阻隔剂类型、实施时期和实施方式及实施剂量；结合目标耕地农业生产计划，制定生理阻隔技术初步方案；结合农艺措施（如水分管理和施肥管理调控等）进行技术方案的优化，确定经济可行的、不影响农业生产的生理阻隔技术方案。现场如图 1 所示。

（6）主要试验及方案参数

①生理阻隔剂：所用的硅溶胶和硒复合硅溶胶均由国内生产。二氧化硅含量≥18%，平均粒径在 100 nm 以内，pH 为 5.0～7.0。

②技术应用年限及时间：实施稻田面积共计 50 亩，于 2017 年进行应用试验，实施年限 2 年。

③施用方式及剂量：在水稻孕穗期（60～70 天），每隔 7 天向叶面喷施生理阻隔剂（1 L/亩）一次，全生育期共喷 2 次；常规施肥，氮、磷和钾的施肥配方为 N 240 $kg/hm^2$，$P_2O_5$ 42 $kg/hm^2$ 和 $K_2O$ 90 $kg/hm^2$。在水稻成熟时，跟踪采集水稻样品；以同一地区相邻地块没有采取任何治理措施的区域采集的水稻样品为对照（以下简称对照）。

（7）成本分析

单位处理成本约为80元/亩，包括材料费、设备费、人工费用等。

（8）技术效果

经过效果评估单位开展的效果评估，对照稻米镉、无机砷含量平均值分别为0.334 mg/kg、0.170 mg/kg；“叶面喷硅”处理后，稻米镉、无机砷含量平均值分别降至0.194 mg/kg、0.140 mg/kg，分别下降了41.9%、17.6%；“叶面喷硒硅”处理后，稻米镉、无机砷含量平均值分别降至0.169 mg/kg、0.125 mg/kg，分别下降了49.4%、26.5%。叶面阻隔技术实施后稻米镉和砷含量均低于《食品安全国家标准 食品中污染物限量》（GB 2762—2012）限值。

图1　水稻镉/砷积累生理阻隔技术现场施工

## 参考文献

[1] Liu C，Wei L，Zhang S，et al. Effects of nanoscale silica sol foliar application on arsenic uptake，distribution and oxidative damage defense in rice（*Oryza sativa* L.）under arsenic stress[J]. RSC Advances，2014，4（100）：57227-57234.

[2] Cui J，Liu T，Li F，et al. Silica nanoparticles alleviate cadmium toxicity in rice cells: mechanisms and size effects[J]. Environmental Pollution，2017，228：363-369.

[3] 赵其国，沈仁芳，滕应，等. 中国重金属污染区耕地轮作休耕制度试点进展、问题及对策建议[J]. 生态环境学报，2017，26（12）：2003-2007.

[4] 黄道友，朱奇宏，朱捍华. 重金属污染耕地农业安全利用研究进展与展望[J]. 农业现代化研究，2018，39（6）：1030-1043.

[5] 赵方杰. 水稻砷的吸收机理及阻控对策[J]. 植物生理学报，2014，50（5）：569-576.

[6] 李晴，刘同旭，刘传平，等. 一种叶面硅肥的制备方法及其使用方法：CN101851133B[P].2013-02-06.
[7] 刘传平，李芳柏，崔江虎，等. 一种可以抑制水稻重金属吸收积累生产富硒稻米的硒掺杂纳米硅溶胶及其制备方法：CN103789114B[P]. 2015-08-26.
[8] 李芳柏，刘新铭，刘传平，等. 一种可抑制水稻吸收重金属的稀土复合硅溶胶：CN1907029[P]. 2007-02-07.
[9] Liu C，Li F，Luo C，et al. Foliar application of two silica sols reduced cadmium accumulation in rice grains[J]. Journal of Hazardous Materials，2009，161（2-3）：1466-1472.
[10] 汪鹏，王静，陈宏坪，等. 我国稻田系统镉污染风险与阻控[J]. 农业环境科学学报，2018，37（7）：1409-1417.
[11] 徐向华，刘传平，唐新莲，等. 叶面喷施硒硅复合溶胶抑制水稻砷积累效应研究[J]. 生态环境学报，2014，23（6）：1064-1069.
[12] Cui J，Liu T，Li Y，et al. Selenium reduces cadmium uptake into rice suspension cells by regulating the expression of lignin synthesis and cadmium-related genes[J]. Science of the Total Environment，2018，644：602-610.
[13] Pan D, Liu C, Yi J, et al. Different effects of foliar application of silica sol on arsenic translocation in rice under low and high arsenite stress[J]. Journal of Environmental Sciences, 2021, 105：22-32.
[14] 广东省市场监督管理局.稻田土壤镉、砷污染生理阻隔技术规范: DB44/T 2264—2020 [S]. 2020.

## 2.2 农用地土壤污染修复技术

### 2.2.1 植物吸取

#### 2.2.1.1 技术名称

植物吸取，Phytoextraction。
别名：植物萃取。

#### 2.2.1.2 技术介绍

（1）技术原理

利用重金属超积累植物或大生物量积累植物（以下简称超积累/积累植物），从土壤中吸取一种或几种重金属污染物并将其转移贮存至地上部，然后通过收获植物地上部的方式将重金属从土壤中移除，从而降低污染土壤中重金属含量，最后再对植物收获物进行安全处置与资源化利用。

（2）技术分类

植物吸取技术由植物超积累/积累的重金属种类决定。目前我国常用的植物吸取技术有镉（Cd）/锌（Zn）超积累植物伴矿景天和东南景天的植物吸取技术、砷（As）超积累植物蜈蚣草的植物吸取技术、铬（Cr）超积累植物李氏禾的植物吸取技术等。依据种植模式分类，包括超积累植物单一种植以及超积累植物与农作物、经济植物间/轮作的植物吸取技术。此外，植物吸取技术与农艺措施、化学调控技术、微生物技术等强化措施联合应用，可提高植物吸取修复效率。

（3）技术体系

植物吸取技术体系通常包括超积累植物的繁育、栽培与管理、收获与安全处置、植物修复监测等技术主体单元。

超积累植物的繁育技术包括种子繁育技术、组培育苗技术以及分株育苗技术。种子繁育技术是指利用收获的超积累植物种子进行播种，萌发生成新的种苗。组培育苗技术主要利用超积累植物的茎段、叶片等组织进行培养扩繁，诱导生成新的种苗，该繁殖方法快速、高效。分株育苗技术是把超积累植物的根部、茎叶等含有新芽的部分从母体分离，重新扦插移栽以获得种苗。

栽培与管理主要包括田间栽培技术和田间管理技术。田间栽培技术因地理、气候条件差异会有所不同。超积累植物的栽培流程主要包括土地翻耕平整、基肥施用、杀虫除草、田间灌溉、种苗移栽等。田间管理技术包括抑制病虫害和杂草生长、追肥、防旱排涝等。

收获与安全处置技术主要针对超积累植物地上部分，收集的植物残体要从农田移除、晒干，并通过焚烧等方式进行减量化处置，焚烧后对残渣中的重金属进行固化/稳定化处理，或提取有价值的重金属后再进行安全处置。

植物吸取技术体系中主要农艺设备有旋耕机、水泵、发电机、焚烧炉、育苗棚等，主要材料有超积累植物种苗、化肥农药等。

#### 2.2.1.3 适用性

植物吸取技术适用于去除中低污染程度农用地土壤中Cd、Zn、As等重（类）金属污染物。由于超积累植物生长通常具有地带性特点，植物吸取技术应用前需研究超积累植物的土壤、气候适宜性；大生物量重金属积累植物的生长适应性比较强，技术难点在于收获物的安全处置。

#### 2.2.1.4 关键工艺

对污染农田进行土地翻耕平整，建设排灌设施，施用基肥后移栽超积累/积累植物种苗。

种苗成活后，开展田间除病虫草害、追肥、防旱排涝等田间管理工作。植物成熟或生物量最大时，收获其地上部并从田间移除，收获后的植物残体集中进行安全处置。

（1）超积累植物选择

根据受污染农用地土壤中的重金属种类选择合适的超积累/积累植物，开展植物吸取修复。

（2）修复周期

超积累/积累植物往往对气候条件具有选择性，我国不同地区的气候条件差异较大，应综合考虑不同地区的最佳种植与收获时间、土壤污染程度和修复目标，确定植物吸取修复时间。

（3）种苗繁育

植物吸取技术通常需要多季种植超积累植物，因此，在项目修复区开展种苗繁育十分重要，可降低种苗供给成本，提高种苗移栽的成活率。

（4）栽培技术

考虑到部分地区年均气温较低，可采用覆膜技术以促进植物生长；在雨水较多地区，要加强田间排涝；基于土壤肥力特征，合理施肥，且避免施用可降低土壤重金属生物有效性的肥料类型。

（5）收获

无论是分多次收获还是一次性收获，超积累/大生物量重金属积累植物可收获部分应尽可能全部离田收获。

（6）安全处置

植物吸取技术产生的植物残体主要采用焚烧处置，然后对焚烧后的灰分进行安全处置。焚烧过程中需保障重金属污染物最大化地留存于灰分中，避免其进入大气产生二次污染。焚烧后的底渣和布袋灰中的高价值重金属可进行回收利用，再对残渣进行固化/稳定化和安全处置。

（7）监测

主要对土壤和吸取植物进行监测。

通常在植物吸取修复前以及每一季吸取植物收获后采集农田表层土壤样品，同时采集修复植物样品，测定其可收获部分生物量及重金属含量。植物吸取修复的周期通常较长，且大面积农田的重金属污染变异较大，因此植物连续吸取修复过程中，土壤监测的点位要相对固定，以建立可靠的植物修复效率计算及评价方法。

#### 2.2.1.5 实施周期及成本

植物吸取修复技术的时间或周期取决于土壤污染程度、重金属性质、超积累或积累植物类型和修复目标，修复周期可能为一年至几年。

影响植物吸取技术处置费用的因素有：①修复工程规模；②修复时间；③耕地租用费用；④人工劳务成本；⑤种苗成本；⑥农资费用；⑦植物收获物安全处置费。根据国内现有工程统计数据，植物吸取修复综合成本为 10 000～50 000 元/（亩·季），其中人工劳务成本占总费用的 20%左右，植物生长所需的农业资料费用与常规农作物（如水稻）生产成本相似。

### 技术应用案例 2-5：镉污染农用地土壤伴矿景天修复工程

（1）项目基本情况

受到露天铅锌矿采选活动的影响，云南某矿区周边的农田土壤受到严重的重金属镉（Cd）污染。

（2）工程规模

该地采取植物吸取技术修复的农田面积为 257 亩。

（3）污染程度及修复目标

土壤中 Cd 含量为 1.50～5.45 mg/kg，平均含量为 2.58 mg/kg。根据《土壤环境质量 农用地土壤污染风险管控标准（试行）》（GB 15618—2018），该地块土壤中 Cd 含量是土壤污染风险筛选值的 4.99～18.2 倍。

修复目标值：土壤全量 Cd 降低 15%以上。

（4）耕地类型

项目区耕地为旱地，主要农作物为玉米和蔬菜；土壤类型为紫色土，修复前土壤 pH 为 4.82～6.86，有机质含量为 28.3～78.8 g/kg，土壤阳离子交换量为 8.83～14.6 cmol/kg，速效磷为 1.89～75.3 mg/kg，速效钾为 148～648 mg/kg，水解氮为 75.8～478 mg/kg。

（5）工艺流程及关键设备

通过在受污染耕地连续种植镉超积累植物伴矿景天吸取土壤中污染物镉，然后收获伴矿景天地上部，将镉从土壤中转移、去除，进而降低土壤镉总量，并对伴矿景天植物残体进行安全处置。

1）超积累植物选择

选择镉超积累植物“伴矿景天”为受污染耕地的目标修复植物。伴矿景天是景天科景天属多年生草本植物，具有生长速率快、生物量较大的特点，适用于镉中低污染农田土壤的修复，也适合于高海拔地区种植。

2）育苗

项目区主要采用伴矿景天枝条扦插的育苗技术。伴矿景天在高温（>35℃）、潮湿的环境下易腐烂死亡，在低温（<10℃）环境下则停止生长。项目所在地区多年平

均气温为 11℃，极端最高气温为 31.7℃，最低气温为−10℃，是典型的低纬度高原季风气候。因此，项目所在地区每年的 4—9 月是适宜伴矿景天露天生长的季节，而 4—5 月则是最佳的露天育苗季节。但每年的 4—5 月同时也是项目所在地区受污染耕地伴矿景天示范种植的最佳季节，因此需要采用大棚育苗技术来提供示范种植的种苗。大棚育苗周期通常在每年的 11—12 月至次年的 4—5 月。本项目发现，全 Cd 为 2.5 mg/kg、肥力较高且壤质的土壤，有利于伴矿景天扦插苗的生根和分枝数的提高，而未污染土壤并不利于伴矿景天的生长。选择直径为 3～7 mm 且扦插深度为 6 cm 的种苗，伴矿景天的生根数和分枝数较高。如果在露天条件下进行育苗，遮阴率为 70%左右的遮阴网环境下，伴矿景天的单株生物量和分枝数也会显著提高。一般来说，项目所在地区一亩苗床可供 10～15 亩的田间示范种植面积。

3）示范种植

项目所在地区的伴矿景天田间示范种植时间建议为每年的 4—5 月，收获时间为当年的 9—10 月。每年种植一次，可连续种植，具体种植流程包括土地翻耕开沟、基肥施用、起垄覆膜、扦插移栽、田间管理，如图 1 所示。

图 1　镉污染农田植物吸取技术施工现场

示范区耕地使用机械进行土地的平整与翻耕，同时对田间的灌溉、排水沟渠等进行清淤与建设，满足示范区耕地旱季用水和雨季排水的需求。选择施用普通复合肥（N∶$P_2O_5$∶$K_2O$ = 13∶5∶7）作为基肥，单季施用量为 40～60 kg/亩，具体以耕地土壤肥力进行适当调整。基肥施用后，沿基肥条施方向起垄，起垄高度 20～30 cm（根据当地田间积水情况可适当调整，淹水严重则增加垄高），垄底宽 80～90 cm，垄顶宽 60～70 cm，垄沟宽 30～40 cm（垄底宽+垄沟宽总和控制在 1.2 m 左右，过宽会降低土地利用率，过窄不利于起垄与种植）。起垄完成后，喷施杀虫剂，然后立即覆盖宽度为 1 m 的黑色地膜。注意，本阶段禁止喷施任何除草剂。地膜覆盖完后，开展伴矿景天苗的扦插移栽。每垄种植 3 行，行距控制在 15～20 cm，株距控制在 15～20 cm，并根据土壤干湿状况浇水。伴矿景天生长期间，主要开展除草、杀虫、追肥、水分管理等田间管理工作。示范区的田间杂草主要通过人工拔除的方式进行控制，尽量避免使用除草剂进行直接喷洒治理，因为目前市场上还没有伴矿景天的专用除草剂。项目所在地区伴矿景天的病虫害发生率较低，但土壤中虫害仍存在，在移栽前一定要进行土壤的除虫工作。如果伴矿景天的长势较差，在扦插移栽 40～60 天后可进行追肥。追肥以氮肥为主，每亩追施 15～20 kg 的尿素。同时注意雨季的田间积水、渍水状况，避免淹水环境导致伴矿景天根系腐烂而死亡。

4）收获与处置

示范区的伴矿景天在 9—10 月生物量达到最大，此时收获伴矿景天的地上部，并同时进行土壤样品、植物样品的采集。伴矿景天收获后，需从田间移走，不能留在农田，否则伴矿景天腐烂后其吸收的镉会重新进入土壤，降低植物吸取修复效率。一方面，收获的伴矿景天可作为种苗，继续扦插移栽，扩大植物修复面积。另一方面，伴矿景天收获季节刚好处于当地旱季的开始，收获的伴矿景天可集中堆放、晾晒，晒干后使用专用焚烧设备进行安全处置。可使用压榨、烘干等装置加速伴矿景天的干燥过程。

（6）修复效果

伴矿景天连续吸取修复两季后（2018—2019 年度），土壤全量 Cd 均值从（2.58±0.69）mg/kg 下降至（1.53±0.43）mg/kg。由于植物修复区域采取的是起垄种植技术，通过对耕地面积的校正，连续吸取修复两季后的土壤全量 Cd 降低 29.9%±10.5%，达到土壤全量 Cd 降低 15%的项目修复目标。植物修复示范区第一季和第二季的伴矿景天地上部生物量平均值分别为（1.95±1.02）$t/hm^2$ 和（0.91±0.83）$t/hm^2$，地上部 Cd 含量值则分别为（170±49）mg/kg 和（172±57）mg/kg。

## 2.2.2　土壤重金属原位钝化

### 2.2.2.1　技术名称

土壤重金属原位钝化，In-situ Immobilization of Heavy Metal-Contaminated Soil。

别名：原位稳定化。

### 2.2.2.2　技术介绍

（1）技术原理

向重金属污染土壤中加入钝化剂，通过调节土壤理化性质以及吸附、沉淀、离子交换、氧化-还原等一系列反应，将土壤中重金属转化成化学性质不活泼的形态，降低其生物有效性，从而阻止土壤重金属从农作物根部向地上部的迁移累积。

（2）钝化剂种类及其主要作用机制

土壤污染稳定化修复材料按照制备基料类型与稳定化机制，可主要分为以下几种类型：

1）含磷类钝化剂

用于土壤重金属钝化的无机物料。根据基料可分为钙镁磷肥、磷矿粉、骨炭、羟基磷灰石、磷酸钙、过磷酸钙等。钝化机制包括吸附、络合、沉淀和共沉淀（生成磷酸盐类次生矿物）等多种形式，但以沉淀机制为主。

2）黏土（岩基）矿物类钝化剂

主要包括海泡石、沸石、膨润土、高岭石、蒙脱石、伊利石、凹凸棒石等。钝化机制主要包括层间吸附、表面吸附、官能团络合（螯合）、同晶置换等。

3）生物质炭类钝化剂

主要包括秸秆炭、污泥炭、木材炭、稻壳炭、园林垃圾炭等。钝化机制主要包括阳离子-π作用、离子交换吸附（静电吸附）、络合反应、共沉淀反应、氧化还原作用等。

4）含钙碱性材料类钝化剂

主要包括生石灰、熟石灰、碳酸盐类等。主要作用机制包括提高土壤 pH，使 $H^+$减少，增加土壤胶体表面的负电荷容量，从而提高土壤对金属离子的吸附能力，有利于碳酸盐等沉淀物形成，减少金属的迁移能力。

5）含硅类钝化剂

主要包括硅肥、沸石、硅藻土、（偏）硅酸钠等。作用机制主要包括形成硅酸化合物沉淀、提高土壤 pH、促进水稻根表铁膜的形成等；另外，对喜硅作物而言，硅的加入可有效促进植物生长等。

6）有机类钝化剂

主要包括有机肥、腐殖酸、污泥、堆肥等。作用机制主要为络合官能团和螯合基团，如羧基、羟基、羰基和氨基等，与金属离子生成金属-有机络合（螯合）物的电子，从而降低重金属迁移特性。

7）金属氧化物类钝化剂

主要包括针铁矿、水钠锰矿、硫酸（亚）铁（工业副产品）等。钝化机制主要包括：氧化物类钝化材料具有较高比表面，具有胶体特性，能够在外层（表面专性吸附）、内部（氧化物官能团）吸附重金属离子，降低其有效性。

8）新型功能化钝化剂

主要包括功能膜材料、纳米材料、介孔材料、杂化材料、改性（官能团、包裹类）材料。主要机制与材料类型有关，主要包括巨表面吸附/配合作用、改性后的官能团与重金属形成双齿配体降低金属离子活性、改性后的生物活性物质的间接作用机制等。

#### 2.2.2.3 适用性

钝化技术在中轻度单一重金属污染农田的适用性较好。钝化剂可针对目标重金属元素，降低其生物有效性。但土壤重金属污染常以复合性污染形式存在，受钝化剂本身作用机理影响，单一钝化剂对土壤中多种重金属元素的钝化作用往往不够稳定。此外需考虑钝化处理效果的长效性。

#### 2.2.2.4 工艺流程

基于形状指标和安全性能指标，综合考虑目标污染物性质、土壤理化性质及农用地利用类型，遴选钝化剂；根据目标土壤受污染程度，通过小试、中试确定钝化剂类型和施用量；确定钝化技术的实施时期、实施方式；采用人工施撒或机器播撒等方式完成钝化剂施用，结合农艺措施如水分管理和施肥管理调控等进行农用地土壤重金属污染治理，实现农作物安全生产目标；开展后期跟踪监测，评估钝化效果的长效性。

#### 2.2.2.5 关键工艺

（1）钝化剂成分要求

钝化剂有效成分应符合《土壤调理剂通用要求》（NY/T 3034—2016）的相关要求。土壤重金属钝化调理剂中镉、汞、铅、铬、砷含量应符合《有机无机复混肥料》（GB/T 18877—2020）和《受污染耕地治理与修复导则》（NY/T 3499—2019）的要求。

（2）技术选择

根据土壤重金属污染种类与土壤类型，进行技术选择或技术组合：

①针对镉、铅、汞污染的酸性土壤旱地，优先选择基于土壤酸碱调节机制的钝化技术，通过提高土壤 pH 值，降低目标重金属的迁移特性。钝化剂包括含钙类碱性钝化剂、黏土矿物类钝化剂、生物质炭类钝化剂、硅基类土壤碱性钝化剂。

②针对铬污染旱地，采用还原剂调控土壤铬的价态与化学形态，使 Cr（Ⅵ）转化为 Cr（Ⅲ），降低土壤中铬的移动性与毒性；在此基础上，可以辅以酸碱调节技术，提高土壤 pH，降低 Cr（Ⅲ）的移动性。还原型土壤钝化剂包括零价铁（亚铁）类钝化剂、有机质类钝化剂等，土壤酸碱调节钝化剂包括石灰、生物质炭、硅基土壤钝化剂等。

③针对镉、铅、汞、铬污染水田，优先选择酸碱调控钝化技术，提高土壤 pH，降低重金属移动性。钝化剂包括含钙类碱性钝化剂、黏土矿物类钝化剂、生物质炭类钝化剂、硅基类土壤碱性钝化剂等。

④针对砷污染农用地，采用氧化剂调控土壤重金属形态转化，使 As（Ⅲ）转化为 As（Ⅴ），降低 As 的毒性与移动性；在此基础上，辅以吸附、沉淀类钝化剂，进行钝化修复。氧化类钝化剂包括硝酸盐类、高锰酸盐类、高价铁氧化物类等，吸附、沉淀类钝化剂包括含钙类碱性钝化剂、黏土矿物类钝化剂、生物质炭类钝化剂、硅基类土壤碱性钝化剂等。

（3）钝化调理剂施用方式

一般采用人工或机械撒施的方式，将土壤钝化剂撒施在农田表层土壤（0～20 cm）中，翻耕混匀，土壤含水量保持不低于最大田间持水量的 70%。如有特殊需要，则严格按钝化剂产品使用说明书施用。

（4）钝化调理效果要求

一般情况下，在施用一定剂量的土壤重金属钝化剂后，试验小区与大田农产品可食部位中目标重金属含量平均下降幅度不低于 30%，同时不引起其余重金属含量显著升高。一般情况下，上述的显著差异是指经 $t$ 检验统计分析后，$\alpha=0.05$ 水平的显著差异。

（5）对农产品产量影响的要求

土壤重金属钝化剂应用区与对照区相比，减产幅度应符合 NY/T 3499 的要求，农产品产量最大降幅不超过 10%。

（6）钝化效果评估

钝化效果评估可从以下两方面考虑。

1）土壤—农产品协同评估

以治理单元内农产品重金属含量与对照区的变化百分比、农产品产量影响评价、土壤重金属有效态影响评价为主要评价指标；治理单元内农产品重金属超标率、土壤基本理化性质、土壤肥力影响评价为参考评价指标。

2）钝化技术的可持续性评估

基于全生命周期评价方法，评估钝化技术对环境、社会、经济、农业的影响。针对方案所明确的评估目标和范围，设定系统边界，并确定修复评价过程中的时间和空间边界。对生命周期评价过程中相关联的指标和数据进行收集，形成清单分析；进一步对修复过程中潜在的生态环境和人体健康影响进行评估以及敏感性和不确定性分析，分析出对生命周期评价结果影响较大的指标。基于成本效益分析，评估其社会和经济影响的可持续性。基于修复过程中对农产品质量和土壤质量的影响，评估其对农业生产的可持续性。综上所述，定量评估不同钝化技术策略及其组合对农用地重金属污染修复的可持续性。

**技术应用案例 2-6：铁基生物炭应用于中度镉砷复合污染稻田**

（1）项目基本情况

广东省某重金属复合污染稻田。经调查发现，该农田土壤受到镉和砷复合污染。

（2）工程规模

修复稻田土壤面积 60 亩。

（3）污染程度及修复目标

土壤镉、砷平均含量分别为 1.96 mg/kg 和 81.5 mg/kg。根据《土壤环境质量　农用地土壤污染风险管控标准（试行）》(GB 15618—2018）和《全国土壤污染状况评价技术规定》，该地块镉、砷含量分别是土壤污染风险筛选值（$6.5 < pH \leqslant 7.5$，镉 0.6 mg/kg，砷 25 mg/kg）的 3.27 倍和 3.26 倍，属于中度（3～5 倍）镉、砷复合污染土壤，对作物生产具有显著危害。

修复目标：稻米镉、无机砷含量显著下降，接近《食品安全国家标准 食品中污染物限量》(GB 2762—2017）要求（镉、无机砷均为 0.2 mg/kg)。

（4）土壤理化性质

稻田土壤黏粒含量为 398.6 g/kg，砂粒含量为 178.3 g/kg，有机质含量为 14.7 g/kg，总氮为 1.67 g/kg，有效磷为 41.3 mg/kg，有效钾为 82.7 mg/kg，土壤阳离子交换量为 12.3 cmol/kg，土壤 pH 为 6.84。

（5）施用流程及关键步骤

根据筛选的重金属钝化技术，估算目标污染耕地钝化技术实施工程量，确定技术的实施时期、实施方式和钝化剂实施剂量；结合目标污染耕地农业生产计划，制订钝化技术初步方案；结合农艺措施如水分管理和施肥管理调控等进行技术方案的优化，确定经济可行的、不影响农业生产的钝化技术方案。

（6）主要试验方案及参数

1）土壤重金属调理技术及施用剂量

所用土壤钝化调理剂为铁基生物炭和铁改性木本泥炭。铁基生物炭的固定碳≥50%，有机质≥60%，铁（Fe）≥2%，粒径<5.00 mm 的土壤颗粒≥90%，pH 为 5.0～7.0。铁改性木本泥炭主要原材料为优质木本泥炭，其有机物总量≥60%，游离腐殖酸≥12%，pH 为 6.0～8.0。铁基生物炭和铁改性木本泥炭土壤重金属调理剂适用于中轻度重金属污染土壤的治理，具有稻田镉、砷同步钝化性能。

2）技术应用年限及具体时间

实施稻田面积共计 60 亩，于 2017 年进行应用试验，实施年限 3 年。

3）施用方式及剂量

共开展了两组技术模式：铁基生物炭钝化，在水稻插秧前一周撒施铁基生物炭 200kg/亩；铁改性木本泥炭钝化，在水稻插秧前一周撒施铁改性木本泥炭 200kg/亩。均采用人工撒施的方式进行施用。钝化材料及现场施工见图 1。与此同时进行常规施肥，氮、磷和钾的施肥配方为 N 240 $kg/hm^2$、$P_2O_5$ 42 $kg/hm^2$ 和 $K_2O$ 90 $kg/hm^2$。在常规施肥的基础上，插秧前一次性施用铁基生物炭土壤调理剂的施加量均 200 kg/亩。常规肥料、铁改性木本泥炭施用时稻田已犁耙均匀，且淹水 3～5 cm；施用后 7 天进行插秧。后续除草和灌溉等田间管理与农民平时管理一致。在水稻成熟时，跟踪采集水稻样品；以同一地区相邻地块没有采取任何治理措施的区域采集的水稻样品为对照（以下简称对照）。

图 1　镉砷污染农田土壤钝化剂及现场施工图

（7）成本分析

经测算，土壤单位处理成本约为 600 元/亩，主要包括材料费、设备费、人工费用等。

（8）修复效果

经效果评估，该受污染耕地土壤钝化调理后达到修复目标，且效果稳定。施加铁基生物炭和铁改性木本泥炭：第一，有利于提升稻米产量，稻米产量分别平均提升5.7%、7.6%。第二，显著降低稻米镉和无机砷的含量。对照稻米镉、无机砷含量平均值分别为 0.538 mg/kg、0.245 mg/kg；铁基生物炭处理后，稻米镉、无机砷含量平均值分别降至 0.175 mg/kg、0.173 mg/kg，分别下降了 67.5%、29.4%；铁改性木本泥炭处理后，稻米镉、无机砷含量平均值分别降至 0.131 mg/kg、0.163 mg/kg，分别下降了75.7%、33.5%。钝化技术实施后稻米镉和砷含量均低于《食品安全国家标准 食品中污染物限量》（GB 2762—2017）限值。第三，有利于降低土壤中有效态镉、砷含量，土壤中镉、砷有效态含量下降幅度分别为 34.7%～37.7%和 46.5%～56.3%。

## 参考文献

[1] 广东省市场监督管理局. 耕地土壤重金属污染风险管控与修复安全利用技术: DB44/T 2263.3—2020[S]. 2020.

[2] 广东省市场监督管理局. 耕地土壤重金属污染钝化调理技术指南：DB44T 2271—2021[S]. 2021.

[3] 广东省市场监督管理局. 稻田土壤镉、铅、汞、砷、铬钝化调理技术规范：DB44T 2276—2021[S]. 2021.

[4] 广东省市场监督管理局. 重金属污染稻田土壤安全利用技术指南：DB44T 2278—2021[S]. 2021.

[5] 广东省市场监督管理局. 重金属污染菜地土壤安全利用技术指南：DB44T 2277—2021[S]. 2021.

### 2.2.3 客土法

#### 2.2.3.1 技术名称

客土法，Soil Replacement。

#### 2.2.3.2 技术介绍

（1）技术原理

客土法是以洁净土壤覆盖或置换污染土壤，以降低农用地上层土壤中污染物的含量，减少污染物与植物根系的接触，保障农产品质量安全的工程技术方法。客土法不能减少污染土壤量，且需大量使用清洁客土。

（2）技术分类

1）覆盖式客土法

该方法是在现有污染表土之上覆盖清洁客土，如图 2.2.3-1 所示。覆盖新土会增加农田表面高度，因此一般需要与灌溉水渠、田埂以及周围农道等配套基础设施进行整体规划，编制修复实施方案。

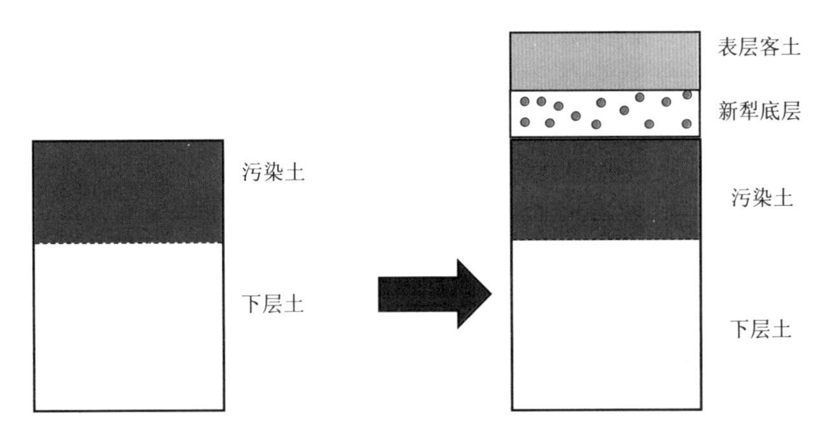


图 2.2.3-1　覆盖式客土法

2）排土客土法

该方法是清挖一定深度的污染表土，并将其运送到污染农田以外的场地进行合法处置，然后用新的未污染客土作为耕作层土覆盖农田，如图 2.2.3-2 所示。污染表土的清挖深度根据污染情况和作物根系发育情况确定。

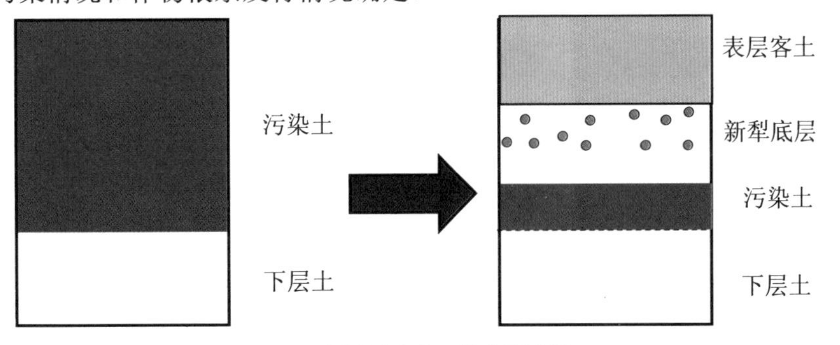


图 2.2.3-2　排土客土法

3）回填式客土法

该方法是清挖污染表土后，将其在污染地块附近暂存，然后清挖下层土（犁底层及部分心土层）提供空间后，将暂存的污染表土回填，再用清挖的下层土覆盖回填的污染表土，最后用新的未污染客土作为耕作层土覆盖农田，如图 2.2.3-3 所示。

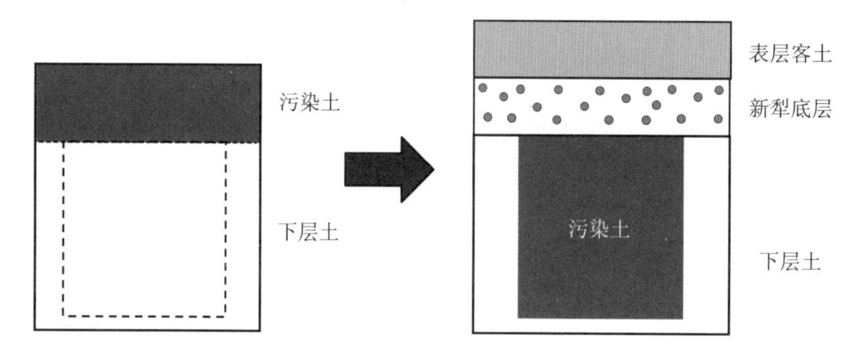


图 2.2.3-3　回填式客土法

4）翻耕式客土法（上下层互换）

该方法通过反转置换表层土与下层土（犁底层及部分心土层）的方式，清除或减少耕作层污染物，如图 2.2.3-4 所示。一般用于难以获得外来清洁客土材料，同时污染深度较浅，以及下层土污染相对较轻的农用地。

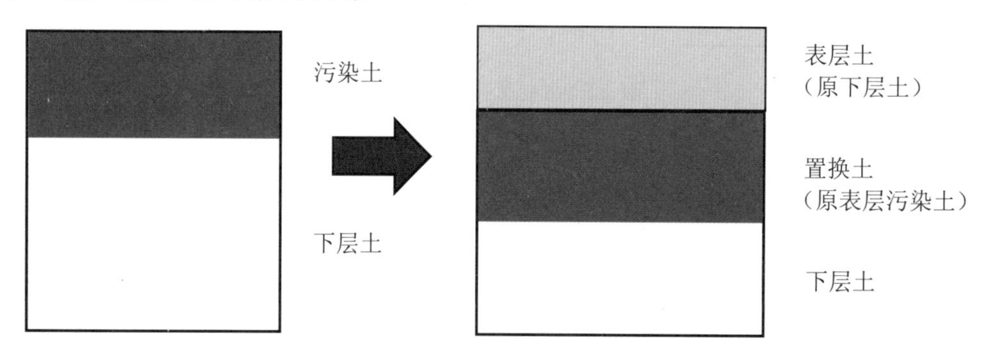


图 2.2.3-4　翻耕式客土法

（3）客土技术中对客土量的要求

客土量是应用客土改良污染土壤时首先要考虑的问题，尽管客土量越大，覆土的厚度也越大，效果一般会更好，但是在客土量增加的同时也会增加相应的转运成本，而且在一个地方取土的数量也有一定限度。因此，需要考虑合适的客土量，在取得较好效果的基础上，尽量降低投入。根据湖南石门的调查及相关试验结果，一般覆盖的客土厚度达到 15 cm 以上时即可取得较好效果，但对于不同污染程度的土壤而言，对覆土厚度的要求也不尽一致，需要因地制宜地进行设计。

（4）客土技术中对客土性质的要求

采用客土法时，一般要求客土的理化性质尽量与原土保持一致；同时，客土中污染物的含量至少应在农用地土壤筛选值以下。客土有机质含量一般要求尽量较高，且以黏性稍强的土壤较好，这样可在一定程度上增加土壤的缓冲容量。

### 2.2.3.3　适用性

客土法是治理农田土壤污染的一种有效方法，但一方面没有针对原污染土进行治理，另一方面又需引入大量清洁客土，并且在修复工程量较大时成本也较高。一般仅针对重度污染农用土壤，且在修复面积相对较小的情况下可考虑此法。

表 2.2.3-1 汇总了各种客土法的特点及适用性。

表 2.2.3-1　客土法特点及适用性

| 分类 | 特点及适用性 | 注意事项 |
| --- | --- | --- |
| 覆盖式客土法 | 特点：不需要清挖污染土，施工简单；施工后仍需长期监测，防止下层土污染物扩散至新客土层<br>适用性：适合污染物含量相对低的田块 | （1）施工后地表被抬高，需要考虑施工后农田与既有灌溉水渠、田埂以及周围农道等配套基础设施的整合性<br>（2）客土材料、厚度等需要根据污染情况设计，防止修复后污染物含量反弹 |
| 排土客土法 | 特点：可以彻底消除农田污染<br>适用性：适合点状式高浓度污染土壤修复 | 需要针对污染土的处置场地，污染土运输过程应采取二次污染防治措施 |
| 回填式客土法 | 特点：是排土客土法和覆盖式客土法的结合，设计上可以利用两种方式的优势<br>适用性：适合无法保障排除污染土处置场地及污染土运输成本过高的受污染农田 | （1）不适合下层土污染物含量高、地下水位高的区域<br>（2）施工后地表被抬高，需要考虑施工后农田与既有灌溉水渠、田埂以及周围农道等配套基础设施的整合性 |
| 翻耕式客土法（上下层反转） | 特点：施工相对简单，经济性较好<br>适用性：适合客土材料不足、下层土无污染或污染程度轻的地块 | 不适合下层土污染物含量高、地下水位高的区域 |

### 2.2.3.4　工艺流程

本部分以回填式客土法为例，介绍客土法的实施流程，如图 2.2.3-5 所示。其包括以下步骤：①测量放线等工程准备；②相关基础设施施工准备；③污染土剥离施工；④下层土开挖；⑤污染土回填，犁底层施工；⑥覆盖清洁客土；⑦土壤改良。

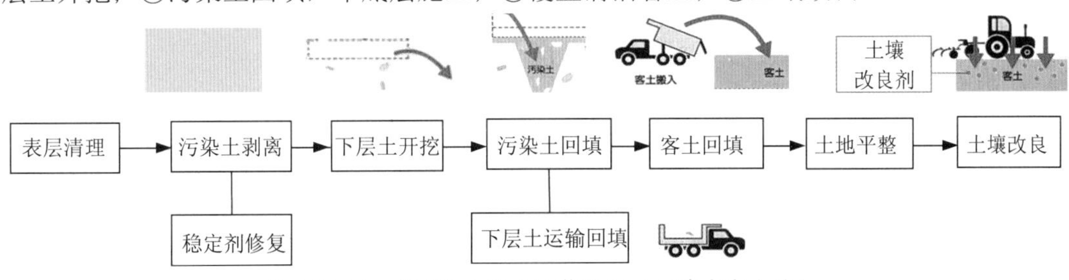


图 2.2.3-5　农田客土技术工艺流程（回填式客土法）

#### 2.2.3.5 关键工艺

本部分以回填式客土法为例，介绍客土法的实施流程与技术要点。客土区采用“底层稳定+浅层客土+土壤改良”的技术路线，将污染表土剥离、钝化后填入下层，在其上覆盖一定厚度的未污染客土，重新构建一个新的、未受污染的表层。在修复区域内种植农作物并跟踪检测，确保修复后农产品的安全。

（1）现场清理

清理对象为客土区域内杂草、树根等杂物。

零星果木、浅根作物均用挖掘机作业，利用挖掘机将枝蔓截断打碎，并剔除包裹树根的土壤，将截断的枝蔓集中堆放，自然风干后处置。对处理过的田块进行简单的平整，为后续稳定化工序做准备。

（2）耕层污染土剥离、稳定剂修复

1）污染土剥离

把耕层污染土（20 cm 左右）剥离，暂存于堆场。

2）污染土钝化

选用适宜的钝化剂对受污染土壤进行重金属钝化，使用量为 250～300 kg/亩。施用工序步骤为：土壤翻耕预处理—钝化剂撒施—钝化剂与土壤均匀混合—反应、养护。

（3）底层土开挖

从下层（20～50 cm）挖出土壤，堆积在田埂旁边，筛选出石头、石砾等。

（4）处理后原土回填

1）处理后原土回填

将处理后的剥离土回填到下层开挖深沟里面，并进行土地平整，保证填土表层与未挖下层土表面平齐。

2）下层调整土运走填埋

待处理后的剥离土回填完毕后，将田边多余的下层土运走填埋。由于该调整土为底层无污染土，无二次污染风险。

（5）取客土

1）取土要求

根据工程客土需求量及取土场地环境筛选适宜的取土场地，应选择运输距离较近、交通条件较好且与修复区域土壤性质类似的土源作为取土场地。如取土场为农田，可直接作为土源，不必进行筛分；如取土场为工程建设弃土等其他非农用地土源，则应首先进行分析评估，确定满足农田土壤要求后方可使用。对存在石块等的土壤，还需进行土壤筛分，满足后期耕作要求。取土时要严格按照取土范围进行取土作业，不得对其他区域造成破坏和扰动。取土前应对场地进行清理，采用挖掘机和人工方式清除表层植被和杂物等。

2）土方运输

取土开挖可以采用挖掘机和人工配合的方式装车，可选用 10～20 t 的载重汽车运输。装车时如有土壤洒落，要及时清扫处理，运输过程中应覆盖，汽车行驶过程中保持平稳低速，防止土壤扬尘、洒落。行驶路线合理规范，司机不得随意更改行驶路线。遇交通高峰期，施工单位应合理组织，避免给当地居民出行带来不便。

（6）客土回填

1）回填

回填土方应考虑以下要求：农田耕作层客土宜选用质地较好、未污染的土壤，且土壤中不含石块、石砾、瓦片等；保障取土区的安全及用地要求，取土应避开道路路基、大江大河及堰塘水库的堤坝等；回填土要留一定的虚铺高度，表层耕作土直接加覆，其余土方回填要按照有关施工规范进行，压实度满足要求；填土后耕作层厚度应不少于 20 cm，耕作层地力满足农作物生产基本要求。

2）田坎和田埂

按照原有田埂位置标记，回填完成后进行田埂恢复。田埂埂高 30 cm、宽 40 cm，设置在原有标记的田埂之上，需要对虚土进行分层压实。

（7）客土改良

客土工程一般土壤都比较贫瘠，要进行土壤改良后才能满足农作物的生长要求。设计采用施加氮磷钾肥及有机肥等进行土壤改良。部分试点结果显示一亩地需有机肥 4 t 左右。肥料质量符合《有机肥料》（NY/T 525—2021）等标准规定，有机质含量不小于 30 %，总养分不小于 4 %，水分不大于 30 %，pH 为 5.5～8.5。

#### 2.2.3.6 实施周期及成本

客土技术周期一般为三个月至半年，实际周期取决于以下因素：①修复面积；②污染程度及污染物性质；③土源距离条件等。

**技术应用案例 2-7：日本神通川流域农田土壤污染客土治理工程**

目前国内有关客土法修复的工程案例鲜有报道。国外采用客土法修复污染农田的案例较多。1971 年，日本在《农用地土壤污染防止等相关法律》实施前后，开始客土法的试验研究，有很多工程案例报道。试验研究对象包括镉、铜以及砷等各种重（类）金属污染，修复工程案例包括水田、旱田以及蔬菜等经济作物的耕地。以下根据相关文献和公开报道，介绍镉污染农田修复工程案例。

日本神通川流域农田土壤污染是由于当时的岐阜县神冈町三井金属神冈矿业所排出的含镉废水通过神通川水系流入下游，通过灌溉等积累于水田土壤。神通川两岸污染农田修复面积 1 500.6 $hm^2$（约 22 500 亩），耕作层土壤中镉平均含量 1.12 mg/kg，下层土 0.70 mg/kg；糙米中镉平均含量 0.99 mg/kg，超过环境标准（糙米 0.4mg/kg）。为确定修复工法，1973—1978 年，在流域具有代表性的 10 个地点选定 58 处试验区，考虑客土厚度、土层改良方法、土壤条件以及地下水位等因素，对工艺参数进行了探索。以回填式客土法和覆盖式客土法为例，介绍相关试验和工程实施结果。

（1）回填式客土法

首先清挖污染表层土并在地块附近暂存，之后在污染区内建设回填污染土的沟槽，将污染表层土回填，压实后设置犁底层，最后覆盖清洁客土。

（2）覆盖式客土法

直接压实污染表层土，在其上部设置犁底层，最后覆盖客土。犁底层使用砂砾土，客土采用附近取得的山地土壤，设计平均厚度为 15 cm。考虑施工的损耗 5～7.5 cm，实际施工的客土厚度 20～22.5 cm。

试验区以及实际施工的主要工艺参数如下。

1）客土厚度

为防止作物从下层污染土中吸收镉，客土层厚度是重要工艺参数之一。从水田作物根系侵入深度、农耕设备的翻耕深度、修复成本等方面综合考虑，客土厚度最低需要 20 cm，犁底层厚度最低 10 cm，因此总厚度最低 30 cm；旱田考虑安全率，客土总厚度最低需要 45 cm。从客土法修复后水田收获的糙米中镉含量与客土层厚度（10～30 cm）的试验结果分析，客土厚度 15cm 以内试验区的镉含量每年变化较大，稳定性欠佳。维持稳定低含量镉的最低客土厚度为 20 cm，考虑犁底层厚度最低为 10 cm，大多数工程设计总厚度大于 30 cm。

2）客土材料选择

从防止污染反弹和保障作物产量的角度，耕作层客土应尽量采取黏土含量高（>15%）、阳离子交换容量高的土壤。材料选择条件包括：①镉等重金属含量低，不含其他污染物；②通过土壤改良可以恢复原有的作物产量；③可以保证大规模采取客土，且没有运输方面的障碍；④不考虑文物保护区等区域。

3）相关配套基础设施

在已有污染的耕作土上覆盖客土，会提高农田地表高度，因此需要考虑修复后农田与灌溉水渠、田埂以及农用道路等配套设施的整合性。

4）下层土压实效果

大多数客土施工工程采用推土机破碎碾压的方法压实下层土。压实下层土可以降低土层的渗透系数，降低氧化还原电位，同时增加土层强度来阻碍作物根系进入下部污染土层，从而防止糙米中镉含量升高。

5）后期监测及移出污染区名录手续

修复后农田需要监测耕作土壤以及糙米中的镉含量，确认污染去除效果。修复后农田由于灌溉用水、降尘（存在大气污染时），以及下层土污染物向上层迁移等作用，可能出现污染物含量反弹的现象，需要 3 年连续监测，达标后即可以移出污染区名录。根据神通川流域修复农田区域的监测结果，修复后耕作土壤中镉平均含量为 0.16 mg/kg，糙米中镉平均含量为 0.09 mg/kg（糙米环境标准 0.4 mg/kg），与修复前相比含量均大幅降低。工程实施后的水田长期跟踪监测结果显示耕作土壤中的镉含量没有出现反弹现象。

## 参考文献


[1] 舘川洋.カドミウム汚染圃場の整備と土地改良[J].土壌の物理性，1976，33：21-26.

[2] 徳永光一，馬場秀和，佐藤裕，等.カドミウム汚染水田の更生工法について（続）一作付 2 年目の調査結果から一[J]. 農土誌，1977，45：849-857.

[3] 柳沢宗男，新村善男，山田信明，等. 神通川流域における重金属汚染の実態調査と土壌復元工法に関する研究[J]. 富山農試研報，1984，15：1-110.

[4] 尾川文朗. 秋田県における水稲のカドミウム吸収の実態とその被害軽減に関する 研究[J]. 秋田農試研報，1994，35：1-64.

[5] 大竹俊博：カドミウム汚染土壌における水稲のカドミウム吸収およびその抑制に関する研究[J]. 山形農試特別報，1992，20：1-77.

[6] Yamada N. Leading edge technologies for remedying heavy metal contaminated agricultural soils：2. remediation of heavy metal-Contaminated soils by soil dressing，and sustainability of the remediation effects[J]. Japanese Society of Soil Science and Plant Nutrition，2007，78（4）：411-416.

[7] 侯李云，曾希柏，张杨珠. 客土改良技术及其在砷污染土壤修复中的应用展望[J]. 中国生态农业学报，2015（1）：20-26.

### 2.2.4 深翻法

#### 2.2.4.1 技术名称

深翻法，Deep Ploughing。

别名：深耕，深翻耕。

#### 2.2.4.2 技术介绍

（1）技术原理

通过不同类型的机械设备，对农田不同深度的土壤进行翻混，从而降低土壤表层聚集的污染物含量。深翻法本质上是对上层污染土壤和下层较清洁土壤进行稀释，不能减少污染物总量。

（2）技术适用性评价

深翻法适用性评价应综合考虑修复区域农田土壤污染物种类（稳定性重金属或类金属等）、污染物垂直分布特征、物理性质（土壤质地、粒径等）、化学性质（pH、氮磷钾等养分含量）、可操作性（土层厚度、区域土壤坡度等），以及地下是否存在管线、设施、填埋物等因素。

（3）实施流程与主要设备

深翻法主要由前期预处理、深翻、土壤改良、土壤旋耕四部分组成。

①前期预处理根据修复区域情况决定是否进行。可能涉及的处理有土壤清理、旋耕或深松。主要设备包括土壤旋耕机、土壤深松机。②深翻涉及的主要设备为土壤深翻机。③土壤改良处理的主要设备为肥料撒施机。④土壤旋耕处理涉及的主要设备为农用旋耕机。

深翻修复设备简单、易操作，不同类型设备汇总情况见表 2.2.4-1。

表 2.2.4-1 主要深翻机械类型

| 序号 | 1 | 2 | 3 | 4 | 5 |
| --- | --- | --- | --- | --- | --- |
| 名称 | 输送式土壤深翻机 | 电动撒肥深翻机 | 农用旋耕机 | 悬挂式铧式翻转犁 | 挖掘机 |
| 实物图 | | | | | |
| 成本 | 约 500 元/亩 | 约 300 元/亩 | 约 100 元/亩 | 约 200 元/亩 | 约 1 500 元/亩 |
| 深度 | 0.8～1.2 m | 0.4～0.5 m | 0.2～0.3 m | 0.25～0.35 m | 深度可调 |
| 特点 | 适合 60～100 cm 深度的翻混 | 适合 40 cm 左右深度的翻混，可实现药剂的同步撒施 | 适合 20 cm 左右深度的翻混 | 适合 25 cm 左右深度的翻混，翻混不均匀 | 适合不同深度的翻混，翻混不均匀 |

### 2.2.4.3　技术特点

通过物理方式降低表层土壤污染物含量，高效、性价比高，但并不能将污染物移出土壤。深翻技术的详细优缺点对比见表 2.2.4-2。

表 2.2.4-2　深翻技术优、缺点对比

| 优点 | 缺点 |
|---|---|
| （1）周期短、工序简单、见效快<br>（2）根据规划要求或实际操作条件，可在原位进行，也可异位进行<br>（3）修复过程不产生外运需求<br>（4）修复成本低，修复设备基本为农机设备，操作简单<br>（5）可以与多项技术联合实施 | （1）不能将污染物彻底移出土壤<br>（2）只针对重金属、类金属中稳定性强、不易挥发的污染物，且污染聚集在土壤表层<br>（3）需要配合土壤肥力改良措施 |

### 2.2.4.4　工艺流程

根据修复区域农田土壤质地情况，工艺流程主要分为以下三类。深翻技术工艺流程如图 2.2.4-1 所示。

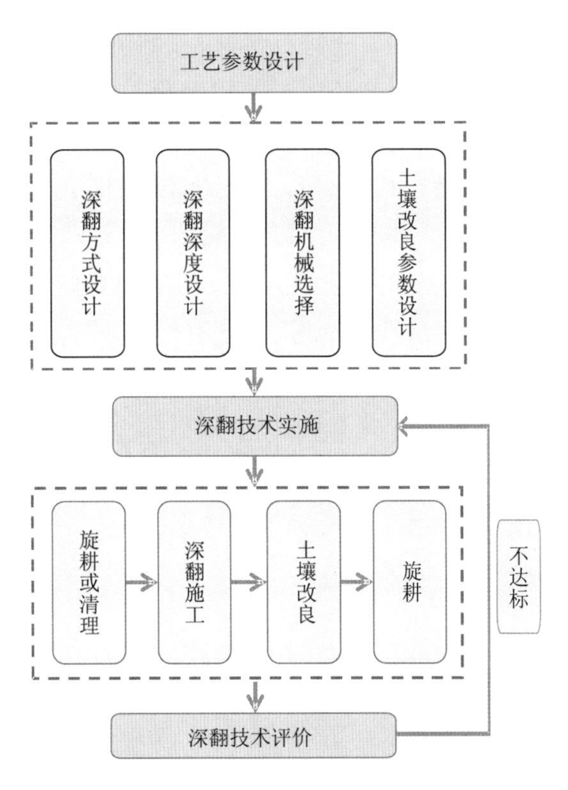


图 2.2.4-1　深翻技术工艺流程

（1）第一类：质地松软型农田土壤修复

修复区域土壤质地松软，便于深翻机械作业的修复区域。深翻处理工艺流程为：工艺参数设计→深翻施工→土壤改良→旋耕→深翻技术评价。

首先，根据污染区域情况进行工艺参数的设计，主要包括深翻深度、选用机械类型、土壤改良参数等。其次，进行深翻施工：第一步，对修复区域的土壤进行机械深翻；第二步，进行土壤改良（补施肥料）；第三步，进行旋耕平整，确保肥料与耕作层土壤充分混合。最后，对土壤污染物含量与土壤肥力进行效果评价。

（2）第二类：质地偏硬型农田土壤修复

修复区域土壤质地偏黏或深翻深度范围内土体较紧实，不便于深翻机械作业的情况下，补充前期预处理——旋耕或深松。深翻处理工艺流程为：工艺参数设计→旋耕或深松→深翻施工→土壤改良→旋耕→深翻技术评价。

首先，根据污染区域情况进行工艺参数的设计，主要包括深翻深度、选用机械类型、土壤改良参数等。其次，进行深翻施工：第一步，进行前期预处理——旋耕或深松；第二步，进行机械深翻；第三步，进行土壤改良（补施肥料）；第四步，进行旋耕平整，确保肥料与耕作层土壤充分混合。最后，对土壤污染物含量与土壤肥力进行效果评价。

（3）第三类：浅层含砾石型农田土壤修复

修复区域土壤浅层（0～20 cm）含有少量砾石，不便于深翻机械作业的情况下，补充前期预处理——土壤清理。深翻处理工艺流程为：工艺参数设计→土壤清理→深翻施工→土壤改良→旋耕→深翻技术评价。

首先，根据污染区域情况设计工艺参数，主要包括深翻深度、选用机械类型、土壤改良参数等。其次，进行深翻施工：第一步，进行砾石清理（土壤清理）；第二步，进行机械深翻；第三步，进行土壤改良（补施肥料）；第四步，进行旋耕平整，确保肥料与耕作层土壤充分混合。最后，对土壤污染物含量与土壤肥力进行效果评价。

#### 2.2.4.5 关键工艺

（1）深翻深度确定

根据目标污染物的含量与深度、目标因子的修复目标值要求等计算深翻深度，见图2.2.4-2、式（2-1），并进行田间试验。

（2）深翻机械选择

深翻机械的类型根据深翻深度进行确定。现有机械详细参数见表2.2.4-1。

（3）土壤改良参数设计

根据深翻技术田间试验，确定补施肥料的用量、养分规格。

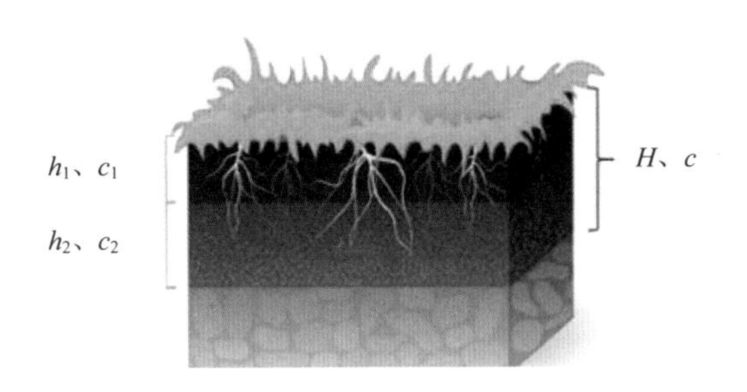


图 2.2.4-2 深翻深度计算

$$H = h_1\left(\frac{c_1 - c_2}{c - c_2}\right) \tag{2-1}$$

注 1：$H$——深翻深度，cm；$c$——目标因子的修复目标值，mg/kg；$h_1$——修复目标层厚度，cm；$h_2$——下层土壤厚度，cm；$c_1$——修复目标层目标因子含量，mg/kg；$c_2$——下层土壤目标因子浓度，mg/kg。建议每增加 20 cm 代入公式计算一次，寻找满足条件的深翻深度。

注 2：$H \leqslant \{D,120\}_{\min}$；$D$——区域土层厚度；120——深翻机械可实现最大深度，cm。$c_2 < c \leqslant c_1$。

### 2.2.4.6 实施周期及成本

深翻技术的处理周期一般为几日到几周，主要取决于以下因素：①修复区域面积；②深翻深度；③设备处理效率；④野外作业条件等。

影响深翻技术处置费用的因素有：①修复工程规模；②修复深度；③设备类型等。根据国内现有工程统计数据，深翻修复费用约 500～800 元/亩（该费用不包含土壤改良中肥料使用量及施加成本）。

**技术应用案例 2-8：农用地污染土壤深翻修复**

（1）农田土壤基本情况

河北某地农田受到历史污灌影响，土壤重金属镉（Cd）含量超标，属于单一因子污染。

表层土壤中重金属总镉的含量范围为 0.08～0.45 mg/kg，表层土壤中有效态镉含量范围为 0.05～0.19 mg/kg。其中，重金属 Cd 含量总体随剖面深度增大，呈现逐步降低趋势，Cd 总量在 0～50 cm 土层的垂直分布情况如图 1 所示。

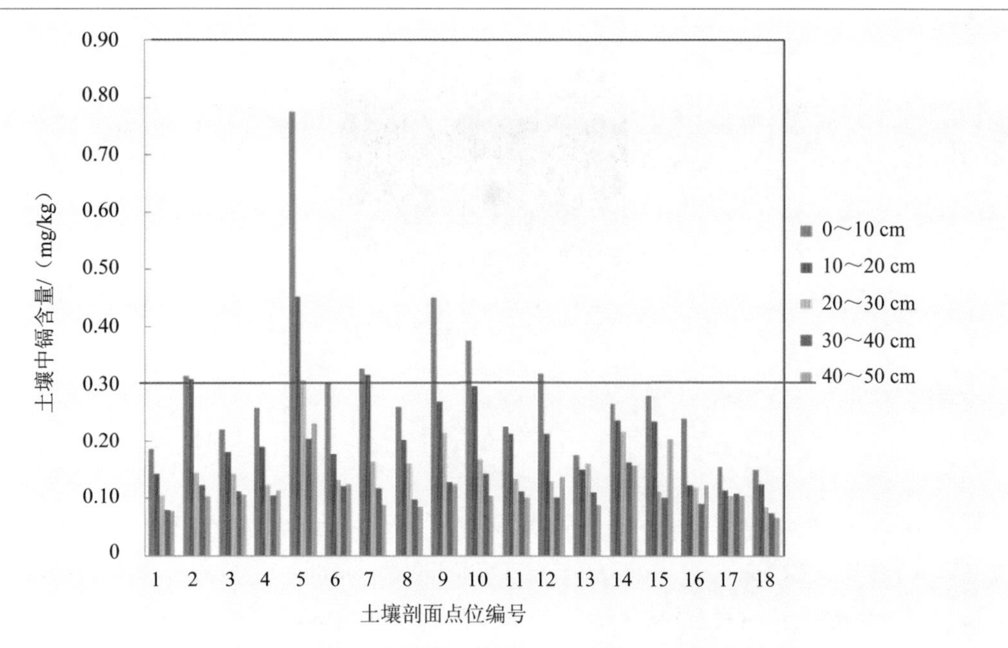


**图 1　某县农田土壤剖面重金属总量分布（红线为风险筛选值）**

（2）工程规模

该工程修复面积为 500 亩，修复土壤深度为 0～20 cm。项目采用“低积累农作物和超/高积累植物间套作+改良剂+深翻”联合修复技术。

（3）土壤修复目标

1）土壤镉总量达到《土壤环境质量　农用地土壤污染风险管控标准（试行）》（GB 15618—2018）中的筛选值（如土壤 pH≤5.5 时，全量 Cd 风险筛选值为 0.3 mg/kg）或土壤镉有效态含量按修复前的含量作为基准，参照《土壤质量　有效态铅和镉的测定原子吸收法》（GB/T 23739—2009），修复后镉有效态含量降低 50%以上；

2）土壤肥力基本与修复前水平持平或相近，农作物以当地农作物小麦和玉米为准，产量不低于当年当地平均亩产水平；

3）参照《食品安全国家标准　食品中污染物限量》（GB 2762—2017）的限值，农作物可食部分的镉含量达标率≥95%。

（4）土壤理化性质

农田土壤肥沃，主要土壤类型为粉质壤土，且质地偏硬。

（5）施用流程及关键步骤

第一步，深松机对表层土壤进行深松预处理。第二步，深翻机械对表层 0～40 cm 土壤进行深翻混匀。第三步，对深翻后表层土壤进行改良。第四步，采用旋耕机对 0～20 cm 土壤进行翻混、平整。深耕机械作业如图 2 所示。

图 2 农田深翻机械作业

关键设备有深松机、深翻机、旋耕机等。

深松机参数：耕幅 2 500 mm 左右，配套功率 88～103 kW，耕深 25～30 cm，深松行数 4 行，耕作效率 80～100 亩/天，油耗 2～6 L/亩。

深翻机参数：耕幅 2 000 mm 左右，配套动力 100～110 马力，耕深 40～50 cm，安装刀具为镀锰刀片 16 个，长×宽×高 =1 080 mm×2 575 mm×1 135 mm，耕作效率 8～12 亩/天，油耗 35～45 L/亩。

旋耕机参数：耕幅 2 300 mm 左右，配套动力 44～59 kW，耕深 10～16 cm，长×宽×高=1 050 mm×2 636 mm×1 400 mm，耕作效率 7～18 亩/小时，油耗 2～6 L/亩。

土壤改良参数：施加有机肥 1 t/亩，复合肥 25 kg/亩。

（6）成本分析

经测算，土壤的单位处理成本约为 600 元/亩，主要包括油耗费、设备费、人工费用（不包括肥料撒施）等。

（7）修复效果

经过阶段性修复技术效果评价，该农田采用联合修复技术后达到修复目标；仅采用深翻修复技术，修复层镉总量下降 50%，镉有效态下降 46.87%。

# 第三章 建设用地地块土壤污染风险管控与修复技术

## 3.1 建设用地地块土壤污染风险管控技术

### 3.1.1 阻隔

#### 3.1.1.1 技术名称

阻隔，Barrier。

#### 3.1.1.2 技术介绍

（1）技术原理

阻隔是采用阻隔、堵截、覆盖等工程措施，将污染物封闭于场地内，避免污染物对人体和周围环境造成风险，同时控制污染物随降水或地下水向周围环境迁移扩散的技术措施。阻隔技术仅能限制污染迁移，切断暴露路径，但不能彻底去除污染物，因此永久性阻隔措施需要监测其长期有效性，临时性阻隔措施需要与其他可以去除或减少地块内污染物的修复技术结合使用。阻隔技术可用于土壤污染和地下水污染的风险管控，本手册在土壤风险管控技术章节对其进行介绍。

（2）技术分类

阻隔包括竖向阻隔和水平防渗两大类。

竖向阻隔是采用竖向布置的形式，阻断污染物随地下水向周边环境迁移扩散的途径，具体包括在污染地块四周或下游，设置竖向防渗屏障等。水平防渗是采用表面覆盖阻隔、底部阻隔等形式，控制污染物因淋溶向下迁移、以蒸气形式向上逸散，或阻断表层污染土壤与人体直接接触。

（3）技术与工艺内容

竖向防渗屏障作为永久性处置措施已经广泛应用于工业污染场地、矿渣堆场、非正规垃圾填埋场等的管控处置，或作为临时性处置措施与工业污染场地原位修复技术联合应用。竖向阻隔技术利用地层中的隔水层，在污染场地四周设置竖向防渗屏障，将污染物封闭于场地内，防止污染物随地下水向下游地下水和土壤环境迁移，同时也阻止周围地下水流入污染场地，减小污染物迁移扩散的可能性，见图 3.1.1-1。竖向阻隔技术大多来源于岩土工程的止水帷幕技术，且采用不同的技术和防渗材料时，其工艺内容存在很大差异。具体技术包括高压喷射灌浆墙、搅拌桩墙、搅喷桩墙、帷幕灌注浆墙、钢板桩墙、土工膜墙以及地连墙等。防渗材料根据水文地质条件和工程要求，使用水泥、膨润土墙、HDPE（高密度聚乙烯）膜以及上述材料的组合。代表性阻隔技术见表 3.1.1-1。

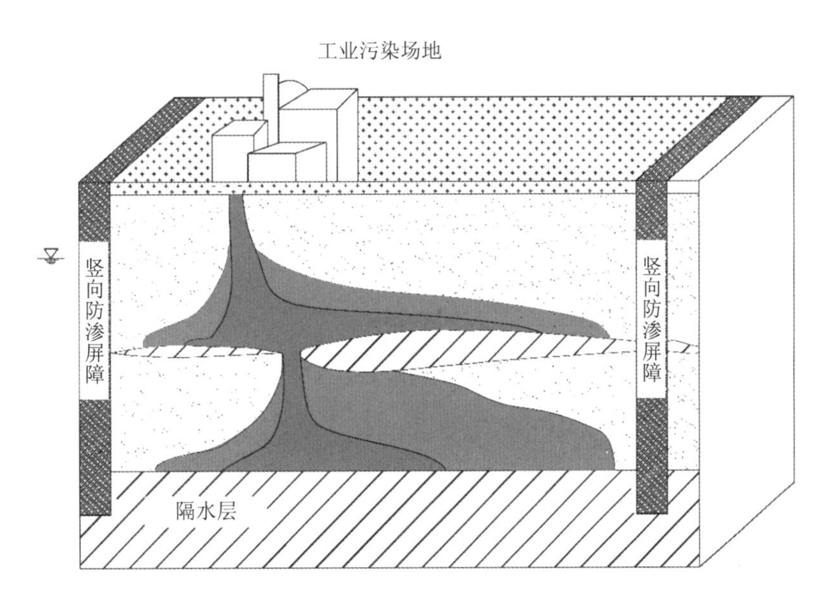


图 3.1.1-1 工业污染场地的竖向阻隔技术

表 3.1.1-1 代表性阻隔技术一览表

| 技术 | 防渗性能 | 施工性能 | 耐化学性能 | 抗变形能力 | 工程造价 |
|---|---|---|---|---|---|
| 封闭式帷幕灌浆技术 | 渗透系数一般在 $1.0\times10^{-7}\sim1.0\times10^{-5}$ cm/s | 可以采用高压旋喷、深层搅拌等各种工艺，需要对连续性进行比较 | 根据场地的地球化学特征和污染物特征，需要选择防渗材料；防止腐蚀降低防渗效果 | 较差～适中 | 较低～适中 |
| 塑性混凝土墙 | 渗透系数一般在 $1.0\times10^{-7}\sim1.0\times10^{-6}$ cm/s | 垂直开槽塑性混凝土连续墙 | 需要混凝土具有抗腐蚀性 | 较差～适中 | 适中～较高 |

| 技术 | 防渗性能 | 施工性能 | 耐化学性能 | 抗变形能力 | 工程造价 |
|---|---|---|---|---|---|
| 黏土-膨润土泥浆墙 | 渗透系数一般在 $1.0\times10^{-7}$～$1.0\times10^{-6}$ cm/s | 开挖回填，需要泥浆混合区域 | 金属离子会改变材料的渗透性能，使渗透性增大 | 较差 | 较高 |
| HDPE 膜-膨润土复合墙 | 多用于环保行业；渗透系数 $1.0\times10^{-13}$ cm/s，防渗性能优越 | 对连续性要求高，施工质量不佳可能造成渗漏，影响效果 | 有较好的抗化学性能 | 较好 | 高～极高 |

水平防渗技术主要应用于污染深度相对较浅，但隔水层深度较大，利用竖向阻隔成本较高的情况。水平防渗屏障作为永久性措施可以应用于工业污染场地、非正规垃圾填埋场的管控处置，部分也可以作为临时性处置措施与工业场地原位修复技术联合应用。水平防渗与竖向防渗屏障联合使用，可以封闭污染地块，防止污染物随地下水向周围迁移扩散，见图 3.1.1-2。水平防渗可以参考大坝水库等水利行业的截断坝基渗透水流的阻隔防渗技术。与竖向阻隔技术相比，水平防渗技术可以利用的工艺工法以及材料具有一定的限制。具体技术包括高压喷射注浆法、压密注浆法等。防渗材料根据水文地质条件和工程要求，使用水泥、膨润土以及水泥-水玻璃为主剂的新型液体浆材等。

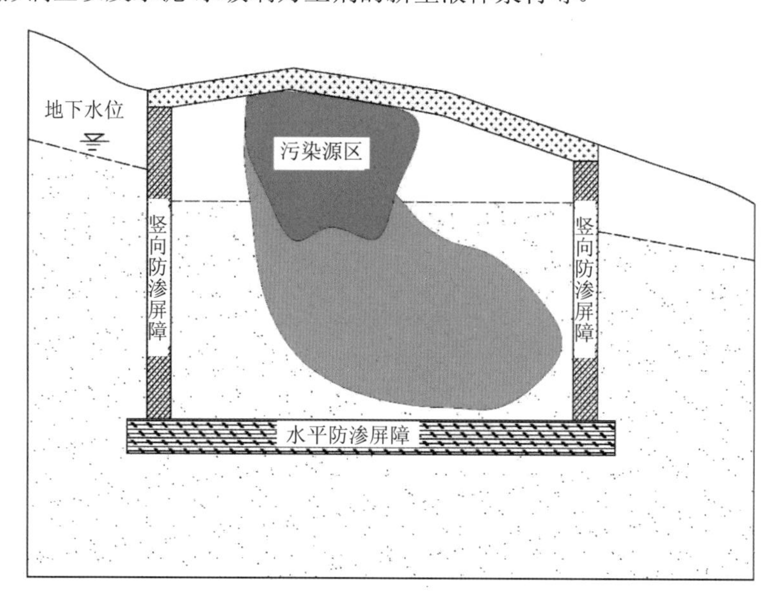


图 3.1.1-2　污染地块的水平防渗措施

### 3.1.1.3　适用性

阻隔技术主要适用于以下情形：

①地下水中的污染物浓度超过相关标准或风险不可接受；

②污染物存在潜在完整的暴露途径；

③与其他措施相比，阻隔技术具有较高的适用性及性价比。

阻隔技术可以通过限制污染迁移来达到切断污染暴露路径的目的，但不能彻底去除污染物，因此永久性防渗屏障需要监测其长期有效性，临时性防渗屏障需要与其他修复技术，如多相抽提、原位化学氧化、原位化学还原、原位热脱附、可渗透反应墙（PRB）等技术联合使用。

### 3.1.1.4　工艺流程

阻隔技术主要实施过程：①确定污染阻隔区域边界；②在污染阻隔区域边界四周设置由阻隔材料构成的垂直阻隔系统；③在污染区域表层设置覆盖系统；④定期对污染阻隔区域进行监测，监测是否有渗漏污染。

### 3.1.1.5　关键工艺参数及设计

污染地块阻隔一般根据水文地质条件、工程地质条件和施工难易程度选择施工工艺，此外还需要考虑区域地球化学特性、污染物种类、污染范围、阻隔措施设计寿命要求等，其中设计寿命要求尤其重要。例如临时性阻隔措施与永久性阻隔措施相比，在渗透性、设计寿命等方面的设计要求不同，因此在工艺选择、防渗材料选择以及工艺参数设计等方面具有本质的差异。

临时性阻隔屏障与岩土工程止水帷幕措施基本相同，因此基本上可以直接应用止水帷幕工艺流程和参数，例如岩土工程常用的高压旋喷桩、深层搅拌桩、钢板桩、土工膜墙以及地连墙等工艺工法，大多可以直接应用于污染地块的临时性竖向阻隔施工项目设计。永久性阻隔措施则需要根据设计寿命、污染物击穿标准、区域地球化学特性和污染物种类选择工艺，同时根据材料化学相容性选择防渗材料。

阻隔屏障的关键工艺参数和设计要求如下：

①防渗性：永久性阻隔屏障一般要求渗透系数低于 $1\times10^{-7}$ cm/s，临时性阻隔屏障可以要求低于 $1\times10^{-6}$ cm/s。

②竖向阻隔嵌入深度：竖向防渗屏障利用地层中的隔水层对污染地块形成封闭措施，一般要求竖向屏障嵌入隔水层不小于 1.5 m。

③阻隔屏障厚度：需要根据阻隔屏障设计寿命和污染物击穿标准，根据材料试验、污染物种类和源浓度、水文地质条件等设计阻隔屏障厚度，一般永久性阻隔屏障厚度要求 0.6 m 以上，设计寿命一般要求 30～50 年。

④污染物击穿标准：一般采用垃圾填埋场的设计要求，以污染源浓度的 10%作为击穿浓度。

代表性施工工艺介绍如下。

（1）高压旋喷桩墙

1）基本介绍

高压旋喷法，又称高压喷射注浆法，是通过高速喷射流切割土体并使水泥与土搅拌混合，形成水泥土防渗体，适用于软弱土层、砂类土、黏性土、黄土和淤泥等地层。

喷射注浆法可分为单管法、二重管法、三重管法。其中二重管法应用居多。

单管法：单重管，仅喷射水泥浆。

二重管法：又称浆液气体喷射法，是用二重注浆管同时将高压水泥浆和空气两种介质喷射流横向喷射出，冲击破坏土体。在高压浆液和其外圈环绕气流的共同作用下，破坏土体的能量显著增大，最后在土中形成较大的固结体。

三重管法：是一种浆液、水、气喷射法，使用分别输送水、气、浆液三种介质的三重注浆管，在以高压泵等高压发生装置产生高压水流的周围环绕一股圆筒状气流，进行高压水流喷射流和气流同轴喷射冲切土体，形成较大的空隙，再由泥浆泵将水泥浆以较低压力注入被切割、破碎的地基中，喷嘴做旋转和提升运动，使水泥浆与土混合，在土中凝固，形成较大的固结体，其加固体直径可达 2 m。

单管法、二重管法、三重管法工艺对比见表 3.1.1-2。

**表 3.1.1-2 旋喷注浆法工法介绍**

| 分类方法 | 单管法 | 二重管法 | 三重管法 | |
|---|---|---|---|---|
| 喷射方法 | 浆液喷射 | 浆液、空气喷射 | 水、空气喷射、浆液注入 | |
| 硬化剂 | 水泥浆 | 水泥浆 | 水泥浆 | |
| 常用压力/MPa | 15.0～20.0 | 15.0～20.0 | 高压<br>20.0～40.0 | 低压<br>0.5～3.0 |
| 喷射量/（L/min） | 60～70 | 60～70 | 60～70 | 80～150 |
| 压缩空气/kPa | 不使用 | 500～700 | 500～700 | |
| 旋转速度/（r/min） | 16～20 | 5～16 | 5～16 | |
| 桩径/cm | 30～60 | 60～150 | 80～200 | |
| 提升速度/（cm/min） | 15～25 | 7～20 | 5～20 | |

高压旋喷桩墙常用的水泥含量为 10%～14%。墙底通常进入不透水层 3～4 m。根据水泥掺量的不同，加固体 28 d 抗压强度一般不小于 2 MPa。

高压喷射注浆的成桩机理包括以下 5 种作用：

①高压喷射流切割破坏土体作用。喷射流动压以脉冲形式冲击破坏土体，使土体出现

空穴，土体裂隙扩张。

②混合搅拌作用。钻杆在旋转提升过程中，在射流后部形成空隙，在喷射压力下，迫使土粒向着与喷嘴移动方向相反的方向（即阻力小的方向）移动位置，与浆液搅拌混合形成新的结构。

③升扬置换作用（三重管法）。高速水射流切割土体的同时，由于通入压缩气体而把一部分切下的土粒排出地上，土粒排出后所留空隙由水泥浆液补充。

④充填、渗透固结作用。高压水泥浆迅速充填冲开的沟槽和土粒的空隙，析水固结，还可渗入砂层一定厚度而形成固结体。

⑤压密作用。高压喷射流在切割破碎土层过程中，在破碎部位边缘还有剩余压力，并对土层产生一定压密作用，使旋喷桩体边缘部分的抗压强度高于中心部分。

2）关键工艺参数及设计

单重管法：浆液压力 15～20 MPa，浆液比重 1.30～1.49，旋喷速度 16~20 r/min，提升速度 15～25 cm/min，喷嘴直径 2～3 mm，浆液流量 60～70 L/min（视桩径流量可加大）。

二重管法：浆液压力 15～20 MPa，压缩空气压力 0.5～0.7 MPa；浆液和压缩空气通过两个通道的喷管，在喷射管底部侧面的同轴双重喷嘴中喷射出高压浆液和空气两种射流，冲击破坏土体，其直径可达 0.8～1.5 m。

三重管法：浆液压力 20～40 MPa，浆液比重 1.60～1.80，压缩空气压力 0.5～0.7 MPa，高压水压力 30～50 MPa。

旋喷桩直径一般用半经验的方法确定，见表 3.1.1-3。

**表 3.1.1-3 旋喷桩直径参考值**

| 土质 | 标贯击数 $N$ | 直径/m | | |
|---|---|---|---|---|
| | | 单管法 | 二重管法 | 三重管法 |
| 黏性土 | $0<N<5$ | 0.5～0.8 | 0.8～1.2 | 1.2～1.8 |
| | $6<N<10$ | 0.4～0.7 | 0.7～1.1 | 1.0～1.6 |
| 砂土 | $0<N<10$ | 0.6～1.0 | 1.0～1.4 | 1.5～2.0 |
| | $11<N<20$ | 0.5～0.9 | 0.9～1.3 | 1.2～1.8 |
| | $20<N<30$ | 0.4～0.8 | 0.8～1.2 | 0.9～1.5 |

注：标贯击数，正式名称是标准贯入试验，是现场测定地层强度和地基承载力的一种常用方法；$N$ 越大说明地层越硬，旋喷直径越小。

需要相邻桩搭接形成整体，考虑施工垂直度误差等，设计桩径相互搭接长度不宜小于 300 mm。

孔位布置以双排或三排布置为宜，相邻孔距应小于 1.732 $d_0$（$d_0$为旋喷桩半径），排距一般取（1.3～1.4）$d_0$。还可以采用摆喷、定喷形成止水帷幕，以降低成本，提高整体连续性。

3）施工方法

高压旋喷桩墙的主要施工设备见表 3.1.1-4，施工流程如图 3.1.1-3 所示。

表 3.1.1-4　高压旋喷桩墙的主要施工设备表

| 序号 | 设备名称 | 所用机具 | | | |
|---|---|---|---|---|---|
| | | 单管法 | 二重管法 | 三重管法 | 多重管法 |
| 1 | 高压泥浆泵 | △ | △ | | |
| 2 | 高压水泵 | | | △ | △ |
| 3 | 钻机 | △ | △ | △ | △ |
| 4 | 泥浆泵 | | | △ | △ |
| 5 | 真空泵 | | | | △ |
| 6 | 空压机 | | △ | △ | |
| 7 | 泥浆搅拌机 | △ | △ | △ | △ |
| 8 | 超声波传感器 | | | | △ |
| 9 | 高压胶管 | △ | △ | △ | △ |

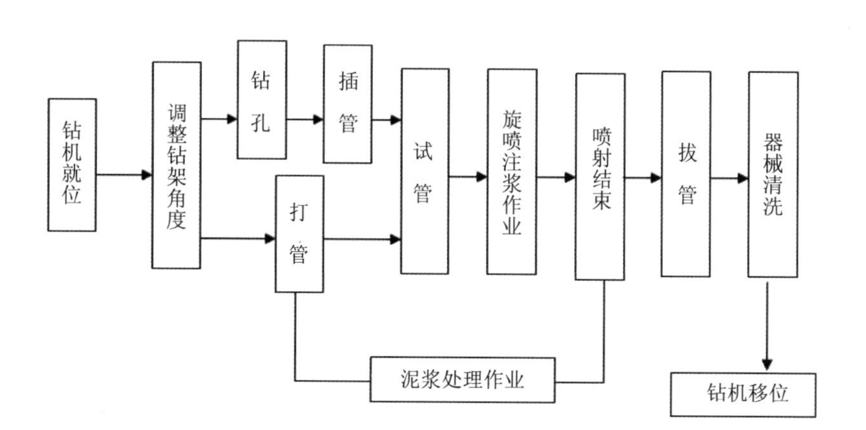


图 3.1.1-3　高压旋喷桩墙施工流程

①钻机定位：移动旋喷桩机到指定桩位，将钻头对准孔位中心，同时整平钻机，放置平稳、水平，钻杆的垂直度偏差不大于 1%～1.5%。就位后，首先进行低压（0.5 MPa）射水试验，用以检查喷嘴是否畅通，压力是否正常。

②制备水泥浆：桩机移位时，即开始按设计确定的配合比拌制水泥浆。首先将水加入

桶中，再将水泥和外掺剂倒入，搅拌机搅拌 10～20 分钟，而后拧开搅拌桶底部阀门，放入第一道筛网（孔径为 0.8 mm），过滤后流入浆液池，然后通过泥浆泵抽进第二道过滤网（孔径为 0.8 mm），第二次过滤后流入浆液桶中，待压浆时备用。

③钻孔（三重管法）：当采用地质钻机钻孔时，钻头在预定桩位钻孔至设计标高（预钻孔孔径为 15 cm）。

④插管（单重管法、二重管法）：当采用旋喷注浆管进行钻孔作业时，钻孔和插管两道工序可合而为一。当第一阶段贯入土中时，可借助喷射管本身的喷射或振动贯入。其过程为：启动钻机，同时开启高压泥浆泵低压输送水泥浆液，使钻杆沿导向架振动、射流成孔下沉；直到桩底设计标高，观察工作电流不应大于额定值。三重管法钻机钻孔后，拔出钻杆，再插入旋喷管。在插管过程中，为防止泥沙堵塞喷嘴，可用较小压力（0.5～1.0 MPa）边下管边射水。

⑤提升喷浆管、搅拌：喷浆管下沉到达设计深度后，停止钻进，旋转不停，高压泥浆泵压力增到施工设计值（20～40 MPa），坐底喷浆 30 s 后，边喷浆，边旋转，同时严格按照设计和试桩确定的提升速度提升钻杆。若为二重管法或三重管法施工，在达到设计深度后，接通高压水管、空压管，开动高压清水泵、泥浆泵、空压机和钻机进行旋转，并用仪表控制压力、流量和风量，分别达到预定数值时开始提升，继续旋喷和提升，直至达到预期的加固高度后停止。

⑥桩头部分处理：当旋喷管提升接近桩顶时，应从桩顶以下 1.0 m 开始，慢速提升旋喷，旋喷数秒，再向上慢速提升 0.5 m，直至桩顶停浆面。

若遇砾石地层，为保证桩径，可重复喷浆、搅拌：按上述④～⑥步骤重复喷浆、搅拌，直至喷浆管提升至停浆面，关闭高压泥浆泵（清水泵、空压机），停止水泥浆（水、风）的输送，将旋喷浆管旋转提升出地面，关闭钻机。

⑦清洗：向浆液罐中注入适量清水，开启高压泵，清洗全部管路中残存的水泥浆，直至基本干净，将黏附在喷浆管头上的土清洗干净。

⑧移位：移动桩机进行下一根桩的施工。

⑨补浆：喷射注浆作业完成后，由于浆液的析水作用，一般均有不同程度的收缩，使固结体顶部出现凹穴，要及时用水灰比为 1.0 的水泥浆补灌。

⑩围井检查：在已施工完毕的高压旋喷桩的一侧加喷若干个孔，与原高压旋喷墙形成三边、四边或多边围井，向围井注水试验，形成至少 14 天以后，可在井内开挖对墙体进行直观检查，或取样试验。计算渗透系数。

（2）深层搅拌桩墙

1）基本介绍

深层水泥土搅拌桩墙是一种将水泥或膨润土等材料作为固化剂的主剂，利用搅拌桩机将水泥喷入土体并就地充分搅拌，使水泥与土发生一系列物理化学反应，使软土硬结以提高地基强度的方法。水泥搅拌桩按主要使用的施工做法分为单轴、双轴和三轴搅拌桩，利用水泥和软土之间所产生的一系列物理、化学反应，使土体固结，形成具有整体性、水稳定性和一定强度的水泥土桩防渗墙。水泥土深层搅拌桩防渗墙的原理是用螺旋型钻头进行搅拌，尽量使土体和水泥浆强制拌和均匀以凝结形成水泥桩，相互搭接形成墙体，起到防渗隔水的作用，适用于松散砂土、粉砂土、粉质黏土及含少量砾石的土层。但是在砂砾层、有机质含量较高的淤泥质土及含水量较少的黏土层中应慎用。常规的三轴水泥土搅拌桩最长约 30 m。

目前出现等厚水泥土搅拌墙工法（又称 TRD 工法，Trench Cutting Re-mixing Deep）、双轮铣搅拌水泥土墙工法（又称 CSM 工法，Cutter Soil Mixing）两种新技术。

等厚水泥土搅拌墙工法，是一种用锯链式切削箱连续施工等厚水泥土搅拌墙的施工技术，首先将链锯型切削刀具插入地层，掘削至墙体设计深度，然后注入固化剂，在整个深度范围内与原位土体充分混合搅拌并持续横向掘削、搅拌，水平推进，构筑成连续的等厚度水泥土搅拌墙体。最大深度可达 60 m，垂直偏差不大于 1/250，不仅适用于黏性土、砂土、直径小于 100 mm 的砂砾及砾石，也适用于标贯击数达 50～60 击的密实砂层和无侧限抗压强度不大于 5 MPa 的软岩层。

双轮铣搅拌水泥土墙工法，使用两组铣轮以水平轴向旋转搅拌方式，形成矩形槽段的改良土体，而非单轴或多轴搅拌钻具垂直旋转形成的改良土柱。该工法分导杆式、悬吊式两种机型，在钻具底端配置两个在防水齿轮箱内的马达驱动的铣轮，并经由特制机架与凯氏钻杆连接或钢丝绳悬挂。当铣轮旋转深入地层削掘与破坏土体时，注入固化剂，强制性搅拌已松化的土体。该工法施工深度可达 65 m。

2）关键工艺参数及设计

水泥掺入比：一般使用 7%～15%为宜，在同一土层中水泥土的强度随水泥掺入比的增加而增加，但因场地土质与施工条件的差异，水泥掺入比的提高与水泥土强度的增加并非成正比。工程上取龄期 3 个月的强度作为水泥搅拌桩墙的标准强度。施工前需做水泥掺入比、水灰比的试验以确定配合比，并做工艺性试桩，确定施工参数。

3）施工方法

①测量定位，桩基安装。

②预搅下沉：启动搅拌机电机，放松卷扬机钢丝绳，使搅拌机沿导向架切土下沉。

③制备水泥浆：待搅拌机开始下沉，即可开始按成桩试验确定的配合比制备水泥浆。

④喷射提升：搅拌机下沉到达最大深度后，开启灰浆泵，开始喷浆搅拌提升，第一次喷浆量应控制在单桩总浆量的 50%左右。

⑤重复搅拌下沉。

⑥重复喷浆搅拌提升：搅拌机提升到桩顶标高时，浆液若有剩余，可在桩身上部 1～1.5m 范围内重新搅拌喷浆，不得出现搅拌头未达到桩顶，浆液已喷完的现象。

⑦上下往复搅拌一次。

⑧关闭机械，移至下一根桩位施工。

施工流程如图 3.1.1-4 所示。

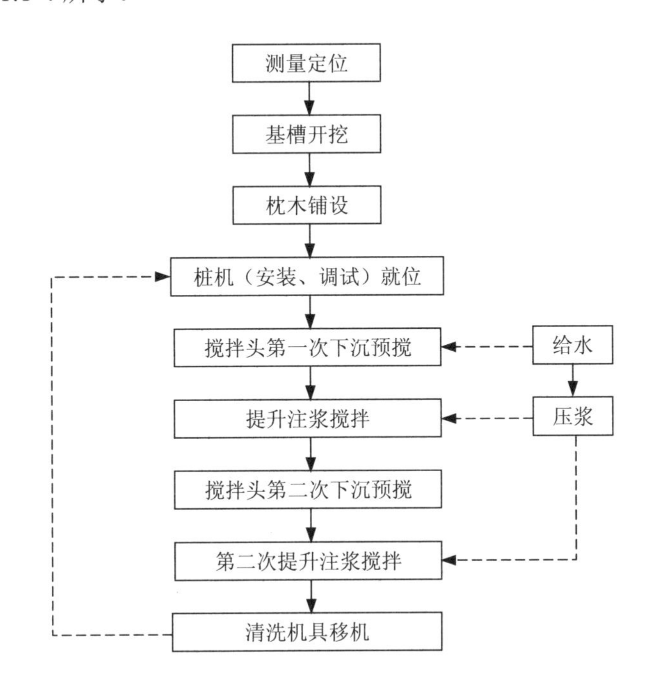


图 3.1.1-4　深层搅拌桩墙施工流程

⑨检测：包括钻芯检验和开挖围井检验。开挖检测观察防渗墙的搭接及墙厚。成桩 28 天后，取芯检验桩的完整性、均匀性及长度，渗透系数、抗压强度是否满足设计要求。取芯后的孔洞用水泥砂浆灌注封闭，做围井注水试验，检测渗透系统。

### 技术应用案例 3-1：某垃圾填埋场地块防渗帷幕建设工程

(1) 项目基本情况

某垃圾填埋场卫生填埋区占地 12 $hm^2$，垃圾渗滤废液对周围水体和环境造成污染。必须对该场地进行防渗处理，采用高压喷射注浆法对填埋区周边进行防渗处理。

（2）工程规模

该城市生活垃圾综合处理场防渗面积 7 600 $m^2$。场区地面标高 23～26 m，库底标高 15 m，堤顶标高 30 m，库容 20 万 $m^3$。防渗帷幕墙平均深度 20 m。

（3）土层及水文地质条件

场地由耕植土、黏土、粉质黏土、粉土及泥岩构成。

耕植土厚 0.4～1.6 m；黏土厚 2.1～5.4 m，渗透系数 $K=1.8\times10^{-7}$ cm/s；粉质黏土厚 13 m 左右，$K=2.2\times10^{-5}$～$1.0\times10^{-4}$cm/s；粉土加粉细砂厚 1.5～4.4 m，$K=2.5\times10^{-3}$～$1.0\times10^{-4}$ cm/s；强风化泥岩厚 8m 左右，$K<1.0\times10^{-7}$ cm/s。水位埋深 8.7～14 m，地下水由东向西径流，最后入河。

（4）施工设备及设计参数

采用三重管设备。桩距 1.5～1.8 m；喷管提升速度 10 cm/min；水压力 30～32 MPa；水量 75 L/min；气压 0.6～0.7 MPa；气量：700～1 000 L/min；浆压 0.2～0.3 MPa；浆量 80 L/min；浆液容量 1.6～1.75 g/$cm^3$。

（5）工艺流程

定位放线—钻机就位（XJ-100 型钻机）—钻孔（φ130，钻进泥岩 50 cm）—高压旋喷设备就位—插入喷管至设计高程，开始喷射作业—拔管移至下一孔口—孔口回填补浆。

（6）主要问题及处理措施

冒浆：小于注浆量的 20%为正常现象，超过 20%或者完全不冒浆时为非正常；可提高喷射压力、适当减小喷嘴直径、加快提升和旋转速度来减小冒浆；出现不冒浆或断续冒浆时，若土质松软可适当进行复喷。

固结体不完整：可采用超高喷射（喷射的顶面超过设计顶面，超高量大于收缩高度）、回灌冒浆或第二次注浆。防止因喷射注浆中断导致断桩，可在每次卸管及重新下注浆管时，保证停顿部位的搭接长度不小于 100 mm。

（7）主要工程量、工期及造价

造孔 293 个，钻孔进尺 6 368 m，定喷墙 6 900 $m^3$，旋喷墙 700 $m^3$；高压旋喷桩的综合单价约为 360 元/$m^3$。

（8）阻隔效果

整个防渗帷幕施工完成后，选择 3 处进行闭水试验。渗透系数分别为 $3.28\times10^{-8}$ cm/s、$1.64\times10^{-8}$ cm/s、$1.03\times10^{-8}$ cm/s。在试验墙体取样，取 6 个固结体进行渗透试验，渗透系数平均值为 $1.39\times10^{-8}$ cm/s，满足渗透系数低于 $1.0\times10^{-7}$ cm/s 的要求，阻隔效果较好。

## 技术应用案例 3-2：某农药厂地块污染土壤与地下水原位阻隔工程

（1）项目基本情况

地块位于江苏省某在产农药厂内，调查结果显示地块内土壤主要污染物为甲苯、乙苯、氯乙烯、1,2-二氯乙烷等，污染深度为 4～20 m；地下水中污染物主要为 1,2-二氯乙烷，最大污染深度为 23 m。为防止污染物迁移至周边地表水和地下水，沿河流周边使用高压旋喷桩法和深层搅拌法建造了竖向防渗屏障。

（2）工程规模

竖向防渗屏障长 659 m，深度 25 m，侧面积 16 478.1 $m^2$。

（3）土层及水文地质条件

地块所在区域地貌类型为滨海相沉积平原区。地块内勘探所达深度范围内 (40 m) 的地层分布情况为素填土、粉土、粉砂、粉土、粉质黏土和粉砂夹粉土。据孔压静力触探（CPTU）测试，地块原位土渗透系数为 $1.5\times10^{-4}$～$5.0\times10^{-4}$ cm/s，地块地下水类型主要为孔隙潜水，主要赋存于粉砂层及以上土层，其补给来源主要为大气降水及地表水，勘探期间孔隙潜水的初见水位在地表下 0.10～3.55 m。土层剖面及基本物理特性指标如图 1 所示。

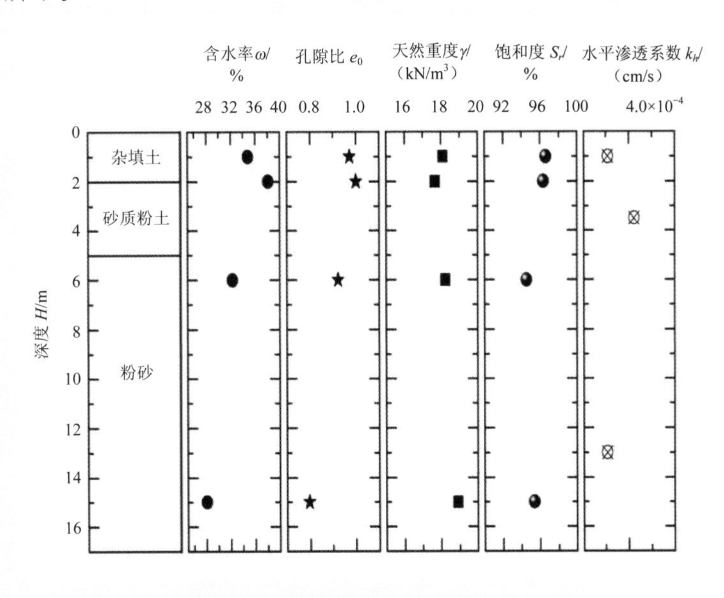


**图 1 土层剖面及基本物理特性指标**

（4）施工设备及设计参数

根据室内渗透试验和强度试验结果，确定总掺量以及水灰比。采用混合搅拌的方法进行现场屏障材料制备，然后采用深层搅拌法和高压旋喷注浆法进行施工。具体施工工艺流程如图 2 所示。主要设计参数如下：

①深层搅拌法：搅拌桩桩径850 mm，桩间距600 mm，两搅两喷；垂直度偏差不超过 1%，搭接和施工设备垂直度的补正依靠重复套打来实现；在喷搅下沉时候，钻进下沉速度≤0.4 m/min，喷搅下沉到设计深度后，在桩端搅拌喷浆30s后匀速搅拌提升，提升速度≤0.8 m/min。

②高压旋喷注浆法：采用搭接打法，桩径 850 mm，搭接 350 mm，注浆压力为25～30 MPa，钻杆提升速度 15～20 cm/min。

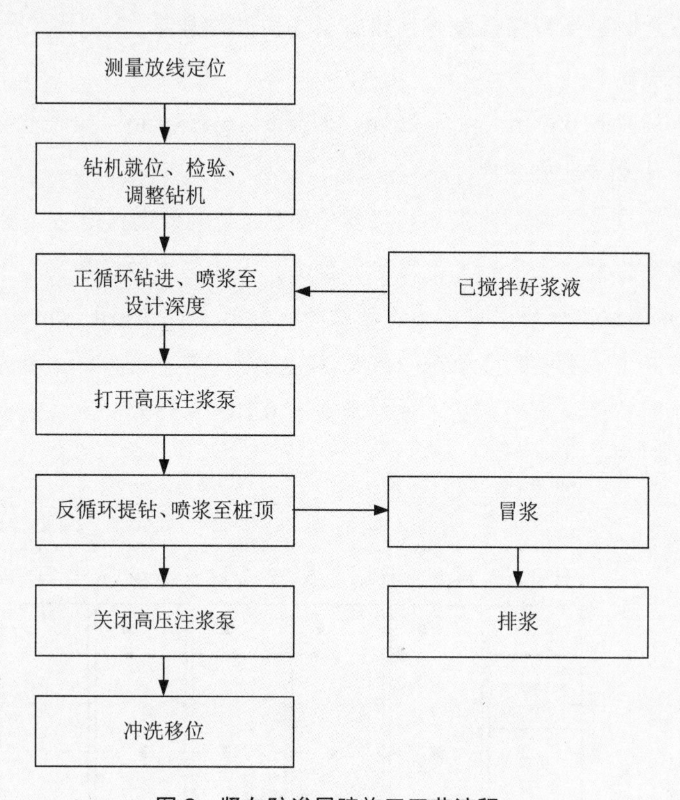


图2 竖向防渗屏障施工工艺流程

(5) 成本分析

经测算，竖向防渗屏障的成本约为 300 元/$m^3$，主要包括施工费、材料费和水电费等。

(6) 管控效果

①采用三级搅拌工艺制备屏障材料，能够确保材料的均匀搅拌，施工后屏障完整性良好。

②施工后 40～70 天，无侧限抗压强度为 1.6～2.6 MPa，满足工程的强度要求。

③室内渗透试验表明，自来水渗透作用下屏障渗透系数为 $4.5\times10^{-8}$～$9.0\times10^{-8}$ cm/s，防渗效果良好。

（7）施工现场照片

高压旋喷注浆施工现场如图 3 所示。

图 3　施工现场

## 参考文献


[1] 杨震. 高压喷射注浆法防渗加固机理与施工技术应用研究[D]. 长沙：中南大学，2008.

[2] 吴东彪，吴祯. 合肥垃圾处理总场填埋区防渗工程设计与施工[J]. 环境卫生工程，2001，4（1）：13-14.

[3] 芦业磊，姚达，王金鹏. GCL 复合垂直柔性防渗墙在垃圾填埋场应用及施工工艺探讨[J]. 江苏水利，2019，4（3）：52-55.

[4] 国家发展和改革委员会.水电水利工程混凝土防渗墙施工规范: DL/T 5199—2004[S]. 2004.

[5] 霍镜，朱进，胡正亮，等. 双轮铣深层搅拌水泥土地下连续墙（CSM 工法）应用探讨[J]. 岩土工程学报，2012，34（S1）：666-670.

[6] 王卫东，邸国恩. TRD 工法等厚度水泥土搅拌墙技术与工程实践[J]. 岩土工程学报，2012，34（S1）：628-633.

[7] 李星，谢兆良，李进军，等. TRD 工法及其在深基坑工程中的应用[J]. 地下空间与工程学报，2011，7（5）：945-950，995.

[8] 曾明辉. 防渗墙深层搅拌实用案例探讨[J]. 江西建材，2011，4（4）：193-194.

[9] 张松. 深层搅拌水泥土防渗墙在荆南干堤中的应用[J]. 水利水电技术，2002，4（3）：3-5+56.

[10] 伍浩良. 氧化镁激发矿渣-膨润土和高性能 ECC 竖向屏障材料研发及阻隔性能研究[D]. 南京：东南大学，2019.

[11] 范日东. 重金属作用下土—膨润土竖向隔离屏障化学相容性和防渗截污性能研究[D]. 南京：东南大学，2017.

[12] 江苏省住房和城乡建设厅.水泥土试验方法：DGJ32/TJ 154—2013[S]. 2013.

[13] 住房和城乡建设部.建筑工程水泥—水玻璃双液注浆技术规程：JGJ/T 211—2010[S]. 2010.

## 3.1.2 制度控制

### 3.1.2.1 技术名称

制度控制，Institutional Control。

### 3.1.2.2 技术介绍

（1）技术原理

通过限制地块使用、改变活动方式、向相关人群发布通知等行政或法律手段保护公众健康和环境安全的非工程措施，是一种重要的地块风险管控措施。

（2）技术分类

制度控制可以按照实施主体、面向对象和实施方式来分类。如美国一般将制度控制分为四类：政府控制、所有权控制、强制执行手段和信息手段。

政府控制是指政府或地方行政机构通过发布对公众及资源的限制条文，达到制度控制的目的；包括颁布法规、条例、分区规划、建筑许可证等土地或资源限制使用的措施。

所有权控制存在于土地允许私人拥有和买卖的前提下，依托于房地产和物权法基础；主要通过所有权的相关法律来限制土地的开发使用，包括地役权和契约，例如可以强制土地所有者不得在其居住用地上建造游泳池等。

强制执行手段是指通过双方签署的命令或许可等强制性法律文件，对土地所有者或使用者在地块中的行为进行限制；通常由政府部门运用此手段来实施制度控制的强制执行权，其特点是具有合同性质，不随土地转移。

信息手段是指以公告或通告的方式提供有关地块上可能残留或封存的污染物的相关信息，帮助公众了解污染地块的具体情况；信息手段通常作为辅助手段来使用，以便确保其他制度控制的完整性。

（3）技术体系

不同类型制度控制手段涉及不同的参与机构和人群，也取决于地块的具体情况。以美国为例，政府控制是运用政府实体的权力限制土地或资源的利用，典型例子有分区制、建筑法规、当地政府的地下水使用条例等；所有权控制包括控制土地使用等措施，本质上属于私有权，通过土地的拥有者和参与治理的第三方签订的私人协议来实现，常见的例子包括地役权限制使用和限制性契约；强制执行手段或许可证工具是法律工具，例如行政命令、许可证、联邦设施协议、律例等；信息工具提供信息通知，通告所记录的场地信息，提醒当地社区、游客或者其他利害关系人地块上存在残留的污染，信息手段不提供强制性限制，典型的信息手段包括污染地块的政府登记备案、行动通知、跟踪系统、贝类/鱼类消费报告等。

#### 3.1.2.3 适用性

如果通过评估认为场地在修复后仍会留下残余污染，则应考虑应用制度控制措施，以确保残余污染不会带来不可接受的风险。相比常规的修复方式，使用制度控制和工程控制相结合的方式使得修复目标更加明确，降低了修复的成本，缩短了修复时间。这使得很多修复计划可以提前完成，可尽早地把修复达标的土地用作功能用地，为社会和个人都带来的丰厚的回报。

制度控制一般会在以下三种情况使用：一是最初的调查期间，首次发现污染物，为防止民众接触到潜在有害物质而采取的临时控制措施；二是污染场地正在进行修复，为了保护修复设备和防止民众接触有害物质，可以采取制度控制；三是部分污染物残留于场地，制度控制作为风险管控和修复手段的一部分使用。

#### 3.1.2.4 实施流程

在污染地块环境监管中，制度控制实施流程主要包括地块调查、地块风险评估、制度控制方案的筛选、制度控制方案的评估、制度控制方案的审批、制度控制实施与制度控制方案的跟踪评价等环节，如图 3.1.2-1 所示。

#### 3.1.2.5 关键环节及设计

制度控制是一种非工程的措施，不涉及物理上改变场地。制度控制是建立在工程措施和非工程控制基础上的平衡的、实用的修复方案的一部分，作为现场修复方案的一个组成部分，制度控制通常贯穿场地修复的整个过程。制度控制整个实施的生命周期主要包括 4 个关键阶段：制度控制的规划、制度控制的实施、制度控制的维护、制度控制的强制执行。

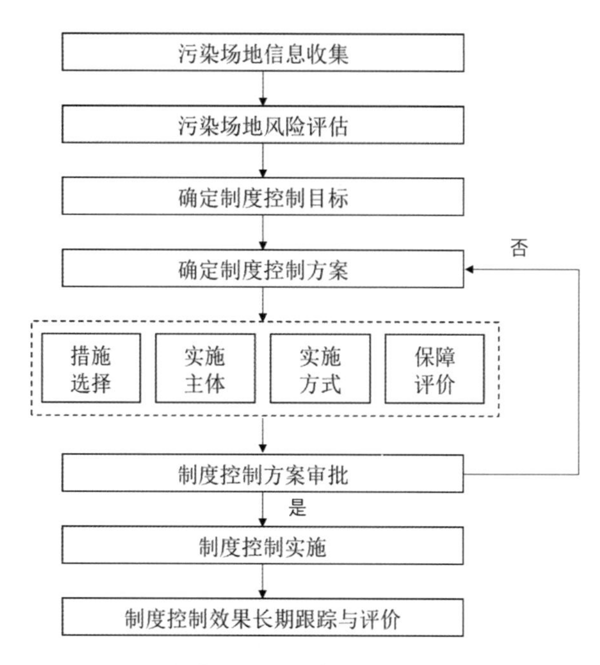


图 3.1.2-1 制度控制在污染场地监管中的应用流程

（1）制度控制的规划

建议对制度控制进行全生命周期规划，以确保其长期有效性。制度控制的规划是一个持续过程，应尽早开始。制度控制的规划始于选择实质性场地使用限制之前，在将期望的使用限制转换为实际的制度控制手段过程中持续进行，并建立在制度控制实施期内确保有效的方法。在场地修复方法选择和设计过程的早期，尽可能对整个制度控制生命周期进行批判性评估和全面规划，以避免使用制度控制的从业者遇到的许多常见问题。制度控制规划的关键要素包括：

①筛选合适的制度控制及具体的制度控制工具；

②编制制度控制实施和保证方案；

③制度控制成本估算及确定资金来源；

④确定场地残留污染分布、制度控制边界及其他场地特征参数；

⑤编制社区参与规划；

⑥确定利益相关者对制度控制实施和开展维护的能力。

（2）制度控制的实施

在评估作为场地修复工作一部分的制度控制是否能够有效实施时，应考虑到若干因素，如场地使用限制和相应制度控制工具的文件记录要求、不同类型制度控制需要不同的专家和利益相关方的参与等。这些因素以及各相关方的作用因制度控制手段的类型、现场具体情况以及清理修复主体而异。通常来讲，场地责任方对制度控制的实施和确保制度控制的长期有效性负有主要责任。

（3）制度控制的维护

通常来讲，确保制度控制的长期有效性和保持修复工作完整性的最有效后续措施是严格的定期监测和报告。场地管理人应当检查设计好的可用手段，以确保整个实施过程符合制度控制的具体要求。一般来说，包括政府机构在内的各责任方，有义务对制度控制的有效性开展监测和报告。

运行和维护：有效的制度控制监测通常始于对场地使用限制的透彻理解、对每个制度控制所需的受众的了解以及对每个制度控制潜在弱点的认知。场地管理人的工作依据一般包括详细的运行和维护计划、制度控制实施和保证方案或其他与制度控制的长期管理相关的计划。这些计划至少应描述：①监测活动和时间表；②执行每项任务的责任；③报告要求；④解决报告所述期间可能出现的任何潜在的制度控制问题的程序。

定期审查：监测活动应足够频繁，以确保制度控制长期有效。在缺乏相关信息和资源而不能开展不定期审查的情况下，建议开展年度审查。审查活动应包括审查证明制度控制仍然有效的相关文件。

政府参与制度控制维护活动：地方政府通常是长期管理制度控制的重要合作伙伴。根据具体制度控制手段以及牵头机构，地方政府可能拥有制度控制长期维护和强制执行的直接权力。在这种情况下，负责场地清理修复的各方应与政府当局合作，确保制度控制保持落实到位和有效。鼓励场地管理人在制定维护制度控制的全面、长期方法时，与相关政府部门和其他制度控制利益相关者（如责任方）进行协调，并在可能的情况下帮助他们达成共识。

外包制度控制监测：在某些情况下，制度控制监测，如产权搜索、测绘、基于互联网的土地活动远程监测、现场视察和报告服务，可以由有义务进行监测的实体外包或以其他方式安排开展。这一安排不会改变责任方、受让人与其他相关方维护修复行动和确保其保护性的任何法律义务。

社区参与制度控制监测：当地居民、社区协会和感兴趣的组织可以成为对制度控制进行日常监测的宝贵资源。由于居住或工作在场地附近的人员在确保遵守制度控制措施方面通常会有既得利益，因此他们通常会首先意识到场地的任何变化。尽管不应依赖当地居民作为主要或唯一的监测手段，但场地管理人应鼓励当地利益相关者参与制度控制的监测。

（4）制度控制的强制执行

场地管理人应在整个制度控制实施过程的所有阶段检查制度控制的合规性。当制度控制实施不当、疏于监控或报道不实等行为发生时，需要采取行动强制执行制度控制。

通常来讲，制度控制措施强制执行的首选和最快方法是通过及早发现问题和沟通寻求自愿遵守。许多问题可以通过电话和适当的后续行动在场地管理人层面得到有效解决。这种后续行动可包括场地访问、确保完整沟通的信函以及创建相关记录等。然而，有时则可能需要采取更正式的措施。强制执行可以通过多种方式进行，具体取决于制度控制手段的类型、使用的权限、引起强制执行活动的一方以及负责采取强制执行行动的一方。

#### 3.1.2.6 实施周期及成本

根据不同的场地特点，制度控制手段既可用于短期的临时性场地管理解决方案（例如，在清除修复完成后场地残留污染物风险达到可接受水平），也可用于长期的永久性解决方案（例如，将污染物永久留在原地的污染物封存处理）。

美国国家和地区固体废物管理官员协会开发了一个制度控制成本估算工具，用来协助政府机构估算长期制度控制的管理成本。成本估算工具将制度控制成本分为五类：①规划；②社区参与；③信息管理；④监测和检查；⑤强制执行。在每一个类别中，成本工具都会列出各种成本项目，并提供一个电子表格，以帮助确定与制度控制相关的所有成本，包括与计算机系统和程序管理相关的相对固定成本，以及制度控制实施中需要的员工时间和其他资源的现场相关成本。据统计，在美国，一个场地的长期制度控制手段平均成本大约为1 000 美元/年。

## 参考文献


[1] 马妍，董彬彬，柳晓娟，等. 美国制度控制在污染地块风险管控中的应用及对中国的启示[J]. 环境污染与防治，2018，40（1）：100-103，117.

[2] 马妍，董彬彬，谢云峰，等. 美国污染场地制度控制经验及实践应用[J]. 环境保护，2016，44（Z1）：98-101.

[3] 申坤，宋云，赵可卉. 污染场地修复技术及风险管理[J]. 环境与可持续发展，2011，36（2）：1-5.

[4] 张华，蒋鹏，滕加泉，等. 美国污染场地的制度控制分析及对我国的启示[J]. 环境保护科学，2012，38（4）：49-52.

[5] Interstate Technology & Regulatory Council. Long-Term Contaminant Management Using Institutional Controls[R]. 2016.

[6] US EPA. Institutional Controls：A Guide to Planning，Implementing，Maintaining，and Enforcing Institutional Controls at Contaminated Sites[R]. 2011.

## 3.1.3 土壤气控制

### 3.1.3.1 技术名称

土壤气控制，Mitigation Methods for Vapor Intursion。

### 3.1.3.2 技术介绍

土壤气控制技术包括被动控制技术和主动控制技术。

被动控制技术是指通过工程措施阻隔土壤或地下水中挥发性有机物（VOCs）蒸气从建筑物底板进入室内空间。相比主动控制技术，被动控制技术施行更加简便，成本更低。常见的被动控制技术包括密封裂缝、安装阻隔屏障及安装被动式通风系统。具体方式的选取需视场地情况而定。

主动控制技术是指通过工程手段使得建筑底板下气压低于建筑物室内气压，从而消除蒸气侵入建筑物室内的驱动力，达到阻断蒸气入侵的目的。常见的主动控制技术包括建筑地板下抽气降压系统以及建筑物室内增压系统等。

### 3.1.3.3 适用性

土壤气控制技术适用于场地挥发性有机物呼吸暴露的风险控制与阻断。

### 3.1.3.4 实施流程

（1）被动控制技术

1）密封裂缝和开口

建筑物底板、墙壁以及管道裂缝和开口是 VOCs 蒸气侵入室内的主要途径。因此，密封底板、墙壁以及管道的裂缝是阻隔蒸气侵入的首要方式。同样，共用设施和电梯井的间隙也应被密封。如应用其他阻隔手段，也应确保裂缝和开口密闭。对于现有建筑物，随时间推移，裂缝和开口会逐渐增多，密封裂缝和开口会越来越难。对处于地震活跃区域的建筑物尤其应确保裂缝和开口的密封。但即使密封了裂缝和开口，由多孔砖堆砌成的墙壁仍可能成为蒸气侵入的通道。

2）被动屏障

被动屏障是在建筑物的下方通过设置某种材料或结构来阻隔蒸气侵入室内的方式，通常在建筑物建造时将其装入。被动屏障一般为一层聚乙烯塑料或等同效果的土工膜，安装在基础地基之下。当被动屏障材料存在孔洞，或对地基的封闭性不好时，阻隔效果将较差，所以需在安装完毕后进行检查测试。若该处自然条件不利于通风，则需要配套的排气设施。

常用的被动屏障材料包括薄密尔塑料薄膜、HDPE 膜和喷射沥青乳胶薄膜。

薄密尔塑料薄膜的优点是价格便宜、安装方便。缺点是安装质量不高，密封贴容易坏，可能受化学蒸气污染。薄密尔塑料薄膜如图 3.1.3-1 所示。

图 3.1.3-1 薄密尔塑料薄膜

HDPE 膜优点是其具有优秀的化学阻滞性，在垃圾填埋场阻隔应用中有很长的历史，比较可靠。缺点是板条和焊接系统易损伤。HDPE 膜如图 3.1.3-2 所示。

图 3.1.3-2 HDPE 膜

喷射沥青乳胶薄膜的优点是解决了 HDPE 膜的安装限制，常用于阻滞甲烷。缺点是不容易统一厚度，且随时间推移，穿透性会增加。

3）被动通风

当预测在已有建筑中存在蒸气侵入时，可以安装被动通风系统以降低其侵入的可能性。该系统经常与被动阻隔屏障结合使用。将穿孔的收集管安装在一层可渗透的沙子或砾石中，从而将蒸气引导到地基边缘。这些收集管连接到一个主要的集管点，该集管点穿过或沿着建筑物的内墙或外墙向上，并在屋顶线上方排出。若可渗透层直接通向大气，则不需要额外的引导管。因为被动通风系统依靠气流来引导蒸气在管道中的流动，因此在无风天气该系统有时无效。如果风吹向屋顶的排气管，可能会将蒸气吹回到底板区域，因此主动通风系统更适宜在不同天气情况下使用。此外，被动通风系统可以被改造为主动通风系统。

（2）主动控制技术

1）降压系统

在建筑物底板下安装降压系统可以减少蒸气侵入建筑物的可能性，如图 3.1.3-3 所示。降压系统与被动通风系统相似，但另外包括一个风机，以补偿建筑物底板下的减压能力。安装后，风机能安静运行，不会对建筑物内的人员造成干扰。

对于已存在的建筑，需要在底板钻开 4 英寸直径的孔以安装 PVC 管。最佳位置位于底板中央。但通常该位置不适合钻孔，因此可将其安装到建筑物基脚。管道通过歧管连接，并配有风扇（通常由 PVC 制成，以防腐蚀）将蒸气吸入管道。系统开始运行后，整个底板下的负压可以证明该系统有效。

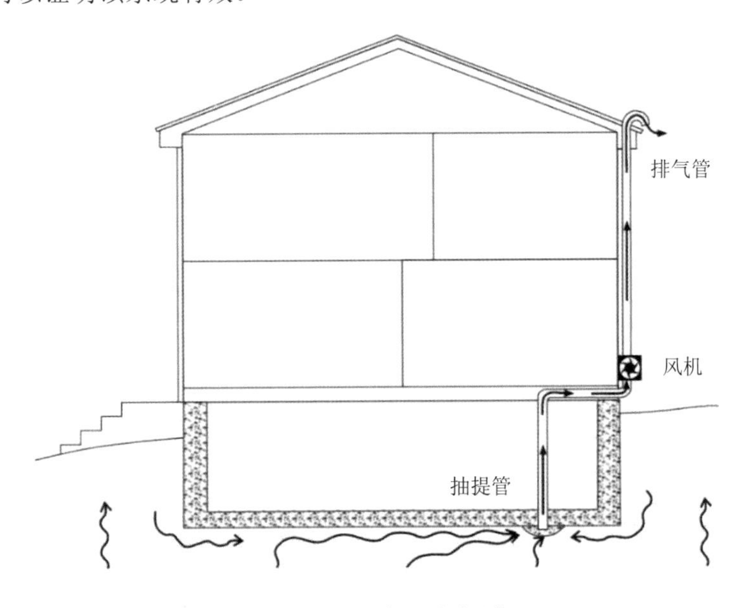


图 3.1.3-3 降压系统图解

2）底板土壤增压

底板下土壤增压系统与降压系统相似，区别在于将风机反转，对底板下进行增压，使得蒸气偏离底板。这种方法只适用于高渗透性土壤以及其他控制方式不管用时。通常不推荐该种方式，因为在某些情况下可能会加剧蒸气的侵入。

3）建筑物增压

建筑物增压包括调整建筑物内暖通和空调系统，或安装新系统以维持室内压力大于室外。这种方式对于大型商业建筑最为常用，而且若建筑物已有暖通系统，则该方式最为经济。缺点是有时会消耗大量的能量，尤其是要求进行室内加热和冷却时。

## 参考文献

[1] Interstate Technology & Regulatory Council (ITRC). Vapor Intrusion Pathway：A Practical Guideline[R]. 2007.

## 3.2 建设用地地块土壤污染修复技术

### 3.2.1 化学氧化

#### 3.2.1.1 技术名称

化学氧化，Chemical Oxidization。

#### 3.2.1.2 技术介绍

（1）技术原理

化学氧化是指向污染土壤或地下水中添加氧化药剂，通过氧化作用，使土壤或地下水中污染物降解为毒性较低或无毒性物质的修复技术。化学氧化技术是一种既可用于土壤也可用于地下水的污染治理技术，本手册在土壤污染修复技术部分对其进行介绍。

（2）技术分类

按照实施方式的不同，化学氧化通常分为原位化学氧化和异位化学氧化。

原位化学氧化（in-situ chemical oxidation）通过注药设备在原位将氧化药剂注入土壤或地下水污染区域，使药剂与污染物发生氧化作用，从而使土壤或地下水中的污染物转化为毒性较低或无毒性的物质。常见的加药方式有建井注射、直推注射、高压旋喷注射、原位搅拌等。

异位化学氧化（ex-situ chemical oxidation）将污染土壤清挖转运至异位修复区域，通过修复机械将氧化药剂与污染土壤混合、搅拌，从而使土壤中的污染物转化为毒性较低或无毒性的物质。按照搅拌方式的不同，异位化学氧化通常分为机械腔体内部搅拌和反应池/反应堆外部搅拌两类。

（3）系统组成

1）原位化学氧化

原位化学氧化系统通常包括药剂配制单元、药剂注入单元，以及供电单元、过程控制单元、监测单元、二次污染防治单元等辅助单元。

药剂配制单元一般由药剂罐、搅拌机构成。药剂为臭氧时，药剂配制单元为臭氧发生器。

药剂注入单元一般由注药泵、注射井等组成。直推注入方式的药剂注入单元一般由直接推进式钻机、注射泵组成。高压旋喷方式的药剂注入单元由高压注浆泵、空气压缩机、旋喷钻机、高压喷射钻杆、药剂喷射喷嘴、空气喷射喷嘴等组成。原位搅拌方式的药剂注入单元由搅拌头或搅拌桩机、挖掘机组成。

供电单元主要由变压器、配电箱等组成。过程控制单元主要由过程控制设备组成。二次污染防治单元主要由废水处理系统、废气处理系统等组成。

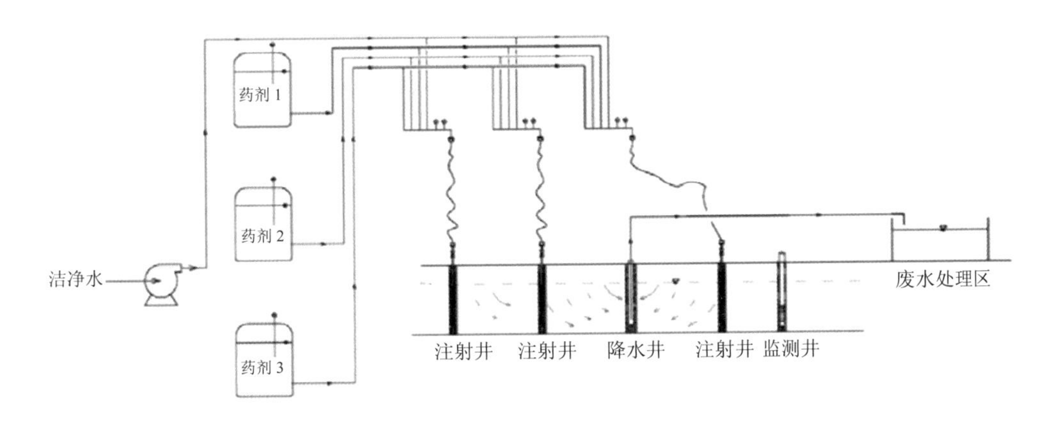


图 3.2.1-1　常见原位化学氧化系统组成

2）异位化学氧化

异位化学氧化系统通常包括土壤预处理单元、混合搅拌单元、堆置防渗单元、二次污染防治单元等，如图 3.2.1-2 所示。

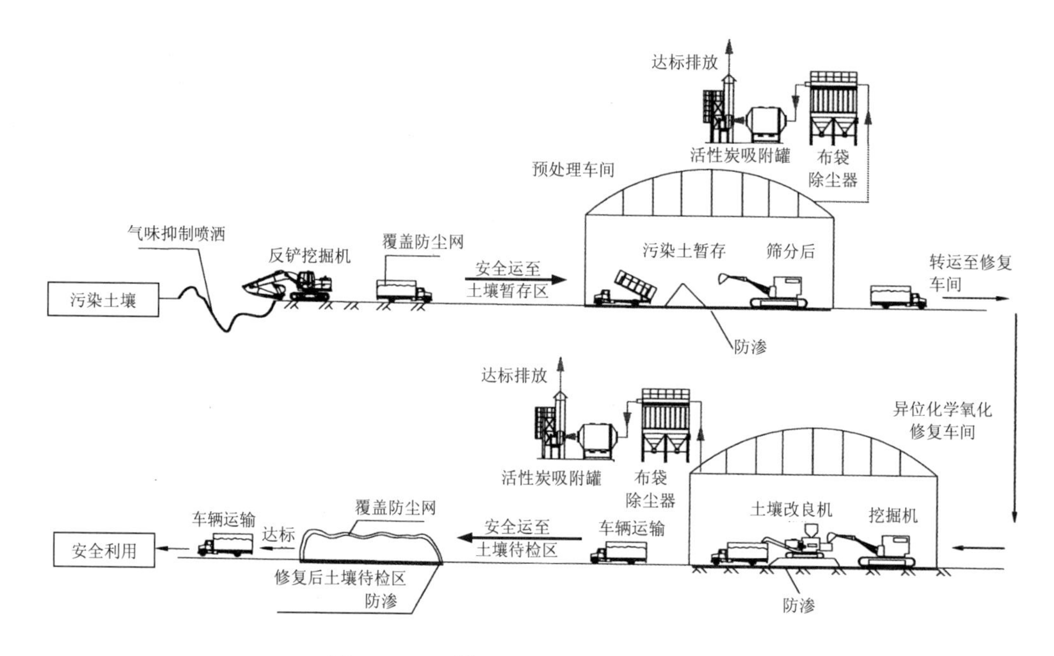


图 3.2.1-2 常见异位化学氧化系统组成

土壤预处理单元一般由破碎设备、筛分设备及配套的挖掘机、装载机和输送机械等组成。该单元可对清挖后的污染土壤进行破碎、筛分或添加改良剂等。

药剂混合单元按照设备的搅拌混合方式，可分为两种类型：①采用内搅拌设备，即设备带有搅拌混合腔体，污染土壤和药剂在设备内部混合均匀；②采用外搅拌设备，即设备搅拌头外置，需要设置反应池或反应场，污染土壤和药剂在反应池或反应场内通过搅拌设备混合均匀。该单元设备包括一体化混合搅拌装备、固定式双轴搅拌装备、浅层强力搅拌头、挖掘机械、配药站等。

堆置防渗单元通常是抗渗混凝土结构层或防渗膜结构保护层，为污染土壤暂存、处理、待检等场所提供防渗隔离措施，防止污染物下渗造成二次污染。

处理场所应为破碎、筛分和搅拌混合作业提供一个相对密闭的环境，通常配套有专业的尾气处理装置，防止作业过程中挥发性/半挥发性有机物和粉尘逸散，造成环境污染。可采取的二次污染防治措施主要包括密闭开挖、气味抑制剂喷洒、待检土壤苫盖、洒水降尘、密闭修复车间尾气处理等。

### 3.2.1.3 适用性

化学氧化适用于处理污染土壤和地下水中的大部分有机污染物，如石油烃、酚类、苯系物（苯、甲苯、乙苯、二甲苯）、含氯有机溶剂、多环芳烃、甲基叔丁基醚、部分农药等，亦可用于部分无机污染物（如氰化物）。

化学氧化不适用于重金属污染土壤的修复。对于吸附性强、水溶性差的有机污染物，应考虑必要的增溶、洗脱工序；有机污染浓度过高时，应考虑经济性与可行性。当氧化过程中会产生高毒性中间产物、副产物或其他值得关注的污染物时（如过硫酸盐氧化产生的硫酸根离子），应在技术选择及后期监测时加以考虑。

#### 3.2.1.4　工艺流程

（1）原位化学氧化

如图 3.2.1-3 所示，原位化学氧化技术的工艺流程为：通过实验室小试与场地中试确定药剂剂量、药剂注入影响半径等参数；配制药剂与水的混合液，在污染区域范围内设置注射点位，利用药剂注入单元向目标污染区域的土壤或地下水加入氧化药剂；通过监测注入井的压力、温度等参数进行药剂流量控制；药剂注入后需开展运行监测，以评估注入后的修复效果。

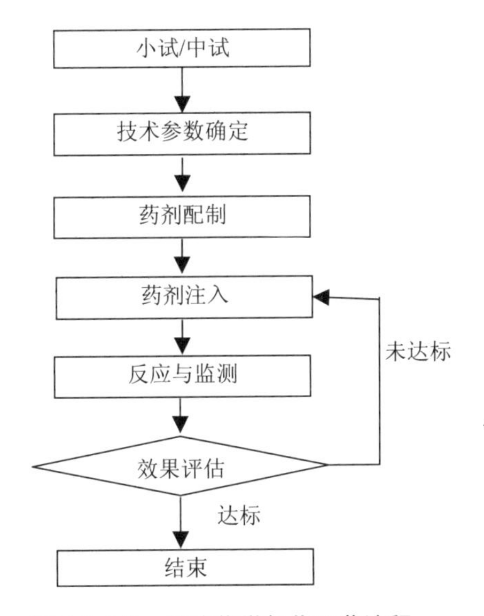


**图 3.2.1-3　原位化学氧化工艺流程**

（2）异位化学氧化

如图 3.2.1-4 所示，异位化学氧化技术的工艺流程为：清挖界定污染范围内的污染土壤，将污染土壤破碎、筛分，筛除建筑垃圾及其他杂物，满足后续处理进料需求；添加药剂并进行搅拌混合，静置让其反应并进行监测，直至自检结果显示目标污染物浓度满足修复目标要求后，将修复土壤按设计要求合理处置。

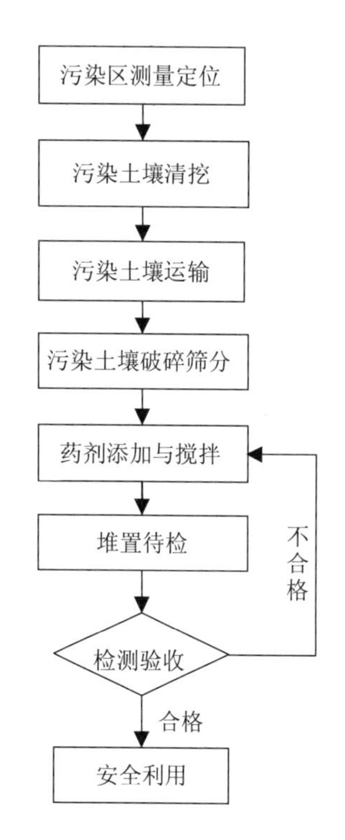


图 3.2.1-4 异位化学氧化工艺流程

### 3.2.1.5 关键工艺参数及设计

（1）药剂种类与剂量

综合考虑场地污染物种类及浓度、土壤理化性质、水文地质条件、修复目标、土壤药剂消耗量（Soil Oxidant Demand，SOD）、还原性金属的药剂消耗量等因素，确定氧化剂种类及剂量。根据污染物浓度、SOD 值，计算氧化药剂理论投加量。氧化剂的种类、剂量确定后，宜通过实验室小试进行验证与调整。对于原位化学氧化技术，还应通过中试扩大化试验，确定最优的药剂投加方式、注入药剂浓度与流量等。

常见的氧化药剂包括高锰酸盐、过氧化氢、（类）芬顿试剂、过硫酸盐和臭氧。部分氧化剂需配合活化剂及稳定剂共同使用。常见氧化剂形态及活化剂、稳定剂见表 3.2.1-1。

表 3.2.1-1 修复项目常用的氧化剂和活化剂

| 氧化剂 | 形态 | 常用活化剂 | 稳定剂 |
| --- | --- | --- | --- |
| 过氧化氢 | 液态 | 天然铁或铁化合物，包括硫酸铁、硫酸亚铁、氯化铁和氯化亚铁等 | 柠檬酸钠、柠檬酸、乙二胺四乙酸（EDTA）和植酸钠等 |

| 氧化剂 | 形态 | 常用活化剂 | 稳定剂 |
|---|---|---|---|
| 过硫酸钠 | 固态 | 碱活化（氢氧化钠） | 无 |
| | | 天然铁或铁化合物，包括硫酸铁、硫酸亚铁、氯化铁和氯化亚铁等 | 柠檬酸钠、柠檬酸、EDTA 和植酸钠等 |
| | | 加热 | 无 |
| | | 过氧化氢 | 柠檬酸钠、柠檬酸、EDTA 和植酸钠等 |
| | | 过氧化钙 | 无 |
| 高锰酸钾 | 固态 | 无 | 无 |
| 臭氧 | 气态 | 无 | 无 |

（2）原位化学氧化注入点位布设

注入点位布设需考虑的因素包括修复目标、污染物性质和污染程度、修复时间及水文地质条件等可能影响药剂分布的场地因素等。注入点布设应以最大限度地实现药剂在目标处理区的均匀分布为目标。针对污染源区域和污染羽区域，布设方式可分为网格状布设方式和反应屏障式布设方式，见图 3.2.1-5。影响半径一般根据现场中试确定；影响半径确定后，注药点间距根据影响半径来确定，网格状布点一般采用正六边形或正三角形布局。

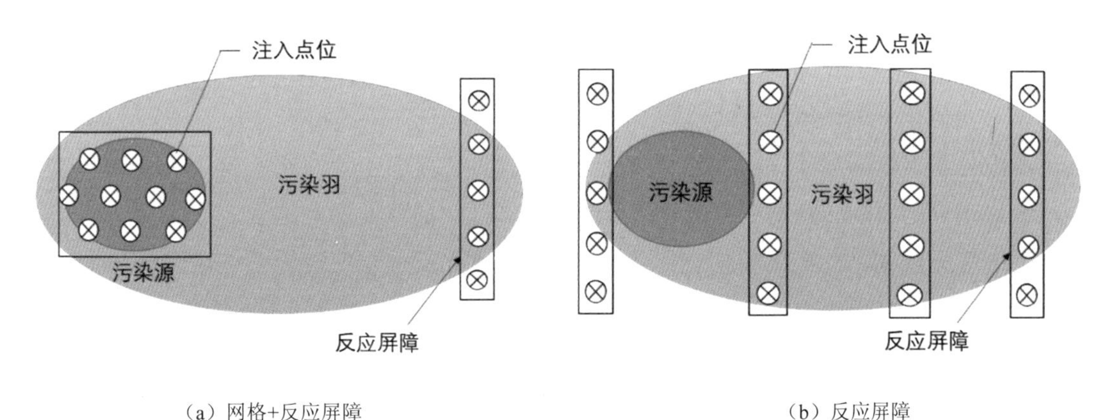


（a）网格+反应屏障　　（b）反应屏障

图 3.2.1-5　注入井布设方式

（3）原位化学氧化注药方式选择

注药方式包括直接注入、循环注入、抽出—注入等。直接注入是将氧化剂在地面配制好之后直接注入含水层；循环注入是从一个或多个井中抽出地下水，加入氧化剂后重新注入含水层；抽出—注入是指抽出一定量的地下水后，在地上与氧化剂混合，然后在同一点位注入到含水层。直接注入适用于渗透性较好的地层，如砂层和裂隙岩层，在渗透性较低的地层（如淤泥和黏土），注射影响半径通常有限。循环注入系统适用于水平渗透系数远大于垂向渗透系数的含水层。抽出—注入方法通常通过直推技术实现，在一个工作点位上完成地下水、药剂的抽出和注入后，可以快速移动到下一点位。各注入方式的特点见表 3.2.1-2。

表 3.2.1-2　注入方式特点

| 注入方式 | 优点 | 局限性 |
| --- | --- | --- |
| 直接注入 | 1. 可不需要地上水池、泵以及混合药剂的管线<br>2. 可快速应用 | 1. 需要水源以配制药剂<br>2. 可能将污染物推出处理区域；<br>3. 不适用于渗透性较低的地层，例如黏土和淤泥<br>4. 最大处理深度有限 |
| 循环注入 | 1. 良好的液流控制<br>2. 将污染物推向处理区域以外的可能性较小<br>3. 促进试剂与污染物的混合（包括地上和原位） | 1. 需要更多的地上设备<br>2. 通常要比直接注入的时间长；<br>3. 渗透系数小于 $10^{-4}$ cm/s 时不适用 |
| 抽出—注入 | 1. 促进药剂和污染物的地上混合<br>2. 常用于中试 | 1. 需要地上混合设备<br>2. 相较于循环注入，更有可能将地下水压出修复区域 |

（4）异位化学氧化搅拌方式确定

异位化学氧化的搅拌方式主要受药剂类型、投加方式、土壤理化性质、场地条件、工程规模、工期等影响。药剂类型的选取是搅拌方式选择的重要影响因素。

对于芬顿试剂、过氧化氢以及臭氧等液态或气态、反应速度快、反应剧烈的试剂，宜采用反应池或反应堆的形式。反应池或堆体地坪需采用钢筋混凝土浇筑，具有一定的刚性。搅拌设备可选用挖掘机或强力搅拌头。对于其余药剂，两种搅拌方式均可。关于异位搅拌混合方式的介绍，可参见本手册第 5.1 节。

（5）运行监测设计

运行监测包括修复过程监测和效果监测。

原位化学氧化过程监测主要监测影响修复效果的参数，以判断药剂是否根据设计引入并分布于污染区域。主要参数包括物理参数压力、温度、流速和地下水水位，以及化学参数药剂浓度、溶解氧、氧化还原电位、pH 等。同时应关注修复过程中的中间产物、副产物浓度。若修复过程中产生大量气体，则需要对挥发性有机污染物、爆炸极限下限等参数进行监控。

异位化学氧化过程监测参数主要包括 pH、氧化还原电位、药剂残留量、含水率、待检时间等。运行待检过程中应密切关注混合后土壤的 pH、氧化还原电位、药剂残留量、含水率等参数。对于过氧化氢类氧化反应，pH 需控制在 4～5；对于碱活化过硫酸盐氧化反应，pH 需控制在 10～12；其余药剂反应 pH 条件通常控制在 6～9。常用的 pH 调节剂有熟石灰、液碱、硫酸亚铁、磷酸盐等。对于反应池或反应堆，拌和后的土壤含水率应维持在 40%～50%；机械设备搅拌后土壤含水率应维持在最大持水能力的 90%左右，一般为 25%～30%。待检时间应根据实验结果进行确定，过氧化氢类药剂修复后土壤待检周期为 1～7 天；过硫酸盐、高锰酸钾等药剂待检周期为数周到数月不等（一般为 14～60 天），具体根据污染物性质、浓度以及活化方式综合判定。

效果监测的主要目的是确认污染物的去除、释放和迁移情况，监测参数为污染物浓度、副产物浓度、pH、氧化还原电位和溶解氧等。

（6）二次污染防治设施

工程实施过程中，需做好环境监测与二次污染防治。

二次污染防治应重点关注土方开挖、转运、处理及待检过程。主要措施包括气味抑制剂喷洒、苫盖、洒水抑尘、密闭施工和尾气收集处理等。

环境监测主要关注施工过程扬尘及挥发性有机物的扩散。关注区域主要包括开挖基坑、修复设施周边和尾气排放口。

废气排放标准参考：《环境空气质量标准》（GB 3095—2012）、《大气污染物综合排放标准》（GB 16297—1996）、《恶臭污染物排放标准》（GB 14554—1993）、《挥发性有机物无组织排放控制标准》（GB 37822—2019）及相关行业和地方标准。

#### 3.2.1.6　实施周期及成本

原位化学氧化技术的实施周期可能为几个月到几年，取决于以下因素：①待处理土壤和地下水的体积；②污染程度及污染物性质、存在形态（是否含有非水相液体）；③药剂的氧化能力与投加量；④土壤理化性质，如渗透性、氧化剂消耗量、pH、氧化还原电位等。

影响原位化学氧化技术处置费用的因素有：①修复工程规模；②修复深度；③氧化剂类型及投加量；④土壤渗透系数、药剂注入影响半径等。国外处理成本约为 123 美元/$m^3$。根据国内现有工程统计数据，原位化学氧化技术修复成本为 500～2 500 元/$m^3$。

异位化学氧化单一批次土壤实施周期可能为几周到几个月，取决于以下因素：①污染物性质、浓度；②药剂类型及活化方式；③搅拌方式及药剂投加方式、搅拌次数；④土壤理化性质；⑤施工条件；⑥施工管理水平等。

影响异位化学氧化技术处置费用的因素有：①修复工程规模；②污染物性质及浓度；③药剂选取；④修复目标；⑤修复设施选取；⑥土壤理化性质；⑦企业施工管理水平；⑧价格波动等。国外处理成本为 190～660 美元/$m^3$。根据国内现有工程统计数据，异位化学氧化修复成本为 500～2 000 元/$m^3$。

**技术应用案例 3-3：原位化学氧化**

（1）项目基本情况

北方某项目，场地土壤受二甲苯储罐泄漏污染。

（2）工程规模

土壤污染面积为 250 $m^2$，深度为 15 m，修复方量为 3 750 $m^3$。

（3）主要污染物及污染程度

土壤主要受二甲苯污染，污染浓度区间为 5～1 200 mg/kg，修复目标值 5 mg/kg。

（4）土层及水文地质条件

根据地质勘察，土壤污染深度范围内：①地下 0～3.5 m 为砂质粉土；②地下 3.5～6.6 m 多为粉细砂；③地下 6.6 m 以下为粉质黏土。调查区域第 1 层地下水埋藏较浅（地表下 10 m 以内），含水层岩性主要为粉土和粉砂、细砂，地下水类型属潜水；第 2 层地下水赋存在埋深 10～18 m 的粉土及砂类土（局部含卵石、砾石）层中，地下水类型属层间水；埋深 25 m 以下则分布着含水层岩性为砂、卵砾石的潜水、承压水。

（5）工艺流程及关键设备

统筹考虑污染深度、地层结构、场地大小、周边环境等因素。场地土壤采用原位化学氧化修复，修复工艺选用井注入的方式。修复药剂采用过硫酸盐，活化方式选用碱活化。

主要工序为：污染区测量定位→注入井及监测井建设→药剂配制→药剂分批注射→静置反应（过程监测 pH 及氧化剂残留）→效果评估→合格达标。

主要工艺设备有注入井、注入泵、药剂搅拌设施等，如图 1、图 2 所示。

（6）主要工艺及设备参数

注入井布设：影响半径 2.5 m；井间距 4 m，采取浅、深双层布井方式，共布设 17 口注入井，含浅层 7 口、深层 10 口；开筛长度 3 m，开筛位置分别为 3～6 m 和 6～9 m。

药剂配制：碱液（28%）和过硫酸盐 1∶1（质量比）；采用药剂罐搅拌配制，分别投加。

注入参数：单井注入压力 0.2～0.4 MPa，注射流量 20～100 L/min。

养护参数：静置反应周期为 2～3 个月。

（7）成本分析

修复费用包括药剂费用、机械设备费用、过程检测费用等，其中药剂费用占总修复费用的 70%～80%。综合分析，项目修复费用为 500～600 元/$m^3$。

（8）修复效果

效果评估结果表明，经原位化学氧化修复后，二甲苯浓度均低于 5 mg/kg，修复合格。

图 1　注入井建设

空压机

气动隔膜泵

药剂搅拌罐

加药泵

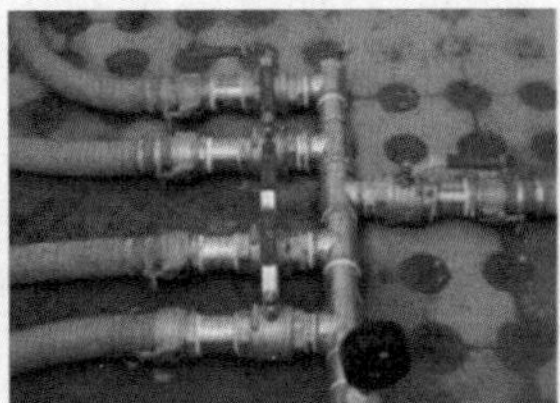

1 分 4 转换接头

快速接头

图 2　药剂注射

## 技术应用案例 3-4：异位化学氧化

（1）项目基本情况

案例为湖北某染料厂生产遗留地块。经调查，超标污染物主要包括苯系物、氯代烃、多环芳烃，其中二甲苯和氯苯污染方量最大。

（2）工程规模

修复土壤方量约 37 万 $m^3$，包括有机类污染土壤约 23 万 $m^3$。其中采用异位化学氧化处理的土壤方量约 21 万 $m^3$。

（3）主要污染物及污染程度

场地平均污染深度约 6 m，最深 13 m。土壤中主要关注污染物最大含量及修复目标详见表 1。

表 1　关注污染物及修复目标

| 污染物 | 最大含量/（mg/kg） | 修复目标/（mg/kg） |
|---|---|---|
| 氯苯 | 1 600 | ≤6 |
| 苯 | 16 | ≤0.2 |
| 四氯化碳 | 20.4 | ≤0.2 |
| 二甲苯 | 2 867 | ≤5 |
| 1,2-二氯苯 | 6 870 | ≤150 |
| 苯并[*a*]蒽 | 18 | ≤0.9 |
| 萘 | 16 300 | ≤54 |
| 苯胺 | 77.7 | ≤5.8 |

（4）土层及水文地质条件

根据地质勘察：①地下 1～6 m 为粉质黏土；②地下 6～16 m 多为淤泥质黏土和黏土；③地下 16 m 以下为砂粒。调查区域潜水埋深约 2 m，承压含水层隔水顶板埋深约 16 m，地下水流向大致为自东南向西/西北。

（5）工艺流程及关键设备

统筹考虑污染深度、承压水埋深、安全、经济等因素。场地污染土壤以 9 m 为界划分为上下两层，上层采用异位化学氧化修复，下层采用原位化学氧化修复。修复药剂采用过硫酸盐，活化方式选用碱活化。

主要工序为：污染区测量定位→污染土壤清挖、转运→污染土壤破碎、筛分→添加药剂、搅拌均匀→堆置待检（过程监测 pH 及氧化剂残留）→检测验收→原地回填（合格）。

主要工艺设备有 ALLU 破碎筛分斗、固定式双轴搅拌机等。

(6) 主要工艺及设备参数

筛分预处理：破碎筛分去除大粒径渣块，破碎后土壤粒径控制在 50 mm 以下；进料含水率控制在 25%左右。

药剂投加比：土壤干重的 1%～3%；采用熟石灰进行活化。

设备搅拌：采用双轴搅拌机对修复药剂和污染土壤进行搅拌混合，单批次搅拌处理量为 2 t，设备处理能力 50～100 $m^3/h$。

养护参数：含水率控制在 30%左右，待检时间为 14～28 天。

异位搅拌与反应养护现场如图 1 所示。

图 1　异位搅拌与反应养护

(7) 成本分析

修复费用包括药剂费用、机械设备费用、过程检测费用等，其中药剂费用占总修复费用的 60%～70%。综合分析，项目修复费用为 600～800 元/$m^3$。

(8) 修复效果

经过效果评估，经异位化学氧化修复后各类污染物浓度均达到修复目标。

## 参考文献

[1] US Naval Facilities Engineering Systems Command (NAVFAC). Best practices for injection and distribution of amendments[R]. 2013.

[2] Siegrist R L, Crimi M, Simpkin T J. In situ chemical oxidation for groundwater remediation. SERDP and ESTCP Remediation Technology Monograph Series[M]. New York, NY: Springer，2011.

[3] US Interstate Technology & Regulatory Council（ITRC）. Technical and regulatory guidance for in situ chemical oxidation of contaminated soil and groundwater, 2nd Edition[R]. 2005.

[4] USEPA. Office of Land and Emergency Management. Superfund Remedy Report, 15 th Edition[R]. 2017.

[5] Federal remediation technologies roundtable（FRTR）. Remediation Technologies Screening Matrix and Reference Guide, 4th Edition [R]. 2002.

[6] 环境保护部. 关于发布 2014 年污染场地修复技术目录（第一批）的公告（环境保护部公告 2014 年 第 75 号）[EB/OL].（2014-10-30）[2021-12-19]. https://www.mee.gov.cn/gkml/hbb/bgg/201411/t20141105_291150.htm.

## 3.2.2 化学还原

### 3.2.2.1 技术名称

化学还原，Chemical Reduction。

### 3.2.2.2 技术介绍

（1）技术原理

化学还原是指向污染土壤或地下水中添加还原剂，通过还原作用，使土壤或地下水中污染物转化为毒性较低或无毒性物质的修复技术。常见的还原剂包括连二亚硫酸钠、亚硫酸氢钠、硫酸亚铁、多硫化钙、二价铁、零价铁等。化学还原可适用于土壤和地下水污染治理。

（2）技术分类

按照实施方式的不同，可分为原位化学还原和异位化学还原。

原位化学还原（in-situ chemical reduction）通过注药设备在原位将还原剂注入土壤或地下水的污染区域，使药剂与污染物发生还原作用，从而使土壤或地下水中的污染物转化为毒性较低或无毒性的物质。常见的注药方式有建井注射、直推注射、高压旋喷注射和原位搅拌等方式。

异位化学还原（ex-situ chemical reduction）通过开挖污染土壤，将其转运至异位修复区域进行修复，通过修复机械将还原药剂与污染土混合、搅拌，充分反应，从而使土壤中的污染物转化为毒性较低或无毒性的物质。按照搅拌方式的不同，异位化学还原通常分为机械腔体内部搅拌和反应池/反应堆外部搅拌两类。

（3）系统组成

1）原位化学还原

系统包括药剂配制/储存单元、药剂注入单元，以及供电单元、过程控制等辅助单元。其中药剂配制单元将还原药剂与水进行混合搅拌，设备包括药剂罐、搅拌机等。药剂注入单元将药剂与水混合物以一定的压力注入地下，使药剂与污染土壤或地下水充分混合，达到污染修复的目的。按照注入方式的不同，注入系统可包括注药泵、注入井或高压旋喷设备或直推式钻机等。供电单元向药剂注入单元供电，包括变压器、配电箱等。过程控制单元包括过程控制设备等。

2）异位化学还原

系统构成和主要设备：包括土壤预处理单元、药剂混合单元和防渗单元等。其中，土壤预处理单元对开挖出的污染土壤进行破碎、筛分或添加土壤改良剂等，设备包括破碎筛分铲斗、挖掘机、推土机等。

药剂混合单元将污染土壤与药剂进行充分混合搅拌。按照设备的搅拌混合方式，可分为两种类型：采用内搅拌设备，即设备带有搅拌混合腔体，污染土壤和药剂在设备内部混合均匀；采用外搅拌设备，即设备搅拌头外置，需要设置反应池或反应场，污染土壤和药剂在反应池或反应场内通过搅拌设备混合均匀。该系统设备包括行走式土壤改良机、浅层土壤搅拌机等。

防渗单元为反应池或是具有抗渗能力的反应场，能够防止外渗，并且能够防止搅拌设备对其造成损坏。通常做法有两种，即采用抗渗混凝土结构或者采用防渗膜结构加保护层。

### 3.2.2.3 适用性

化学还原主要针对氯代有机物、六价铬、硝基化合物、高氯酸盐等，适用于中低浓度污染土壤或地下水的修复。此法在处理氯代有机溶剂的过程中可能产生高毒中间污染物（如氯乙烯），必须进行相应的监测。

### 3.2.2.4 工艺流程

（1）原位化学还原

原位化学还原技术的工艺流程（图 3.2.2-1）为：通过实验室小试与场地中试确定药剂剂量、药剂注入影响半径等参数。配制药剂与水的混合液，在污染区域范围内设置注射点位，利用药剂注入单元向目标污染区域的土壤或地下水加入还原药剂。通过监测注入井的压力、温度等参数进行药剂流量控制。药剂注入后需开展运行监测，以评估注入后的修复效果。

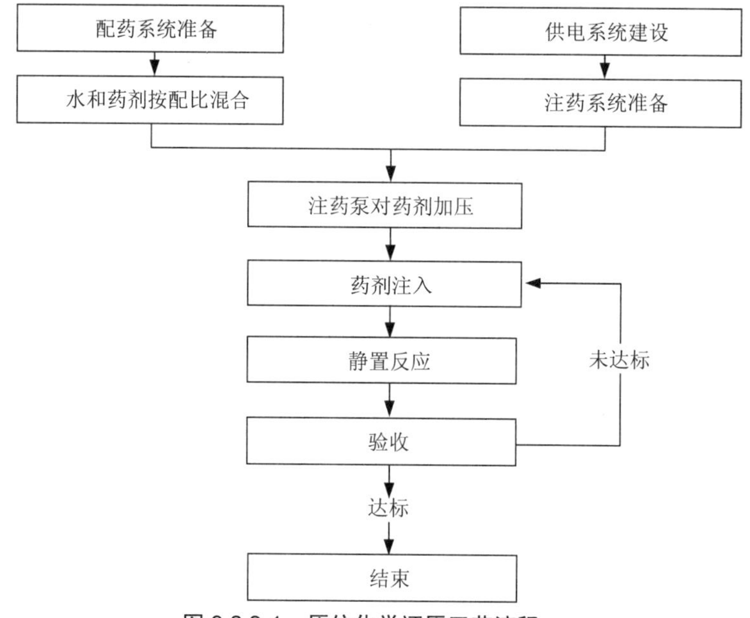


图 3.2.2-1　原位化学还原工艺流程

（2）异位化学还原

异位化学还原技术的工艺流程（图 3.2.2-2）为：将污染土壤清挖出，在大棚内进行预处理后转移至药剂混合搅拌区，将污染土平铺，拌入药剂，混合均匀，静置一段时间后对其验收，若未达标，继续添加药剂进行混合搅拌；若达标，此流程结束。

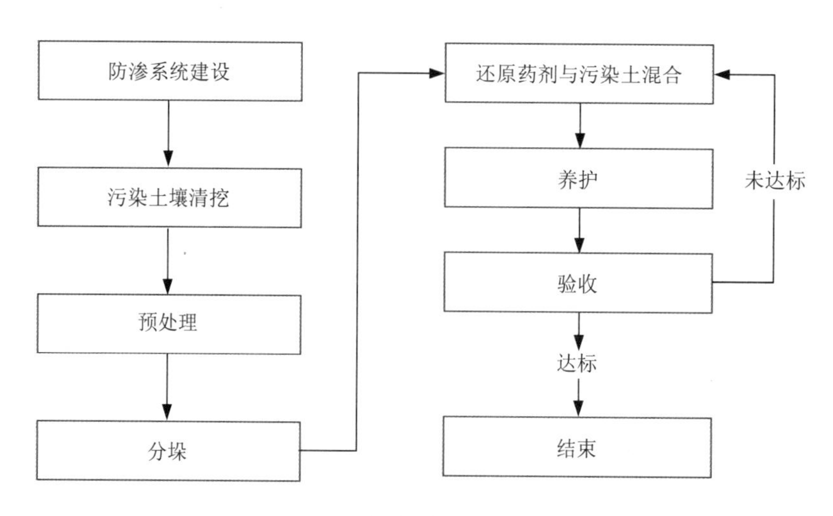


图 3.2.2-2　异位化学还原工艺流程

#### 3.2.2.5 关键工艺参数及设计

影响化学还原技术修复效果的关键技术参数包括土壤理化性质、地块水文地质条件、氧化还原电位、pH、污染物的性质及浓度等。

①土壤地质化学条件：化学反应中，向污染土壤中投加还原药剂，除考虑土壤中污染物浓度外，还应兼顾土壤中可能消耗还原药剂的物质，将可能消耗还原药剂的所有物质量加和后计算还原药剂投加量。

②药剂投加比：根据修复药剂与目标污染物反应的化学反应方程式计算理论药剂投加比，并根据实验结果予以校正。

③氧化还原电位：对于异位化学还原修复，氧化还原电位一般在−100 mV 以下，并可通过补充投加药剂、改变土壤含水率、改变土壤与空气接触面积等方式进行调节。

④pH：根据土壤初始 pH 条件和药剂特性，有针对性地调节土壤 pH，一般 pH 范围为 4.0～9.0。常用的调节方法如加入硫酸亚铁、硫黄粉、熟石灰、草木灰及缓冲盐类等。

⑤含水率：对于异位化学还原反应，土壤含水率至少要达到土壤饱和持水能力的 90%。

原位化学还原还涉及原位注入时的影响半径、注药压力和药剂注入速率等参数。参见本手册第 3.2.1.5 节关键工艺参数及设计，以及第 5.2 节注射技术。

#### 3.2.2.6 实施周期及成本

化学还原技术的实施周期与土壤或地下水修复方量、污染物初始浓度、修复药剂与目标污染物反应机理有关。化学还原修复的周期一般较短，为数周到数月。

影响化学还原技术实施费用的因素有：①修复工程规模；②修复深度；③污染物种类及浓度；④修复时间；⑤修复目标值等。国外处理成本为 200～660 美元/$m^3$；在国内，一般介于 500～1500 元/$m^3$ 之间。

**技术应用案例 3-5：原位化学还原**

（1）项目基本情况

上海市某企业曾发生清洗溶剂泄漏事故，场地大面积浅层地下水受到了氯代烃污染。

（2）工程规模

场地内氯代烃污染的地下水范围约 1 200 $m^2$，污染含水层厚度为 1～8 m，涉及的含水层体积约为 8 400 $m^3$。

(3) 主要污染物及污染程度

根据场地调查，地下水中二氯乙烷、二氯乙烯浓度超过了修复目标值，见表1。

**表1 地下水污染物浓度及修复目标值**

| 污染物 | 污染物浓度/（μg/L） | | | 修复目标值/（μg/L） |
|---|---|---|---|---|
| | 监测井1 | 监测井2 | 监测井3 | |
| 二氯乙烷 | 198 | 1 296 | 4 120 | 1 200 |
| 二氯乙烯 | 305 | 535 | 1 124 | 1 000 |

(4) 地层与水文地质条件

地层基本情况为：

0～−0.3 m，混凝土；

−0.3～−1.5 m，填土，杂色，以粉质黏土为主，夹杂碎石、碎砖等建筑垃圾，潮湿～饱和；

−1.5～−4.5 m，粉质黏土，微黄色～灰色，饱和；

−4.5～−8.0 m，砂质粉土，灰色，饱水；

−8.0～−12.0 m（未穿透），黏土，灰色～灰黑色，饱水。

水文地质情况为：

场地浅层地下水主要赋存于第四系松散岩层中，主要位于粉质黏土层和砂粉土层。潜水层地下水位在地下1.0～1.5 m处，地下水流向由西向东，水力坡度为0.5‰～1.0‰。潜水层水平渗透系数为$3.97\times10^{-5}$～$5.16\times10^{-5}$ cm/s。

(5) 技术选择

综合场地污染物特性、污染物浓度、土壤特性以及项目开发需求，选定原位化学还原技术进行地下水污染治理，采用一种美国专利还原药剂EHC进行还原脱氯。

(6) 修复效果

修复后地下水中污染物浓度达到修复目标值。

**技术应用案例 3-6：异位化学还原**

（1）项目基本情况

湖南某铬盐厂主要生产红矾钠、铬酸酐等铬系列产品，广泛用于多个行业。多年生产导致遗留大量铬渣，造成厂区及周边土壤和地下水严重污染。经场地调查发现，该场地土壤及地下水受到严重的铬污染。

（2）工程规模

修复土壤方量为 33.4 万 $m^3$；治理修复地下水 1.98 万 $m^3$。

（3）主要污染物及污染程度

土壤中总铬最高含量 57 200.00 mg/kg，六价铬最高含量为 17 699.97 mg/kg，六价铬浸出最高含量为 825.38 mg/L。修复目标值：0.5 m 以上表层土壤总铬 400 mg/kg，六价铬 5 mg/kg，六价铬浸出 0.05 mg/L；0.5 m 以下深层土壤六价铬浸出 0.05 mg/L。

地下水中六价铬浓度范围为 0.21～3 140 mg/L，修复目标值为：六价铬 0.1 mg/L。

（4）土层及水文地质条件

场地内地层自上往下依次为杂填土、粉质黏土、黏质中粗砂-砾砂、圆砾、强风化板岩、中风化板岩，勘探深度范围内地下水主要为松散岩类孔隙水和基岩裂隙水。其中，松散岩类孔隙水主要赋存于黏质中粗砂-砾砂层、圆砾层；基岩裂隙水主要赋存于强风化板岩层、中风化板岩层。

（5）工艺流程及关键设备、药剂

①污染土壤异位修复：挖出的杂填土中六价铬含量大于 150 mg/kg 时，先通过淋洗技术处理，再通过化学还原稳定化技术进行修复；六价铬含量小于 150 mg/kg 时，直接通过化学还原稳定化技术进行修复。

②污染土壤原位修复：对于场地深层土壤（以黏质中粗砂砾为主），采用原位修复。原位修复分为两个阶段：a. 先用高压旋喷注射的方式原位修复，将污染土壤中大部分六价铬还原为三价铬；b. 高压旋喷修复完成后，依次建设深层土壤及地下水修复管井，并实施原位注入修复，依次注入化学还原稳定化和生物还原稳定化药剂，土壤修复和地下水同步进行。

③污染地下水修复：对于场地地下水，采用动态地下水化学-生物还原系统修复。一方面，抽出重度污染源进行异位处理，抽出的污染地下水经场地内污水处理厂处理达标后回用或纳管排放；另一方面，对轻度污染源，通过注入还原剂的方式达到修复目标。

主要工艺设备有淋洗机、药剂调配罐、高压旋喷钻机、废水处理设施等。

主要药剂为亚铁药剂。

(6) 主要工艺及参数

影响化学还原技术修复效果的关键技术参数包括污染物的性质、浓度、药剂投加比、土壤渗透性、氧化还原电位、pH、含水率和其他土壤地质化学条件。

①药剂投加比：根据不同污染程度，修复药剂的投加比在2%～5%。

②氧化还原电位：控制在-100 mV以下，通过补充投加药剂、改变土壤含水率、改变土壤与空气接触面积等方式进行调节。

③pH：根据土壤初始pH条件和药剂特性，将pH调节至4.0～9.0。

④含水率：土壤含水率控制在土壤饱和持水能力的90%以上。

(7) 修复效果

效果评估结果表明，含铬污染土壤及地下水经修复后达到修复目标。

## 参考文献

[1] US EPA. Engineering Bulletin: Technology Alternatives for the Remediation of Soils Contaminated with As, Cd, Cr, Hg, and Pb[R]. 2014.

[2] US EPA, Department of Energy Office of Environmental Management Office of Science and Technology. In Situ Bioremediation for the Hanford Carbon Tetrachloride Plume[R]. 1999.

[3] 张峰. 原位化学还原技术在氯代烃污染场地修复中的应用[J]. 上海化工, 2015, 40(10): 16-18.

## 3.2.3 固化/稳定化

### 3.2.3.1 技术名称

固化/稳定化，Solidification/Stabilization。

### 3.2.3.2 技术介绍

（1）技术原理

固化/稳定化技术是通过添加固化剂或稳定剂，将土壤中的有毒有害物质固定起来，或者改变有毒有害成分的赋存状态或化学组成形式，阻止其在环境中迁移和扩散，从而降低其危害的修复技术。其中，固化是利用惰性材料与土壤混合，使其生成结构完整、具有一定机械强度的块状密实体（固化体），从而将污染土壤中有毒有害成分加以束缚的过程；稳定化是利用化学添加剂与土壤混合，改变污染土壤中有毒有害成分的赋存状态或化学组成形式，从而降低其毒性、溶解性和迁移性的过程。

（2）技术分类

按照施工过程是否挖掘土壤，可分为原位固化/稳定化和异位固化/稳定化。

原位固化/稳定化指通过一定的机械力在原位向污染介质中添加固化剂或稳定剂，在充分混合的基础上，使其与污染介质、污染物发生物理作用、化学作用，将土壤中的有毒有害物质固定起来，或者改变有毒有害成分的赋存状态或化学组成形式，控制其在环境中迁移和扩散。异位固化/稳定化则是将污染土壤挖掘出并运送至指定施工区域，向污染介质中添加固化剂/稳定剂，使其与污染介质、污染物发生作用。

（3）系统组成

1）原位固化/稳定化

原位固化/稳定化系统通常由挖掘、混合或螺旋钻等机械深翻搅动装置单元、试剂调配单元、输料单元、气体收集单元（可选）以及工程现场采样单元组成。

机械深翻搅动装置单元一般由抓斗、反铲或者搅拌头和控制室构成。试剂调配及输料单元一般由输料管路、试剂储存罐、流量计、混配装置、水泵、压力表等构成。气体收集单元（可选）一般由气体收集罩、气体回收处理装置构成。工程现场取样监测系统单元一般由驱动器、取样钻头、固定装置构成。

主要工艺设备有挖掘机、翻耕机、螺旋中空钻机等。

主要稳定剂有水泥、氧化镁、聚合物固化剂（聚乙烯、硫聚合物和沥青）；主要添加剂有石灰、磷酸盐材料、活性炭、轮胎碎片、有机改性黏土、硅粉、飞灰、炉渣等。

2）异位固化/稳定化

异位固化/稳定化主要由土壤预处理系统、药剂添加系统、土壤与固化/稳定化药剂混合搅拌系统组成。其中，土壤预处理系统包括土壤水分调节系统、土壤杂质筛分系统、土壤破碎系统。主要设备包括土壤挖掘设备（如挖掘机等）、土壤水分调节系统（如输送泵、喷雾器、脱水机等）、土壤筛分破碎设备（如振动筛、筛分破碎斗、破碎机、土壤破碎斗、旋耕机等）、土壤与固化/稳定化药剂混合搅拌设备（双轴搅拌机、单轴螺旋搅拌机、链锤式搅拌机、切割锤击混合式搅拌机等）。

#### 3.2.3.3　适用性

①可处理的污染物类型：重金属类、石棉、放射性物质、腐蚀性无机物、氰化物、氟化物、含砷化合物等无机物以及农药（或者除草剂）、多环芳烃类、多氯联苯类、二噁英等有机化合物。

②应用限制条件：不适用于挥发性有机化合物和以污染物总量削减为效果评估目标的修复项目。当需要添加较多的药剂时，对土壤的增容效应较大，会显著增加后续土壤处置

费用。

③为支撑固化/稳定化技术方案制定以及固化/稳定化工程实施效果评估，需在调查阶段对目标污染物的浸出含量水平进行分析测试。

#### 3.2.3.4 工艺流程

技术应用基础和前期准备：土壤物理性质（机械组成、含水率等）、化学特性（有机质含量、pH 等）、污染特性（污染物种类、污染程度等）均会影响异位固化/稳定化技术的适用性及其修复效果。针对不同类型的污染物，特别是砷、铬等毒性和活性较大的污染物，选择不同的固化/稳定化药剂；基于土壤类型研究固化/稳定化药剂的添加量与污染物浸出毒性的相互关系，确定不同污染物浓度下的最佳固化/稳定化药剂添加量。具体的工艺流程如下。

（1）原位固化/稳定化

基于修复目标建立修复材料的性能参数，进行实验室可行性分析，确定固化剂、添加剂和水的最佳混合配料比。如进行现场中试，根据现场实际情况，进一步优化实施技术，确定运行性能参数。修复工程实施后，需对修复过程实施后的材料性能进行长期监控与监测。

实施过程具体包括：

①针对污染场地情况，选择回转式混合机、挖掘机、螺旋钻等钻探装置对污染介质进行深翻搅动，并在机械装置上方安装灌浆喷射装置。

②通过液压驱动、液压控制将药剂直接输送到喷射装置，运用螺旋搅拌头进行搅拌，搅拌过程中形成的负压空间或液压驱动将粉末状或泥浆状药剂喷入污染介质中，或使用高压灌浆管来迫使药剂进入污染介质孔隙中。通过安装在输料系统阀端的流量计检测固化剂的输入速度、掺入量，使其按照预定的比例与污染介质以及污染物进行有效的混合。

③如固化/稳定化处理过程中释放出挥发性或半挥发性污染气体，通过收集罩输送至废气处理装置进行无害化处理。

④选择合适的采样工具，对不同深度和位置的修复后样品进行取样分析。

⑤定期对修复后样品进行取样分析，确定系统的长期稳定性。

（2）异位固化/稳定化

①根据地块污染空间分布信息进行测量放线之后，开始土壤挖掘；

②挖掘出的土壤根据情况进行土壤预处理（水分调节、土壤杂质筛分、土壤破碎等）；

③固化/稳定化药剂添加；

④土壤与药剂混合搅拌、养护；

⑤固化体/稳定化土壤的监测与效果评估、处置。

其中，②、③、④也可以在一体式混合搅拌设备中同时完成。

#### 3.2.3.5 关键工艺参数及设计

（1）原位固化/稳定化

1）环境介质

受污染环境介质中可溶性盐类和部分重金属会延长固化剂的凝固时间并大大降低其物理强度，有机污染物会影响固化体中晶体结构的形成，往往需要添加有机改性黏结剂来屏蔽相关影响。添加剂中水的比例应根据介质中水分含量决定。

2）污染物组成

对大多数无机污染物，添加固化/稳定剂可达到较好的固化/稳定化效果；对于存在高浓度有机物，尤其是挥发性有机物（如多环芳烃类）时，固化/稳定化效果通常不理想。

3）污染物位置分布

污染物仅分布在浅层污染介质中时，通常采用改造的旋耕机或挖掘铲装置实现土壤与固化剂的混合；当污染物分布在较深层污染介质中时，通常需要采用螺旋钻等深翻搅动装置来实现试剂的添加与均匀混合。

4）固化/稳定化剂组成与用量

有机物不会与水泥类物质发生水合作用。对于含有机污染物的污染介质通常需要考虑新型固化剂或者投加添加剂以吸附有机污染物。石灰和硅酸盐水泥在一定程度上还会增加有机物的浸出。同时，固化/稳定化剂添加比例以及水灰比决定了修复后系统的长期稳定性。

5）场地地质特征

水文地质条件、地下水水流速度、场地上是否有其他构筑物、场地附近是否有地表水存在都会增加施工难度并会对修复后系统的长期稳定性产生较大影响。

6）无侧限抗压强度

修复后固化体材料的抗压强度一般应大于 50 $Pa/ft^2$（约合 538.20 $Pa/m^2$），材料的抗压强度至少要和周围土壤的抗压强度一致。

7）渗透系数

渗透系数是衡量固化/稳定化修复后材料的关键因素。较低的渗透系数可以降低固化体受侵蚀的程度和污染物浸出，固化/稳定化后固化体的渗透系数一般应小于 $10^{-6}$ cm/s。

8）浸出性特征

针对固化/稳定化后土壤的最终用途和处置方式，采用合适的浸出方法和评估标准，具体方法见表 3.2.3-1。

（2）异位固化/稳定化

1）固化/稳定化药剂的种类及添加量

固化/稳定化药剂的成分及添加量将显著影响土壤污染物的处理效果，应通过试验确定药剂的配方和添加量，并考虑一定的安全系数。目前国外应用的固化/稳定化技术中药剂添加量大多低于 20%。

表 3.2.3-1 典型的固化/稳定化处理效果评估浸出方法

| 评估方法类型 | 主要评估方法 | 关键特征 | 优势 | 不足 |
| --- | --- | --- | --- | --- |
| 最大释放水平测试 | 美国：USEPA 1311、USEPA 1312<br>荷兰：NEN 7371<br>中国：HJ/T 299—2007，HJ/T 300—2007 | •固化体破碎后达到浸出平衡<br>•参照固废的管理体系，带有一定的强制性<br>•设定明确评价标准限值，如 40 CFR261.24、MCL 等 | •方法简单，便于操作<br>•时间成本和经济成本均较低<br>•有较多的科学性验证结论 | •主要模拟非规范填埋场渗滤液和酸雨对污染物的浸提<br>•浸出方法仅考虑最不利情况，过于保守<br>•不能真实反映实际环境状况 |
| 动态释放能力的测试 | 荷兰：NEN 7375<br>欧盟：CEN/TS 14405—2004 | •保持固化体本身物理特性<br>•基于动态释放通量<br>•考虑风险累积 | •更接近于实际环境状况<br>•降低预处理难度<br>•能够反映随时间变化的趋势 | •操作相对复杂，所需时间较长<br>•影响因素相对较多，实验的重现性不高 |
| 针对再利用情景的浸出方法体系 | 美国：USEPA 1313～1316 | • 基于土壤再利用情景，设置 4 种不同的浸出方法 | •接近于实际环境状况<br>•可以根据实际情况，选择不同的浸出测试方法 | •部分测试方法相对复杂，耗时较长<br>•方法的稳定性和重现性有待改进<br>•还缺乏相应的评价标准 |

2）土壤破碎程度

应对土壤团块进行充分的机械破碎，确保后续与药剂的充分混合接触。

3）土壤与固化/稳定化药剂的混匀程度

混匀程度是该技术的一个关键指标，混合越均匀，固化/稳定化效果越好。土壤与固化/稳定化药剂的混匀程度往往依靠现场工程师的经验判断，国内外还缺乏相关标准。

4）土壤异位固化/稳定化处理效果评估

土壤固化/稳定化处理效果评估指标通常包括工程性能指标和污染物指标：工程性能指标包括无侧限抗压强度、渗透系数等；污染物指标包括浸出浓度等。

①工程性能指标。

经固化处理后的固化体，其无侧限抗压强度一般要求大于 50 psi（约 0.35 MPa），而固化后用于建筑材料的无侧限抗压强度至少要求达到 4 000 psi（约 27.58 MPa）。

渗透系数表征土壤对水分流动的传导能力。固化处理后的固化体的渗透系数一般要求不大于 $1\times10^{-6}$ cm/s。

②污染物指标。

针对固化/稳定化后土壤的不同再利用和处置方式，采用合适的浸出方法和评估标准。固化/稳定化后土壤中污染物的浸出浓度应达到接收地地下水用途对应标准值或不会对地下水造成危害。

典型固化/稳定化处理效果评估浸出方法详见表 3.2.3-1，根据国内工程实践，一般采用最大释放水平测试。

5）运行维护和监测

异位固化/稳定化处理的运行维护和监测工作包括如下几方面：

①土壤挖掘安全：围栏封闭作业，设立警示标志，规避地下隐蔽设施。

②人员安全防护：工人应注意劳动防护。

③防止二次污染：采取措施防止雨水进入土壤，防止降雨冲洗土壤、携带污染物进入周边环境，防止刮风使尘土飞扬，造成二次污染扩散。

④长期监测：对于固化/稳定化后采用就地回填或异地回填处置的土壤，根据相关要求和实际情况，制订长期监测计划。

#### 3.2.3.6 实施周期及参考成本

原位固化/稳定化技术的实施周期一般为 3～6 个月。实际周期取决于以下因素：①修复目标值；②修复量大小；③待处理土壤体积；④污染物化学性质及其浓度分布情况；⑤土壤特性等。

影响原位固化/稳定化技术处置费用的因素有：①修复工程规模；②修复深度；③污染程度；④地质复杂程度等。

美国国家环保局（EPA）数据显示，浅层污染介质修复成本为 50～80 美元/$m^3$，深层污染介质修复成本为 195～330 美元/$m^3$。根据国内现有工程统计数据，原位固化/稳定化修复费用为 500～1 500 元/$m^3$。

异位固化/稳定化的实施周期主要影响因素包括污染土壤方量、修复工艺、土壤养护时间、施工设备、修复现场平面布局等。一般而言，水硬性材料固化修复需要较长的养护时间，稳定化修复需要的养护时间相对较短。根据施工机械台班等设置情况，异位土壤固化/稳定化修复的每日处理量为 100～1 200 $m^3$。

污染物类型、污染程度、选用的固化/稳定化药剂类型和添加量、土壤污染深度、挖掘难易程度、短驳距离等都会影响异位固化/稳定化技术的修复成本。美国国家环保局数据显示，小型污染地块（1 000 立方码，约合 765 $m^3$）处理成本为 160～245 美元/$m^3$，大型污染地块（50 000 立方码，约合 38 228 $m^3$）处理成本为 90～190 美元/$m^3$。我国的污染土壤固化/稳定化工程案例已超过数百项。根据国内现有工程统计数据，异位固化/稳定化修复费用一般为 200～1 500 元/$m^3$。

## 技术应用案例 3-7：原位固化/稳定化

（1）项目基本情况

某造纸厂地块土壤受到不同程度的重金属（Pb、Zn、As、Cu 等）和总石油烃（TPH）的污染。

（2）工程规模

原位固化/稳定化修复土壤方量为 46 101.5 $m^3$，面积为 11 734.8 $m^2$；修复深度为地表以下 0.3～6.0 m。

（3）主要污染物及污染程度

经人体健康风险评估，地块土壤中共有 4 种关注污染物：砷、铜、铅、锌。土壤中砷、铜、铅、锌的浓度范围分别为 56～1 652 mg/kg、310～673 mg/kg、181～10 600 mg/kg 以及 324～26 500 mg/kg。

修复目标为：原位修复深度 6 m 以上；重金属浸出值需满足《地下水质量标准》（GB/T 14848—2017）Ⅳ类标准，即砷、铜、铅、锌的浸出浓度分别低于 0.05 mg/L、1.50 mg/L、0.10 mg/L、5.00 mg/L。

（4）土层及水文地质条件

地块 0～3.0 m 处呈细沙质状的土壤和 3.0～9.0 m 处的淤泥较易发生污染物的自上而下的迁移，3.0 m 以下密实的黏土及更为密实的强风化土壤和岩石能在很大程度上阻滞污染物自上而下的迁移。该地的地震烈度为 6 度。地块西、南侧有航道，南河道长 7 km，宽 450 m，河槽水深 5～7 m。地下水整体流向大致为从东北流向西南。地块附近的稳定水位深度为 1.7～3.2 m。

（5）工艺流程及关键设备

修复工程技术路线如图 1 所示，工艺流程如图 2 所示，原位修复现场如图 3 所示。

主要工艺设备有水准仪、全站仪、SJB 型双轴深层搅拌桩机等。

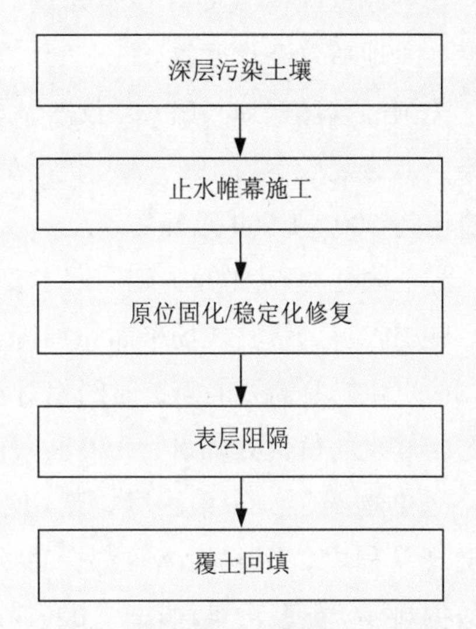


图 1　地块污染土壤修复技术路线

（6）主要工艺及设备参数

采用 3 套 SJB 型双轴搅拌设备进行施工。钻机主体宽 4 m、长 9 m，井架高 18 m，下部走管长 11 m，下垫枕木长 8 m，枕木厚度和宽度均为 22 cm。深层搅拌主要由左右两个旋转轴和中间的喷浆管进行，旋转轴的单轴直径为 700 mm，两轴之间咬合 200 mm，双轴搅拌面域长 1.2 m、宽 0.7 m，搅拌面积为 0.702 $m^2$。

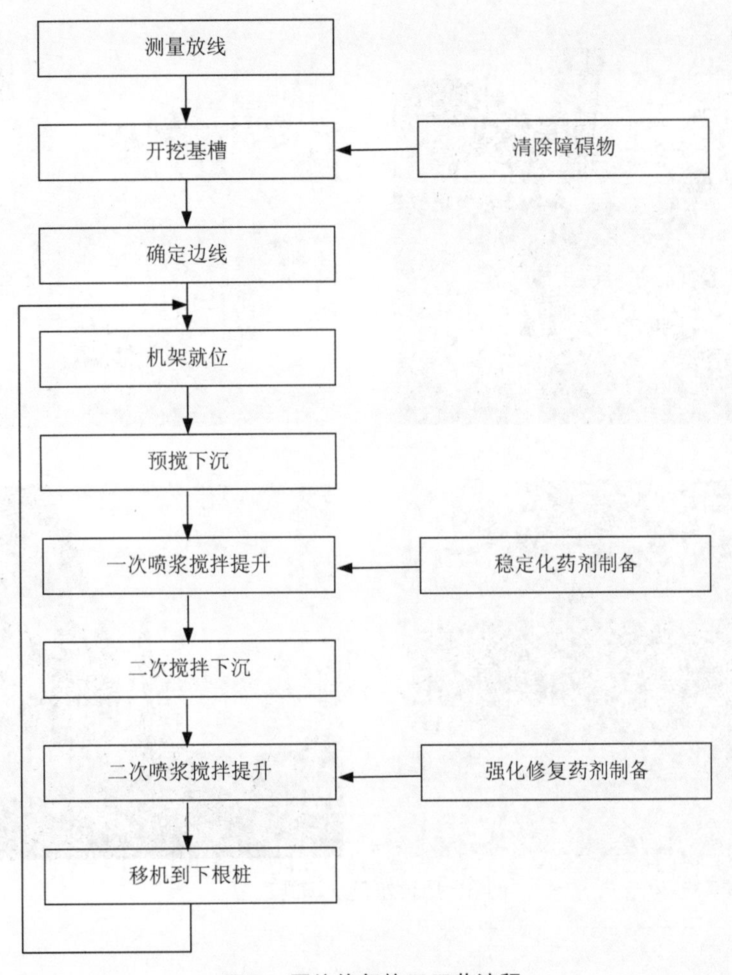


**图 2　原位修复施工工艺流程**

（7）成本分析

经测算，该项目的土壤处理成本约为 1 500 元/$m^3$（包括直接成本和间接成本），主要包括修复设备费用（包括设备的安装拆卸、运营维护、人工成本）、修复药剂费用（包括专利药剂的采购、药剂的配制与投加控制、人工成本）、过程监测费用、管理费用（主要是人员工资、生活费等）、水电费用、二次污染防治费用、其他措施费用等。

（8）修复效果

案例场地污染土壤经原位固化/稳定化修复处理后，进行了现场取样检测和修复效果评估工作。结果表明，对稳定化处理后的土壤，参照《固体废物　浸出毒性浸出方

法 硫酸硝酸法》（HJ/T 299—2007）开展浸出实验，浸出液中重金属污染物的浓度均低于《地下水质量标准》（GB/T 14848—2017）中的Ⅳ类标准，修复效果合格。

图3 原位修复现场施工图

## 技术应用案例 3-8：异位固化/稳定化

（1）工程背景

某地块原为工业用地，将开发为居民住宅或商办公共设施。由于该地块要求尽量压缩修复时间，以缓解地块再开发面临的施工进度压力，同时该地块土壤污染类型复杂，且对现场遗留土壤质量的要求较高，综合考虑以上因素，确定采用污染土壤清挖、原地异位稳定化处理的方式对地块进行修复。以健康风险评估计算的风险控制值为场地清理目标，以《地下水质量标准》（GB/T 14848—2017）中的Ⅳ类标准为稳定化处理的修复目标。

（2）工程规模

地块污染土壤面积为 9 450 $m^2$，土壤污染深度约为 1～3.5 m，需修复的总土方量约为 1.34 万 $m^3$。

（3）主要污染物及污染程度

该地块土壤中污染物包括 3 种重（类）金属（锑、砷、铅），最大监测浓度为：锑 279 mg/kg、砷 246 mg/kg、铅 3 390 mg/kg。

（4）土壤理化特征

土壤为黏性土，呈微碱性，表层土壤含少量建筑垃圾。

（5）技术选择

该修复项目要求时间短、修复费用低，同时污染物为重金属。基于现场土壤开展了多项技术可行性评价研究，从地块特征、资源需求、成本、环境、安全、健康、时间等方面进行详细评估，最终选定处理时间短、技术成熟、操作灵活且对地块水文地质特性要求较为宽松的异位稳定化技术对地块重金属污染土壤进行处理。

（6）工艺流程和关键设备

修复工程技术路线和施工流程主要包括污染土壤挖掘、土壤含水量控制、土壤氧化剂布料添加、稳定剂布料添加、混匀搅拌处理、养护反应、现场效果评估、回填、最终处置等环节。采用挖掘机进行土壤挖掘，挖掘深度深于 1 m 时，土壤含水量较高，采用晾晒风干等方式降低土壤含水量；使用专业筛分破碎斗进行土壤与粉状稳定剂的混匀搅拌，同时实现土壤的破碎。效果评估监测包括挖掘后基坑采样及污染物全量分析、化学氧化后土壤采样及有机污染物全量分析、稳定化处理后土壤采样及浸出毒性测试。关键设备主要有土壤挖掘设备、土壤短驳运输设备、土壤筛分破碎设备、土壤/药剂混合搅拌设备等。

（7）主要工艺及设备参数

基于现场污染土壤进行了大量实验室研究，确定了最佳稳定剂类型和添加量。稳定剂主要由粉煤灰、铁铝酸钙、高炉渣、硫酸钙以及碱性激活剂组成。另外，为了增强对重金属污染物的吸附作用，添加了约 30%的黏土矿物。稳定剂的质量添加比例为 10%。

土壤/稳定剂混合搅拌设备为专业土壤/药剂混合搅拌斗，该设备能实现土壤与稳定剂的混匀。由于土壤含水量较低，在混匀搅拌过程中加入适量水以调节含水量。

（8）成本分析

该项目的成本包含建设施工投资、稳定剂费用、设备投资、运行管理费用，修复成本约为 1 000 万元，折合单价约 750 元/$m^3$。

（9）修复效果

经过挖掘后基坑内所采集土壤样品中污染物含量均低于制定的清理目标值。稳定化处理后的土壤，参照《固体废物　浸出毒性浸出方法　硫酸硝酸法》（HJ/T 299—2007）开展浸出实验，浸出液中重金属污染物的浓度均低于《地下水质量标准》（GB/T 14848—2017）中的Ⅳ类标准，修复效果合格。

## 参考文献


[1] 环境保护部. 关于发布2014年污染场地修复技术目录（第一批）的公告（环境保护部公告 2014年 第75号）[EB/OL].（2014-10-30）[2021-12-19]. https://www.mee.gov.cn/gkml/hbb/bgg/201411/t20141105_291150.htm.

[2] 生态环境部.建设用地土壤污染风险管控和修复术语：HJ 682—2019[S].2019.

[3] 生态环境部.污染地块风险管控与土壤修复效果评估技术导则（试行）：HJ 25.5—2018[S]. 2018.

[4] US EPA, Office of Land and Emergency Management. Superfund Remedy Report 15 th Edition[R]. 2017.

[5] US EPA. Solidification[EB/OL]. https://clu-in.org/techfocus/default.focus/sec/Solidification/cat/Overview/.

[6] Al-Tabbaa A，A S R Perera. Binders & Technologies, Part I: Basic Principles[M]. Leiden: A.A. Balkema, 2005.

[7] Al-Tabbaa A， A S R Perera. UK Stabilization/Solidification Treatment and Remediation, Part I：Binders, Technologies, Testing and Research[J]. Land Contamination and Reclamation, 2006, 14(1)：1-22.


## 3.2.4 土壤气相抽提

### 3.2.4.1 技术名称

土壤气相抽提，Soil Vapor Extraction。

别名：土壤通风，Soil Venting；土壤吹脱，Soil Air Stripping。

### 3.2.4.2 技术介绍

（1）技术原理

通过抽提系统对土壤施加真空，迫使非饱和土壤中污染气体发生受控流动，从而将其中的挥发性和半挥发性有机污染物脱除的技术。在抽提的同时，也可以设置注气井，向土壤中通入空气，形成加压气流。

（2）技术分类

按照修复区土壤是否开挖，土壤气相抽提技术通常分为原位土壤气相抽提技术和异位土壤气相抽提技术。前者是将抽提井直接布设于非饱和土壤修复区内。后者是将污染土壤挖掘出来，转移到其他场所制成堆体，在土壤堆体中布置抽提井。

（3）系统组成

土壤气相抽提系统通常由抽提单元、尾气处理单元和废液处理单元组成，如图 3.2.4-1 所示。

抽提单元包括抽提井、管路、真空动力设备、仪器仪表等。抽提井由井口保护装置、监测仪表、井管、滤网构成。抽提井包括垂直抽提井和水平抽提井。

尾气处理单元包括尾气处理装置、管路、仪器仪表、高空排放烟囱等。

废液处理单元包括废液处理装置、管路、仪器仪表等。

监测单元包括真空度监测传感器等。

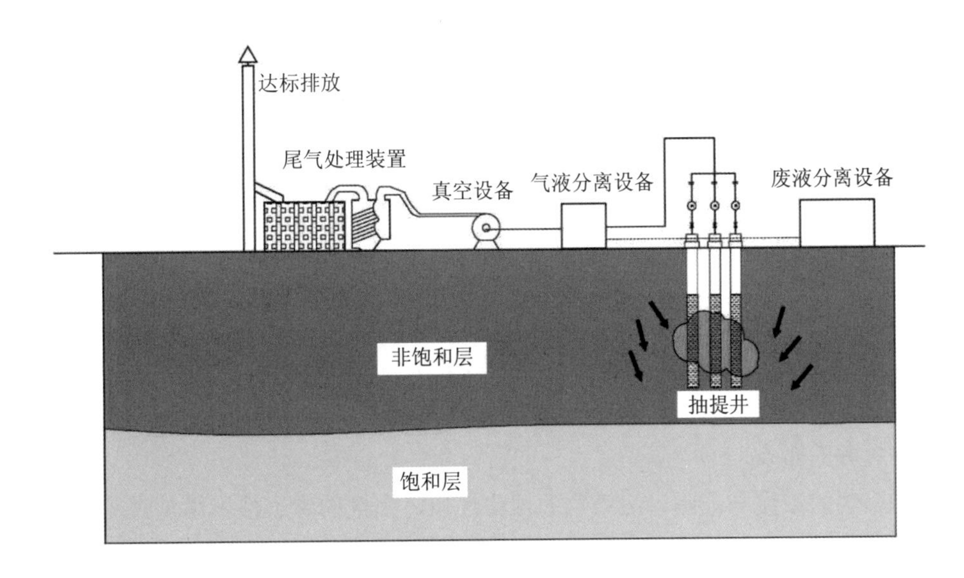


图 3.2.4-1 土壤气相抽提系统构成

### 3.2.4.3 适用性

土壤气相抽提适用于非饱和带污染土壤的修复。可处理蒸气压＞1 mmHg、无因次亨利常数＞100、水溶解度＜100 mg/L 的挥发性有机物及半挥发性有机物，如苯、甲苯等。

土壤气相抽提修复技术的应用还受土壤特性的制约，该技术适用于土壤透气性较好的非饱和带土层。一般要求土壤透气率＞$10^{-10}$ cm$^2$。

### 3.2.4.4 工艺流程

在污染区域范围内设置抽提井，真空抽提系统通过管道与抽提井相连。利用真空抽提系统、抽提井对气相的污染物进行抽提，通过气液分离器进行分离，再对气体和液体分别进行无害化处理，最后达标排放，如图 3.2.4-2 所示。

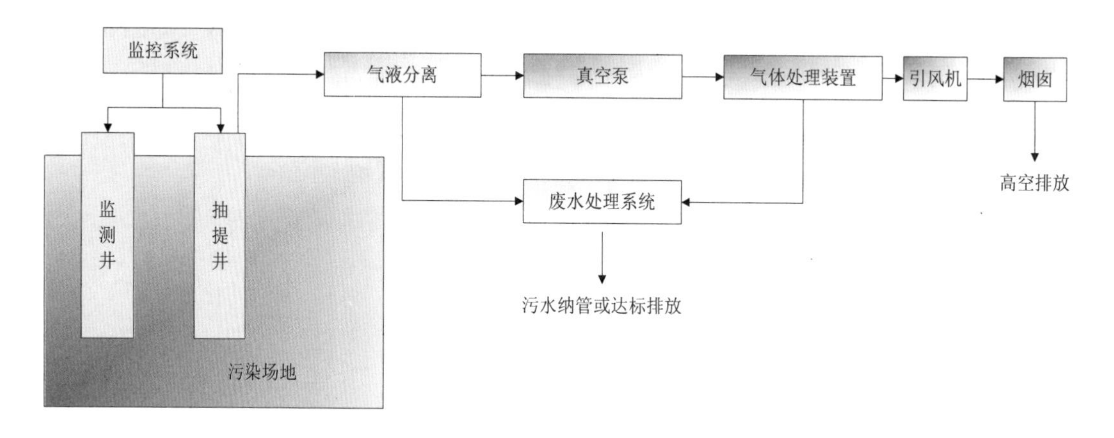


图 3.2.4-2 土壤气相抽提技术工艺流程

### 3.2.4.5 关键工艺参数及设计

（1）抽提气量与真空度

综合考虑场地的污染物理化性质、水文地质条件、修复目标、节能环保、安全卫生等因素，确定抽提动力设备需满足抽提气量和真空度。

（2）抽提井的布设

根据污染物的浓度与范围、污染物的理化性质、土壤的渗透性、修复时间、修复目标要求等确定抽提井的数量及位置。抽提井井间距一般为 6～30 m。根据场地污染特征布置抽提井，一般采用正六边形或正三角形布局。有效抽提范围应在水平及垂直方向上完全覆盖目标修复区块边界，并适度扩展，以确保达到修复效果。

（3）抽提井设计及安装

根据污染深度设置抽提井开缝的位置。井管外包滤网，填充滤料。井口宜高出地面 0.5～1.0 m，井口地面应采取防渗措施。抽提井井管采用耐腐蚀的无污染材质，井管之间连接可采用丝扣或焊接方式，不得使用含污染物的黏结剂。

垂直抽提井的钻进可采用冲击钻进、直接贯入钻井成孔等方法。水平抽提井的钻进可采用人工开挖、机械开挖、水平定向等方法。

根据污染物的性质、修复面积及深度、土壤渗透性等，确定抽提所需的真空度及抽气速率并选取合适的真空设备。抽提气真空负压系统应根据地层条件与修复深度确定，真空度一般为 10～40 kPa。

（4）废气处理单元

通过抽提系统收集到地面的蒸气经气水分离处理后，得到的尾气、冷凝水、废油分别进行处置。尾气处理通常采用活性炭吸附法或催化燃烧法。蒸气处理单元的处理能力要同时满足预期的最大蒸气产生量、最高污染物负荷和尾气、废水排放限值要求。

在修复过程中需对排放的尾气和废水进行监测，确保污染物的排放要符合国家、地方和相关行业的大气和水污染防治的规定。

废气排放标准参考《环境空气质量标准》（GB 3095—2012）、《大气污染物综合排放标准》（GB 16297—1996）及相关行业和地方标准。废水排放标准参考《地下水质量标准》（GB/T 14848—2017）、《污水排入城镇下水道水质标准》（CJ 343—2010）及相关行业和地方标准。

（5）监控单元设计

监控单元通常包含地下真空度监控。

通常在抽提井周边、相邻抽提井中间以及处理区域边缘应设置地下真空度监测井。

地下真空度每天至少记录一次，推荐连续记录。

地下真空监测传感器可以安装在抽提井井口或井管内，也可以安装在监测井井口或井管内。地下真空度监测点的安装位置及设置数量由监控目的、场地特征确定。

#### 3.2.4.6　实施周期及成本

土壤气相抽提的处理周期可能为几个月到几年，实际周期取决于以下因素：①待处理土壤的体积；②污染程度及污染物性质；③设备的处理能力等。

影响土壤气相抽提处置费用的因素有：①修复工程规模；②修复深度与地层条件；③修复时间；④修复的污染物特征；⑤危废处置量、废气废水处理要求等。国外处理成本为 4～1 371 美元/$m^3$。根据国内现有工程统计数据，原位土壤气相抽提修复费用约为 500 元/$m^3$。

**技术应用案例 3-9：土壤气相抽提**

（1）项目基本情况

北京某地块土壤受到苯污染，地下水受到苯、脂肪烃（$C_{10}$-$C_{12}$）污染。

（2）工程规模

修复土壤方量为 361 688.5 $m^3$，面积为 22 700.13 $m^2$；治理修复地下水 262 377.6 $m^3$，面积为 94 454.30 $m^2$。

(3) 主要污染物及污染程度

土壤中苯最高含量为 64.8 mg/kg，修复目标值为 0.64 mg/kg。

地下水中污染物的最高浓度为苯 210 mg/L，脂肪烃（$C_{10}$–$C_{12}$）368 mg/L。

(4) 土层及水文地质条件

场地–30 m 以内浅土层主要由粉土、中细砂、卵石组成，勘探深度范围内地下水主要为潜水，主要赋存于卵石、圆砾、细砂、中砂、砂质粉土层中。

(5) 工艺流程及关键设备

真空抽提系统通过抽提管道收集土壤中的挥发性污染物，抽提出来的气体主要包括水蒸气和有机污染物，经气液分离后变为废水和废气。废水进入水处理系统，经过处理达标后回灌到地下；废气经过催化燃烧—活性炭吸附—解吸一体化处理装置处理后，达标排放。

主要工艺设备有配电柜、真空抽提系统、真空度与浓度监测系统、废气处理设施、废水处理设施等。工程现场如图 1 所示。

抽提井结构：①钻孔：采用 30 型冲击钻机钻探分别至 10 m、15 m、20 m 深，钻孔直径 127 mm；②填料：包含砾料、膨润土；③过滤管：采用 0.2 mm 割缝管。

(6) 主要工艺及设备参数

抽提井：根据现场水文地质条件和污染情况，10 m、20 m 深抽提井间距设置为 30 m，15 m 深抽提井间距设置为 15 m；共布设 94 眼 10 m 深抽提井、312 眼 15 m 深抽提井、88 眼 20 m 深抽提井。

抽提系统：气相抽提系统地面管道采用无缝钢管，连接采用焊接的方式，连接每口抽提井至尾气处理端。每口抽提井出口设置 1 个球阀，控制该抽提井的启停。抽提风机装机容量为 9 000 $m^3$/h。

(7) 成本分析

经测算，土壤的处理成本约为 500 元/$m^3$，主要包括钻探费和材料费、设备费、运行费用、危险废物处置费用等。

(8) 修复效果

效果评估结果表明，该场地原位土壤气相抽提后达到修复目标。土壤中苯含量平均值的 95%置信上限为 0.34 mg/kg。

注：地下水修复见本书 4.2.1 节案例 4-3。

图 1 工程现场

## 参考文献

[1] George Mickelson. Guidance for Design, Installation and Operation of Soil Venting System[R].2014.

[2] US Environmental Protection Agency Office of Solid Waste and Emergency Response Technology Innovation Office. Remediation Technology Cost Compendium–Year 2000[R]. 2002.

[3] US EPA. Soil Vapor Extraction Technology：Reference Handbook[R]. 1991.

## 3.2.5 原位热脱附

### 3.2.5.1 技术名称

原位热脱附，In Situ Thermal Desorption。

别名：原位热处理，In Situ Thermal Treatment。

### 3.2.5.2 技术介绍

（1）技术原理

原位热脱附是通过向地下输入热能，加热土壤及地下水，提高目标污染物的蒸气压及溶解度，促进污染物挥发或溶解，并通过土壤气相抽提或多相抽提实现对目标污染物去除的技术。

（2）技术分类

按照加热方式的不同，原位热脱附通常分为热传导加热、电阻加热（电流加热）及蒸汽加热。

热传导加热是热量通过传导的方式由加热井传递到污染区域，从而加热土壤和地下水的原位热脱附技术。热传导通常包括燃气加热和电加热两种方式。热传导加热的最高温度可以达到750～800℃。

电阻加热也称电流加热，是将电流通过污染区域，利用电流的热效应加热土壤和地下水的原位热脱附技术。电阻加热利用水等介质的导电特性实现电流传输，通过土壤和非水相液体等污染介质的电阻发热特性实现污染区域加热。电阻加热的最高温度一般在100～120℃。

蒸汽加热指通过将高温水蒸气注入污染区域，加热土壤和地下水的原位热脱附技术。蒸汽加热的最高温度在170℃。

（3）系统组成

原位热脱附系统通常包括热传导加热单元、抽提单元、废水废气处理单元及监测单元等主体单元，以及供能单元，阻隔、过程控制等辅助单元，如图3.2.5-1所示。

热传导加热单元一般由加热元件和密封套管构成。燃气加热井的加热元件由送气模块、点火模块、监测模块、电控模块等组成。电加热井由底部密封的金属套管内安置电加热元件共同组成。电阻加热的电极井由电极、电缆、填料和补水单元等组成。蒸汽注入井由底部密封、中部开筛的不锈钢井管构成。

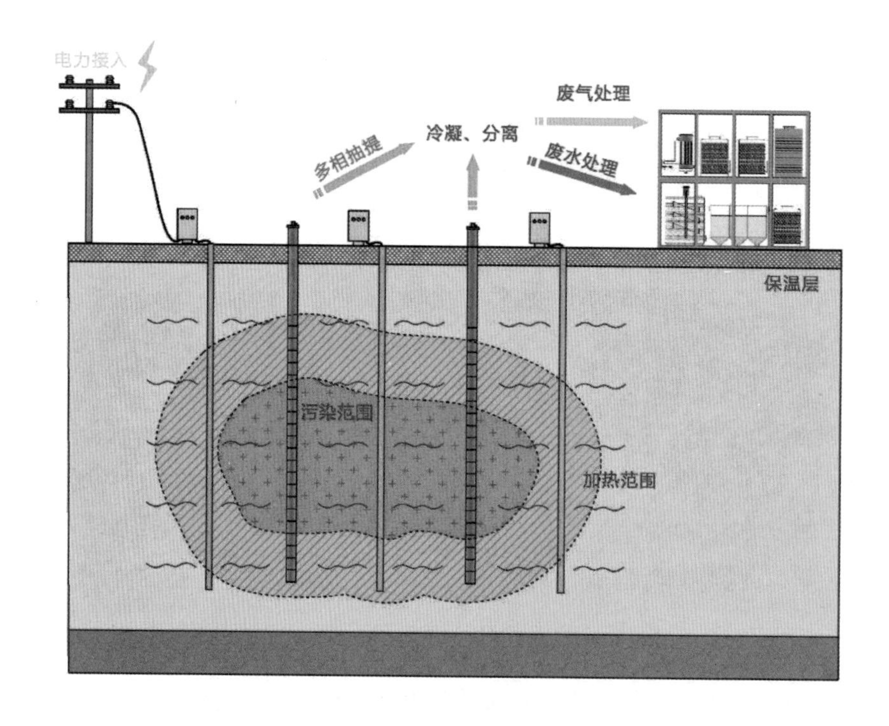


图3.2.5-1　典型原位热脱附系统构成

抽提单元包括抽提井、管路、动力设备、仪器仪表等。抽提井由井口保护装置、井管、滤网构成。抽提井包括垂直抽提井和水平抽提井。

主要工艺设备有可调式控制电源、配电柜、蒸汽锅炉、耐高温引风机、温度检测仪、真空泵、换热器、气液分离器、废气废水处理设备等。主要材料有金属/非金属电极、电缆、电极井填料、管材等。

#### 3.2.5.3　适用性

原位热脱附适用于处理污染土壤和地下水中的苯系物、石油烃、卤代烃、多氯联苯、二噁英等挥发性和半挥发性有机物，特别适用于处理高浓度及含有非水相液体的地下介质及低渗透地层。

原位热脱附不适用于地下水丰富、流速较快的污染物区域的修复。其中，蒸汽加热不适用于渗透系数较小（$<10^{-4}$ cm/s）或地层均质性较差的区域。

#### 3.2.5.4　工艺流程

在污染区域范围内设置加热井（或电极井，或蒸汽注入井），对目标污染区域的土壤或地下水进行加热，达到污染物的挥发温度，再利用真空抽提井对气相/液相的污染物进行抽提，通过冷凝分离，再对提取出的气体和液体分别进行无害化处理，最后达标排放。工艺流程如图 3.2.5-2 所示。

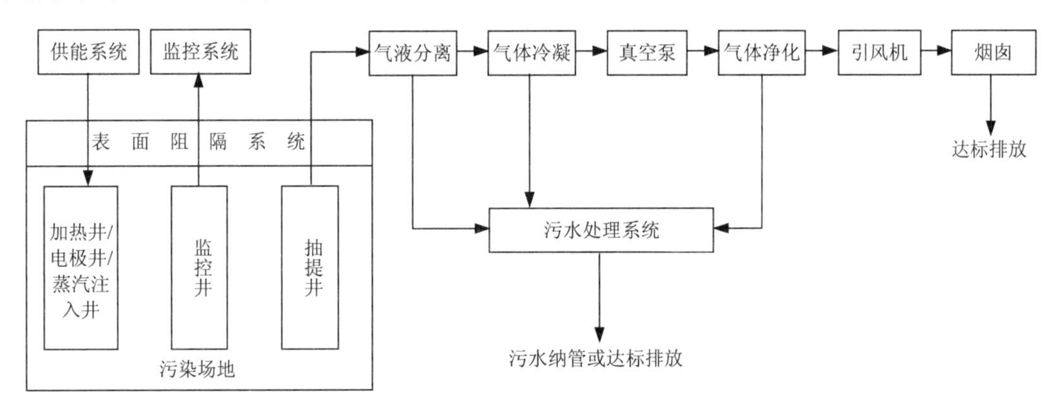


图 3.2.5-2　原位热脱附技术工艺流程

#### 3.2.5.5　关键工艺参数及设计

（1）目标温度和加热方式

综合考虑场地的污染物理化性质、水文地质条件、修复目标、当地能源供应条件、节能环保、安全卫生等因素，确定目标温度和加热方式。

（2）加热井/抽提井的布设

根据污染物的浓度与范围、污染物的理化性质、土壤的渗透性、电导率、修复时间、修复目标要求等确定加热井与抽提井的数量及位置。热传导加热和电阻加热的加热井（电极井）间距一般为 2～6 m，蒸汽注入井间距一般为 6～15 m。加热井的间距越小，单位体积土壤中的能量密度越高，处置效率越高。根据场地污染特征布置加热井，一般采用正六边形或正三角形布局。抽提井可与加热井设置在同一点位或靠近加热井设置，也可布设在以加热井为顶点构成的正六边形或正三角形的中心位置。有效加热及抽提范围应在水平及垂直方向上完全覆盖目标修复区块边界，并适度扩展，以确保达到修复效果。

（3）加热井构造及安装

加热井的直径、厚度以及材料根据安装方法、深度、工作温度和场地污染特征来确定。场地存在腐蚀性污染物时，需选择不锈钢、耐腐蚀合金等作为套管的材质。电阻加热的电极多采用具有良好导电性、耐腐蚀的材料。根据水文地质条件设置补水单元，可考虑回用水作为补充水源。蒸汽注入压力主要根据地层渗透性、加热温度要求、井间距综合确定。

加热井可采用先成孔再置入的方式或直推置入的方式进行安装。

（4）抽提井设计及安装

根据污染深度设置抽提井开缝的位置。井管外包金属滤网，再填充滤料。井口宜高出地面 0.5～1.0 m，井口地面应采取防渗措施。抽提井井管采用耐高温、耐腐蚀的无污染材质，井管之间连接可采用丝扣或焊接方式，不得使用含污染物的黏结剂。

垂直抽提井的钻进可采用螺旋钻进、冲击钻进、清水/泥浆回转钻进、直接贯入钻井成孔等方法。水平抽提井的钻进可采用人工开挖、机械开挖、水平定向等方法。

根据污染物的性质、修复面积及深度、土壤渗透性等，确定抽提所需的真空度及抽气速率并选取合适的真空设备。蒸汽加热系统中抽提速率一般应为注入速率的 1～3 倍；抽提气真空负压系统应根据蒸汽注入速率来确定，真空度一般为 50.7 kPa（0.5 atm）。

（5）废气处理单元

废气处理单元主要对热脱附抽提废气、废水吹脱处理等环节产生的有组织工艺废气进行处理。废气处理单元的处理能力要同时满足预期的最大废气产生量、最高污染物负荷和尾气排放限值要求。

通过抽提系统收集到的废气经过气体冷凝、气液分离、油水分离等处理后，得到的尾气、冷凝水、废油分别进行处置。设计的废气产生量应大于土壤和地下水中产生的污染物蒸气和水蒸气产生量。尾气处理可采用吸附法、氧化法和燃烧法等。

废气排放标准参考：《环境空气质量标准》（GB 3095—2012）、《大气污染物综合排放标准》（GB 16297—1996）、《工业炉窑大气污染物排放标准》（GB 9078—1996）、《恶臭污染物排放标准》（GB 14554—1993）及相关行业和地方标准。

废气处理单元产生的废油有回收利用价值时宜进行回收，否则应按危险废物进行管理。

（6）废水处理单元

原位热脱附工程废水处理单元主要对抽出的污染地下水和热脱附抽提废水等进行集中处理。废水处理的技术工艺通常包括油水分离、混凝、吹脱、高级氧化、活性炭吸附等。废水排放标准参考《地下水质量标准》（GB/T 14848—2017）、《污水排入城镇下水道水质标准》（GB/T 31962—2015）、《污水综合排放标准》（GB 8978—1996）、《地表水环境质量标准》（GB 3838—2002）及相关行业和地方标准。

废水处理单元产生的废油有回收利用价值时宜进行回收，否则应按危险废物进行管理。废水处理产生的污泥应按危险废物进行管理。

（7）监控单元设计

监控单元通常包含地下温度监控和压力监控等。

通常在加热井内或周边、相邻加热井中间以及处理区域边缘应设置地下温度监测点，纵向上监测点设置间隔通常为 1～2 m。

地下温度每天至少记录一次，推荐连续记录。地下温度可通过热电偶、光纤分布式温度传感器以及电阻层析成像技术等方式获取。

地下压力监测传感器可以安装在蒸汽注入井或抽提井井口或井管内，也可以安装在注入井和抽提井之间。地下压力监测点的安装位置及设置数量由监控目的、场地特征确定。

#### 3.2.5.6　实施周期及成本

原位热脱附技术的实施周期可能为几个月到几年，实际周期取决于以下因素：①待处理土壤和地下水的体积；②污染程度及污染物性质；③设备的处理能力；④能源供应条件等。

影响原位热脱附技术处置费用的因素有：①修复工程规模；②修复深度；③能源类型及供应；④修复温度和时间；⑤地下水控制要求；⑥危废处置量、废气/废水处理要求等。国外处理成本为 60～150 美元/$m^3$。根据国内现有工程统计数据，原位热脱附修复费用为 1 000～2 500 元/$m^3$。

### 技术应用案例 3-10：原位热脱附

(1) 项目基本情况

江苏某化工厂曾长期大规模生产增塑剂、二苯醚、氢化三联苯等产品。经场地调查发现，该场地土壤受到苯和氯苯污染，地下水受到苯、氯苯和二氯苯污染。

(2) 工程规模

修复土壤方量为 279 319 $m^3$，面积为 17 118 $m^2$；治理修复地下水 70 065 $m^3$。

(3) 主要污染物及污染程度

土壤中苯、氯苯的最高含量分别为 50 mg/kg 和 4 000 mg/kg，修复目标值为：①7.5 m 以上：苯 0.15 mg/kg，氯苯 2.0 mg/kg；②7.5 m 以下：苯 0.43 mg/kg，氯苯 4.3 mg/kg。

地下水中污染物的最高浓度为：苯 5.31 mg/L，氯苯 49.6 mg/L，二氯苯 7.74 mg/L。

(4) 土层及水文地质条件

场地 0～20 m 土层主要由黏性土及砂性土组成，勘探深度范围内地下水主要为孔隙潜水、微承压水。其中潜水主要赋存于填土层，微承压水主要赋存于粉质黏土、粉质黏土夹薄层粉土、粉土层中。

(5) 工艺流程及关键设备

电力分配系统将电能注入地下，加热土壤和地下水，使污染物挥发出来，挥发出来的污染物通过抽提系统进行收集。抽提出来的气体主要包括水蒸气和有机污染物，经冷凝后变为废水和废气。废水进入水处理系统，经过处理达到纳管标准后排入市政管网；废气经过活性炭纤维吸附后，达标排放。

主要工艺设备有配电柜、可调式控制电源、温度检测仪、废气处理设施、废水处理设施等。

电极井结构及开设：①钻孔：采用液相钻机钻取 18.5 m 深、直径 300 mm 的钻孔；②填料：包含 5 种成分的专利性原位热脱附电极井填料；③电极板：包含专利性特种电缆、电极板和定制型连接配件；④地面控制箱。

(6) 主要工艺及设备参数

电极井及温度监测井：根据现场水文地质条件和污染情况，18 m 深电极井间距设置为 4.5～10 m，4 m 深电极井间距设置为 10 m；共布设 586 口 18 m 深电极井、30 口 4 m 深电极井。

根据 400 $m^2$ 布设一口温度监测井的原则，共设置 42 口 18 m 深温度监测井、378 个温度监测点。

每 2 口温度监测井均匀配以 1 口地下水监测井，共设置 21 口 18 m 深地下水监测井。

水平阻隔层：首先铺设隔离层，阻隔蒸气的外泄，隔离层采用柔性防渗膜；第二层铺设等电位层，确保整个场地跨步电压低于 15 V；最上层为 10～20 cm 混凝土覆盖层。水平阻隔层向加热区最外侧热井继续横向延伸 2～3 m。

抽提系统：项目采用 18 m 电极井与竖向抽提井合二为一，通过水平抽提井达到抽提效果，共布设 616 口抽提井。气相抽提系统地面管道采用无缝钢管，连接采用焊接的方式，连接每口抽提井至尾气处理端。每口抽提井出口设置 1 个球阀，控制该抽提井的启停。抽提风机装机容量为 12 000 $m^3/h$，抽提速率一般为 6 000～8 000 $m^3/h$。

电力控制单元：设计容量电力为 15 MW。其中 1 万 kW 电力用于电极加热，通过电力控制单元提供电源。每 3 个电极组成一组 3 相回路，形成通电回路。每套电力控制单元容量为 500 kVA，电力控制单元主要由 3 个独立的单相变压器和控制柜组成。

加热目标温度：目标加热温度为 100℃。自 2017 年 8 月 1 日场地开始加热，地下初始平均温度为 24.4℃。截至 2018 年 6 月 30 日，历时 11 个月，场地分批次停止加热，场地平均温度为 105.7℃，最高温度为 141.3℃。

（7）成本分析

经测算，土壤的单位处理成本约为 1 000 元/$m^3$，主要包括电费和材料费、设备费、安装费用等。

（8）修复效果

效果评估结果表明，该场地原位热脱附后达到修复目标。

## 参考文献

[1] 生态环境部. 污染土壤修复工程技术规范 原位热脱附：HJ 1165—2021[S].2021.

[2] US Department of Defense, US Army Corps of Engineers. Design: In Situ Thermal Remediation[R]. 2008.

[3] US EPA. Engineering Paper：In Situ Thermal Treatment Technologies：Lessons Learned. United States Office of Land Emergency Management Agency[R]. 2014.

[4] Centre of Competence for Soil, Groundwater and Site Revitalisation – TASK, Leipzig. Guidelines：In situ thermal treatment（ISTT）for source zone remediation of soil and groundwater[R]. 2013.

[5] US Department of Labor. Remediation technology health and hazards: thermal desorption[R]. 2003.

[6] US EPA. A citizen's guide to in-situ thermal treatment[R]. 2012.

## 3.2.6 异位热脱附

### 3.2.6.1 技术名称

异位热脱附，Ex-Situ Thermal Desorption。

别名：异位热解吸。

### 3.2.6.2 技术介绍

（1）技术原理

通过直接或间接方式对污染土壤进行加热，通过控制系统温度和物料停留时间，有选择地促使污染物气化挥发，使目标污染物与土壤颗粒分离去除。

（2）技术分类

异位热脱附系统按照加热方式分为直接热脱附和间接热脱附。按照加热目标温度可分为高温热脱附和低温热脱附。

直接热脱附是指热源通过直接接触对污染土壤进行加热，使污染物从土壤中挥发除去的处理过程。

间接热脱附是指热源通过介质间接对污染土壤进行加热，使污染物从土壤中挥发除去的处理过程。

（3）系统组成

①直接热脱附由进料系统、脱附系统和尾气处理系统组成。进料系统：通过脱水、破碎、筛分、磁选等预处理，将污染土壤从车间运送到脱附系统中。脱附系统：污染土壤进入热转窑后，与热转窑燃烧器产生的火焰直接接触，被均匀加热至目标污染物气化的温度以上，达到污染物与土壤分离的目的。尾气处理系统：富集污染物蒸气的尾气通过旋风除尘、焚烧、冷却降温、布袋除尘、碱液淋洗等环节去除其中的污染物。

②间接热脱附由进料系统、脱附系统和尾气处理系统组成。与直接热脱附的区别在于脱附系统和尾气处理系统。脱附系统：燃烧器产生的火焰均匀加热转窑外部，污染土壤被间接加热至污染物的沸点后，污染物与土壤分离，废气经处理后达标排放。尾气处理系统：富集气化污染物的尾气通过过滤器、冷凝器、二次燃烧、冷冻和活性炭吸附设备等环节去除其中的污染物。气体通过冷凝器后可进行油水分离，浓缩、回收有机污染物。

主要设备包括：①进料系统：筛分机、破碎机、振动筛、链板输送机、传送带、除铁器等；②脱附系统：回转干燥设备或螺旋推进设备；③尾气处理系统：旋风除尘器、二燃室、冷却塔、冷凝器、布袋除尘器、淋洗塔、超滤设备等。

### 3.2.6.3　技术适用性

异位热脱附适用于处理污染土壤中的挥发性及半挥发性有机污染物（如石油烃、农药、多环芳烃、多氯联苯）和汞等物质，不适用于无机物污染土壤（汞除外），也不适用于腐蚀性有机物、活性氧化剂和还原剂含量较高的土壤。

污染土壤修复方量较大时，宜采用直接热脱附工艺；修复方量较小时，宜采用间接热脱附工艺；汞污染土壤应采用间接热脱附工艺。

### 3.2.6.4　工艺流程

异位热脱附的工艺流程主要为预处理与进料、污染土热脱附处理和尾气处理三部分。直接热脱附与间接热脱附的工艺流程在污染土壤热脱附、尾气处理等环节有明显区别，详述如下。

（1）直接热脱附工艺流程

污染土壤首先经破碎、筛分等预处理后送入土壤与加热源直接接触的加热装置，脱附出的烟气进入旋风除尘器进行除尘，除尘后的尾气进入二燃室实现高温焚烧过程，随后烟气相继通过急冷塔、布袋除尘、淋洗塔，处理达标后进行尾气排放。工艺流程见图 3.2.6-1，具体如下。

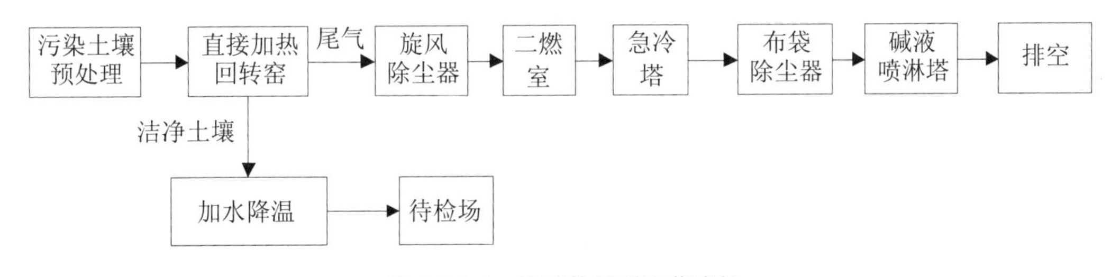


图 3.2.6-1　直接热脱附工艺流程

1）污染土壤预处理进料阶段

在密闭车间内，首先对污染土壤进行降低含水率处理以使土壤结构松散，然后经过筛分、磁选等处理后，粒径小于 50 mm 的土壤物料通过进料皮带输送入加热回转窑。粒径超规格的渣块进行冲洗处理，筛选出的废铁等集中收集进行资源化利用。

2）回转窑加热阶段

在回转窑加热阶段，根据土壤污染物类型以及土壤的理化参数等设定窑体加热温度及土壤停留时间，并按照设定速率向窑尾输送，在此过程中土壤中的污染物充分气化。

3）修复后土壤出料阶段

回转窑加热处理后，灼热的土壤落入土壤混合器内，经喷水混合冷却后输送至出料区，经检测合格后进行下一步处置流程。

4）高温氧化阶段

含有污染物的烟气在通风系统负压的作用下，通过旋风除尘器除去其中的颗粒物，然后进入二次燃烧室（高温氧化室）中，停留时间不短于 2 s，并保持 925～1 200℃高温，污染物被分解成二氧化碳、水和少量无机酸性气体等最终产物。

5）除尘碱洗阶段

除尘碱洗阶段主要设备包括急冷塔、布袋除尘室和酸性气体碱洗塔等。二次燃烧室排出的高温烟气经急冷设备迅速冷却至 200℃以下。急冷后的烟气经布袋除尘室去除颗粒物，在布袋除尘室内分离出的颗粒物落入底部的集灰斗。烟气过布袋除尘器后，通过引风机进入酸性气体碱洗塔，脱除酸性气体后的烟气通过烟囱排入大气中。

（2）间接热脱附工艺流程

处理汞污染土壤时，间接热脱附工艺宜采用图 3.2.6-2（a）；处理有机污染土壤时，间接热脱附工艺宜采用图 3.2.6-2（b）。污染土壤经预处理后送入加热腔体内，在螺旋运动或者回转窑的旋转运动过程中被加热至目标温度，土壤中污染物受热气化，从土壤中解吸逸出，尾气经处理后达标排放。具体流程如下。

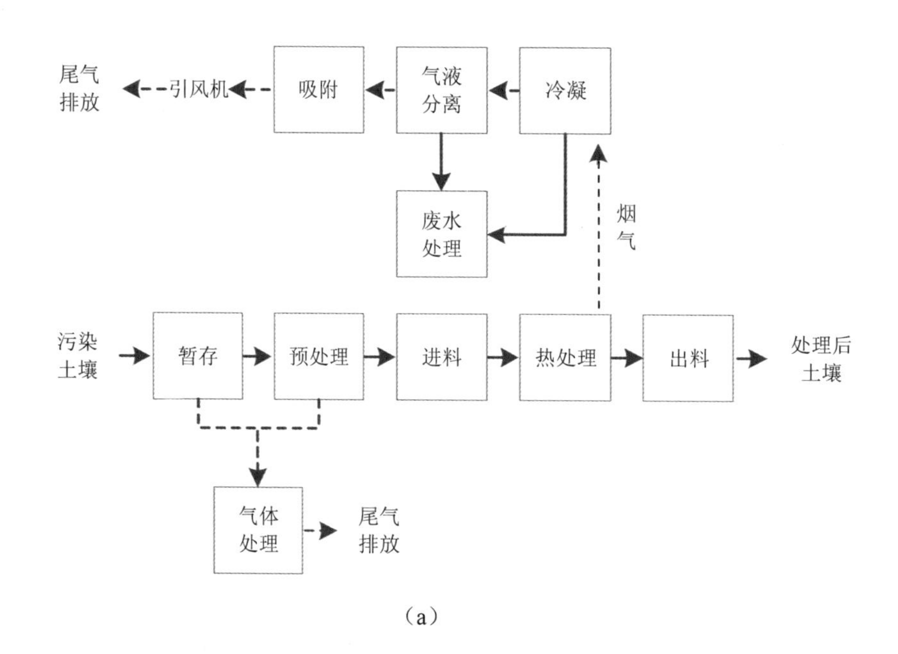


（a）

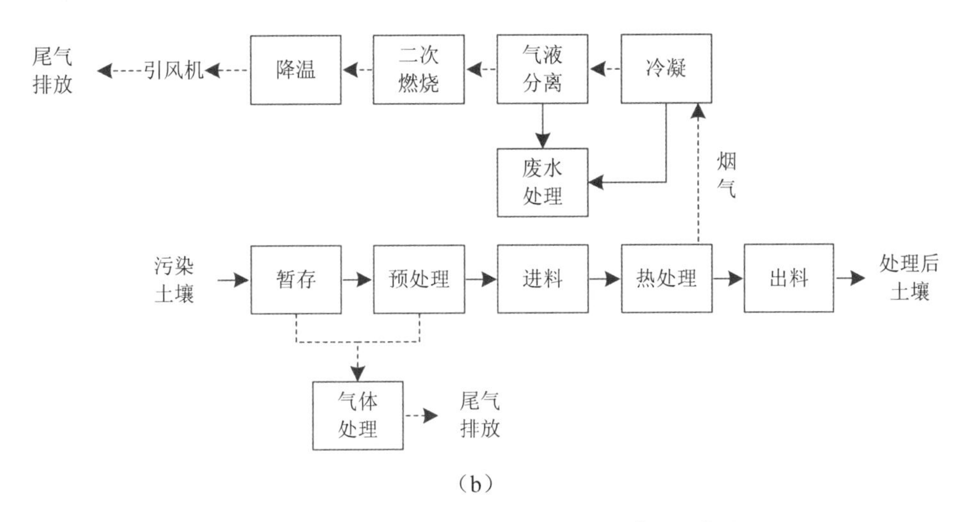


图 3.2.6-2　污染土壤间接热脱附修复工程典型工艺流程

1）污染土壤进料阶段

进料处理的目的是筛除杂质、使土壤颗粒化（颗粒大小较均匀），并调整含水率。污染土壤首先通过场内输送，转运至间接热脱附预处理车间，添加药剂调整土壤含水率，随后土壤通过装载机运送至筛分机过筛，使得土壤颗粒大小均匀，且粒径达到一定要求，陆续通过预处理室和间接热分离单元。

2）间接热脱附阶段

经过预处理的污染土壤进入间接加热窑体，在热脱附过程中有机组分气化出来。在一定的停留时间、加热温度下，通过自动温度监测实现燃烧室炉膛烟气温控助燃。

3）清洁土壤排放阶段

对从热脱附窑体排出的灼热土壤采用水喷淋降温，达到冷却和防止扬尘的目的。冷却后清洁且湿润的土壤由传送带输送至贮存区。

4）尾气冷凝处理阶段

土壤在间接加热窑体中停留 30～60 min，其中有机污染物挥发产生的气体经管道输送到喷淋冷却装置，气化的有机组分通过与喷淋冷却水直接接触，从而达到降温和液化的目的。热解气体经过冷凝后主要生成液相有机组分和不可凝气体。对于含汞尾气，经活性炭吸附后达标排放。对于含有机物的尾气，经过活性炭床吸附后，残留少量污染物的气体循环到加热器进行燃烧，提供间接热脱附所需要的能量。

5）水处理阶段

冷凝后的含烃类、油类等有机物的油水混合液进入油、水、固三相分离器进行分离，分离出的非水相液态进入储油罐。三相分离过程产生的油品可以回收利用或作危废处置，泥饼回到热脱附处置。

#### 3.2.6.5 关键工艺参数及设计

异位热脱附技术关键参数或指标主要包括土壤特性、污染物特性和运行参数三类。

（1）土壤特性

①进料土壤的含水率宜低于 25%；

②最大土壤粒径宜小于 5 cm；

③pH 不宜小于 4；

④塑性指数宜低于 10。

（2）污染物特性

①污染物浓度：有机污染物浓度高会增加土壤热值，可能会导致高温损害热脱附设备，甚至发生燃烧或爆炸，故排气中有机物浓度要低于爆炸下限 25%。有机物含量高于 4%的土壤不适用于直接热脱附系统，可采用间接热脱附处理。

②沸点范围：热处理所需温度与污染物本身的沸点直接相关。一般情况下，直接热脱附处理土壤的温度工作范围为 150～650℃，间接热脱附处理土壤的温度工作范围为 120～530℃。

③二噁英的生成：多氯联苯及其他含氯化合物在受到低温热破坏时或者在高温热破坏后的低温过程中易产生二噁英，故在废气燃烧破坏时还需要特别的急冷装置，使高温气体的温度迅速降低至 200℃，防止二噁英的生成。

（3）运行参数

①出料温度：温度是影响热脱附过程最主要的因素，随着温度的升高，污染物的脱附效率和降解效率会显著提高。土壤出料温度通常控制在 100～550℃。

②停留时间：污染土壤在热装置中停留时间越长，污染物脱附越彻底，停留时间范围通常控制在 15～120 min。

#### 3.2.6.6 实施周期及参考成本

异位热脱附技术的处理周期可能为几周到几年，实际周期取决于以下因素：①污染土壤的体积；②污染土壤及污染物性质；③设备的处理能力。一般单台处理设备的能力在 3～160 t/h 之间，直接热脱附设备的处理能力较大，一般为 20～160 t/h；间接热脱附设备的处理能力相对较小，一般为 3～20 t/h。

影响异位热脱附技术处置费用的因素有：①处置规模；②进料含水率；③燃料类型；④土壤性质；⑤污染物浓度等。国外对于中小型场地（2 万 t 以下，约合 26 800 $m^3$）的处理成本为 100～300 美元/$m^3$，对于大型场地（2 万 t 以上）的处理成本约为 50 美元/$m^3$。根据国内生产运行统计数据，污染土壤热脱附处置费用为 500～2 000 元/t。

## 技术应用案例 3-11：异位热脱附

（1）项目基本情况

某钢铁厂是一家涉及黑色冶金、钢铁加工、物流、电子商务等多业务领域的地方钢企。经调查，场地土壤主要受重金属、多环芳烃污染，污染面积占场区面积的 90% 以上，需要进行修复。

（2）工程规模

污染面积约 15.8 万 $m^2$；土壤修复方量约 51 万 $m^3$。

（3）主要污染物及污染程度

①重（类）金属类：Pb、As、Cu、Zn 和 Ni，最大超标倍数为 5～74 倍。

②多环芳烃类：萘、苊、芴、蒽、荧蒽、芘、苯并[*a*]蒽、䓛、苯并[*b*]荧蒽、苯并[*k*]荧蒽、苯并[*a*]芘、茚并[1,2,3-*cd*]芘、二苯并[*a,h*]蒽、菲、苯并[*g,h,i*]芘和苊烯（二氢苊），最大超标倍数为 4～1 084 倍。

③总石油烃类，最大超标倍数为 43 倍。

（4）土层及水文地质条件

地下水为海陆交替层孔隙水，水位埋深一般小于 1.5 m，具有弱承压性；含水层以中细砂为主，局部为粗砾砂，埋深 2～4 m，厚度 1～15 m。

场区内地形平坦，地形绝对标高为 5.76～8.75 m，总体地势由西北向东南微倾。根据钻探和收集的钻孔资料，按地质成因类型、岩性、状态，将地块内地层由上至下划分为：人工填土层（$Q^{ml}$）、第四系全新统冲积层（$Q_4^{al}$）、残积土层（$Q^{el}$），其中人工填土包括素填土和杂填土、耕土；第四系全新统冲积层包括淤泥（淤泥质土）。黏性土、砂层；残积土层为黏性土；基岩层白垩系上统大塱山组碎屑岩（$K_2^d$）。

（5）关键设备及工艺流程

1）关键设备

土壤热脱附采用大型专业化设备，本项目投入两套热脱附设备（TDU），分别为 1 号-TDU 和 2 号-TDU，如图 1、图 2 所示。

图 1　1 号-TDU 实景

图 2　2 号-TDU 实景

2）工艺流程

1号-TDU工艺流程：污染土壤经过破碎、筛分、调节含水率（20%以下）和除铁等预处理后进入顺烧式回转窑，脱附出的烟气进入旋风除尘器进行除尘，除尘后的尾气进入二燃室实现高温焚烧。随后烟气依次通过急冷塔、布袋除尘器、碱液淋洗塔，处理达标后的尾气经过烟囱排空。

2号-TDU工艺流程：污染土壤经过破碎、筛分、调节含水率（20%以下）和除铁等预处理后进入逆烧式回转窑，脱附尾气依次通过二燃室、风冷式急冷塔、布袋除尘器和卧式碱液喷淋塔，最终达标排放。

（6）主要工艺及设备参数

1）主要工艺

➢ 土壤预处理系统工艺

由破碎机、振荡筛及干燥物料混合设备组成，用于污染土壤的破碎、筛分和含水率调整。进料土壤的粒径和含水率是影响该设备处理污染土壤效率的主要因素：粒径过大，受热面积会减小，土块无法均匀受热，内部的污染物无法充分气化；土壤水分的汽化会消耗额外的能量，同时影响氧化焚烧系统的使用效率。因此必须对污染土壤进行筛分和破碎等预处理，确保土壤团块直径小于50 mm，并对含水率较高的土壤进行干化处理。

➢ 回转窑系统工艺

由专门根据热脱附工艺设计的回转窑及燃烧器组成，回转窑采用顺流方式连续进料，设备内部保持负压状态。通过对污染土壤进行均匀加热，促使污染土壤中的有机污染物彻底气化挥发而去除，确保土壤中的污染物浓度低于项目规定的修复目标限值。此外，由于该系统只需要确保污染物从土壤中分离，工作温度在300～350℃，不会使土壤出现熔融现象。

经过回转窑处理的干燥土壤由窑尾排出后，与系统回用水混合，确保土壤湿度，以减少出料扬尘。

➢ 尾气高温氧化系统工艺

由高温氧化室及燃烧器组成，通过通风设备调节含有机物烟气的流动速率，使污染物在高温（850～1 200℃）工况下停留时间达到2 s，确保污染物被完全分解成二氧化碳和水蒸气。

➢ 尾气净化系统工艺

由急冷塔、布袋除尘室、酸性气体洗涤塔及烟囱组成，通过管线与通风设备相连，尾气经过急冷、除尘和除酸等工序，最后由装有在线监控系统的烟囱排放至大气中，确保尾气不会造成二次污染。其中喷淋塔喷淋水量为 150 L/min，确保进入布袋除尘器的气体温度不超过 200℃。

布袋除尘室及旋风除尘器分离的灰尘通过传输设备与处理后的土壤混合。因此该套设备不会产生任何废渣及废液。由于设备区域内皆为硬化地面，需要设置雨水收集池，存水可用于出料土壤增湿处理。

➢ 自动控制体系统（设备运行参数监控）

每台直接热脱附设备均配有完善且高度集成的程控系统 1 套，可在设备运行过程中实时监测记录设备上各电气仪表的读数。设备操作员可以通过中控室内的显示终端实时监控各个相应部件的运行参数，并根据实际情况调整设备的运行工况。根据土壤污染情况，严格控制回转窑设定温度值（温度设定区间为 300～350℃），保证污染物脱附效率。严格监控二燃室温度不低于 850℃，保证脱附出的污染物彻底焚烧分解。程控系统还根据各运行参数设置了上下限值作为报警条件，一旦设备出现异常，系统会向操作人员发出警报，辅助操作人员立即锁定故障点，缩短故障排查时间。此外，系统中还设置了联锁，防止发生因违规操作造成设备损坏的情况。

2）设备参数

热脱附设备运行参数和主要设备/设施见表 1。

**表 1 热脱附设备运行参数和主要设备/设施**

| 指标名称 | 规格参数 |
| --- | --- |
| 回转窑转速 | 1～4 r/min |
| 回转窑进料粒径 | ＜50 mm |
| 窑内气体温度 | 300～350℃ |
| 窑内压力 | −4 mm 水柱 |
| 旋风分离器颗粒物通过粒径 | ＜6 μm |
| 高温氧化室内气体温度 | 850～1 200℃ |
| 氧化器气体停留时间 | 2 s |
| 氧化器出口去除率 | ＞99.99% |
| 急冷塔气体温度 | ＜200℃ |
| 急冷塔喷淋水量 | 150 L/min |
| 布袋除尘器 | 5 个定制模块，总过滤面积 1 393.5 $m^2$ |
| 袋式除尘器内温度 | ＜200℃ |
| 袋式除尘器通过粒径 | ＜1 μm |
| 淋洗塔内加入的氢氧化钠碱液浓度 | 20% |
| 淋洗塔 | 2205 喷雾型进套管冷却气体，带有 241 型填料塔 |
| 循环水 pH | 5.5～7 |
| 烟囱排放气体温度 | 70～80℃ |
| 引风机 | 高效 AF-50 风机，200 hp① |

① 1 hp≈723W。

（7）成本分析

修复费用主要由场地建设费、设备费、材料费、人工费、项目管理费以及部分措施费用组成。综合处置单价约 850 元/$m^3$。

（8）修复效果

污染土壤经修复合格达标，苯并[*a*]蒽最高含量由 31.7 mg/kg 下降至 0.63 mg/kg；苯并[*b*]荧蒽最高含量由 35.7 mg/kg 下降至 0.63 mg/kg；苯并[*k*]荧蒽最高含量由 27.2 mg/kg 下降至 6.33 mg/kg；苯并[*a*]芘最高含量由 29.7 mg/kg 下降至 0.63 mg/kg；茚并[1,2,3-*cd*]芘最高含量由 26.1 mg/kg 下降至 0.63 mg/kg；二苯并[*a,h*]蒽最高含量由 5.42 mg/kg 下降至 0.63 mg/kg；苊烯最高含量由 22.7 mg/kg 下降至 5 mg/kg。施工过程各类环境监测数据均达到环保监管要求，场地经修复满足土壤再利用开发标准，实现预期目标。

## 参考文献

[1] 环境保护部. 关于发布 2014 年污染场地修复技术目录（第一批）的公告（环境保护部公告 2014 年 第 75 号）[EB/OL].（2014-10-30）[2021-12-19]. https://www.mee.gov.cn/gkml/hbb/bgg/201411/t20141105_291150.htm.

[2] 生态环境部. 污染土壤修复工程技术规范 异位热脱附：HJ 1164—2021[S].2021.

[3] US Naval Facilities Engineering Servide Center. Application Guide for Thermal Desorption Systems[R]. 1998.

[4] UK Environment Agency. Treating waste by thermal desorption（An addendum to S5.06）[R]. 2013.

[5] EPA Victoria. Information Bulletin: Thermal Treatment Technologies[Z]. 2011.

### 3.2.7 化学热升温解吸

#### 3.2.7.1 技术名称

化学热升温解吸，Chemical Heating Desorption。

#### 3.2.7.2 技术介绍

（1）技术原理

土壤化学热升温解吸主要是通过在土壤中均匀掺混发热剂，在土壤中发生放热化学反应，促使土壤堆体温度升高，使土壤堆体温度接近或高于污染物（以挥发性物质为主）的沸点，促使污染物从土壤中加速解吸的一种技术。

（2）系统构成和主要设备

化学热升温解吸技术主要由土壤预处理、药剂添加及混合、养护等工序组成。其中，土壤预处理工序具体包括土壤水分调节、土壤杂质筛分、土壤破碎等。

化学热升温解吸技术涉及的主要设备包括土壤挖掘设备（如挖掘机等）、土壤水分调节设备（如脱水机等）、土壤筛分破碎设备（如振动筛、筛分破碎斗、土壤修复机等）、土壤与发热剂混合搅拌设备（如土壤修复机、双轴搅拌机、单轴螺旋搅拌机、链锤式搅拌机、切割锤击混合式搅拌机）等。

由于修复过程易产生大量扬尘并释放污染气体，化学热升温解吸修复通常需要在带有废气处理装置的密闭大棚中进行，防止二次污染。

### 3.2.7.3 适用性

（1）适用的介质

所有类型污染土壤，包含黏土。

（2）可处理的污染物类型

挥发性无机物（如氨氮等），挥发性有机物（如苯、甲苯、氯苯等）。

（3）应用限制条件

因发热温度限制，适用于沸点小于150℃的污染物；对破碎效果和混合效果要求较高。

（4）技术应用基础和前期准备

土壤物理性质（含水率等）、化学特性（有机质含量、pH 等）、污染特性（污染程度等）均会影响到化学热升温解吸技术的处理效果。使用该技术前，应针对不同类型的污染土壤进行小试，确定发热剂的最佳添加量。

### 3.2.7.4 工艺流程

化学热升温解吸技术施工步骤为：

①将污染土壤挖掘出来并转运至密闭大棚；②利用土壤修复机等设备将土壤破碎后，向土壤中定量添加发热剂；③将混合发热剂的污染土壤静置在密闭大棚内；④进入气相的污染物经收集处理后达标排放。

工艺路线如图 3.2.7-1 所示。

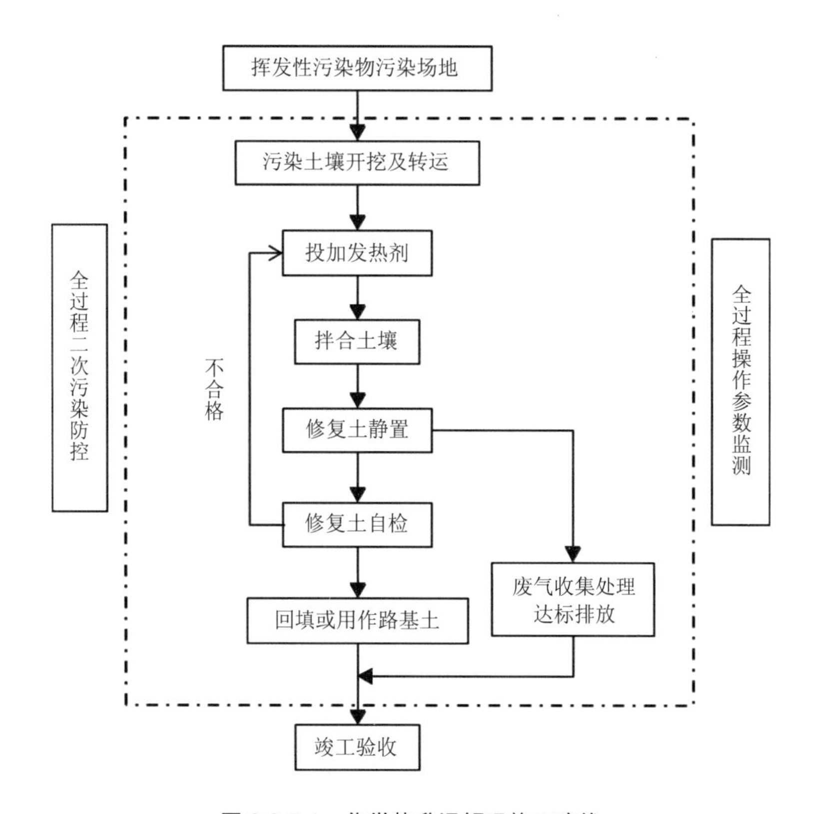


图 3.2.7-1 化学热升温解吸施工路线

修复后的土壤静置达到工艺要求的时间后，进行相应自检。若自检不达标则进行二次修复；若自检达标，则转运出大棚。修复作业时，做好全过程二次污染防控和全过程操作参数监测管理。

#### 3.2.7.5 关键工艺参数及设计

（1）技术参数

污染土壤含水率：由于水的比热大，土壤含水率会影响土壤升温效果及污染物的挥发速率。因此，污染土壤的含水率一般应≤40%。

土壤团块尺度：需尽可能小，并与发热剂充分混合，以便污染土壤快速升温、接近温度峰值，加速污染物从土壤中挥发分离。

发热剂的定量添加和调节：发热剂一般采用石灰，有效石灰含量为 80%（质量分数），发热速率为混合 1 h 后温度大于 80℃。应根据小试结果确定发热剂的添加比，保证修复效果，并控制修复成本。

综上所述，可通过配合使用土壤修复机，从而保证土壤的破碎粒径并通过螺杆定量投加发热剂（添加比 0.5%～15%），实现发热剂与土壤的充分混合。

化学热升温解吸技术的关键工艺参数见表 3.2.7-1。

表 3.2.7-1 关键工艺参数

| 项目 | 技术参数 |
| --- | --- |
| 土壤湿度 | 25%～40% |
| 土质要求 | 淤泥质黏土、黏土、粉黏土、粉砂 |
| 药剂配比（质量比） | 8%～12% |
| 药剂均匀度 | 浓度变异系数小于 10% |
| 破碎后土壤粒径 | $D_{50}$＜20 mm；$D_{90}$＜50 mm |
| 土壤出料温度 | ＞55℃ |
| 土壤出料半小时后温度 | ＞80℃ |
| 土壤出料 6 小时后温度 | ＞55℃ |
| 土壤出料 24 小时后温度 | ＞30℃ |

（2）废气收集和处理

污染土壤中解吸出的挥发性污染物须得到有效收集，处理达标后排放，避免二次污染。并且在污染土壤堆存和处理区域建设密闭大棚，在密闭微负压空间内进行污染土壤堆存、处理及养护。

同时，由于废气中多含有大量水蒸气，极易使活性炭吸附饱和，因此，采用化学热升温解吸技术修复污染土壤产生的尾气，推荐采用二次燃烧、低温等离子氧化或淋洗吸附等技术进行处理。

在修复过程中需对排放的尾气和废水进行监测，确保排放的污染物符合国家、地方或相关行业废气和废水排放标准。

### 3.2.7.6 实施周期及成本

化学热升温解吸技术的实施周期可能为一周到几周，实际周期取决于以下因素：①待处理土壤的体积；②污染程度及污染物性质；③设备的处理能力及设备数量等。

影响化学热升温解吸技术处置费用的因素有：①修复工程规模；②土壤筛分、破碎团粒大小；③发热剂有效成分含量；④混合搅拌充分程度；⑤配套设备精密程度；⑥危废处置量、废气/废水处理要求等。根据国内现有工程统计数据，化学热升温解吸修复费用为 350～450 元/$m^3$。

## 技术应用案例 3-12：化学热升温解吸

(1) 项目基本情况

江苏某化工厂原为大型有机化工和精细化工生产基地，化工生产历史较长。

(2) 工程规模

修复污染土壤总方量约 8.6 万 $m^3$。

(3) 主要污染物及污染程度

该项目主要污染物为苯、氯苯、苯胺类等 VOCs 类污染物，污染深度在 1～5 m。污染物信息如表 1 所示。

表 1 主要污染物信息

| 关注污染物 | 最小值/（mg/kg） | 平均值/（mg/kg） | 最大值/（mg/kg） | 检出率/% |
| --- | --- | --- | --- | --- |
| 苯 | 0.000 8 | 5.37 | 89.74 | 77.19 |
| 氯苯 | 0.000 9 | 37.25 | 238.72 | 100.00 |
| 1,3-二氯苯 | 0.000 6 | 4.13 | 37.53 | 98.25 |
| 1,4-二氯苯 | 0.000 8 | 5.52 | 48.52 | 100.00 |

(4) 工艺流程及关键设备

该项目采用的工艺流程如图 1 所示。

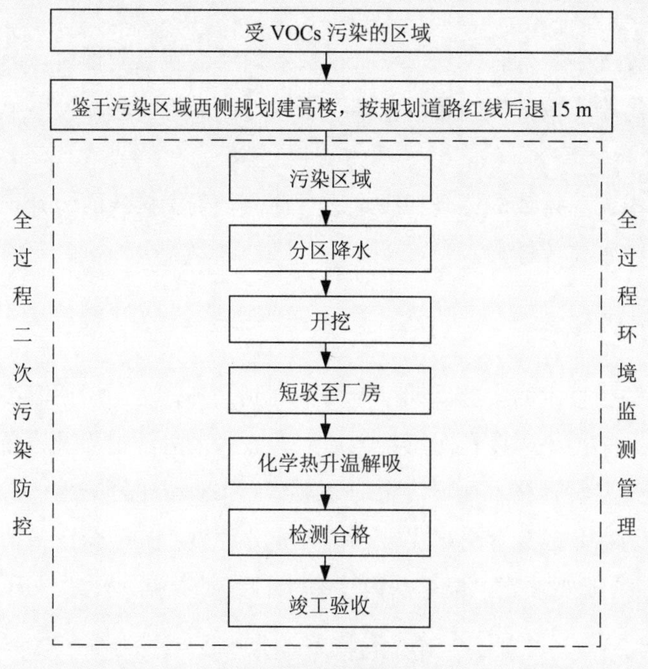


图 1 工艺流程

针对 7.5 万 $m^3$ 挥发性有机污染土壤，采用原地异位化学热升温解吸技术修复；地下水修复采用抽提处理工艺，达标后排入市政污水管网。

化学热升温解吸技术与土壤修复机联合使用，可使得药剂与土壤混合更为均匀，处理效果更佳；同时加药搅拌过程全封闭运行，可有效减少扬尘等问题。

化学热升温解吸的技术指标见表 2。

表 2 化学热升温解吸的技术指标

| 技术指标 | 参数 |
| --- | --- |
| 进料土壤湿度 | 25%～30% |
| 进料土质要求 | 淤泥质黏土、黏土、粉黏土、粉砂 |
| 进料速度 | 100 $m^3/h$ |
| 药剂配比（质量比） | 12% |
| 药剂均匀度 | 浓度变异系数小于 10% |
| 设备破碎后土壤粒径 | $D_{50}<20$ mm；$D_{90}<50$ mm |
| 土壤出料温度 | ＞55℃ |
| 土壤出料半小时后温度 | ＞80℃ |
| 土壤出料 6 小时后温度 | ＞55℃ |
| 土壤出料 24 小时后温度 | ＞30℃ |

(5) 修复效果

采用化学热升温解吸技术作为该项目的主要技术，并结合土壤修复机作业，挥发性有机污染物的去除率达 99%，样品修复达标率达 100%。污染物去除情况见表 3。

表 3 污染物去除效果

| 污染物浓度 | 初始浓度/(mg/kg) | 静置 3h 后/(mg/kg) | 摊平 1 天后/(mg/kg) | 最终去除率/% |
| --- | --- | --- | --- | --- |
| 氯苯 | 178.32 | 9.42 | 0.12 | 99.93 |
| 1,3-二氯苯 | 225.18 | 24.66 | 1.28 | 99.43 |
| 1,4-二氯苯 | 139.33 | 21.27 | 1.36 | 99.02 |

施工过程中采取了完善的二次污染防控措施。例如，在密闭大棚内进行修复作业、采用柱状活性炭吸附净化工艺处理废气、施工场地及外运过程中严格控制扬尘等措施。整个修复施工阶段未发生居民投诉事件。

该项目已通过竣工验收。

## 参考文献

[1] 王湘徽，祝欣，龙涛. 氯苯类易挥发有机污染土壤异位低温热脱附实例研究[J]. 生态与农村环境学报，2016（4）：670-674.

[2] 马妍，李发生，徐竹，等. 生石灰强化机械通风法修复三氯乙烯污染土壤[J]. 环境污染与防治，2014，36（9）：1-6.

[3] 杨宾，李慧颖，伍斌，等. 污染场地中挥发性有机污染工程修复技术及应用[J]. 环境工程技术学报, 2013, 3（1）: 78-84.

[4] 谌宏伟，陈鸿汉，刘菲，等. 污染场地健康风险评价的实例研究[J]. 地学前缘，2006（1）：232-237.

[5] 丁浩然. 活化过硫酸钠氧化法对挥发性有机物污染土壤修复效果研究[D]. 南京：南京农业大学，2014.

[6] 彭胜，陈家军，王红旗. 挥发性有机污染物在土壤中的运移机制与模型[J]. 土壤学报，2001，38（3）：315-323.

### 3.2.8 水泥窑协同处置

#### 3.2.8.1 技术名称

水泥窑协同处置，Co-processing in Cement Kiln。

#### 3.2.8.2 技术介绍

（1）技术原理

利用水泥回转窑内的高温、气体停留时间长、热容量大、热稳定性好、碱性环境、无废渣排放等特点，在生产水泥熟料的同时，焚烧固化处理污染土壤。有机物污染土壤从窑尾烟气室进入水泥回转窑，窑内气相温度最高可达 1 800℃，物料温度约为 1 450℃。在水泥窑的高温条件下，污染土壤中的有机污染物转化为无机化合物，高温气流与高细度、高浓度、高吸附性、高均匀性分布的碱性物料（CaO、$CaCO_3$ 等）充分接触，有效地抑制酸性物质的排放，使得 S 和 Cl 等转化成无机盐类固定下来。重金属污染土壤从生料配料系统进入水泥回转窑，使重金属固定在水泥熟料中。

（2）技术分类

按照进料方式的不同，水泥窑协同处置可分为原材料替代（生料配料系统进料）及高温焚烧（窑尾烟气室进料）。

原材料替代是将重金属污染土壤与水泥厂生产原材料经过配伍后，随生料一起进入生料磨，经过预热后进入水泥窑系统内煅烧，污染土壤中的重金属被固定在水泥熟料晶格内。

高温焚烧是将有机污染土壤经过预处理后，通过密闭输送系统，将污染土壤输送至窑尾烟气室进入水泥窑系统煅烧，污染土壤中的有机物在高温下转化为无机化合物。

（3）系统组成

水泥窑协同处置包括污染土壤贮存、预处理、投加、焚烧和尾气处理等过程。在原有的水泥生产线基础上，需要对投料口进行改造，还需必要的投料装置、预处理设施、符合要求的贮存设施和实验室分析能力。

水泥窑协同处置主要由土壤预处理系统、上料系统、水泥回转窑及配套系统、监测系统组成。

土壤预处理系统在密闭环境内进行，主要包括密闭贮存设施（如充气大棚）、筛分设施（筛分机）、尾气处理系统（如活性炭吸附系统等），预处理系统产生的尾气经过尾气处理系统后达标排放。上料系统主要包括存料斗、板式喂料机、皮带计量秤、提升机，整个上料过程处于密闭环境中，避免上料过程中污染物和粉尘散发到空气中，造成二次污染。水泥回转窑及配套系统主要包括五级旋风预热器、分解炉、回转式水泥窑、窑尾高温风机、三次风管、燃烧器、篦式冷却机、窑头袋收尘器、螺旋输送机、槽式输送机。监测系统主要包括氧气、粉尘、氮氧化物、二氧化碳、水分、温度在线监测以及水泥窑尾气和水泥熟料的定期监测，保证污染土壤处理的效果和生产安全。

#### 3.2.8.3 适用性

水泥窑协同处置适用于有机污染土壤及大部分重金属污染土壤的处置。

由于水泥生产对进料中重金属及氯、硫等元素的含量有限值要求，在使用该技术时需控制污染土的添加量。

#### 3.2.8.4 工艺流程

水泥窑协同处置技术工艺流程如图 3.2.8-1 所示。污染土壤经过清挖并运输至水泥厂密闭储存库内进行储存。在污染土壤处置前，需要将污染土壤进行预处理，预处理过程在密闭储存库内进行。预处理过程中产生的尾气进入密闭储存库内，当储存库气体中污染物浓度达到一定值时，开启风机，对产生的尾气进行收集，并通过活性炭过滤后达标排放。

经过预处理后的有机污染土壤从窑尾烟气室进入水泥回转窑，重金属污染土壤从生料配料系统经过粉磨、预热后进入水泥回转窑。在水泥回转窑的高温条件下，污染土壤中的有机污染物迅速蒸发和气化并被彻底分解，重金属则被固化在水泥晶格内。焚烧产生的尾气经过篦冷机之后，进入布袋除尘器进行收尘，处理合格的尾气达标排放至大气中；尾气处理系统配有在线监测装置，实时对排放的气体进行监测，确保尾气达标排放。

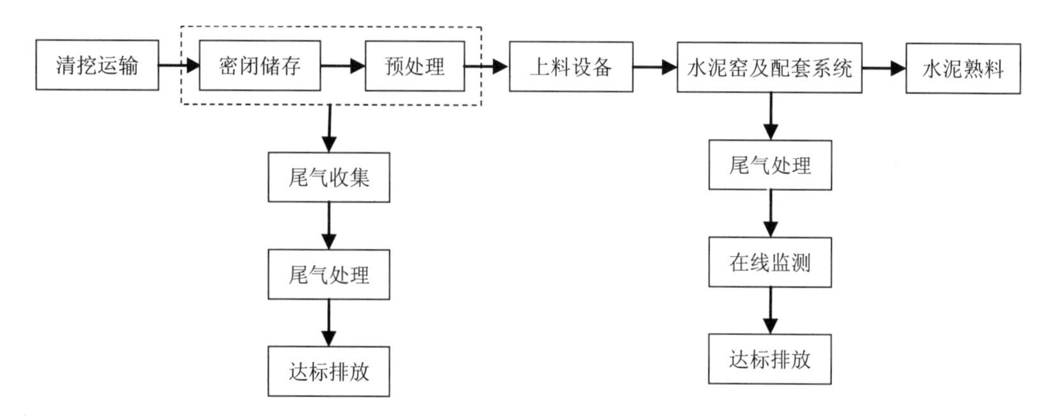


图 3.2.8-1 水泥窑协同处置技术工艺流程

### 3.2.8.5 关键工艺参数及设计

影响水泥窑协同处置效果的关键技术参数包括水泥回转窑技术参数、污染土中碱性物质含量，重金属污染物初始浓度，污染土壤中氯元素、氟元素以及硫元素含量、污染土壤添加量。

（1）水泥回转窑技术参数

①窑型为新型干法回转窑，采用窑磨一体机模式，单线设计熟料生产规模不小于 2 000 t/d。

②配备在线监测设备，保证运行工况的稳定。

③采用的除尘器应保证排放烟气粉尘浓度满足《水泥窑协同处置固体废物污染控制标准》（GB 30485—2013）要求。

④具有能将排放烟气温度从 300～400℃迅速降至 250℃以下的烟气冷却装置，如增湿塔或余热发电锅炉等。

⑤配备窑灰返窑装置，将除尘器等烟气处理装置收集的窑灰返回送往生料入窑系统。

（2）污染土壤中碱性物质含量

污染土壤提供了硅质原料，但由于污染土壤中 $K_2O$、$Na_2O$ 含量较高，会使水泥生产过程中间产品及最终产品的碱当量高，影响水泥品质。因此，在开始水泥窑协同处置前，应根据污染土壤中的 $K_2O$、$Na_2O$ 含量确定污染土壤的添加量。

（3）重金属污染物初始浓度

入窑配料中重金属污染物的浓度应满足《水泥窑协同处置固体废物环境保护技术规范》（HJ 622—2013）的要求。

（4）污染土壤中氯元素和氟元素含量

应根据水泥回转窑工艺特点，控制随物料入窑的氯和氟投加量，以保证水泥回转窑的正常生产和产品质量符合国家标准，入窑物料中氟元素含量不应大于 0.5%，氯元素含量不应大于 0.04%。

（5）污染土壤中硫元素含量

水泥窑协同处置过程中，应控制污染土壤中的硫元素含量，配料后的物料中硫化物与有机硫总含量占比不应大于 0.014%。从窑头、窑尾高温区投加的全硫与从配料系统投加的硫酸盐硫总投加量不应大于 3 000 mg/kg。

（6）污染土壤添加量

应根据污染土壤中的碱性物质含量，重金属含量，氯元素、氟元素、硫元素含量及污染土壤的含水率，综合确定污染土壤的投加量。

#### 3.2.8.6　实施周期及成本

水泥窑协同处置技术的实施周期与水泥生产线的生产能力及污染土壤投加量相关，而污染土壤投加量又与土壤中污染物特性、污染程度、土壤特性等有关，一般通过计算确定污染土壤的添加量和实施周期，污染土壤通过高温段进料的添加量一般低于水泥生料量的 4%。

水泥窑协同处置污染土壤在国内的工程应用成本为 500～1 400 元/$m^3$。

**技术应用案例 3-13：水泥窑协同处置**

（1）项目基本情况

某地块土壤受到多环芳烃污染。为满足项目施工进度的要求，污染土壤采用水泥窑协同处置技术进行处理。

（2）工程规模

修复土壤方量为 61 665 $m^3$，面积为 41 103 $m^2$。

（3）主要污染物及污染程度

土壤中污染物最大检出含量为萘 4 100 mg/kg，苯并[*a*]蒽 138 mg/kg，苯并[*b*]荧蒽+苯并[*k*]荧蒽 393 mg/kg，苯并[*a*]芘 72 mg/kg，茚并[1,2,3-*cd*]芘 144 mg/kg，二苯并[*a*,*h*]蒽 45.7 mg/kg。

（4）土层及水文地质条件

场地 0～26 m 土层主要由杂填土、粉土、黏性土及砂性土组成，勘探深度范围内地下水主要为上层滞水、潜水。其中上层滞水主要赋存于填土层，潜水主要赋存于粉细砂层、中粗砂层、圆砾卵石层及中粗砂层。

（5）工艺流程及关键设备

①污染土壤进场后暂存，过程中防止对环境的污染；②在密闭设施内对土壤进行筛分预处理，密闭设施应配备尾气净化设备，保证筛分过程中产生的废气能达到排放

标准；③筛分后的土壤运至污染土卸料点，卸料点由密闭输送装置连接至窑尾烟室，卸料区设置防尘帘等密闭措施；④污染土经板式喂料机进入皮带秤计量，计量后的土壤经提升机提升后，由密闭输送装置进入窑尾烟室喂料点，送入窑尾烟室高温段焚烧；⑤污染土壤中的有机物经过水泥窑高温煅烧彻底分解，实现污染土壤的无害化处置，土壤则直接转化为水泥熟料，尾气达标排放，整个过程无废渣排出。

水泥窑协同处置的设备主要由上料系统、水泥回转窑及配套系统组成。上料系统主要由存料斗、板式喂料机、皮带计量秤、提升机等组成。水泥回转窑及配套系统主要由五级旋风预热器、分解炉、回转式水泥窑、窑尾高温风机、三次风管、回转窑燃烧器、篦式冷却机、窑头袋收尘器、螺旋输送机、槽式输送机等组成。

（6）主要工艺及设备参数：

污染土壤添加量：根据污染土壤中污染物的性质以及土壤元素组成，本项目污染土壤按照4%的比例进行添加，每天处理污染土壤约300 t，污染土壤进料粒径应小于50 mm，含水率应小于25%。

水泥回转窑及配套系统：回转窑长60 m，直径为4 m，水泥窑转速为1.5 r/min，水泥窑熟料产量为5 000 t/d，回转窑内气相温度最高可达1 800℃，物料温度约为1 450℃。

（7）成本分析

该项目成本包含储存、预处理、设备折旧、水泥产量损失、运行管理费用等，处理成本约800元/$m^3$，其运行过程中的主要能耗为额外增加的燃料和电消耗。

（8）修复效果

水泥熟料中多环芳烃目标污染物均未检出，协同处置过程中水泥窑尾气中常规污染物及目标污染物多环芳烃排放均达到相关标准，通过管理部门验收。

## 3.2.9 异位土壤淋洗

### 3.2.9.1 技术名称

异位土壤淋洗，Ex-Situ Soil Washing。

别名：土壤异位淋洗，异位土壤洗脱。

### 3.2.9.2 技术介绍

（1）技术原理

异位土壤淋洗是采用物理分离或化学淋洗等手段，通过添加水或合适的淋洗剂，分离重污染土壤组分或使污染物从土壤相转移到液相的技术。

（2）技术分类

按照污染物分离的方式，异位土壤淋洗可分为物理分离和化学淋洗。

物理分离是采用筛分、水力分选及重力浓缩等分离手段，将较大颗粒的土壤组分（砾石、砂粒）同土壤细粒（黏/粉粒）分离。由于污染物主要集中分布于较小的土壤颗粒上，因此物理分离可以有效地减少污染土壤的处理量，实现减量化。对于分离出的土壤细粒，可根据需要选择稳定化处置或进行化学淋洗处理。

化学淋洗也叫增效洗脱，是将含有淋洗剂的溶液与污染土壤混合，通过增溶或络合作用，促进土壤细粒表面污染物向水相的溶解转移，再对含污染物的淋洗废液进行后处理。常用的有机污染物淋洗剂有低毒有机溶剂、表面活性剂等；重金属淋洗剂有无机酸和有机酸、螯合剂等。

（3）系统构成

异位土壤淋洗处理系统一般包括土壤预处理单元、物理分离单元、化学淋洗单元、废水处理及回用单元、挥发气体控制单元等。具体场地修复中可选择单独或联合使用物理分离单元和化学淋洗单元。

主要设备包括土壤预处理设备（如破碎机、筛分机等）、输送设备（皮带机或螺旋输送机）、物理筛分设备（湿法振动筛、滚筒筛、水力旋流器、螺旋选矿机、跳汰机等）、化学淋洗设备（淋洗搅拌罐、滚筒清洗机、水平振荡器、加药配药设备等）、泥水分离及脱水设备（沉淀池、浓缩池、脱水筛、压滤机、离心分离机等）、废水处理系统（废水收集箱、沉淀池、物化处理系统）、泥浆输送系统（泥浆泵、管道等）、自动控制系统。

#### 3.2.9.3　适用性

适用的介质：污染土壤或底泥。

适用的污染物类型：无机污染物及有机污染物。

应用限制条件：本技术不适合于土壤细粒（黏/粉粒）含量高于30%～50%的土壤。

#### 3.2.9.4　工艺流程

典型的异位土壤淋洗工艺流程如图3.2.9-1所示。具体流程如下：①对挖掘后的污染土壤进行预处理，包括筛分和破碎等，剔除直径大于100 mm的杂物；②预处理后的土壤进入物理分离单元，采用湿法筛分或水力分选，分离出粗颗粒和砂粒，经脱水筛脱水后得到清洁物料；③分级后的细粒进入化学淋洗单元，加入相应的有机污染物或重金属淋洗剂进行淋洗处理；对于重金属污染，也可选择加入稳定剂稳定化后进行安全填埋处置；④物理分离的废水经沉淀处理后可直接回用；化学淋洗废水经物化处理或生物处理去除污染物后可回用或排放；⑤若土壤含有挥发性重金属或有机污染物，对预处理及土壤淋洗单元应设置废气收集装置，并对废气进行集中处理；⑥定期采集处理后粗颗粒、砂粒及细粒土样样品以及处理前后淋洗液样品，监测目标污染物含量，掌握污染物的去除效果情况。

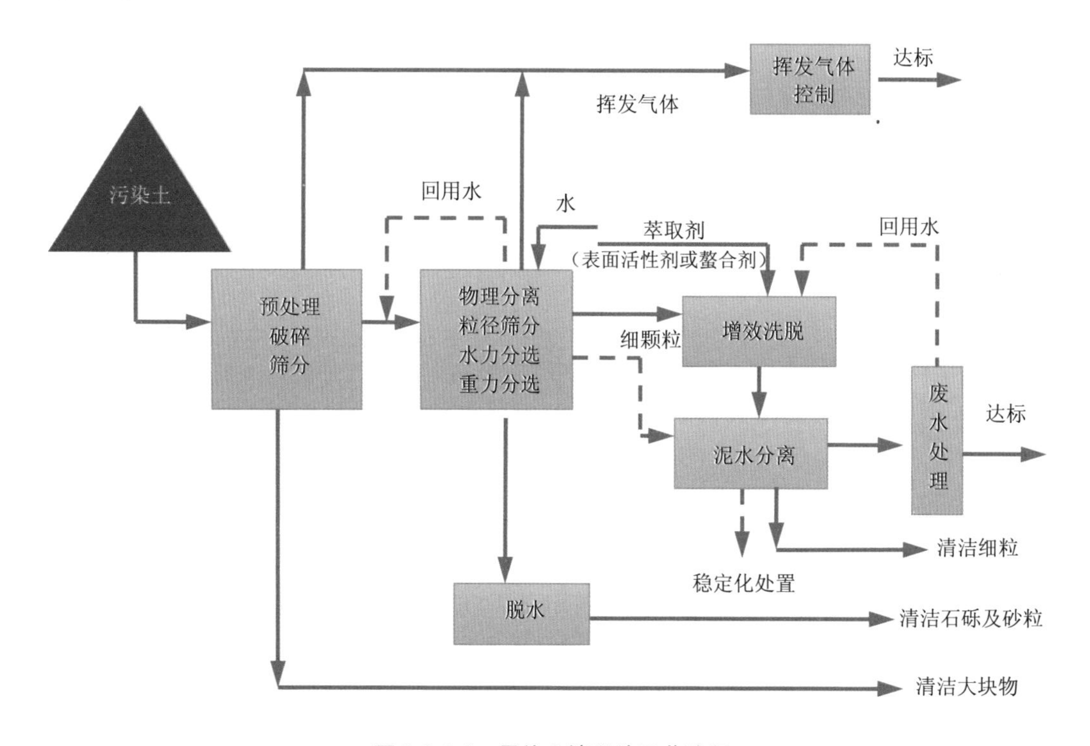


图 3.2.9-1 异位土壤淋洗工艺流程

### 3.2.9.5 关键工艺参数及设计

影响土壤淋洗修复效果的关键工艺参数包括土壤细粒含量、污染物类型和浓度、分级/淋洗方式、水土比、淋洗时间、淋洗次数、体系温度和 pH、淋洗剂的选择、化学淋洗废水的处理及淋洗剂的回用、运行维护和监测。

（1）土壤细粒含量

土壤细粒的百分含量是决定土壤淋洗修复效果和成本的关键因素。细粒一般是指粒径小于 63～75 μm 的粉/黏粒。由于污染物主要赋存于细颗粒土壤表面，经物理分离后的细粒需要进一步处理（如化学淋洗）以去除其中的污染物。高含量的细粒组分也会增加物理分离、化学淋洗及泥水分离等单元的处理难度，提高土壤修复成本。一般认为，异位土壤淋洗处理对于细粒含量达到 25%以上的土壤不具有成本优势。

（2）污染物类型和浓度

污染物的水溶性和迁移性直接影响土壤淋洗，特别是化学淋洗修复的效果。疏水性有机物（如多氯联苯、多环芳烃等）一般难以通过物理分离达到修复目标，需要添加表面活性剂等淋洗剂进行化学淋洗处理。重金属的迁移性和其在土壤中的赋存形态也影响淋洗修复效果，一般交换态和碳酸盐结合态较容易去除。污染物含量也是影响修复效果和成本的重要因素。

（3）分级/淋洗方式

物理分离的方式包括物理筛分、水力分级和重力浓缩等；化学淋洗的方式有剪切搅拌、逆流混合、超声混合等。物理筛分是使物料经过不同孔径的滚筒或振动筛，分离出不同粒径的粗颗粒（20～60 mm、4～20 mm）和砂质（0.25～4 mm），通常采用湿法筛分。水力分选通常采用一级或多级水力旋流器，根据不同粒径颗粒的沉降速度差异，将粗粒和砂粒同细（黏）粒进行分离，水力分选出的砂粒粒度可达到 0.1 mm，甚至更小；重力分选是根据颗粒的密度大小将不同土壤组分进行分离，常用的设备有跳汰机和螺旋分离机等。分离后的细（黏）粒可进行压滤脱水及稳定化后安全填埋处理，也可以直接进入化学淋洗单元处理。

根据土壤机械组成、质地和污染物特征、修复目标需求选择合理的分级/淋洗方式，同时考虑设备的可用性和成熟度，可有效地降低设计和修复成本。物理分离可选用目前选矿工艺上应用较为成熟的设备，如旋流器、跳汰机、浮选机、螺旋选矿机、滚筒筛等；化学淋洗可选用化工上较为成熟的反应器，如搅拌桶、搅拌反应釜等。

（4）水土比

采用旋流器分级时，一般控制给料的土壤浓度在 10%左右。机械筛分根据土壤机械组成情况及筛分效率选择合适的水土比，一般为 5∶1～10∶1。化学淋洗单元的水土比根据可行性实验和中试的结果来设置，一般水土比为 3∶1～20∶1。土壤细粒含量偏高时可提高物理分离和化学淋洗的水土比以提升物料混合及洗涤效果。

（5）淋洗时间

物理分离的物料停留时间根据分级效果及处理设备的容量来确定；化学淋洗一般时间为 20 min～2 h，延长淋洗时间有利于污染物去除，但同时也增加了处理成本，因此应根据可行性试验、中试结果以及现场运行情况选择合适的淋洗时间。

（6）淋洗次数

当一次分级或化学淋洗不能达到既定土壤修复目标时，可采用多级连续淋洗或循环淋洗。

（7）体系温度和 pH

温度对物理分离影响不大，但有可能提高化学淋洗的污染物去除效率，必要时可升温到 30～50℃。可根据可行性试验及中试结果以及工程现场温度、加热条件等情况，决定是否需要对化学淋洗进行加温。同样，pH 一般对分级影响不大，但其是影响重金属淋洗和某些淋洗剂效果的重要因素，应根据情况选择合适的化学淋洗 pH 条件。

（8）淋洗剂的选择

重金属和有机污染物需要筛选不同的淋洗剂。淋洗剂的选择应综合考虑污染物去除效果、药剂成本、环境影响及对泥水分离和废水处理的影响等。一般有机污染选择的淋洗剂为表面活性剂，重金属淋洗剂为无机酸、EDTA 及柠檬酸等。对于有机物和重金属复合污染，一般可考虑两类淋洗剂的复配。淋洗剂的种类和剂量根据可行性试验和中试结果确定。

（9）化学淋洗废水的处理及淋洗剂的回用

对于土壤重金属淋洗废水，一般采用铁盐+碱沉淀的方法去除水中重金属，加酸回调后可回用淋洗剂；对于土壤有机物污染淋洗废水，可采用溶剂萃取、活性炭吸附等方法去除污染物并实现淋洗剂回用，但效果需进行验证，不能回用的应妥善处理处置。

（10）运行维护和监测

异位土壤淋洗系统的运行可通过自动控制系统控制，操作简单、效果稳定。需定期对各单元设备进行维护和检修以保证系统正常运行。实时观测运行过程中的设备负荷、运行功率、运行状态等，检查设备是否存在漏液、漏料、堵料等异常状况。

运行过程中应根据实际工程处理规模进度，定期采集处理前后各土壤组分样品、水样并进行分析监测。如土壤涉及挥发性有机物污染，还需采集气体收集和处理单元尾气样品。

#### 3.2.9.6 实施周期及成本

异位土壤淋洗修复的成本依据土壤类型和污染物类型、修复目标有较大差异，一般需通过实验室小试或中试确定。处理成本与工程规模以及技术和设备的可用性等因素相关，在美国应用的成本为 200～400 美元/$m^3$，欧洲的应用成本为 15～456 欧元/$m^3$，平均为 116 欧元/$m^3$。国内的工程应用成本预计为 500～2 000 元/$m^3$。一般认为土壤处理总量在 5 000 t 以上时，该技术的单位处理成本能得到有效控制。

**技术应用案例 3-14：异位土壤淋洗**

（1）项目基本情况

辽宁某化工厂作为大型集团化企业，生产工艺以氨合成为主。随着扩产经营，该地块开始进行热力发电、机械制造和化工原料的生产。根据当地发展规划，需对该地区进行搬迁流转。经过前期场地调查发现，场地土壤主要污染物为重（类）金属砷和铅，有机污染物苯并[*a*]芘、茚并[1,2,3-*cd*]芘和苯并[*b*]荧蒽等。

（2）工程规模

修复土壤方量为 46 079 $m^3$。

(3) 主要污染物及污染程度

土壤中重（类）金属砷和铅含量最大值分别为 10 400 mg/kg 和 46 000 mg/kg，有机污染物苯并[*a*]芘、茚并[1,2,3-*cd*]芘和苯并[*b*]荧蒽含量最大值分别为 1 420 mg/kg、790 mg/kg 和 1 420 mg/kg。修复目标值分别为 80 mg/kg、400 mg/kg、2.0 mg/kg、6.4 mg/kg 和 6.4 mg/kg。

(4) 土层及水文地质条件

该场地地层由上至下分别为：①杂填土（$Q_4^{ml}$）；②淤泥质粉质黏土（$Q_4^{m}$）；③含砾粉质黏土（$Q_3^{dl}$）；④中风化白云岩（Zwhg）。场地内主要的地下水包括孔隙潜水和基岩裂隙水两种类型。场地内土壤质地较为疏松，以粗砂和砂砾为主，孔隙率高，适合采用土壤淋洗技术进行修复。

(5) 工艺流程及关键设备

①污染土壤首先从进料斗进行上料，进料斗同时具有筛分功能，可将粒径大于 10 cm 的大石块剔除，避免大石块对淋洗设备造成严重的磨损。②进入淋洗系统的土壤经传送带传输至三级振动筛，粒径大于 10 mm 的砾石进入滚筒洗石机，表面吸附的污染物被洗脱进入淋洗浆液，通过集水箱经泵抽提进入黏粒暂存池，清洗干净的砾石进入砾石暂存区。③经初级冲洗和筛滤后，粒径在 1～10 mm 的组分进入螺旋洗砂机，在绞笼内完成砂砾的清洗和脱水，洗净的砂砾进入砂砾暂存区。④经过初级冲洗和筛滤后，粒径小于 1 mm 的泥浆进入黏粒暂存池。⑤黏粒暂存池内的泥浆经渣浆泵抽提进入悬停分离罐，向罐中加入絮凝剂并不断搅拌，使黏粒与药剂充分混合。静置沉淀一段时间，依靠重力作用实现泥水初级分离。⑥罐中上清液流入污水缓冲池，底部泥浆脱水后形成含污泥饼。⑦经悬停分离罐排出的上清液及固液分离装置过滤出的滤液进入污水处理系统，经过处理后，可重新循环回用。工艺流程如图 1 所示。

(6) 主要工艺及设备参数

①水土比：物理筛分根据土壤机械组成情况及筛分效率选择合适的水土比，范围为 5∶1～10∶1。②淋洗时间：物理分离的物料停留时间根据分级效果及处理设备的容量来确定，一般为 15～45 min。③淋洗次数：当一次分级不能达到既定土壤修复目标时，进行重复淋洗。④土壤淋洗设备系统在非满负荷情况下，平均处理效率约为 20 $m^3$/h。工程设备及现场如图 2 所示。

(7) 成本分析

经测算，土壤的单位处理成本约为 650 元/$m^3$，主要包括水费、电费、材料费、设备费、安装费用等。

(8) 修复效果

经异位土壤淋洗后，物料中重（类）金属砷和铅的含量范围分别为 1.11～2.70 mg/kg 和 114～385 mg/kg，苯并[*a*]芘、茚并[1,2,3-*cd*]芘和苯并[*b*]荧蒽等的含量范围分别为 0.016 5～0.369 mg/kg、0.011 7～0.143 mg/kg 和 0.019 4～0.342 mg/kg，均低于修复目标值，符合验收标准。

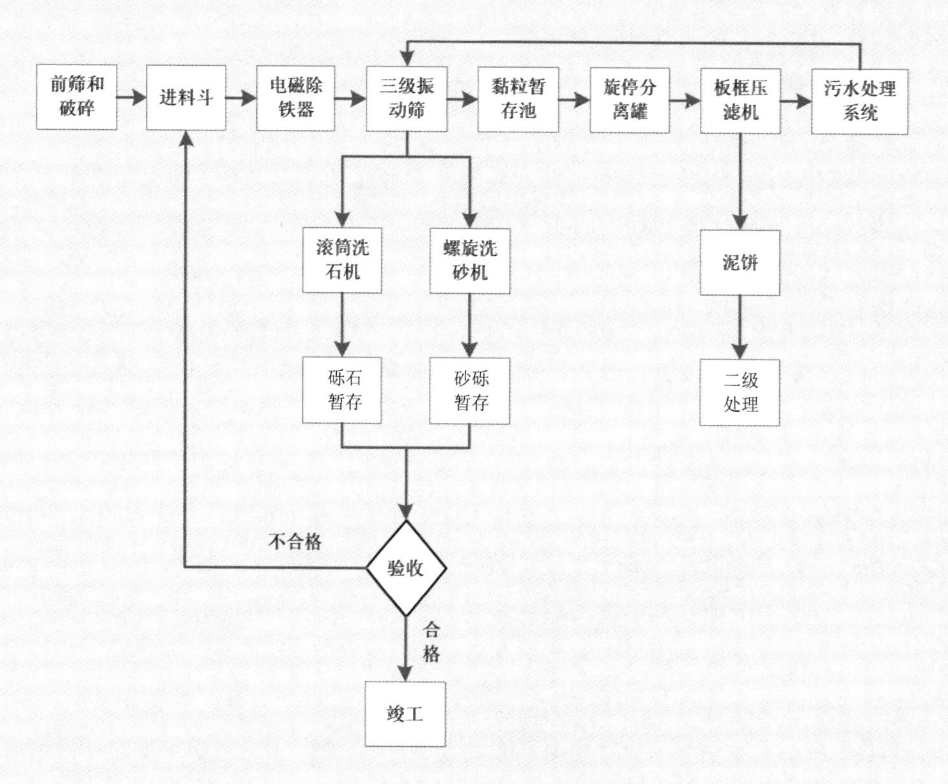


图 1 异位土壤淋洗技术流程

图 2 工程设备及现场

## 参考文献

[1] US EPA. A Citizen's Guide to Soil Washing[Z]. 2001.

[2] 环境保护部. 关于发布 2014 年污染场地修复技术目录（第一批）的公告（环境保护部公告 2014 年 第 75 号）[EB/OL].（2014-10-30）[2021-12-19]. https://www.mee.gov.cn/gkml/hbb/bgg/201411/t20141105_291150.htm.

[3] Interstate Technology and Regulatory Council（ITRC）Work Group, Metals in Soils Work Team, Fixed facilities for soil washing a regulatory analysis[R].1997.

[4] Interstate Technology and Regulatory Council（ITRC）Work Group, Metals in Soils Work Team, Technical and regulatory guidelines for soil washing[R]. 1997.

[5] US EPA. Guide for conducting treatability studies under CERCLA：soil washing[R].1991.

[6] US Army corps of engineers. Soil washing through separation/solubilization[R]. 2010.

## 3.2.10 生物堆

### 3.2.10.1 技术名称

生物堆，Biopile。

### 3.2.10.2 技术介绍

（1）技术原理

对污染土壤堆体采取人工强化措施，促进土壤中具备污染物降解能力的土著微生物或外源微生物的生长并降解土壤中的污染物。

（2）系统构成和主要设备

生物堆主要由土壤堆体、抽气系统、营养水分调配系统、渗滤液收集处理系统以及在线监测系统组成。其中，土壤堆体系统具体包括污染土壤堆、堆体基础防渗系统、渗滤液收集系统、堆体底部抽气管网系统、堆内土壤气监测系统、营养水分添加管网、顶部进气系统、防雨覆盖系统等。抽气系统包括抽气风机及其进气口管路上游的气水分离和过滤系统、风机变频调节系统、尾气处理系统、电控系统、故障报警系统。营养水分调配系统主要包括固体营养盐溶解搅拌系统、流量控制系统、营养水分投加泵及设置在堆体顶部的营养水分添加管网。渗滤液收集系统包括收集管网及处理装置。在线监测系统主要包括土壤含水率、温度、二氧化碳和氧气的在线监测。

主要设备包括抽气风机，控制系统，活性炭吸附罐，营养水分添加泵，土壤气监测探头，氧气、二氧化碳、水分、温度在线监测仪器等。

#### 3.2.10.3 适用性

适用的介质：污染土壤、油泥。

可处理的污染物类型：石油烃等易生物降解的有机污染物。

应用限制条件：不适用于重金属、难降解有机污染物污染土壤的修复，黏土类污染土壤修复效果较差。

技术应用基础和前期准备：在利用生物堆技术进行修复前，应进行可行性测试，对其适用性和效果进行评估并获取相关修复工程设计参数。测试参数包括：土壤中污染物初始浓度、污染物生物降解系数（或呼吸速率）；土著微生物数量；土壤含水率、营养物质含量、渗透系数、重金属含量等。

#### 3.2.10.4 工艺流程

对挖掘后的污染土壤进行适当预处理（例如调整土壤中碳、氮、磷、钾的配比，土壤含水率、土壤孔隙度、土壤颗粒均匀性等）。

在堆场依次铺设防渗材料、砾石导气层、抽气管网（与抽气动力机械连接），形成生物堆堆体基础。将预处理后的土壤堆置于其上，形成堆体。在堆体顶部铺设水分、营养调配管网（与堆外的调配系统连接）以及进气口，采用防雨膜进行覆盖。

开启抽气系统，使新鲜空气通过顶部进气口进入堆内，并维持堆内土壤中氧气含量在一定浓度水平。定期监测土壤中氧气、营养物质、水分含量并根据监测结果进行适当调节，确保微生物处于最佳的生长环境，促进微生物对污染物的降解。定期采集堆内土壤样品，了解污染物的去除速率。

#### 3.2.10.5 关键工艺参数及设计

（1）污染物的生物可降解性

对于易生物降解的有机物（如石油烃、低分子烷烃等），生物堆技术的降解效果较好；对于持久性有机污染物、高环多环芳烃等难以生物降解的有机污染物污染土壤，生物堆技术的处理效果有限。

（2）污染物初始浓度

土壤中污染物的初始浓度过高会抑制微生物生长，并降低处理效果，因此需要采用清洁土或低浓度污染土对其进行稀释。如土壤中石油烃含量高于 50 000 mg/kg 时，应对其进行稀释。

（3）土壤通气性

污染土壤渗透系数应不低于 $10^{-8}$ cm/s，否则应添加木屑、树叶等膨松剂以增大土壤的渗透系数。

（4）土壤营养物质比例

土壤中碳∶氮∶磷的比例宜维持在 100∶10∶1，以满足好氧微生物的生长繁殖要求以及实现污染物的降解。

（5）微生物含量

一般认为每克土壤微生物的数量应不低于 $10^5$ 数量级。

（6）土壤含水率

宜控制在 90%的土壤田间持水量。

（7）土壤温度和 pH

温度宜控制在 30～40℃，pH 宜控制在 6.0～7.8。

（8）堆体内氧气含量

运行过程中应确保堆体内氧气分布均匀且含量不低于 7%。

（9）土壤中重金属含量

土壤中重金属含量不应超过 2 500 mg/kg。

（10）运行维护和监测

运行过程中需对抽气风机、管道阀门进行维护。定期对堆内氧气含量、含水率、营养物质含量、土壤中污染物浓度、微生物数量等指标进行监测。为避免二次污染，应对尾气处理设施的效果进行监测，以便及时采取应对措施。

#### 3.2.10.6 实施周期及参考成本

该技术处理周期一般为 1～6 个月。在美国应用的成本为 130～260 美元/$m^3$，国内的工程应用成本为 300～400 元/$m^3$。特定场地生物堆处理的成本和周期，可通过实验室小试或中试结果进行估算。

**技术应用案例 3-15：苯胺污染土壤生物堆处理**

（1）工程背景

某原化工区存在苯胺污染土壤约 49 920 $m^3$。为满足项目施工进度及项目建设施工方案的要求，这部分污染土壤采用异位处理，使苯胺含量小于 4 mg/kg。

（2）工程规模

污染土壤 49 920 $m^3$。

（3）主要污染物及污染程度

主要污染物为苯胺，最大检出含量为 5.2 mg/kg。苯胺饱和蒸气压为 0.3 kPa，辛醇-水分配系数为 0.9，具有一定的挥发性，能在负压抽提下部分通过挥发而去除。同时，研究表明，其在好氧条件下的生物降解半衰期为 5～25 天，降解性能较好。

（4）土壤理化特征

污染土壤以中砂为主，有机质含量相对较低，污染物“拖尾”效应较弱。其通气性能较好，土壤透气率为 $10^{-6}$ $cm^2$，有利于氧气的均匀传递。

（5）技术选择

考虑到污染较轻、污染物的挥发性和生物易降解性，以及土壤有机质含量低、渗透性较好及修复成本等因素，选定批次处理能力大、设备成熟、运行管理简单、无二次污染且修复成本相对较低的生物堆技术。

（6）工艺流程和关键设备

其工艺流程如图 1 所示。

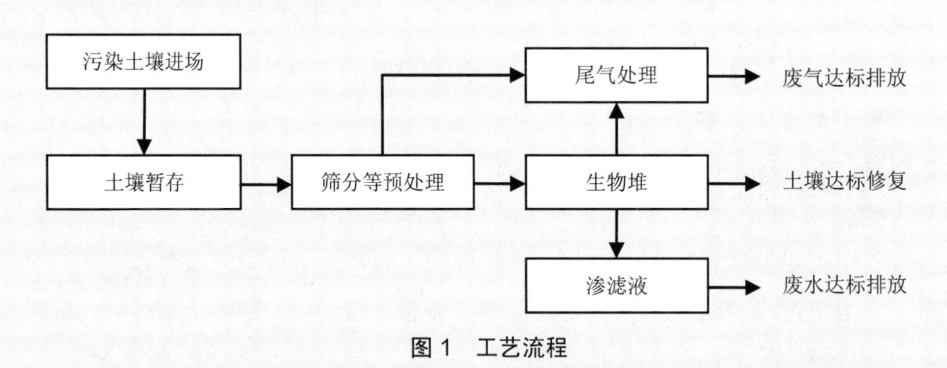


**图 1　工艺流程**

具体为：①污染土壤首先进入土壤暂存场暂存，然后根据土壤处置的进程安排，取土进行土壤筛分，筛分设施配备除尘和尾气净化设备，保证筛分过程中产生的粉尘和废气能达到排放标准。②筛分后的土壤和卵石运入土壤处置场，卵石铺设在生物堆的最底层，用于抽气管网的气体分配和保护。③运行生物堆：对污染土壤进行处理，并定期监测污染物的去除程度和抽气量、压力、温度、湿度、堆内氧气含量等参数。处理过程中产生的废气进入尾气净化设备处理，渗滤液进入废水处理设施。④修复后的土壤达到修复目标后可用于填埋造地，尾气净化后达标排放，废水处理后按照修复方案的废水利用标准进行回用。

考虑到该项目的土方量及甲方要求的修复工期，该项目采用模块化设计，单个批次总共建设 3 个堆体，批次处理能力为 10 000 $m^3$，每个堆体配置独立的抽气控制设备进行控制，每个堆体的设计处理时间为 1.5 个月，堆体剖面结构如图 2 所示。

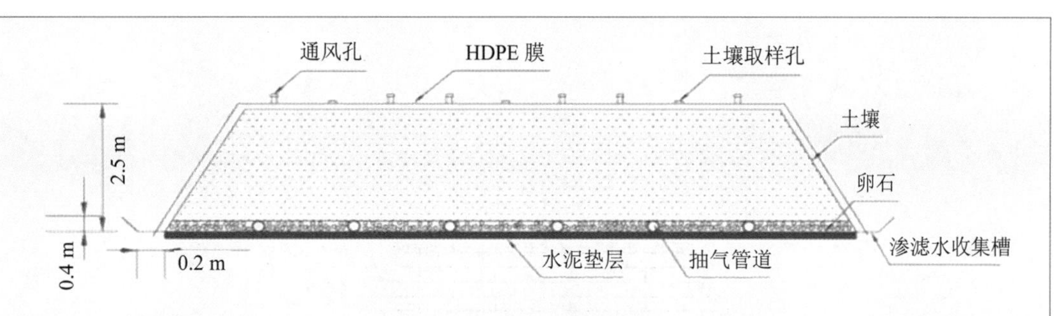


图 2　生物堆堆体剖面图

该项目生物堆的设备主要由抽气设备、气液分离设备和尾气净化设备组成。抽气设备主要由真空泵、空气真空球阀和系统排气口等组成；气液分离设备由真空平衡分离排液罐、自动排液泵、过滤器和空气真空球阀组成；尾气净化设备由活性炭吸附塔、取样口和排气口组成。

（7）成本分析

该项目包含建设施工投资、设备投资、运行管理费用的处理成本约为 350 元/$m^3$。

（8）修复效果

依据设计方案，该项目污染土壤中苯胺的含量均低于修复目标（4.0 mg/kg），满足修复要求并通过了生态环境主管部门的修复验收。

## 技术应用案例 3-16：多环芳烃污染土壤生物堆处理

（1）工程背景

以某焦化厂 PAHs 污染土壤为例，现场建立规模为 450 $m^3$ 的生物堆对其进行处理，以研究工业化处理规模条件下该技术对这类污染场地 PAHs 污染土壤的处理效果。

（2）工程规模

生物堆：450 $m^3$，堆体尺寸（长×宽×高）为 28 m×10 m×2 m。

（3）主要污染物及污染程度

该地块土壤中污染物为多环芳烃(包括 2～6 环)，监测多环芳烃的总含量为 2 510 mg/kg。

（4）土壤理化特征

pH 为 7.5～8.0，含水率为 11.4%（质量分数），孔隙度 35%，垂直渗透系数 $1.34\times10^{-3}$ cm/s，土壤透气率 $1.37\times10^{-8}$ $cm^2$，土壤质地为粉土，TOC 为 1%（质量分数）。

（5）技术选择

考虑到污染物的挥发性和生物可降解性，以及土壤有机质含量低、渗透性较好及修复成本等因素，选定批次处理能力大、设备成熟、运行管理简单、无二次污染且修复成本相对较低的生物堆技术。

(6) 工艺流程和关键设备

其工艺流程如图 1 所示。

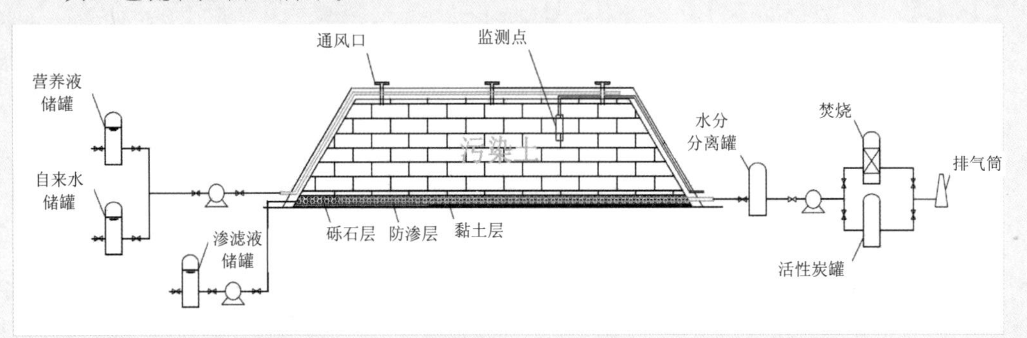


图 1 工艺流程

具体为：①污染土壤首先进入土壤暂存场暂存，然后根据土壤处置进程安排，取土进行土壤筛分，去除土壤中的大块杂物。②通过添加尿素对土壤进行适当调理，使其 C：N：P 控制为 100：10：1，pH 控制为 7～8，含水率维持在 10%～20%（质量分数）。运行过程中堆内土壤气中氧气含量维持在 7%（体积分数）以上。堆内设置了水分及营养添加系统，以备运行过程中根据监测结果对堆内土壤的水分及营养进行调节。③运行生物堆对污染土壤进行处理，并定期监测污染物（EPA 优先控制的 16 种 PAHs）的去除程度和土壤因子 [土壤 pH、氨氮 ($NH_4^+$)、总氮 (TN)、硝态氮 ($NO_3^-$)、亚硝态氮 ($NO_2^-$)、生物有效磷 (Bio-P)、总磷 (TP)、水分含量、微生物数量 (CFU)]、抽气量、压力、温度、湿度、土壤气中 $O_2$ 及 $CO_2$ 含量等参数。处理过程中产生的废气进入尾气净化设备处理，渗滤液进入废水处理设施。

(7) 主要工艺及设备参数

该项目生物堆的设备主要由抽气设备、气液分离设备和尾气净化设备组成。抽气设备主要由真空泵、空气真空球阀和系统排气口等组成；气液分离设备由真空平衡分离排液罐、自动排液泵、过滤器和空气真空球阀组成；尾气净化设备由活性炭吸附塔、取样口和排气口组成。

实验系统以 150 $m^3/h$ 的抽气量运行 8 个月。

(8) 成本分析

该项目包含建设施工投资、设备投资、运行管理费用的处理成本约为 300 元/$m^3$。

(9) 修复效果

采用生物堆技术对 PAHs 污染土壤进行为期 8 个月的修复后，整个堆内土壤中 16 种 PAHs 的总平均去除率为 68.3%。

# 参考文献

[1] 姜林，钟茂生，夏天翔，等. 工业化规模生物堆修复焦化类 PAHs 污染土壤效果研究[J]. 环境工程学报，2012，6（5）：356-353.

[2] US EPA. How to evaluate alternative cleanup technologies for underground storage tank sites：A guide for corrective action plan reviewers，chapter IV：biopile [M]. USA，1994.

[3] Hazen T C，Tien A J，Worsztynowicz A，et al. Biopiles for Remediation of Petroleum-Contaminated Soils：A Polish Case Study[A]. The Utilization of Bioremediation to Reduce Soil Contamination：Problems and Solutions [C]. Netherlands：Kluwer Academic Publishers，2003：229-246.

[4] Battelle N. Biopile design and construction manual[M]. Technical Memorandum TM-2189-ENV, UAS, 1996.

[5] Battelle N. Biopile operation and maintenance manual[M]. Technical Memorandum TM-2190-ENV, USA, 1996.

[6] Von F M. Biopile design, operation, and maintance handbook for treating hydrocarbon contaminated-soils[M]. USA: Battelle Memorial Institute, 1998.

# 第四章　地下水污染风险管控与修复技术

地下水污染和土壤污染往往密不可分，因此部分风险管控和修复技术既适用于土壤污染防治，也适用于地下水污染防治。地下水污染涉及含水层介质，污染物同时影响固液两相。大部分土壤原位修复技术（如原位化学氧化、原位化学还原、原位热脱附等）可同时去除固液两相中的污染物，因此也适用于地下水的修复，达到水土协同修复的效果。阻隔、化学还原、化学氧化、原位热脱附等技术是土壤/地下水污染治理的通用技术，本手册已在土壤污染风险管控与修复技术章节中进行介绍，本章不再重复介绍。针对地下水污染防治技术，读者还可参考《地下水污染风险管控与修复技术手册》。

## 4.1　地下水污染风险管控技术

### 4.1.1　水力控制

#### 4.1.1.1　技术名称

水力控制，Hydraulic Control。

别名：水力截获，Hydraulic Capture。

#### 4.1.1.2　技术介绍

（1）技术原理

水力控制技术是通过布置抽/注水井，人工抽取地下水或向含水层中注水，改变地下水的流场，从而控制污染物运移的一种水动力技术，如图 4.1.1-1 所示。

（2）技术分类

水力控制技术按照井群系统布置方式的不同，可分为上游控制法和下游控制法，主要目的是控制污染羽的扩散或阻止未污染的水进入污染区域。

上游控制法是在受污染水体的上游布置抽/注水井群，通过在上游抽/注水，形成分水岭或降落漏斗，防止上游未污染的水进入污染区或增大水力梯度便于下游抽水。

下游控制法在受污染水体的下游设置抽/注水井群，通过在下游抽/注水，防止污染区地下水流向下游未污染区域。

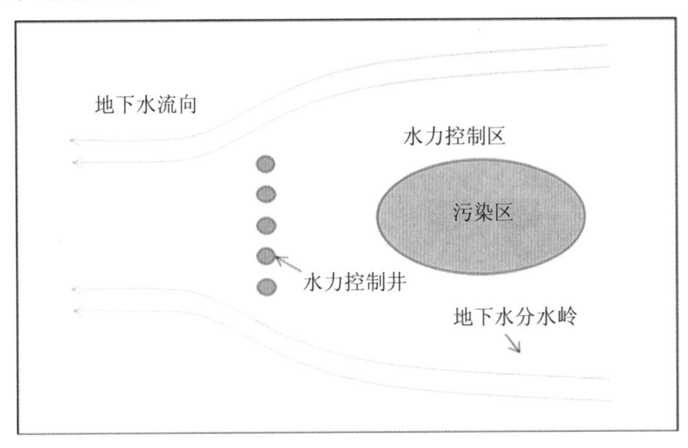


图 4.1.1-1　下游控制法原理示意

（3）系统组成

水力控制系统通常包括井群系统和地下水监测系统，以及管路、供能、过程控制等辅助单元。

井群系统包括抽/注水井和水泵。水井由井台及井盖、井壁管、过滤器、沉淀管、滤料及止水材料等构成，井身结构参数包括井深、井径、过滤管长度及直径、滤料及封闭位置等。

选择水泵时，要充分考虑水位及提升高度、系统操作所需要的抽水流量等，同时应安装流量和水位测量仪器，包括流量计、压力表和水位计等。

地下水监测系统用于监测系统运行期间的状态，可通过设置监测井或利用已有抽/注水井，监测地下水水位和水质，从而确定合理的抽/注水量，达到有效控制污染物运移的目的。水位监测用于确定是否形成有效的水力梯度，从而阻止地下水流和污染物越过控制区的边界；水质监测用于监控污染物是否越过控制边界及边界处的污染物浓度变化。监测设备一般包括地下水水位、水质监测仪器等。

#### 4.1.1.3　适用性

水力控制技术适用于地下水中污染物浓度较高、污染范围大的场地，适宜于卤代有机物（四氯乙烯、氯乙烯等）、非卤代挥发性有机物（苯、甲苯、乙苯、二甲苯）以及铬、铅、砷等污染物，主要用于短时期的风险控制或应急管控，不适宜作为地下水污染治理的长期手段。国内外主要采用水力控制与修复技术相结合的方法对地下水进行治理，通过井群系统实现人工对流场的控制，并与其他技术组合应用以达到修复目的。水力控制技术对存在黏性土透镜体以及渗透性较差的含水层的处理效果较差。

#### 4.1.1.4 工艺流程

在地下水污染区域内设置一定数量的抽/注水井，将地下水抽取上来，或向注水井中注水。在抽取/回注过程中，地下水水位下降/抬升，与周围地下水形成水头差，形成污染物的水力阻隔。

#### 4.1.1.5 关键工艺参数及设计

（1）井群设计

根据场地地质、水文地质条件以及污染物的性质、分布和迁移特征，应用渗流理论以及最优化理论等，在污染羽上游或下游设置抽/注水井（群），形成水力截获带，抽出受污染的地下水或控制污染物的迁移，如图 4.1.1-2 和图 4.1.1-3 所示。

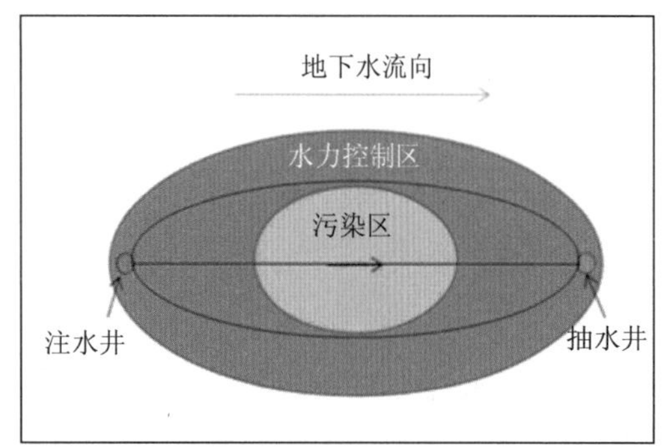


**图 4.1.1-2 水力控制井布置**

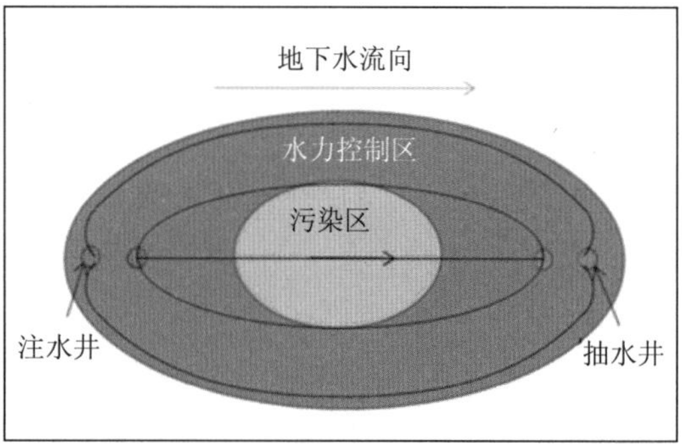

**图 4.1.1-3 水力控制井群布置**

井群系统设计方法的选择受到含水层性质和结构（均质/非均质、各向同性/各向异性、潜水/承压水等）、地下水动力条件（稳定流/非稳定流、二维/三维）、污染物去除目标以及可利用资料的数量和质量的影响。井群系统设计方法主要包括 3 类：解析/半解析方法、数值模拟方法、数值模拟及优化耦合方法。

解析/半解析方法可以用来直接计算简单水文地质条件下有限数目井形成的水力截获带边界曲线，适宜在治理的初级阶段应用，其可用来确定水力截获带的范围、规模、驻点的位置等。

数值模拟方法适用于复杂含水层系统条件（非均质各向异性）、水流条件（三维非稳定流）、井群系统（非完整井）、补径排条件和边界条件等。可利用数学模型来计算捕获区、分析地下水流场、计算地下水抽出时间，还可用来模拟抽出处理方法、设计地下水监测系统和监测频率。

数值模拟及优化耦合方法可以用于确定系统的最优截获量，达到在满足既定修复目标条件下的经济性。通常模拟-优化模型由地下水流及溶质运移数值模型和最优化模型耦合而成。优化过程中，地下水水流和溶质运移可作为约束条件。目标函数一般设置为抽/注水量最少、维护水井和处理污水费用最低、污染羽治理时间最短以及净化后地下水中某些化学成分的最大浓度低于规定指标等。决策变量包括总抽注水量、井位置、井数量、单井抽注水量和污染清除时间。

（2）抽/注水井设置

根据场地水文地质条件及污染深度设置抽/注水井深度、过滤器位置及长度等。钻孔应圆整垂直；井管应由坚固、耐腐蚀、对地下水水质无污染的材料制成，并应封闭牢固；井管可采用螺纹（丝扣）等机械式连接，不应使用可能污染地下水水质的连接材料；滤料应填充到位、含水层上部应严格止水；成井后应及时进行洗井；井口一般应高出地面 0.5 m 以上，并安装保护盖。在选择水井管件材料时，首先应考虑材料与地下水的相容性。当监测目标污染物为有机物时，宜选择不锈钢、聚四氟乙烯（PTFE）材质管件；当监测目标污染物为无机物或地下水的腐蚀性较强时，宜选择聚氯乙烯（PVC）、聚四氟乙烯（PTFE）材质管件。

抽/注水井的钻进可采用螺旋钻进、冲击钻进、清水/泥浆回转钻进、直接贯入钻井成孔等方法；在粉土、砂土、黏性土或卵砾石层中，可选择回转钻进或冲击钻进；在固结的岩层中则宜采用回转钻进。

（3）水泵选择

水泵可以使用放置在地面上的离心泵和放置在井内的潜水泵。离心泵抽吸高程一般在 6 m 内，适合地下水埋深较浅的场地。潜水泵可采用泵头安装在井内而电机安装在井口的水泵，也可选用电机和泵头都安装在井内的水泵。

选择水泵时应综合考虑单井抽水量、系统总压力、水井直径等，选择满足抽水量及扬程要求的水泵。

（4）监测单元设计

建立地下水监测系统，对地下水的抽出水量、注入水量、地下水水位、水质进行监控。

通常在抽水井、注水井连接管路上安装流量计进行水量监测，在井内或井侧安装地下水位计进行地下水水位监测。可设置专门的地下水监测井或使用抽水井，安装地下水水质在线监测设施，或定期取水，对地下水水质进行监控。监测井的位置及设置数量由监控目的、场地特征具体确定。

系统投入运行后应开展实时监测，依据水量、水位监测和水质检测结果，对系统运行做出相应调整，确保系统运行有效，满足既定控制目标。

#### 4.1.1.6　实施周期及成本

水力控制技术的实施周期主要根据风险管控的目的及需求确定，与场地的水文地质条件、污染程度及污染物性质、井群分布和井群数量、深度等密切相关。

水力控制技术的成本与工程规模、场地水文地质条件因素相关，包括井群及水泵设置所需的安装费用、设备运行和管理费用、样品相关的测试费用、人工费用等。水力控制技术在应用前期需要建井，建井的成本与井的数量、深度、井径、管材以及钻进难易程度等相关。除安装费外，运行期间进行抽水、注水，其成本与流量成正比；运行费用还包括各种设备运行的电耗以及设备定期维护的维护成本等。上述费用中大部分都和管控周期呈正相关关系。

国外处理成本为 15～150 美元/$m^3$，国内水力控制费用约 100～1 000 元/$m^3$。

水力控制技术较少有单独应用，通常和抽出处理等地下水修复技术联合使用，案例见相关章节。

## 参考文献

[1] 任增平. 水力截获技术及其研究进展[J]. 水文地质工程地质，2001（6）：73-77.

[2] 徐绍辉，朱学愚. 地下水石油污染治理的水力截获技术及数值模拟[J]. 水利学报，1999（1）：71-76.

[3] 罗育池，廉晶晶，张沙莎，等. 地下水污染防控技术：防渗、修复与监控[M]. 北京：科学出版社，2017.

[4] Javandel I，Tsang C F . Capture-zone type curves：a tool for aquifer cleanup[J]. Ground Water，1986，24（5）：616-625.

[5] Chu H J，Chang L C. Application of optimal control and fuzzy theory for dynamic groundwater remediation design[J]. Water Resources Management，2009，23（4）：647-660.

### 4.1.2 可渗透反应墙

#### 4.1.2.1 技术名称

可渗透反应墙，Permeable Reactive Barrier（PRB）。

别名：可渗透反应格栅，可渗透反应屏障。

#### 4.1.2.2 技术介绍

（1）技术原理

在受污染地下水流经的路径上建造由反应材料组成的反应墙，通过反应材料的吸附、沉淀、化学降解或生物降解等作用去除地下水中的污染物。

（2）技术分类

典型的可渗透反应墙结构包括连续反应带系统、漏斗—导门式反应系统、注入式反应系统三类。

连续反应带系统是一种最常见的可渗透反应墙结构类型，由一系列包含修复填料的反应区间组成，图 4.1.2-1（a）和图 4.1.2-1（b）分别为其剖面和平面示意图。当污染羽垂直通过可渗透反应墙时，与墙体内填充的活性材料充分接触和反应，达到去除地下水中污染物的目的。连续反应带的建立是挖掘一定规模和深度的沟槽，并在沟槽中回填粒状铁或其他活性材料。反应带厚度必须能有效去除所关注的污染物，使污染物浓度降低至目标浓度；而在长度和深度上，则能分别有效截留污染羽的横向和纵向截面。

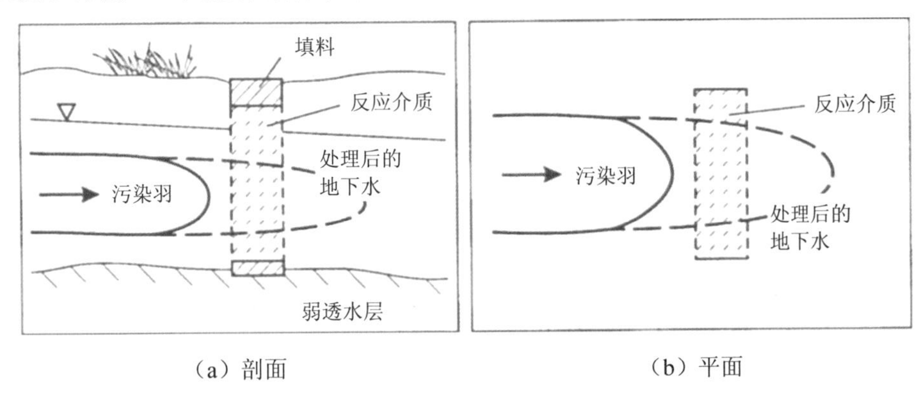


（a）剖面　　（b）平面

**图 4.1.2-1　连续反应带可渗透反应墙系统剖面和平面**

漏斗—导门式反应系统包括不透水区域（漏斗墙）、透水区域（导水门）和反应介质填料单元，如图 4.1.2-2（a）所示。其中，漏斗墙可以改变地下水流场分布，形成对污染羽的有效截获区域，迫使污染羽流向透水区域，经过反应区间，达到去除污染物的目的。当场地中地下水流速较快、污染羽较宽时，可以考虑应用漏斗墙—多重反应门系统，如图 4.1.2-2（b）所示，可采用沉箱式导水门结构，更好地控制污染物在反应区域的停留时间；尤其是当反应门的尺寸受限于设置方法时，可以考虑这种形式的可渗透反应墙。

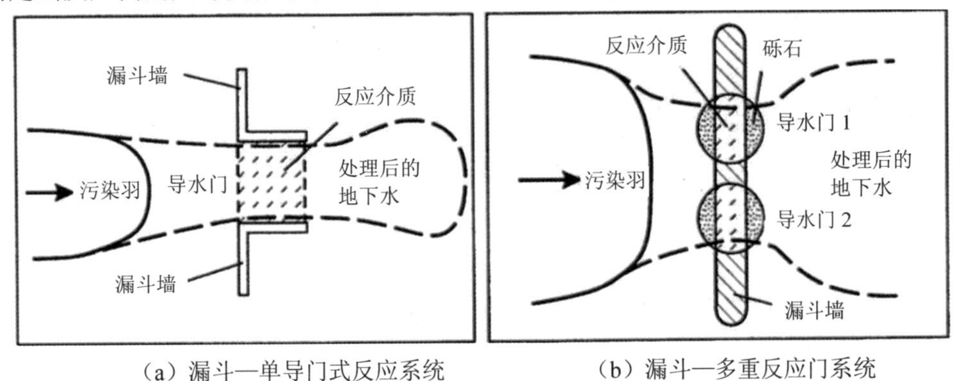


（a）漏斗—单导门式反应系统　　（b）漏斗—多重反应门系统

**图 4.1.2-2　漏斗—导门可渗透反应墙系统平面**

注入式反应系统采用地下井直接注射修复药剂的形式，也可称为注入式可渗透反应墙，如图 4.1.2-3 所示。注入式可渗透反应墙的各反应井的处理区相互重叠，将修复药剂通过井孔注入到含水层中，使得注入材料进入地下水或包裹在含水层固体颗粒表面，形成处理带，地下水中的污染羽随着水力梯度流入反应区，从而将污染组分去除。

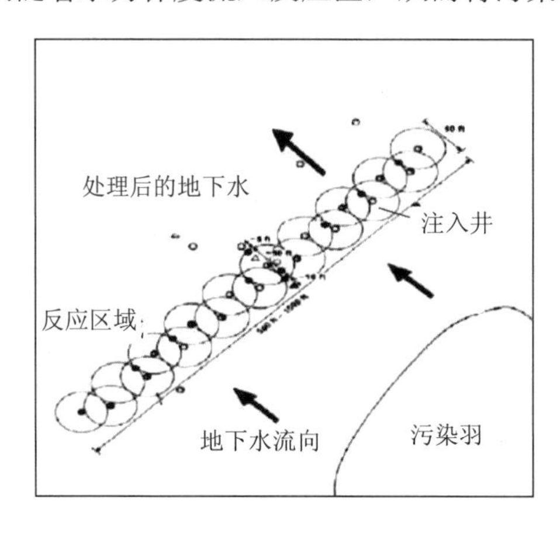


图 4.1.2-3 注入式可渗透反应墙系统平面

（3）系统组成

可渗透反应墙基本的系统组成如图 4.1.2-4 所示。以最简单的可渗透反应墙结构形式为例，主要由透水的活性反应介质带状区域组成，称为连续反应带系统。稍复杂一些的结构除了活性反应区域，还包含低渗透性的膨润土阻隔墙，利用阻隔墙控制和引导地下水流通过活性反应介质，称为漏斗—导门式可渗透反应墙系统。根据污染场地的实际情况，还可采

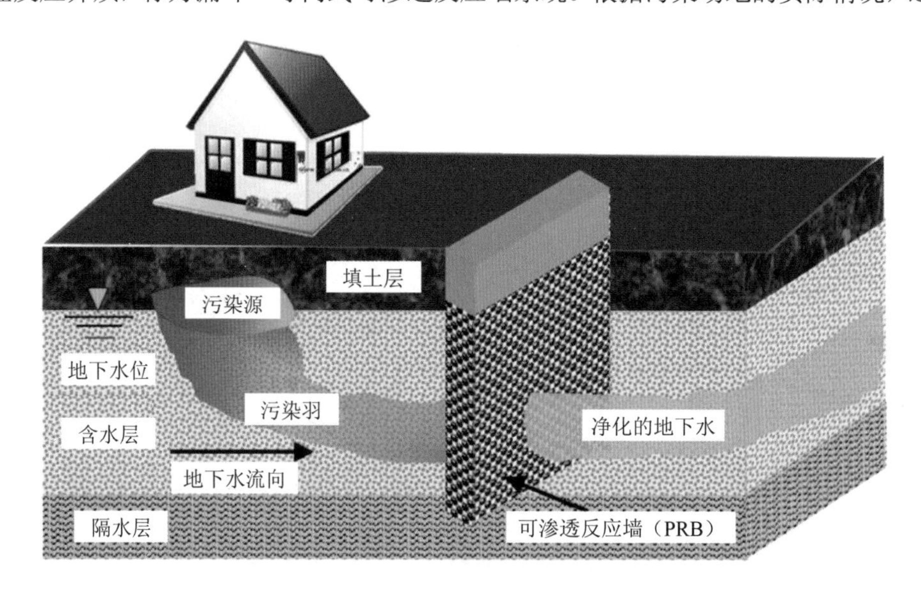


图 4.1.2-4 可渗透反应墙系统构成

用串联型、并联型等多种导水门式反应墙。另一种较为新颖的可渗透反应墙结构是由连续反应带式结构衍生而来的注入式可渗透反应墙系统，它利用若干注射井注入活性反应介质，形成带状的反应区域，来模拟可渗透反应墙系统。

单一的可渗透反应墙系统对污染场地的处理能力有限，仅适用于污染羽范围小、污染物浓度较低的情况。对于污染组分复杂的场地，可采用串联系统，形成较宽的多级反应墙体，将若干个可渗透反应墙处理单元串联在一起，分别装填不同的修复材料，以达到同时去除多种污染物的目的。对于污染羽范围较大、污染组分相对单一的场地，可采用并联系统，形成较长的反应墙体，常用的有多漏斗—多导门结构。

#### 4.1.2.3　适用性

可渗透反应墙适用于污染地下水中的氯代溶剂类、石油烃类、重金属、硝酸盐、高氯酸盐等有机污染物、无机污染物的处理。

除污染物方面，理想的可渗透反应墙使用条件还包括：①没有基础或公用设施干扰沟渠挖掘作业；②污染羽的底部深度＜14 m；③岩性为黏性泥砂或砂砾；④水力传导系数＜$3.5\times10^{-4}$ cm/s；⑤地下水流速＜$3.5\times10^{-4}$ cm/s；⑥地下水 pH 为 6.5～7.5。

#### 4.1.2.4　工艺流程

如图 4.1.2-5 所示，可渗透反应墙工艺设计包括活性填料区的施工工艺、活性填料的注入方法以及防渗墙的施工工艺。

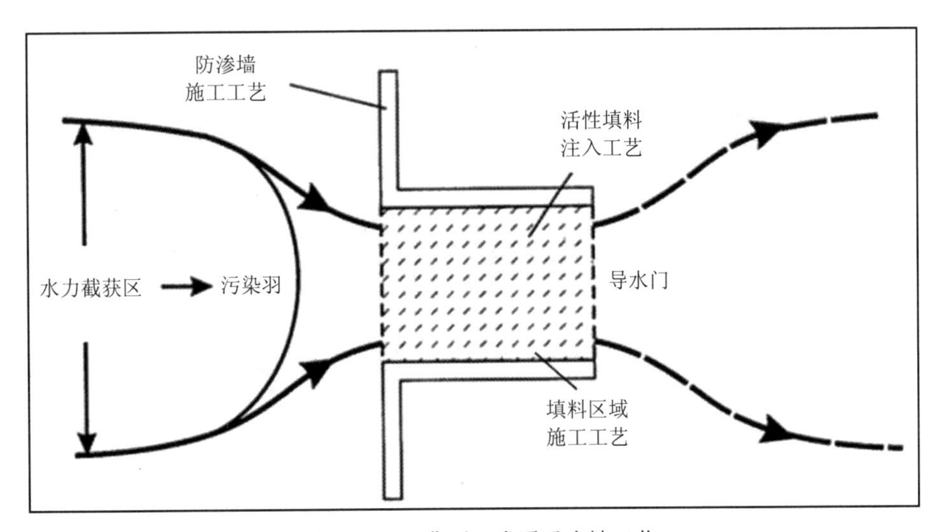


图 4.1.2-5　典型可渗透反应墙工艺

#### 4.1.2.5 关键工艺参数及设计

（1）可渗透反应墙活性填料区施工工艺

可渗透反应墙原位修复工程施工需考虑众多因素，包括开挖过程中排水的需求、地下水处置的方法和成本、健康和安全性以及对施工地生物活性的破坏等因素。可渗透反应墙安装和施工工艺的选择取决于污染场地的特征，其中隔水顶板的埋深是施工工艺选择最重要的因素，直接决定了建造成本。可渗透反应墙活性填料区的施工工艺包括传统沟槽式安装、沉箱式安装及连续挖掘填埋。

沟槽式安装施工如图 4.1.2-6 所示。采用挖空回填的方式，首先采用吊车和振动打桩机将钢板桩掘进地下，以固定反应墙侧墙。然后利用反铲挖掘机或抓斗将板桩内部挖空，形成连续的沟渠，再将活性填料回填到沟渠中。

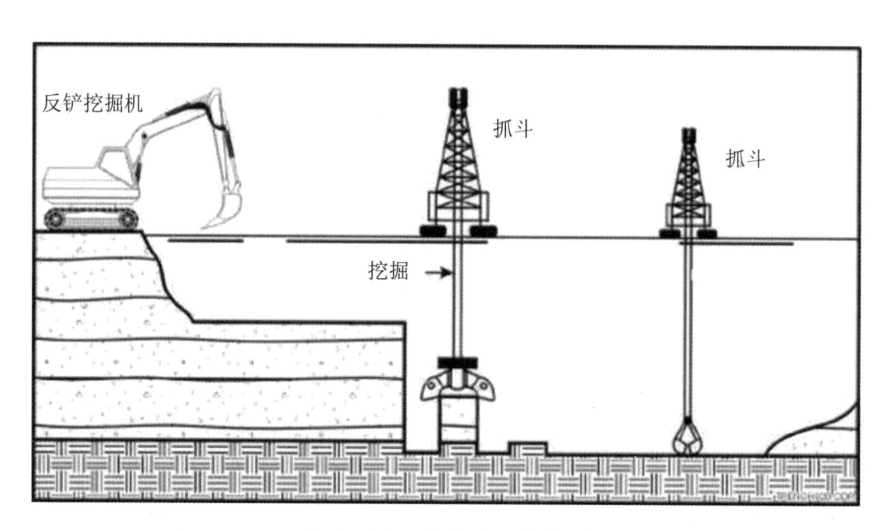


图 4.1.2-6 沟槽式安装施工

沉箱式安装施工如图 4.1.2-7 所示。在污染羽状较宽、污染物浓度较高、水流速度较大的污染场地多采用沉箱隔水—导门系统。沉箱式安装利用预制的钢制沉箱帮助开挖，当沉箱达到设计深度后将其内部的土清空，然后填上反应介质。

连续式挖掘填埋施工如图 4.1.2-8 所示。用安装在吊杆上的小型机器锯刺穿土壤，吊杆降低到地面时，向设计挖掘的方向拖拽履带工具进入作业。沟槽在挖掘机后产生，同时可以利用机器上的漏斗填充活性材料。此方法可挖掘沟槽深度为 0.5～10 m，效率较高，但费用较高，适用于较大的反应墙建设。

图 4.1.2-7　沉箱式安装施工

图 4.1.2-8　连续式挖掘填埋施工

（2）可渗透反应墙活性填料注入方法

活性填料的注入方式有很多种，通常注入方式有如下几种：①用钻机注入。将活性填料直接注入反应区，或者将活性填料从固定的注入井中注入。②使用水动或气动压裂技术，增加地层裂隙，这种方法能使活性填料沿裂缝优先流入并能快速在含水层中扩散。③压力脉冲技术，使用常规的脉冲压力的同时注入活性填料。④液体雾化喷射技术，即将活性材料（如铁碳流体）与载气（如氮气）混合形成气溶胶再进行喷射，雾化喷射技术可促进活性填料在反应区中的扩散。⑤通过重力进料器进行注入。⑥通过泡沫活性剂运载活性填料，以实现填料向包气带的传输。活性填料注入方式的选择与设计需要结合场地的实际情况，需要考虑污染物的浓度、扩散情况以及污染物在含水层中的形态，含水层所含物质的化学性质以及这些物质对污染物或者活性填料的影响，选用的活性填料的性质，含水层的自然衰减能力等。

（3）可渗透反应墙防渗墙材料及施工工艺

防渗墙应设计在地下水流向及污染羽的下游，其通过提供一个高性价比的低渗透性水力格栅，引导地下水流向可渗透反应墙填料区以进行反应。防渗墙多采用水泥膨润土泥浆技术，首先利用履带挖掘机挖掘沟渠，再将膨润土浆液混合，使其发生水合反应 24 小时，然后加入普通硅酸盐水泥和磨粒高炉矿渣，混合均匀后利用泵将混合浆液灌入沟渠中。在沟渠开挖过程中，需向沟渠两侧同步灌注水泥膨润土浆液以进行固化。泥浆形成的材料渗透系数需小于 $1\times10^{-7}$ cm/s。施工过程中需采集泥浆样本进行室内实验检测，以保证其性能满足防渗墙的要求。

（4）监测单元设计

在可渗透反应墙设计安装完成后，只要污染羽存在，就必须对系统进行监测。应在关键位置集中布设一定数量的监测设备，对目标污染物进行监测以明确可渗透反应墙下游的地下水是否达到修复目标，即监测污染羽是否被高效捕获及处理。为了精确衡量监测效果，需在可渗透反应墙内部及上下游均布置监测井以观测水位变化，并周期性地监测相关水文地球化学参数、流速等影响可渗透反应墙的运行方式的重要参数。

#### 4.1.2.6 实施周期及成本

可渗透反应墙技术的实施周期可能为几个月到几年，实际周期取决于以下因素：①待处理地下水的体积；②污染程度及污染物性质；③系统的处理能力；④填料种类；⑤修复的深度等。

影响可渗透反应墙处置费用的因素有：①工程规模；②处理深度；③填料类型及供应；④工程实施时间；⑤地下水控制要求等。国外处理成本为 20～150 美元/$m^3$。根据国内现有工程统计数据，以污染水体体积计，可渗透反应墙处理费用为 150～1 000 元/$m^3$。

**技术应用案例 4-1：可渗透反应墙**

（1）项目基本情况

某化学试剂厂主要生产有机通用试剂（三氯甲烷、氯乙烯）、指示剂（苯酚红、溴酚蓝）、基准试剂（高锰酸钾、硫酸铜）、磷酸三丁酯、硅酸乙酯等。经场地调查发现，该场地地下水受到氯代烃污染，包括三氯乙烯、三氯甲烷、四氯乙烯等污染物。

（2）工程规模

修复地下水面积为 225 $m^2$，体积为 675 $m^3$。

（3）主要污染物及污染程度

地下水三氯乙烯、三氯甲烷、四氯乙烯的最高浓度分别为 20.40 mg/L、9.00 mg/L、8.72 mg/L。

（4）土层及水文地质条件

地块 0～7.5 m 从上至下依次为回填土层（0～2.5 m）、粉质黏土层（2.5～3.0 m）、粉质砂土层（3.0～6.0 m）、粉质黏土层（6.0～7.5 m），潜水含水层主要赋存于粉质砂土层中。

（5）工艺流程及关键设备

本项目采用纳米零价铁复合材料注射型渗透式反应墙修复技术。通过向地下注入修复材料，创建一个或多个反应区域，用来截留、固定或者降解地下水中的污染组分。该技术在实际场地的工程应用过程为：在污染源下游方向的地下水含水层中设置注入井（井排），通过压力注入的方式使修复材料进入地下环境，并在注入井（井排）周围形成反应带，当污染物随地下水流过反应带时与反应材料发生作用，从而达到去除污染组分、修复污染地下水的目的。

具体技术流程为：首先根据前期监测结果，确定具体的修复区域，设置药剂注射点位。进而根据实验室小试研究筛选的修复材料及得到的技术参数，制订详细的修复技术方案和工程施工方式。根据场地性质及污染物浓度分布等场地信息，确定纳米零价铁复合材料的注入方式、注入比例等工艺参数及现场施工规范，测试优选的修复材料、修复技术及注射条件等对该区域污染地下水的修复效果，并对修复工程系统稳定运行进行调试和维护，评价地下水修复效率，形成纳米零价铁复合材料修复氯代烃污染地下水的技术体系和工程规范。采用 Groundwater Vista 软件中的 Wall（HFB）模块模拟止水帷幕的存在，可以预测其对示范区地下水流场的影响程度。结果表明，模拟止水帷幕的存在并没有对示范区流场产生很大的影响。因此，从经济的角度考虑，在示范区域不建设止水帷幕。

主要设备：钻探设备、注入设备（包括直推式和水压式两种）、微型泵、药剂混合设备和监测系统等。

（6）主要工艺及设备参数

1）填料制备及活化

填料主要为稳定化的纳米零价铁和生物炭，在注射前分别进行活化。活化后，材料可以实现原位注射，并且达到预定的反应活性。

2）填料注射工艺

纳米零价铁复合材料可渗透式反应墙注射包括直推式注射和水压式注射。以直推式注射为例的材料输送和注射流程如图 1 所示。主要实施过程包括以下几点：①获取场地参数和污染物特征，选择合适的修复试剂和输送系统；②合理设计并安装注射井，尽可能使注入的修复材料能影响所有处理区域；③安装修复试剂制备/储存和输送系统；④注射修复材料，并对注射过程进行监控，以保证安全运行；⑤对污染物浓度、pH、氧化还原电位等参数进行监测，如果污染物浓度出现反弹，可能需要进行两次或三次注射。

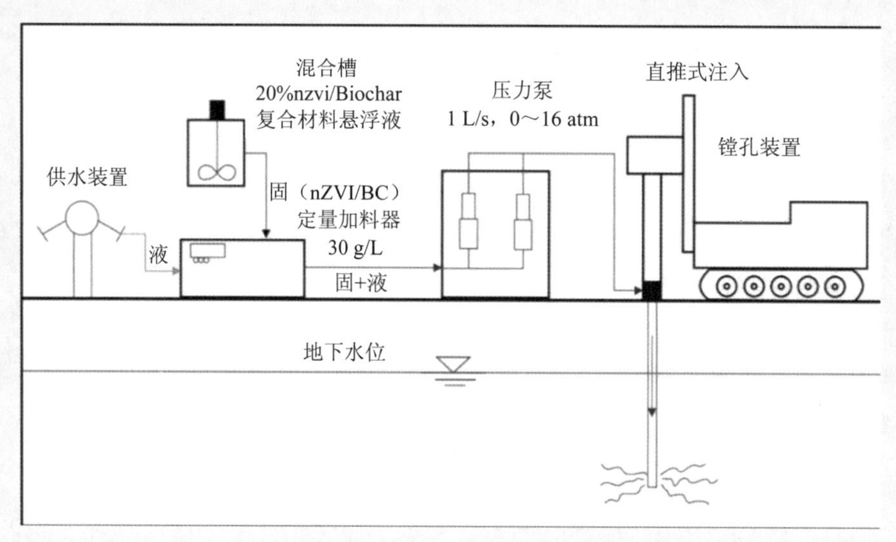


**图1 纳米零价铁复合材料输送与注射技术流程**

3）注射井设计

在示范区内选择 11 个直推式注射井、5 个水压式注射/监测井，注射井布置示意图见图 2。修复材料的有效影响半径为 2.0 m，因此，在面积为 225 $m^2$ 的示范区域按照三角形网格布点法，每隔 3 m 设置 1 个注入点，污染区域潜水含水层平均厚度约为 2.5 m。注射井用于向潜水含水层注入一定量的修复材料悬浮液。注射深度分别为 3.5 m、4.5 m 和 5.5 m 三个层位。

4）监测井设计

示范区内包括 10 口监测井，分别为 5 口微泵监测井、5 口水压式注射/监测井。微泵监测井系统采用分层取样的形式，将微型泵按 3.5 m、4.5 m 和 5.5 m 的间隔固定在监测井的不同位置，可实现原位监测。

5）施工工艺参数

纳米零价铁—生物炭修复材料投加比为 1∶2，固液比为 30 g/L。分别采用直推式和水压式（图 3）两种注射方式进行修复材料注射。其中，直推式注射由 Geoprobe 钻机在钻孔过程中自上而下分别在 3.5 m、4.5 m 和 5.5 m 三个层位进行注射，水压式注射在成井后由水压式系统在相同层位向含水层中注射。每口井注射纳米零价铁-生物炭复合材料浆液 90 kg，结合污染物垂向分布情况，每个注射点平均每米注射 20～40 kg。压力注射泵的注射压力范围为 0～80 atm。

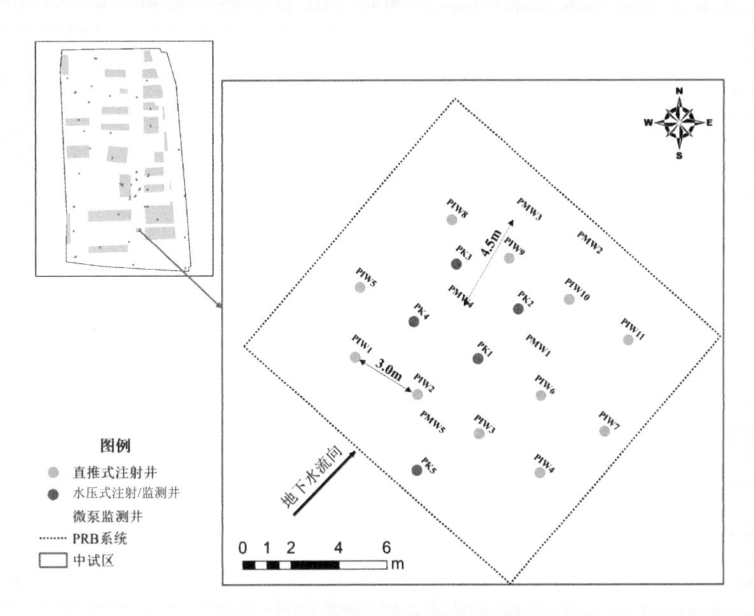


图 2 示范区监测井与注射井位置

图 3 直推式和水压式注射装备

6）监测指标及频率

基于监测数据，评估修复工程不同时间段的脱氯效率，校验修复工程的性能。监测指标包括现场监测和实验室检测。现场监测指标有 pH、氧化还原电位、电导率等；实验室检测指标包括溶解氧、氯代烃类污染物及其降解产物、地下水无机组分等。修复之前对整个场地进行采样监测，每次间隔时间为 1 个月，共计两次。示范区内，在注射后 1 天、7 天、14 天、21 天、28 天、56 天，分别在 10 口监测井进行采样测试。

（7）成本分析

经测算，地下水单位处理成本约为 500 元/$m^3$，主要包括电费和材料费、设备费、安装费用等。

（8）修复效果

效果评估结果表明，该场地可渗透反应墙下游水体达到管控目标，地下水中三氯乙烯、四氯乙烯、三氯甲烷浓度均低于修复目标值。

## 参考文献


[1] 陈梦舫，钱林波，晏井春，等. 地下水可渗透反应墙修复技术原理、设计及应用[M]. 北京：科学出版社，2017.

[2] Qian L B，Chen Y，Ouyang D，et al. Field demonstration of enhanced removal of chlorinated solvents in groundwater using biochar-supported nanoscale zero-valent iron[J]. Science of the Total Environment，2020，698：134215.

[3] Gavaskar A，Gupta N，Sass B，et.al. Design Guidance for Application of Permeable Reactive Barriers for Groundwater Remediation[R]. 2000.

[4] Interstate Technology and Regulatory Council (ITRC) . Permeable Reactive Barrier：Technology Update[Z]. 2011.


### 4.1.3 监控自然衰减

#### 4.1.3.1 技术名称

监控自然衰减，Monitored Natural Attenuation（MNA）。

别名：监测自然衰减。

#### 4.1.3.2 技术介绍

（1）技术原理

通过实施有计划的监控策略，依据场地自然发生的物理作用、化学作用及生物作用，包含生物降解、扩散、吸附、稀释、挥发、放射性衰减以及化学性或生物性稳定等，使得地下水和土壤中污染物的含量、毒性、移动性降低到风险可接受水平。

（2）系统组成

监控自然衰减系统主要由监测井网系统构成，同时需制订完整的监测计划、自然衰减性能评估方法和应急备用方案。

监测井网系统：能够确定地下水中污染物在水平和垂向的分布范围，确定污染羽是否呈现稳定、缩小或扩大状态，确定自然衰减速率是否稳定，对于敏感的受体所造成的影响能否起到预警作用。监测井设置密度（位置与数量）需根据场地水文地质条件污染羽范围、污染羽的时空变化而定，且数量应能够满足统计分析上的可信度要求。

监测计划：主要监测分析项目包括目标污染物及其降解产物。在监测初期，所有监测区域均需要分析污染物、降解产物及完整的地球化学参数，以充分了解整个场地的水文地质特性与污染分布。后续监测过程中，则可以依据不同的监测区域与目的，做适当的调整。地下水监测频率通常在开始的前 2 年至少每季度监测一次，以确认污染物随季节变化的情形，但有些场地可能需要更长的监测时间（大于 2 年）以建立起长期性变化趋势。对于水文地质条件变化差异性大，或是随着季节易有明显变化的地区，则需要更密集的监测频率，以掌握长期性变化趋势。在监测 2 年之后，监测的频率可以依据污染物移动时间以及场地其他特性做适当的调整。

监控自然衰减效果评估：评估监测数据结果，判定自然衰减过程是否如预期方向进行，并评估自然衰减对污染改善的成效。自然衰减效果评估依据主要来源于监测过程中所得到的检测分析结果，主要根据监测数据与前一次（或历史资料）的分析结果做比对。主要包括：①自然衰减是否如预期的正在发生；②是否能监测到任何降低自然衰减效果的环境状况改变，包括水文地质、地球化学、微生物族群或其他的改变；③能否判定潜在或具有毒性或移动性的降解产物；④能否证实污染羽正持续衰减；⑤能否证实对于下游潜在受体不会有无法接受的影响；⑥是否监测出新的污染物释放到环境中，且可能会影响到监控自然衰减修复的效果；⑦能否证实可以达到修复目标。

应急备用方案：应急备用方案是在监控自然衰减修复法无法达到预期目标，或是当场地内污染有恶化情形，污染羽有持续扩散的趋势时，采用其他土壤或地下水污染修复工程，而不是仅以原有的自然衰减机制来进行场地的修复工作。当地下水中出现下列情况时，需启动应急备用方案：①地下水中污染物浓度大幅增加或监测井中出现新的污染物；②污染源附近采样结果显示污染物浓度有大幅增加的情形，表示可能有新的污染源释放出来；③在原来污染羽边界以外的监测井发现污染物；④影响到下游地区潜在的受体；⑤污染物浓度下降速率不足以达到修复目标；⑥地球化学参数的浓度改变，导致生物降解能力下降；⑦因土地或地下水使用改变，造成污染暴露途径。

#### 4.1.3.3 适用性

监控自然衰减技术适用于处理土壤和地下水中的碳氢化合物［如苯系物、石油烃、多环芳烃、甲基叔丁基醚（MTBE）］、氯代烃、硝基芳香烃、重金属类、类金属类（砷）、非金属类（硒）、含氧阴离子（如硝酸盐、过氯酸）、放射性核素等。

该技术仅在证明具备适当环境条件时才能使用，不适用于对修复时间要求较短的情况，对自然衰减过程中的长期监测、管理要求高。该技术的优点与局限见表 4.1.3-1。

表 4.1.3-1 监控自然衰减技术的优点与局限

| 优点 | 局限 |
| --- | --- |
| 1. 在内部生物修复期间，污染物最终能被转化成无毒无害的副产物（如 $CO_2$、$H_2O$ 等），而不仅仅将污染物转变成其他相或者转移到另一个地方<br>2. 无须人为介入，不需要设备的安装和维护<br>3. 不会涉及废物的重新产生和迁移，易迁移的毒性大的化合物往往最易生物降解<br>4. 相较于其他工程修复技术，总费用较低<br>5. 对污染场地周围环境无破坏性，克服了机械化修复设施所带来的局限 | 1. 需要时间很长<br>2. 需要进行长期监测并承担相关费用，还需要实施机构的尽责<br>3. 受当地的水文地质条件的自然变化及人为因素的影响<br>4. 有利的水文和地球化学条件可能随着时间而发生变化，从而导致曾经稳定化了的污染物重新发生运移，对修复成果产生负面影响<br>5. 含水层的各向异性可能使场地特征复杂化<br>6. 生物降解的中间产物可能会比母体化合物毒性更大 |

一般来说，监控自然衰减应与其他修复措施配合使用，或作为主动修复措施的后续措施，而不应将监控自然衰减作为默认的修复措施。此外，监控自然衰减并不适合所有场地。是否需要将监控自然衰减与其他有效的修复措施结合使用取决于单独的监控自然衰减是否足以实现修复目标。如果没有污染源，并且现场条件表明仅自然衰减就能满足修复目标，则监控自然衰减可作为唯一的修复措施。

当存在以下条件时，监控自然衰减无法作为唯一的修复措施：①扩张的污染羽：扩张的地下水污染羽表明污染物的释放超过了污染物的自然衰减能力。②监测存在局限性：复杂的水文地质系统，如破裂的基岩或岩溶地层，在监测污染物迁移和自然衰减过程方面存在困难。③受体受到影响：污染物已经影响了人群和/或敏感生态受体（如饮用水水源、地表水、蒸气侵入室内空气等）。如果存在蒸气入侵或水源受到影响，但有缓解措施或补救系统，则监控自然衰减可作为场地修复措施的补充组成部分。④对受体存在紧迫威胁：通过计算地下水渗流速度估算污染物到达潜在受体的传播时间，若对受体形成紧迫威胁时，必须进行补充论证以讨论监控自然衰减的可行性。

在考虑监控自然衰减可行性时需要评估的关键因素包括：①污染物是否有可能通过自然衰减过程得到有效处理（例如，有机污染物被降解、无机污染物被固定化或发生衰变）；②地下水污染羽的迁移潜力；③对人类健康或环境造成不可接受风险的可能性。由于某些自然衰减过程可能产生比母体污染物更具移动性和/或毒性的降解产物，因此必须评估此类降解产物的存在。

#### 4.1.3.4 工艺流程

在利用监控自然衰减进行场地修复前，应进行相应的场地特征详细调查，以评估该技术是否适用，并为监测井网设计提供基础参数。场地特征详细调查主要确认的信息包括污染物特性、水文地质条件及暴露途径和潜在受体。调查结果必须能够提供完整的场地特征描述，包括污染物分布情况与场地的水文地质条件，以及进行监控自然衰减可行性评估所需要的其他信息。取得相关的地质、生物、地球化学、水文学、气候学与污染分析数据后，可以利用二维或三维可视化模型展示场地内污染物分布情形、高污染源区附近地下环境、下游未受污染地区的状态、地下水流场以及污染传输系统等，即建立场地特征概念模型。

取得场地数据后，利用污染物运移模型或是自然衰减模型进行模拟，并与实际场地特征调查结果进行验证，修正先前所建立的场地概念模型；如果场地差异性较大时，可以适当修正模型中的相关参数，并重新进行模拟。在后续执行监控自然衰减过程中，如取得最新的监测数据资料，也应随时修正场地概念模型，以便精确评估及预测监控自然衰减修复效果。

在完成初步评估、污染迁移与归趋模拟之后，需要进行可能受体暴露途径分析，界定出可能潜在的风险受体（包括人群、生物受体或是其他自然资源），结合现有与未来的土地和地下水使用功能，分析其可能产生的风险。如果暴露途径的分析结果表明监控自然衰减修复过程对人体健康及自然环境不存在不可接受的风险，且能够在合理的时间内达到修复目标，则开始设计长期性的监测方案，完成监控自然衰减可行性评估，开展监控自然衰减修复技术的具体实施。

监控自然衰减技术的主要实施过程包括：①初步评价监控自然衰减的可行性；②构建地下水监测系统；③制订监测计划；④详细评价监控自然衰减的效果，提供进一步的证据来确认监控自然衰减是否有效；⑤制订应急方案。在监控过程中，在合理时间框架下，若发现监控自然衰减无效时，则需要执行应急方案。

#### 4.1.3.5 关键工艺参数及设计

（1）场地特征污染物

自然衰减的机制包括生物性作用和非生物性作用，需要根据污染物的特性评估自然衰减是否存在。不同污染物的自然衰减机制和评估所需参数包括地质与含水层特性、污染物化学性质、污染物原始浓度、总有机碳、氧化还原反应条件、pH 与有效性铁氢氧化物浓度、场地特征参数（如微生物特征、缓冲容量等）。

（2）污染源及受体的暴露位置

开展监控自然衰减修复时，需确认场地内的污染源、高污染核心区域、污染羽范围及邻近可能的受体所在位置，包含平行及垂直地下水流向上任何可能的受体暴露点，并确认这些潜在受体与污染羽之间的距离。

（3）地下水水流及溶质运移参数

在确认场地有足够的条件发生自然衰减后，须利用水力坡度、渗透系数、土壤质地和孔隙率等参数，建立地下水的水流及溶质运移模型，估计污染羽的变化与移动趋势。

（4）污染物衰减速率

多数常见污染物的生物衰减是依据一阶反应进行的，在此条件下最佳的方式是沿着污染羽中心线（沿着平行地下水流方向），在距离污染源不同的点位进行采样分析，以获取不同时间及不同距离的污染物浓度，用于计算一阶反应常数。重金属类污染物可以通过同位素分析方法获取自然衰减速率，对同一点位在不同时间进行多次采样分析，并由此判断自然衰减是否足以有效控制污染带的扩散。通过重金属的存在形态，判定自然衰减的发生和主要过程。若无法获取当前场地的数据，也可以参考文献报告数据获取污染物衰减速率作为初步参考。

#### 4.1.3.6 实施周期及成本

相较于其他技术，监控自然衰减技术所需时间较长，需要数年或更长时间。主要成本为场地监测井群建立、环境监测和场地管理费用。根据国外经验，若场地预期监测期长，监测计划规模大，过程中无法避免采取应变措施，甚至因为监控自然衰减法失败，造成污染物扩散，需重新采取积极性的修复措施等，种种因素均可能造成总整治经费变化很大。根据美国实施的 20 个案例，单个项目平均费用为 14 万～44 万美元。目前国内尚无工程应用，没有成本参考。

**技术应用案例 4-2：监控自然衰减**

监控自然衰减技术在我国地下水环境的治理中还处于研究阶段，工程应用案例较少，因此选取朱瑞利等（2015）对上海某地块监控自然衰减过程的模拟与效果评估研究作为案例，对监控自然衰减技术应用过程进行例证。

（1）项目基本情况

本污染地块为上海某化学品仓库区域，占地面积约 10 000 $m^2$。根据场地相关资料，储存三氯乙烷的桶曾经直接存放在化学品仓库外的沥青地面上，并且存放区域没有遮盖或二级围堰。经采样调查，发现三氯乙烷已经造成该区域的地下水污染，污染深度为 2～6 m。

(2) 主要污染物及污染程度

2007 年 6 月对该地块的 15 口监测井进行了取样监测，主要污染物为 1,1,1-三氯乙烷（1,1,1-TCA）和 1,1-二氯乙烷（1,1-DCA），浓度分别达到 40 000 μg/L 和 45 000 μg/L。在监测过程中还发现了氯乙烷（CA）、二氯乙烯（1,1-DCE）和氯乙烯（VC）的存在。由于本研究区 1,1,1-TCA 作为清洗剂，且未使用过其他氯代烃溶剂，因此可以推断场地内 1,1-DCA、CA、1,1-DCE 和 VC 为 1,1,1-TCA 天然降解产生的。

(3) 污染含水层概念模型

该地块地表以下 15 m 内的地质分层分别为填土（粉质黏土）、粉质黏土/黏质粉土、砂质粉土、淤泥质粉质黏土、淤泥质黏土，并依此建立了地层概念模型。根据地层结构划分，结合流场特征和以往资料，对所有层给定水平水力传导系数和垂直水力传导系数，设定范围分别是 $3.68\times10^{-7}$～$1.25\times10^{-5}$ cm/s 和 $4.75\times10^{-7}$～$2.29\times10^{-5}$ cm/s。此外，根据污染物的监测资料，建立了污染物概念模型，模型中没有持续的污染源，污染物以污染羽的形式进行表征，控制 1,1,1-TCA 的污染区域为地下 2～6 m。

(4) 地下水流场模拟

根据多次对地块的水位调查资料，整个污染场地的东西部的边界为河流。本模型选用定水头边界条件，假定地块内地下水流条件为稳定流，模型中不考虑降水、蒸发补给、配水系统和污水管道的泄漏的影响，并采用 2008 年 6 月的地下水流条件作为初始的地下水环境。利用 MODFLOW 模型建立了地下水流场模型，并把 2009 年 3 月测量的水位作为校准目标，对模拟地下水流场条件进行了稳定状态校准，如图 1 所示。根据模型结果推断污染场地的地下水环境稳定和水力梯度较小。

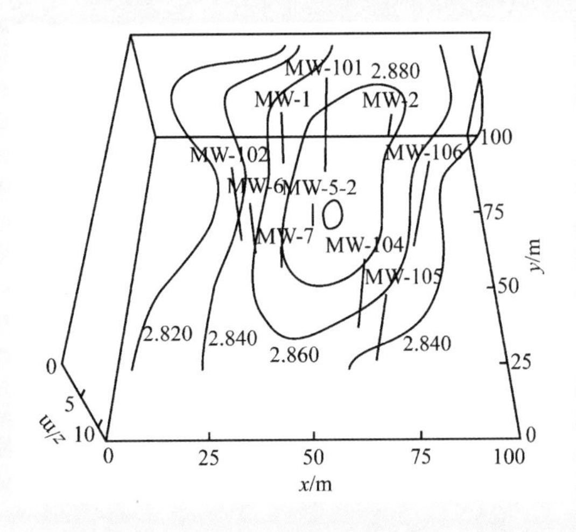


图 1　地下水流场模型（朱瑞利等，2015）

（5）场地数据验证模型

在 2007—2012 年的自然衰减过程中，选取了浓度梯度较大的监测井，观察了场地井位污染物质量浓度随时间的变化。两个监测点（MW-3 和 MW-7）的实际监测和模型模拟结果均表明 1,1,1-TCA 的质量浓度呈现下降趋势。在不发生自然衰减的情况下，监测点的模拟结果表明场地含水层中 1,1,1-TCA 的质量浓度的变化很小。对污染物的观测质量浓度和模拟质量浓度进行了相关性分析，结果表明这两组数据显著相关，说明本模型确定的自然衰减系数的准确性可以用于高浓度和低浓度的污染含水层中氯代烃迁移转化趋势的预测。

（6）三氯乙烷自然衰减的预测

通过分析监测井的位置、滤管深度和监测质量浓度，确定了中心污染区在地下 3～5 m 的地层中。在污染物运移模型（MT3D 模型）中，选取 2007 年 6 月的三氯乙烷污染监测数据作为自然衰减过程的起始浓度，导入监测井数据后，利用 Visual MODFLOW 软件建立了迁移转化模型，分析了三氯乙烷在地下含水层中的自然衰减过程。结果表明，5 年后污染羽的范围减小，中心区三氯乙烷质量浓度低于荷兰标准值（300 μg/L），但含水层中仍然残留一定范围的污染物。

## 参考文献

[1] US EPA. Guidelines：Technical protocol for evaluating natural attenuation of chlorinated solvents in ground water[R]. EPA/600/R-98/128. 1998-09.

[2] Adamson D，Newell C. Frequently asked questions about monitored natural attenuation in groundwater[Z]. Department of Defense, Arlington, VA. Environmental Security Technology Certification Program Office. 2014.

[3] US EPA. A citizen’s guide to monitored natural attenuation(EPA 542-F-12-014)[R]. 2012.

[4] 朱瑞利，张施阳，李辉，等. 上海浦东浅层地下水环境三氯乙烷自然衰减规律及过程模拟[J]. 华东理工大学学报（自然科学版），2015（41）：342-348.

# 4.2 地下水污染修复技术

## 4.2.1 抽出处理

### 4.2.1.1 技术名称

抽出处理，Pump and Treat（P&T）。

### 4.2.1.2 技术介绍

（1）技术原理

抽出处理用于受污染的地下水修复。根据地下水污染范围，在污染场地内布设一定数量的抽水井，通过水泵和水井将污染地下水抽取上来，然后利用地面设备处理。处理后的地下水，排入地表径流回灌到地下或用于当地供水。

（2）系统组成

地下水抽出处理系统通常由地下水水力控制系统、污染物处理系统和地下水监测系统组成，如图 4.2.1-1 所示。

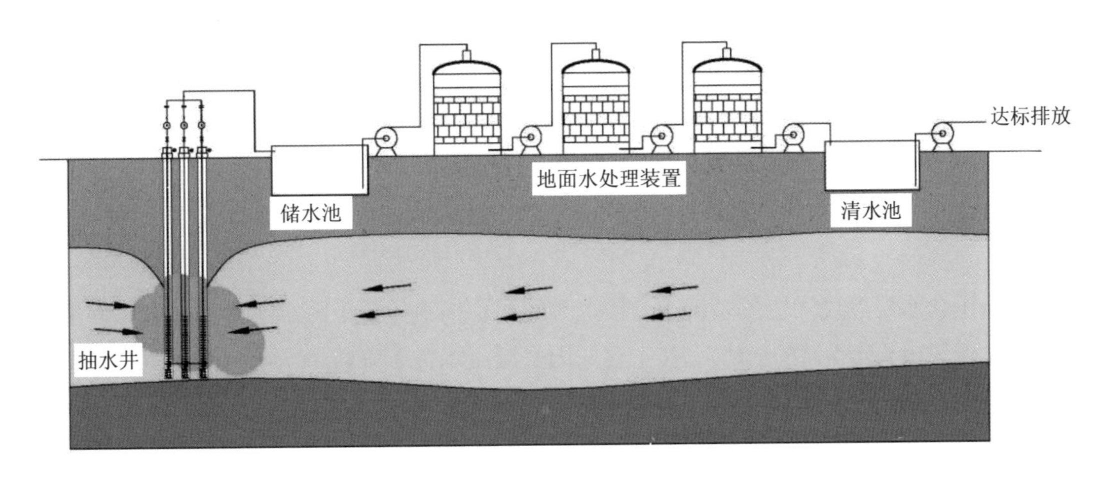


图 4.2.1-1 地下水抽出处理系统构成

地下水水力控制系统主要包括抽水泵、抽水井等。抽水井由井口保护装置、监测仪表、井管、滤网构成。

污染物处理系统包括管路、动力设备、仪器仪表、污水处理设备、尾气处理设备等。

地下水监测系统包括地下水水位仪、地下水水质在线监测设备、流量计等仪器仪表。

主要工艺设备包括建井材料、抽水泵、流量计、地下水水位仪、地下水水质在线监测设备、污水处理设施等。

#### 4.2.1.3 适用性

地下水抽出处理技术用于污染地下水，可处理多种污染物。不宜用于吸附能力较强的污染物，以及渗透性较差或存在 NAPL（非水相液体）的含水层。

#### 4.2.1.4 工艺流程

在污染区域范围内设置抽水井、监测井，抽水系统通过管道与抽水井相连，利用水泵、抽水井抽出污染地下水，抽出的地下水进入地面废水处理系统进行处理，处理合格的水回灌、再利用或达标排放；处理过程中产生的废气进入气体处理装置进行处理，最后达标排放。

#### 4.2.1.5 关键工艺参数及设计

关键技术参数包括渗透系数、含水层厚度、抽水井位置、抽水井间距、井群布局、抽水井设计及安装、废水处置单元设计、监测单元设计。

（1）渗透系数

渗透系数对污染物运移影响较大。随着渗透系数加大，污染羽扩散速度加快，污染羽范围扩大，从而增加抽水时间和抽水量。

（2）含水层厚度

在承压含水层水头固定的情况下，抽水时间和总抽水量都是随着承压含水层厚度增加呈线性递增的趋势；当含水层厚度呈等幅增加时，抽水时间和总抽水量都是呈等幅增加趋势。

在承压含水层厚度固定的情况下，抽水时间和总抽水量都不随承压含水层水头的增加而变化（除了水头值为 15 m 时）。其主要原因是测压水位下降时，承压含水层所释放出的水来自含水层体积的膨胀及含水介质的压密，只与含水层厚度有关。

对于潜水含水层，地面与底板之间厚度固定的情况下，抽水时间和总抽水量都是随着潜水含水层水位的增加呈线性递减的趋势。

（3）抽水井位置

抽水井在污染羽上的布设可分为横向与纵向两种方式，每种方式中，抽水井的位置也不同。横向布设时可将井位的布设分为两种：①抽水井在污染羽的中轴线上；②抽水井在污染羽中心。纵向布设和横向布设的抽水井如图 4.2.1-2 所示。

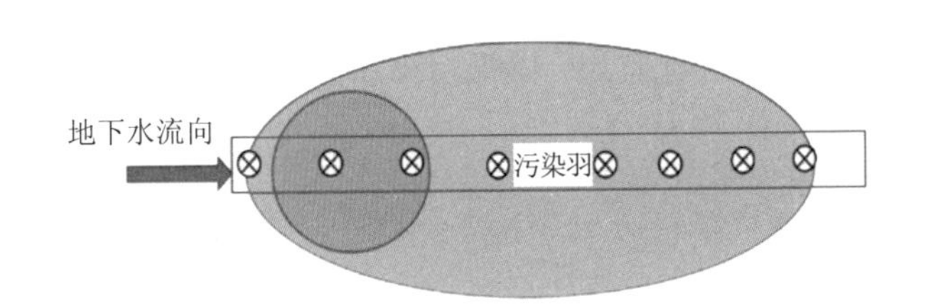


纵向布设的抽水井

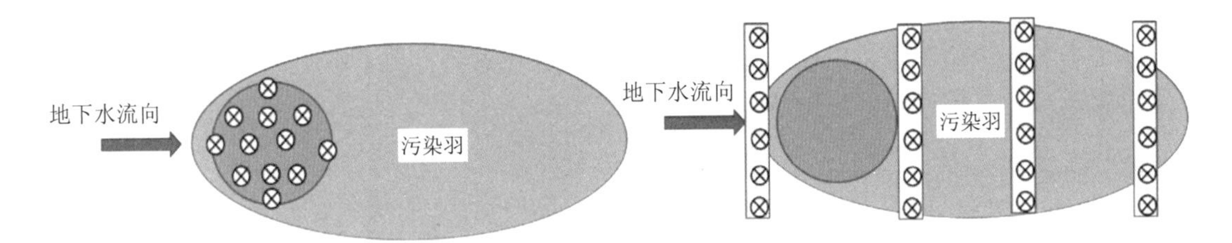


横向布设的抽水井（污染羽中心） 横向布设的抽水井（污染羽中轴线）

**图 4.2.1-2 抽水井布设**

（4）抽水井间距

在多井抽水中，应重叠每个井的截获区，以防止污染地下水从井间逃逸。

（5）井群布局

天然地下水流动使得污染羽的分布出现明显偏移，污染羽在平行于地下水水流方向被拉长，在垂直于地下水水流方向变扁。抽水井的最佳位置在污染源与污染羽中心之间（靠近污染源，约位于整个污染羽的 1/3 处），并以该井为圆心，以不同抽水量下的影响半径为半径布设其余的抽水井。

（6）抽水井设计及安装

根据污染深度、含水层厚度、含水层底板埋深等设置抽水井开缝的位置。井管外包滤网，填充滤料。井口宜高出地面 0.5～1.0 m，井口地面应采取防渗措施。抽水井井管采用耐腐蚀的无污染材质，井管之间可采用丝扣或焊接方式连接，不得使用有污染的黏结剂。井管外包滤网，再填充滤料。

抽水井的钻进方法可采用冲击钻进、直接贯入钻井成孔等方法。

根据污染物的性质、修复面积及深度、含水层渗透性等，确定抽水泵的扬程、抽水速率等。抽水系统应根据地层条件与修复深度确定。

（7）废水处置单元设计

抽出的地下水进入废水处置单元进行处理，废水处置单元采用的处理工艺需根据地下水中需修复的污染物确定。废水处置单元的处理能力要同时满足预期的最大抽水量、最高污染物负荷和废水排放限值要求。

在修复过程中需对排放的尾水进行监测，确保污染物的排放要符合国家、地方和相关行业水污染防治的规定。

（8）监测单元设计

监控单元通常包含地下水位监控、水质监控。

通常在抽水井周边、相邻抽水井中间以及处理区域边缘设置地下水水位监测井。

地下水水位至少在抽水过程中、抽水停止后各记录一次，推荐连续记录。

地下水水位监测传感器可以安装在抽水井内或监测井内。地下水水位监测点的安装位置及设置数量由监控目的、场地特征确定。

### 4.2.1.6 实施周期及成本

地下水抽出处理技术的实施周期可能为几个月到几年，实际周期取决于以下因素：①待处理地下水的体积；②污染程度及污染物性质；③设备的处理能力等。

影响地下水抽出处理技术处置费用的因素有：①修复工程规模；②修复深度与地层条件；③修复时间；④修复的污染物特征；⑤危废处置量、废气废水处理要求等。国外处理成本为 15～251 美元/$m^3$。根据国内现有工程统计数据，以污染水体体积计，地下水抽出处理修复费用为 150～700 元/$m^3$。

**技术应用案例 4-3：抽出处理**

（1）项目基本情况

某沥青厂曾生产沥青混凝土产品。经场地调查发现，该场地土壤受到苯污染，地下水受到苯、脂肪烃（$C_{10}$-$C_{12}$）污染。

（2）工程规模

修复土壤方量为 361 688.5 $m^3$，面积为 22 700.13 $m^2$；治理修复地下水 262 377.6 $m^3$，面积为 94 454.30 $m^2$。

（3）主要污染物及污染程度

土壤中苯最高含量为 64.8 mg/kg，修复目标值为 0.64 mg/kg。

地下水中污染物的最高浓度为：苯 210 mg/L，脂肪烃（$C_{10}$-$C_{12}$）368 mg/L。

（4）土层及水文地质条件

场地-30 m 以内地层主要由粉土、中细砂、卵石组成，勘探深度范围内地下水主要为潜水。其中潜水主要赋存于卵石、圆砾、细砂、中砂、砂质粉土层中。

（5）工艺流程及关键设备

主要工艺流程：抽水系统通过潜水泵、抽水管道抽取污染地下水。抽提出来的污染地下水进入水处理系统，经过处理达标后回灌到地下，水处理系统产生的废气经过活性炭吸附装置处理后，达标排放，如图 1 所示，工程现场如图 2 所示。

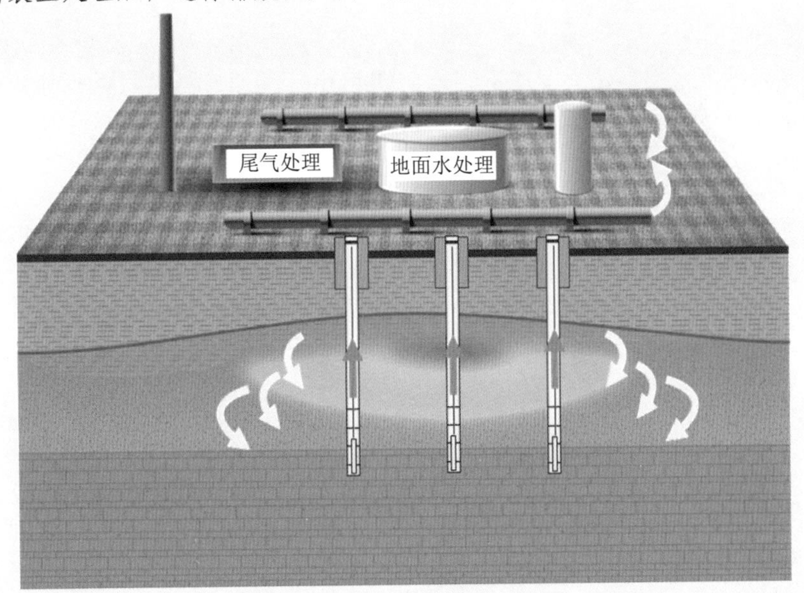


图 1　地下水抽出处理系统构成

图 2　地下水抽出处理工程现场

主要工艺设备有配电柜、潜水泵、地下水水位监测系统、废气处理设施、废水处理设施等。

抽水井结构：①钻孔：采用反循环钻机钻探至 30 m 深，钻孔直径 500 mm，井径 219 mm；②填料：包含砾料、膨润土；③过滤管：采用桥式管。

(6) 主要工艺及设备参数

抽水井：根据现场水文地质条件和污染情况，30 m 深抽提井间距设置为 20 m，排间距为 30 m，共布设 110 眼 30 m 深抽水井、20 眼 30 m 深监测井。

抽水系统：抽水系统地面管道采用无缝钢管，连接采用焊接的方式，连接每口抽水井至地面水处理端。每眼抽水井配置的抽水泵为流量 20 $m^3$/h，扬程 50 m。

地面水处理系统：地面水处理系统的处理能力为 5 000 $m^3$/d，采用隔油、气浮、曝气、活性炭过滤等处理工艺。

（7）成本分析

经测算，地下水的单位处理成本约为 700 元/$m^3$，主要包括钻探费和材料费、设备费、运行费用、危险废物处置费用等。

（8）修复效果

效果评估结果表明，该场地地下水采用抽出处理后达到修复目标。地下水中苯浓度低于修复目标值 672 μg/L，脂肪烃（$C_{10}$-$C_{12}$）低于修复目标值 1 247 μg/L。

## 参考文献


[1] US EPA. Pump-and-Treat Ground-Water Remediation，A Guide for Decision Makers and Practitioners[R]. EPA/625/R-95-005. 1996-07.

[2] 环境保护部. 关于发布 2014 年污染场地修复技术目录（第一批）的公告（环境保护部公告 2014 年 第 75 号）[EB/OL].（2014-10-30）[2021-12-19]. https://www.mee.gov.cn/gkml/hbb/bgg/201411/t20141105_291150.htm.

[3] US EPA. A Citizen's Guide to Pump and Treat(EPA 542-F-12-017)[R]. 2012.

[4] US EPA. Cost Analyses for Selected Groundwater Cleanup Projects：Pump and Treat Systems and Permeable Reactive Barriers(EPA 542-R-00-013)[R]. 2001.


### 4.2.2 多相抽提

#### 4.2.2.1 技术名称

多相抽提，Multi Phase Extraction

别名：双相抽提，两相抽提，Two Phase Extraction

#### 4.2.2.2 技术介绍

（1）技术原理

多相抽提通过真空提取手段，并根据需要结合泵的抽提，同时抽取地下污染区域的土壤气体、地下水和非水相液体到地面进行相分离及处理，以实现对地下目标污染物的去除。

（2）技术分类

按照抽提方式的不同，多相抽提通常分为单泵抽提系统和双泵抽提系统。

单泵抽提系统是通过真空设备来同时完成土壤气体、地下水和非水相液体的抽提，抽提出的气液混合物经地面气液分离设施分离后进入各自的处理单元，并经处理达标后排放，如图 4.2.2-1 所示。系统主要由抽提管路、真空泵（如液体环式泵、射流泵等）组成。单泵抽提系统结构简单，通常修复深度在地下 10 m 以内。

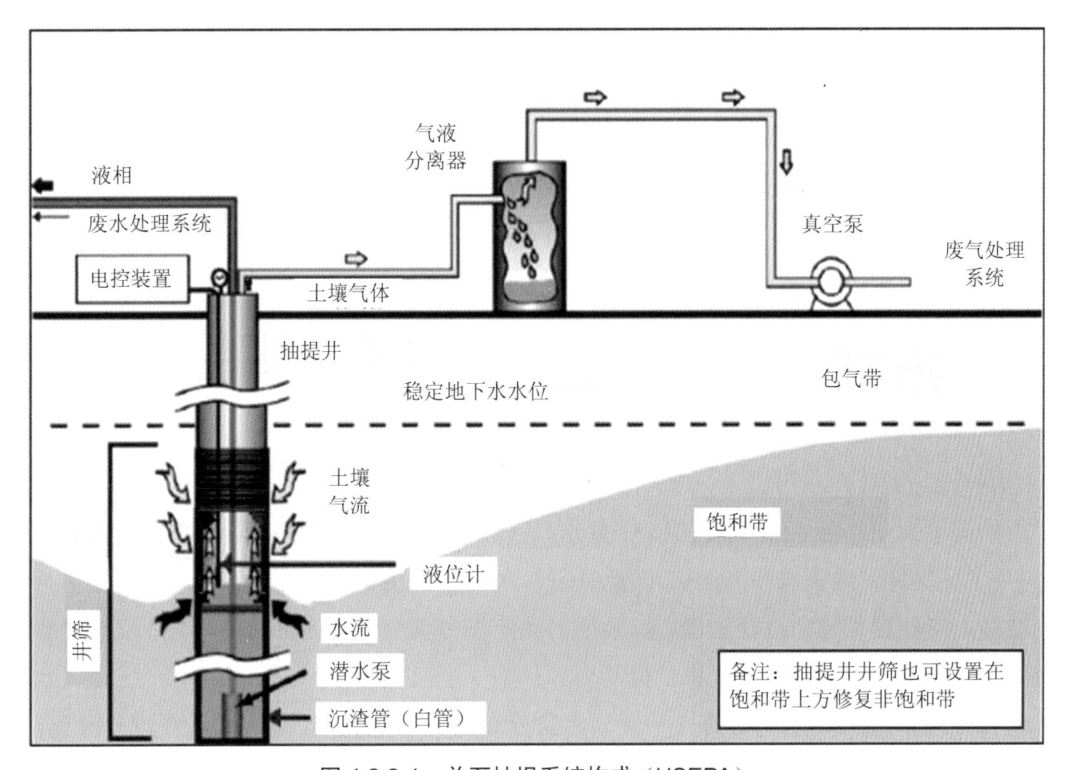


图 4.2.2-1　单泵抽提系统构成（USEPA）

双泵抽提系统同时配备了提升泵与真空泵，分别抽提地下水及非水相液体，以及土壤气体。抽提井内设置了液体管路和气体管路两条管路，抽提出的液相和气相物质分别进入各自的处理单元，并经处理达标后排放，如图 4.2.2-2 所示。双泵抽提系统修复深度可达地下 10 m 以下。

（3）系统组成

多相抽提系统通常由抽提单元、相分离单元、污染物处理单元三个主要工艺单元构成。系统主要设备包括真空泵、提升泵、气液分离器、废水处理设备、废气处理设备、输送管路、控制设备等。

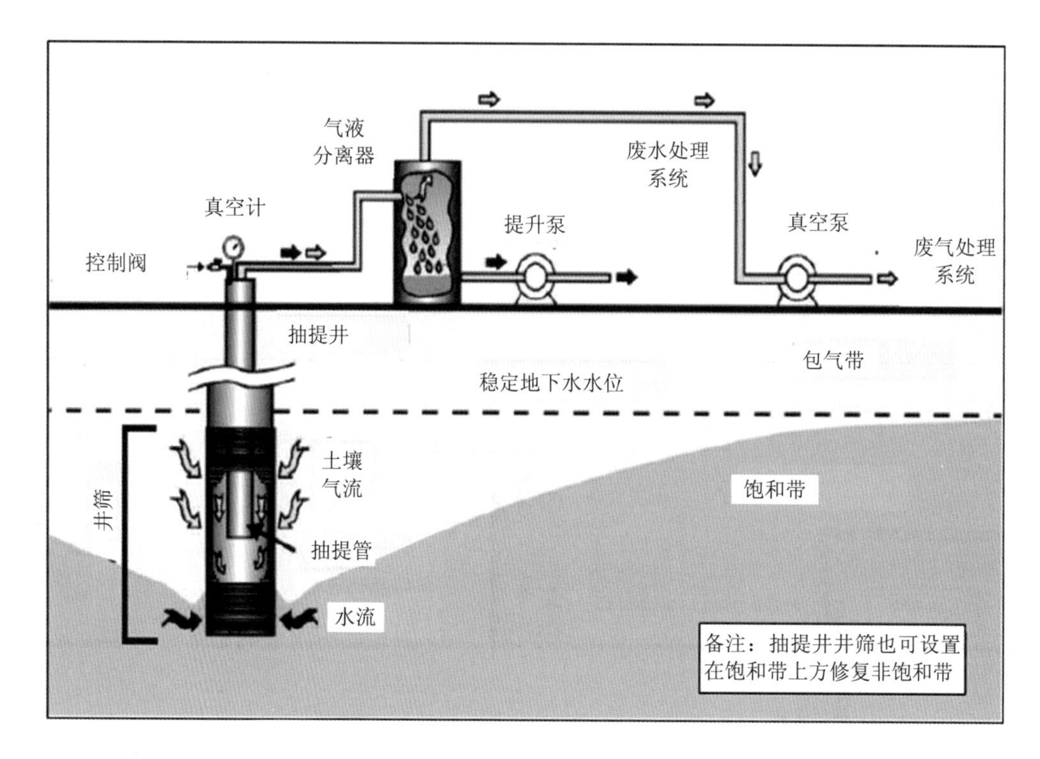


图 4.2.2-2 双泵抽提系统构成（USEPA）

抽提单元是多相抽提系统的核心部分，它的作用是同时抽取污染区域的气体和液体（包括土壤气体、地下水和 NAPL），把气态、水溶态以及非水溶性液态污染物从地下抽吸到地面上的处理系统中进行处理。单泵抽提系统仅由真空设备提供抽提动力，双泵抽提系统则由真空泵和提升泵共同提供抽提动力。

相分离单元完成抽出物的气—液分离及分离出的液相的油—水分离。经过相分离后，抽提出的含有污染物的流体被分为气相、液相和油相等形态。分离后的气体进入废气处理单元，分离后的废水进入废水处理单元，分离出的油相物质经收集后一般作为危险废物处置。

污染物处理单元包括废气处理设备和废水处理设备，用于相分离后含有污染物的废气和废水的处理。废气处理方法目前主要有热氧化法、催化氧化法、吸附法、浓缩法、生物过滤法等。废水处理方法目前主要有化学氧化法、膜分离法、生化法和活性炭吸附法等。

#### 4.2.2.3 适用性

多相抽提技术适用于污染土壤和地下水中的苯系物类、氯代溶剂类、石油烃类等挥发性有机物的处理，特别适用于处理易挥发、易流动的高浓度及含有非水相液体的有机污染场地。

多相抽提技术不宜用于渗透性差或者地下水水位变动较大的污染场地。

多相抽提技术适用的场地特征及污染物性质见表 4.2.2-1。

表 4.2.2-1 多相抽提技术适用性

| | 关键参数 | 单位 | 适宜范围 |
|---|---|---|---|
| 场地参数 | 渗透系数（$K$） | cm/s | $10^{-5}$～$10^{-3}$ |
| | 渗透率 | $cm^2$ | $10^{-10}$～$10^{-8}$ |
| | 导水系数 | $cm^2/s$ | ＜0.72 |
| | 空气渗透性 | $cm^2$ | ＜$10^{-8}$ |
| | 地质环境 | / | 砂土到黏土 |
| | 土壤异质性 | / | 均质 |
| | 污染区域 | / | 包气带、饱和带、毛细管带 |
| | 包气带含水率 | / | 较低 |
| | 地下水埋深 | m | ＞1 |
| | 土壤含水率（生物通风） | % | 40～60 |
| | 氧气含量（好氧降解） | % | ＞2 |
| 污染物性质 | 饱和蒸气压 | mm Hg | ＞0.5～1 |
| | 沸点 | ℃ | ＜250～300 |
| | 亨利常数 | 量纲一 | ＞0.01（20℃） |
| | 土—水分配系数 | mL/g | 适中 |
| | 低密度非水相液体厚度 | cm | ＞15 |
| | 非水相液体黏度 | cP① | ＜10 |

① 1cP=$10^{-3}$ Pa·s。

### 4.2.2.4 工艺流程

在污染区域范围内设置多相抽提井，使用真空泵并根据需要结合提升泵对目标污染区域的土壤气体、地下水和非水相液体同时抽提，通过气液分离，再对提取出的气体和液体分别进行无害化处理，最后达标排放。单泵式多相抽提工艺、双泵式多相抽提工艺流程分别如图 4.2.2-3 和图 4.2.2-4 所示。

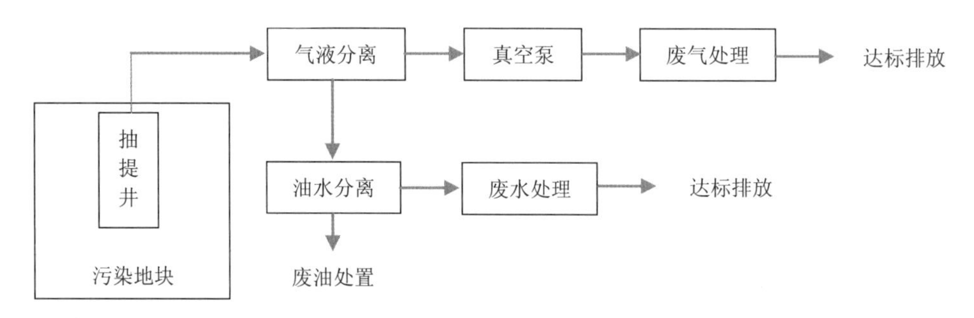


图 4.2.2-3　单泵式多相抽提工艺流程

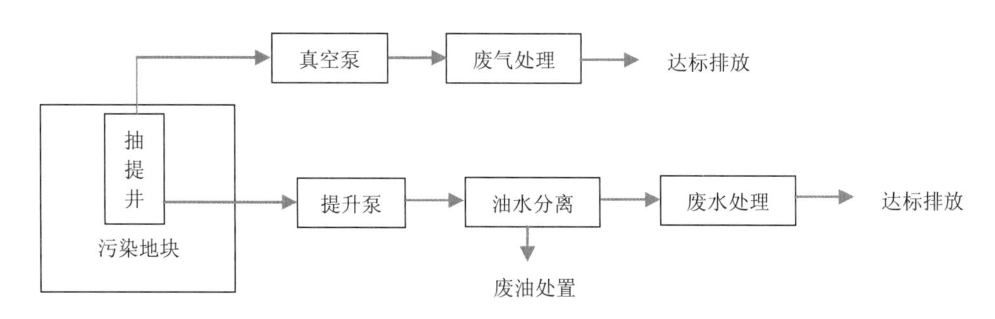


图 4.2.2-4　双泵式多相抽提工艺流程

#### 4.2.2.5　关键工艺参数及设计

（1）抽提井的布设

抽提井的布设应确保整个污染区域均被抽提影响范围覆盖，井的数量应根据单井的影响半径确定。多相抽提井的影响半径可在如下范围内选取并根据中试成果确定：黏性土 1.0～2.0 m；粉性土 1.5～5.0 m；砂土 3.0～8.0 m。根据场地污染特征布设抽提井，一般采用正四边形或正三角形布局。

（2）抽提井设计及安装

抽提井的井管滤管段应覆盖污染深度。对于存在高密度非水相液体的场地，抽提井的滤管深度应达到隔水层顶部。

抽提井管直径宜不小于 80 mm，管材可采用聚氯乙烯材质；如果井内存在高浓度的有机污染物，井管宜采用不锈钢材质。抽提井安装钻孔直径宜比井管直径大 10～15 cm。井管滤管段宜采用切缝式，并根据地层特性和滤料等级设计切缝大小，井管外包滤网，再填充滤料。滤料安装高度应高于滤管顶部 0.6 m，井管安装好后宜布置 0.6～1.0 m 厚度的膨润土封于滤料之上，抽提井安装好后应进行洗井。

工程需要时，应在抽提井内设置引流管，引流管外径宜为井管内径的 1/3～2/3，引流管底端设置深度应根据井内地下水水位设计降深确定。抽提井井头安装应考虑井盖、引流管出口、控制线以及取样口的位置布设，宜使用橡胶塞等进行密封操作，并对井头进行机械防护。

（3）抽提单元

应通过中试确定井头真空度、流体抽提速率等抽提设计参数。抽提单元施加的井头真空度可根据场地地质与水文地质条件、要求的影响半径及井内水位降深确定，选取范围宜在 10～60 kPa。抽提单元中单井抽提速率包括气体抽提速率和单井液体抽提速率，气体抽提速率宜控制在 0.05～10 $m^3$/min，单井液体抽提速率宜控制在 0.001～0.5 $m^3$/min。

抽提单元的真空设备可选用干式真空泵、液环式真空泵或射流式真空泵，其规格应满足井头真空度、系统真空度及抽提速率的要求。抽提单元的提升泵宜选用潜水泵，其规格应满足液体抽提速率及抽提高度的要求。

（4）相分离单元

相分离单元包括气液分离器和油水分离器。气液分离器宜安装在地面真空泵和抽提井之间，且设计壁厚和材质应能承受真空泵所产生的最大真空度。如抽提混合液中存在油相的污染物，应在气液分离器和后续的废水处理系统中设置油水分离器。

气液分离器一般采用重力式、惯性式或者离心式设计，油水分离器一般采用重力式设计。

（5）废水、废气处理单元

废水、废气处理单元的处理能力要同时满足预期的最高污染负荷和废气、废水排放限值要求。设计废水处理单元时应考虑抽提液的乳化问题，设计废气处理单元时应考虑进气的高湿度问题。

在修复过程中需对排放的废气和废水进行监测，确保污染物的排放符合国家、地方和相关行业大气和水污染防治的规定。

废气排放标准参考《环境空气质量标准》（GB 3095—2012）、《大气污染物综合排放标准》（GB 16297—1996）、《工业炉窑大气污染物排放标准》（GB 9078—1996）、《恶臭污染物排放标准》（GB 14554—1993）及相关行业和地方标准。废水排放标准参考《地下水质量标准》（GB/T 14848—2017）、《污水排入城镇下水道水质标准》（CJ 343—2010）、《污水综合排放标准》（GB 8978—1996）、《地表水环境质量标准》（GB 3838—2002）及相关行业和地方标准。

（6）监测单元设计

多相抽提系统运行过程中应监测下列内容：井头真空度、真空泵入口处真空度、真空泵出口处压力；代表性抽提井的单井抽提速率、系统处理后总出水量及总排气量；真空泵排气温度；抽提井及监测井内地下水水位和非水相液体厚度；非饱和带内的真空度；抽提液体流态；系统运行时间；系统水耗和电耗等。

#### 4.2.2.6 实施周期及成本

多相抽提技术的实施周期同场地的地质与水文地质条件、污染物性质密切相关，一般需通过中试确定。应用该技术清理污染源区的速度相对较快，一般需要 1～24 个月。

多相抽提修复的成本与污染土壤性质、污染物埋深、污染物浓度和工程规模等因素有关，具体成本包括建设施工投资、设备投资、运行管理费用等。国际上采用多相抽提技术修复每 1m$^3$ 污染土壤或污染含水层的成本为 5～225 美元。根据国内中试工程案例，处理 1 kg 低密度非水相液体的成本约为 400 元。

**技术应用案例 4-4：多相抽提**

(1) 项目基本情况

某化工企业历史上曾发生化工原料泄漏事故，场地环境调查发现厂区大面积的土壤和地下水受到了甲苯的污染，并在发生泄漏的化学品仓库下发现了明显的低密度非水相液体污染物。

(2) 工程规模

中试规模，修复面积 350 m$^2$，修复深度 3.5 m。

(3) 主要污染物及污染程度

土壤和地下水中的污染物主要为甲苯，存在低密度非水相液体污染，非水相液体厚度为 7.8～64.1 cm。

(4) 土层及水文地质条件

场地−5 m 以内浅部土层主要由黏性土及砂性土组成，从上至下分别为杂填土层、粉质黏土层和砂质粉土层。浅部地下水主要为孔隙潜水，主要赋存于粉质黏土层和砂质粉土层，潜水位在地下 1.8～2.2 m，水力梯度约为 0.5‰，粉质黏土层横向渗透系数为 0.012 m/d，砂质粉土层横向渗透系数为 0.15 m/d。

(5) 工艺流程及关键设备

根据场地地质与水文地质条件、污染物特性、污染物浓度，选择修复时间短、成本低、适用于修复非水相液体的多相抽提技术作为该项目污染土壤和地下水的修复技术。采用单泵多相抽提系统，主体单元包括抽提井、气液分离器、真空泵、活性炭吸附器及相应的管路和仪表系统等。

抽提井中的低密度非水相液体和受污染的地下水首先通过抽提井内的引流管，在真空泵产生的真空作用下被抽出地面；当井中的液位降至引流管的底部以下位置时，液位以上部位的筛管就会直接暴露在真空中，受污染的土壤气体将通过抽提井和引流管从地下被抽出；在抽提井附近区域的其他低密度非水相液体会随着地下水对井的补给同时进入抽提井内，进而通过引流管被抽出。被真空泵抽出的土壤气体、地下水以及低密度非水相液体会在气液分离器内进行分离，分离出的气相部分通过活性炭吸附处理后排入大气，分离出的液相部分则在气液分离器内进一步通过重力作用分离，得到的上层低密度非水相液体污染物作为危险废物委外处置，下层受污染的地下水则送现场污水处理站处理后达标排放。

(6) 主要工艺及设备参数

整个修复区域布设 9 口抽提井，采用 1 个 7.5 kW 的水环式真空泵进行抽提。抽提井采用聚氯乙烯材质，井径 25 mm，井深 3.5 m，井管滤管段位于地下 1～3 m 的位置。抽提井内设 1 根引流管，引流管底部位于地下 2.5 m 的位置。多相抽提系统的运行以单个抽提井逐一轮流抽提方式进行，共运行 25 天。单个抽提井每天的抽提时间控制在 0.5 h 内，25 天累积的抽提时间约 8 h。抽提时系统的真空度控制为−0.065 MPa，抽提井井头真空度控制为−0.03 MPa，平均气体抽提流量控制在 80～100 L/min。多相抽提工程现场如图 1 所示。

图 1 多相抽提工程现场

(7) 成本分析

经测算，1kg 低密度非水相液体的处理成本约为 400 元，主要包括设备费、材料费、安装运行费用等。

（8）修复效果

在 25 天的运行时间内，多相抽提系统共计抽提出约 720 L 的流体（包括低密度非水相液体和部分受污染的地下水），通过不同方式共计去除约 125 kg 甲苯，单个抽提井中甲苯的平均去除速率约为 1.75 kg/h。甲苯大部分以低密度非水相液体方式去除，约占整个污染物去除量的 85%。修复后井内的低密度非水相液体厚度明显降低，部分井内不再探测到低密度非水相液体。

## 参考文献


[1] Interstate Technology & Regulatory Council (ITRC). LNAPL Site Management: LCSM Evolution, Decision Process, and Remedial Technologies:LNAPL-3[EB/OL]. Washington, D.C.:Interstate Technology & Regulatory Council. LNAPL Update Team.(2018)[2021-07-19]. https://lnapl-3.itrcweb.org.

[2] US EPA. Innovative Treatment Technologies：Annual States Report（ASR）Twelfth Edition[R]. 2007.

[3] US Army Corps of Engineers. Engineering and Design：Multi-Phase Extraction[Z]. 1999.

[4] Federal Remediation Technologies Roundtable. FRTR Remediation Technologies Screening Matrix and Reference Guide, Version 4.0[CP]. https://frtr.gov/matrix2/top_page.html.

[5] U Simon M , Saddington B , Zahiraleslamzadeh Z , et al. Multi-Phase Extraction: State-of-the-Practice[R]. 1999.

[6] US EPA. Cost and Performance Report for LNAPL Recovery: Multi-Phase Extraction and Dual-Pump Recovery of LNAPL at the BP Former Amoco Refinery, Sugar Creek, MO[R]. 2005-03：1-42.

# 第五章　常用配套技术

## 5.1　土壤混合技术

### 5.1.1　异位混合

#### 5.1.1.1　技术名称

异位混合，Ex-situ Mixing。

#### 5.1.1.2　技术介绍

（1）技术原理

异位混合技术是指通过机械混合作用，将挖掘出的污染土壤与药剂进行充分混合的技术。作为一种主流的施工工艺，异位土壤混合技术可应用于异位固化/稳定化、异位化学氧化/还原、异位化学热升温解吸、生物堆等技术的混合步骤。

异位土壤混合技术可以实现土壤和修复药剂的充分混合，提高药剂利用率，解决低渗透性土壤和药剂接触不充分的问题。

（2）设备分类

异位土壤混合设备主要有以下三种类型。

①混合斗：混合斗是一种辅助工具，通常与装载机、挖掘机连接使用，可同步完成土壤的筛分、破碎、混合、搅拌等作业。

②土壤修复机：土壤修复机将土壤混合、搅拌等所有组件安装为一体，可实现固—固、固—液等多种不同的模式混合。

③搅拌站：搅拌站是现代筑路工程建设中常用到的一项大型机械设备，主要用于砂砾连续稳定拌制生产，也可应用于土壤修复领域污染土壤与药剂的混合、搅拌。

（3）混合斗系统构成

混合斗系统主要由铲斗本体、辊轴、刀板及液压马达组成，见图 5.1.1-1。铲斗本体为中空结构，前端为进料口、后端为出料口。辊轴对称安装于铲斗本体的两侧，包括动力轴承座和数个从动轴承座，从上而下排列，可实现土壤与药剂的混合搅拌。刀板设有格栅装置，工作时刀板在格栅间的缝隙里不断地梳理材料，材料通过格栅之间的缝隙落下，可实现土壤的破碎、筛分。液压马达采用挖掘机主机液压动力驱动，通过特殊设计的传动系统驱动滚轴，能够克服潮湿松软地质条件下土壤与药剂难以混合均匀的问题。

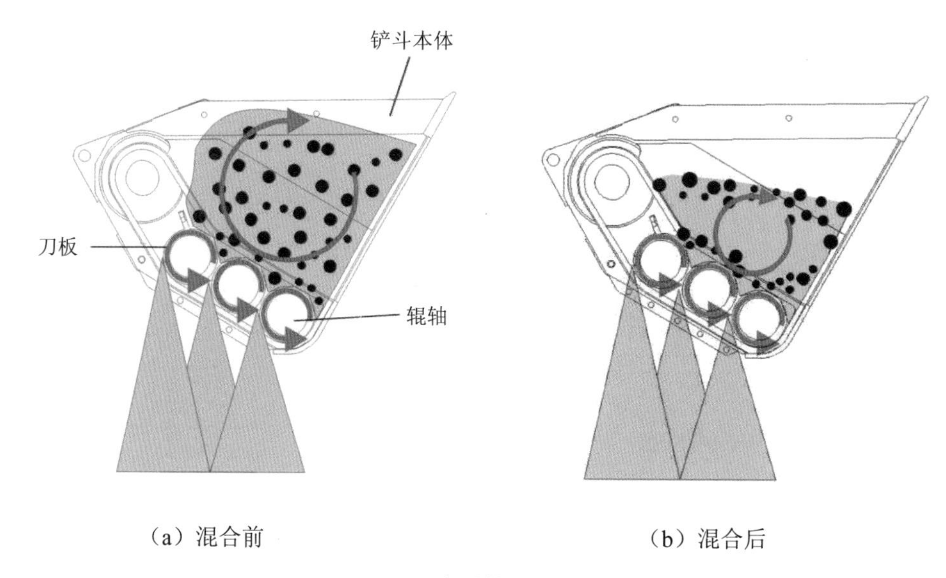


（a）混合前　　　　（b）混合后

**图 5.1.1-1　混合斗筛分混合示意图**

（4）土壤修复机系统构成

土壤修复机系统通常由进料斗模块、加药斗模块、破碎混合模块、出料模块、动力模块、控制模块 6 个模块组成，如图 5.1.1-2 所示。

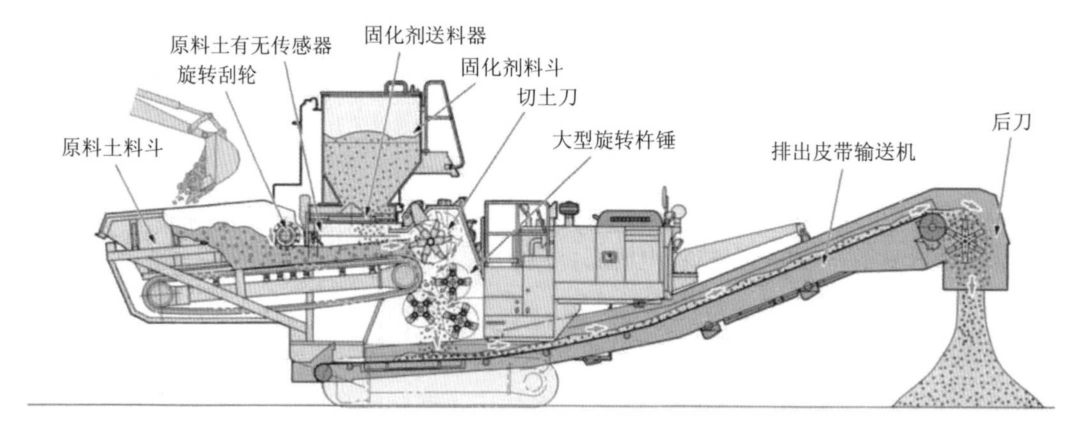


**图 5.1.1-2　土壤修复机系统构成**

①进料斗模块：主要由进料斗、定量供给系统和给料传送带构成，目的是接收铲斗提供的污染土壤，并使其顺利进入给料传送带。

②加药斗模块：主要由药剂斗和定量加药系统构成，定量加药系统通常由计算机控制，可根据需要调整加药量。

③破碎混合模块：该模块为土壤修复机的核心部件。从均料辊出来的土壤首先被切刀分散破碎，然后再进入混合搅拌装置。混合搅拌装置通常由搅拌仓和滚轴构成。旋转杵锤在运动状态下杵锤由于离心运动而旋转，起到破碎土壤和混合土壤与药剂的作用。

④出料模块：出料装置由出料传送带和其他装置构成。出料口设置后刀，进一步破碎混合土壤。

⑤动力模块：采用柴油或电力驱动液压行走系统和各种工作系统提供动力。

⑥控制模块：采用计算机控制系统，能精确控制土壤和药剂的投加比例，实时显示设备的各项参数，操作方便。

（5）搅拌站系统构成

搅拌站通常由土壤供给模块、固体药剂供给模块、液体药剂供给模块、搅拌混合模块、电气操作模块 5 个模块构成，如图 5.1.1-3 所示。

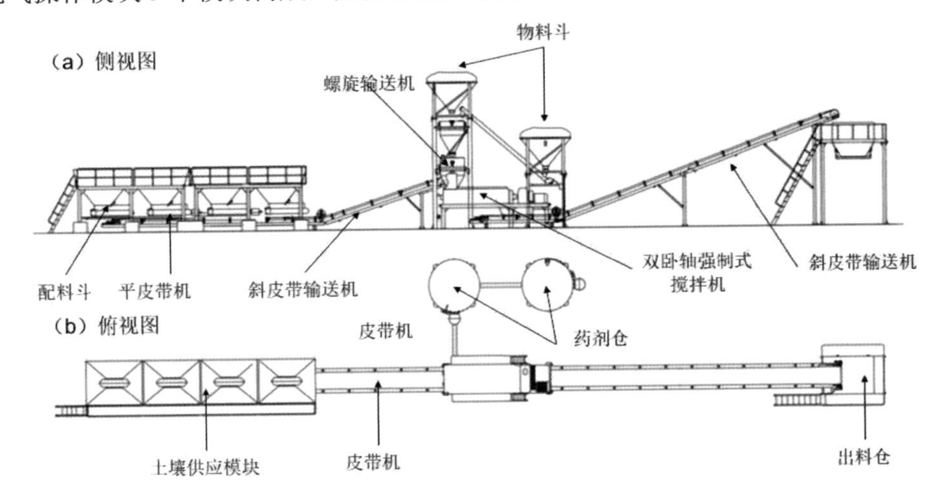


**图 5.1.1-3　搅拌站系统构成**

①土壤供给模块：主要包括配料斗、配料称量斗、平皮带机、斜皮带输送机，可实现污染土壤的供给。

②固体药剂供给模块：主要包括物料仓、螺旋输送机、物料称量斗，可实现固体修复药剂的添加。

③液体药剂供给模块：主要包括储罐、泵、管道、计量设备，可根据设计方案实现液体药剂或水的添加。

④搅拌混合模块：搅拌混合模块主机为双卧轴强制式搅拌机或立式行星减速机，实现土壤与药剂的混合。

⑤电气操作模块：主要包括电脑控制台、电控柜、操作室。

#### 5.1.1.3 适用性

（1）混合斗

适用条件：适合多种类型土壤，特别是粒径差异较大（含大块杂质较多）的土壤。

制约条件：①破碎能力较弱；②固体药剂添加和混合是两道工序，无法实现固体物料的定量添加；③土壤与药剂混合不均匀，往往需要过量（2～3 倍）添加药剂。

（2）土壤修复机

适用条件：适合所有类型污染土壤（包括黏土）。

制约条件：①需预筛分工序，筛分出直径≥200 mm 的大块杂质及长条形韧性杂质（如钢筋、布袋等）；②进料土壤含水率需预处理到≤40%。

（3）搅拌站

适用条件：适合含水率低、杂质较少、较低黏性的土壤。

制约条件：①需预筛分；②易堵，需要经常维护；③间歇式作业，产量有限；④占地面积大，设备拆装成本大。

#### 5.1.1.4 工艺流程

（1）混合斗

混合斗施工工艺流程见图 5.1.1-4。

①清挖污染土，在异位修复场地内打堆起垄，高度以不大于 2.5 m 为宜，宽度不大于挖掘机工作时前臂长度的 2 倍。

②堆体上部按照设计要求人工或机械均匀添加修复药剂。

③采用混合斗对土壤和药剂进行筛分、破碎以及拌合。

④根据混合效果重复②和③操作 3～5 次。

⑤养护。

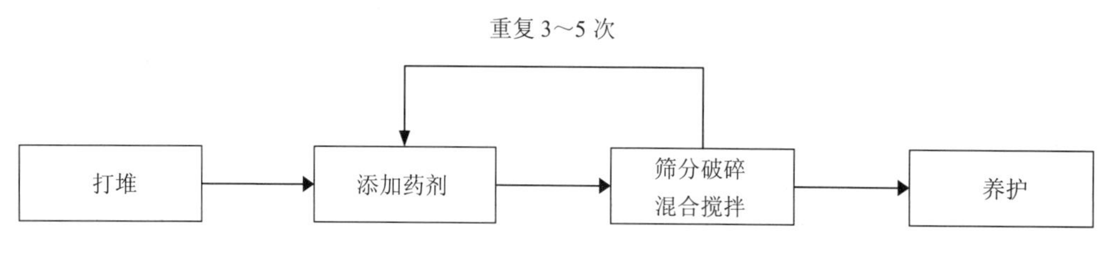


图 5.1.1-4 混合斗施工工艺流程

（2）土壤修复机

土壤修复机施工工艺流程主要包括预筛分、进料加药、出料养护等环节，具体如图5.1.1-5所示。

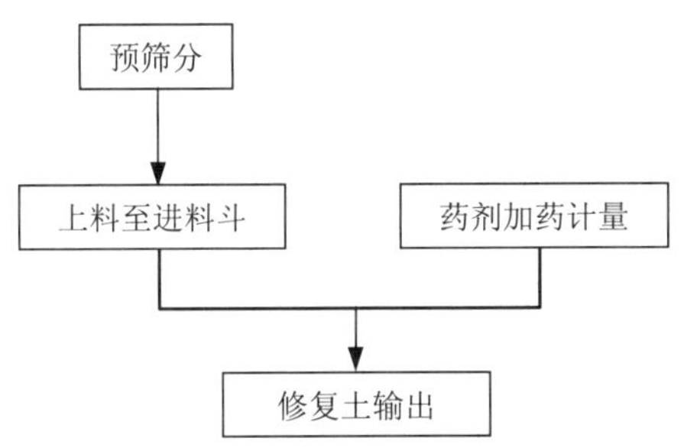


图 5.1.1-5 土壤修复机施工工艺流程

实施过程具体包括：

①将土壤进行筛分预处理，筛分出大块的石块及长条形韧性杂质（如钢筋、布袋等）。若无200 mm以上的大块材料或长条形韧性杂质，可不进行预筛分处理。

②通过挖掘机或装载机将污染土壤输送到进料斗，保证土壤均匀给料。

③药剂通过设备顶部药剂仓及螺旋输送装置定量添加。

④经破碎混合后的土壤由传送带传送至出料口，出料口设置后刀以进一步破碎混合土壤。

（3）搅拌站

搅拌站施工工艺流程如图5.1.1-6所示，具体包括：

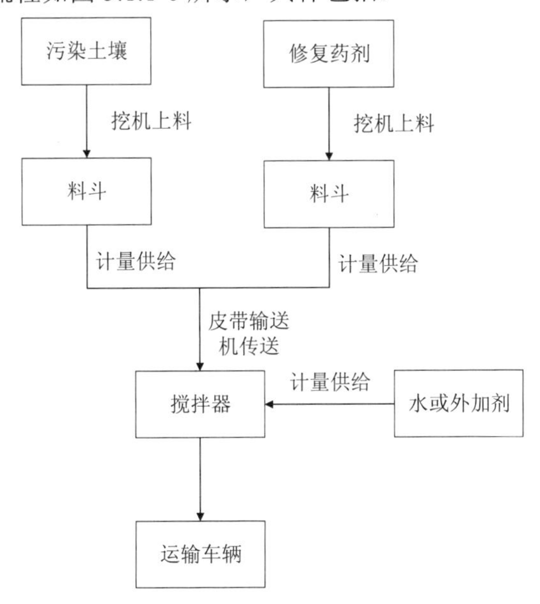


图 5.1.1-6 搅拌站施工工艺流程

①将污染土壤和药剂分别用装载机装入各个料斗，按顺序分别开启各种料斗仓开门装置，材料落入称量斗，分别对各种材料按配比重量称量。

②水或液体药剂采用泵送至液体计量斗。

③污染土壤、药剂、水等物料按设定的配方称量后，搅拌站按照设定的时间投入搅拌机搅拌，进行剧烈的强制拌合。

④搅拌结束后，由搅拌机的叶片将已搅拌好的土推到外运车辆上，全部推出后开始下一批次的混合工作。

搅拌站实景如图 5.1.1-7 所示。

图 5.1.1-7 搅拌站实景

### 5.1.1.5 关键工艺参数及设计

（1）混合斗

1）作业需求

混合斗施工时要求至少 1 台挖掘机与 1 台搅拌斗配合，挖掘机负责打堆、转运等工作，混合斗负责混合。

2）进料要求

土壤进料粒径通常要求小于 500 mm，含水率低于 50%。

3）破碎效果

使用混合斗破碎后，90%土壤粒径不超过 60 mm。

4）拌合次数

混合斗自身不具有药剂添加功能，一般需要人工或配合设备，间断性地倾洒药剂至污染土壤上，在破碎、筛分的过程中实现土壤和药剂的混合，存在一定的随意性和不均匀性。因此，往往要增加拌合次数以满足破碎和混合要求，一般至少要混合 3～5 次。

5）混合变异系数

混合斗混合后的土壤和药剂混合均匀程度的变异系数一般在 10%左右。如果要降低变异系数，需要增加混合次数或和其他更精密设备联合使用。

6）二次污染防控和监测

混合斗施工过程中容易产生大量扬尘，应关注扬尘的防控和监测，特别是增加下风向和敏感点的监控。在混合斗施工过程中，可以采用强雾化水汽喷射装置进行快速降尘处理。

（2）土壤修复机

1）作业需求

基于土壤修复机设备体积，预留作业范围、作业高度及行走道路。以国产 KH200 修复机为例，机体长 13 m、宽 2.5 m、高 4 m，作业范围至少为 25 m×25 m，行走道路需保证至少 3 m，作业高度至少 7 m。此外，通常每台土壤修复机需配备 1 台上料挖掘机和 1 台出料挖掘机。

2）模式选择

为保证破碎混合的效果，使用土壤修复机施工时，应根据土壤性状，如砂土、黏性土等，选择适当的混合模式。

3）进料要求

进料粒径通常需小于 200 mm，含水率小于 40%。

4）破碎效果

经土壤修复机破碎后，出土粒径能满足 50%在 20 mm 以下、90%在 50 mm 以下的要求，破碎程度高，有利于与药剂的充分接触和反应。

5）药剂定量控制

根据项目需要，土壤修复机可以自动定量控制添加比，药剂添加比在 0.5%～15%。

6）混合变异系数

通过土壤修复机混合后，土壤中药剂浓度的变异系数可低于 10%。

7）二次污染防控和监测

在土壤修复机修复作业过程中，应关注扬尘的防控与监测，因土壤修复机采取全程密闭措施，扬尘监测的范围和频次可少于混合斗；若处理的污染物为挥发/半挥发性有机物，还应增加对大气中关注污染物的防控与监测。扬尘及大气监测点为重点监测作业区下风向及敏感点，监测因子为大气粉尘颗粒物与特征污染物。

（3）搅拌站

1）作业需求

采用搅拌站施工时，需要至少配套 1 台装载机和 1 辆自卸车，装载机负责上料进料斗，自卸车负责运输搅拌混合后的出料。搅拌站所占面积为 500～1 000 m$^2$。

2）进料要求

土壤颗粒的最大粒径通常小于 40 mm，含水率低于 40%。

3）破碎效果

搅拌站自身不具有筛分、破碎功能，需要配备预筛分和破碎设备。

4）混合效果

垂向加料，通过监控系统，可精确控制药剂添加量，并通过搅拌机混合。但该类设备采用普通的双轴对搅混合系统，黏土和含水率较高的土壤易黏附于桨叶，造成设备堵塞等故障。同时，设备难以实现连续运行，间歇性搅拌时间为 10～30 min。

5）处理效率

处理能力大，搅拌站根据大小规模一般在 30～600 $m^3/h$。但面对黏性土壤则无法连续运行，实际生产能力低。

6）二次污染防控和监测

设备本身安装除尘器，设备密封效果好，扬尘可以得到比较好的控制。往往是工厂化运行，可以配备完善的二次污染防控设备以达到较好的环境效果。在修复过程中，还需对大气、噪声和废水进行监测，确保符合国家、地方及相关行业的标准。

#### 5.1.1.6 处理周期及成本

（1）混合斗

混合斗施工时，需将土壤与药剂进行 3～5 次破碎筛分混合，综合施工效率为 30～40 $m^3/h$，单次混合成本约为 25 元/$m^3$，综合混合成本为 75～125 元/$m^3$。

（2）土壤修复机

土壤修复机的施工效率取决于土壤类型和含水率，土壤黏性越低、含水率越低，其处理能力越高，反之越低。土壤修复机综合处理能力一般在 40～150 $m^3/h$，在国内的处理成本一般为 50～80 元/$m^3$。

（3）搅拌站

施工效率主要根据搅拌站大小规模而定，一般在 30～600 $m^3/h$，施工成本为 30～50 元/$m^3$。

**技术应用案例 5-1：异位混合案例 1**

（1）项目基本情况

该重金属污染场地位于上海市。根据地块土壤污染状况调查与风险评估报告，该地块土壤中重金属锑含量超过了可接受风险水平。

（2）工程规模

地块污染土壤面积约为 1 230 $m^2$，平均深度为 1.0 m，污染土方量约为 1 230 $m^3$。

(3) 主要污染物及修复目标

该地块土壤中污染物主要为重金属锑，最大检出含量为 51.5 mg/kg，修复后的浸出目标值为 0.02 mg/L。

(4) 土壤理化特征

该地块地质情况为河流冲积层，表层为褐黄色、棕褐色亚砂土，厚 2～4 m。

(5) 技术选择

采用原地异位修复方案，将固化/稳定化药剂与土壤快速均匀混合，使土壤中的重金属锑迁移性降低，实现土壤中锑的浸出浓度达标。

(6) 工艺流程和相关设备

工艺流程主要包括污染土壤开挖、筛分破碎、药剂添加、混合搅拌、养护反应和效果评估等环节，具体如图 1 所示。根据污染土壤修复范围，利用挖掘机对土壤进行开挖；清挖出的污染土壤用混合斗进行初筛，将体积较大的石块和垃圾等杂物筛除。污染土壤经初筛后，为保证修复药剂与土壤的均匀混合，稳定化药剂分两次投加。用挖掘机将污染土壤堆放为长方体，然后将稳定化药剂均匀铺洒到土堆表面，并用混合斗进行药剂与污染土壤的混合。在第二遍加药时，将药剂配成溶液，在土壤筛下过程中进行喷洒，使土壤含水率保持在 40%左右，保证稳定化药剂的修复效果，加药结束洒水养护一周。

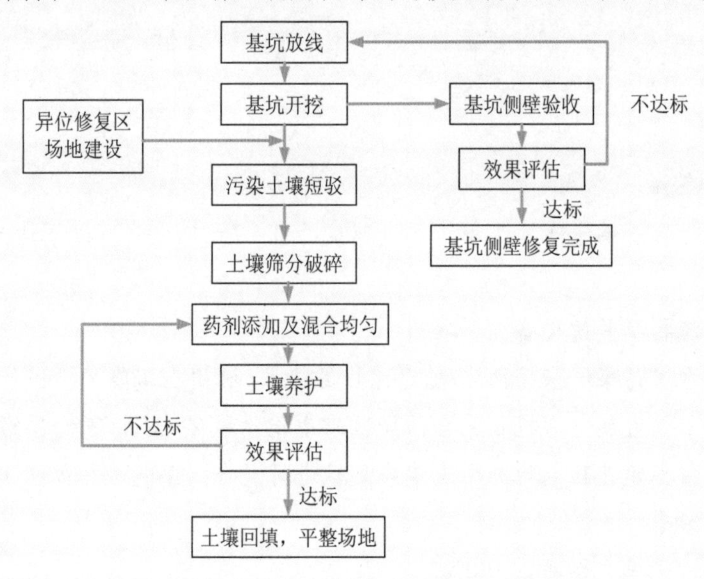


**图 1　原地异位固化/稳定化修复施工工艺流程**

(7) 修复效果

修复后土壤样品中锑的浸出浓度达到修复目标值。

## 技术应用案例 5-2：异位混合案例 2

（1）项目基本情况

上海某钢铁污染场地因堆放钢铁冶炼过程中产生的固体废物而导致土壤重（类）金属、有机物及复合污染。

（2）工程规模

重（类）金属污染土壤3.1万$m^3$、复合污染土壤5.9万$m^3$，需筛分分选土壤7.4万$m^3$。

（3）主要重（类）金属污染物及修复目标

主要重（类）金属污染物及修复目标见表 1。

**表 1　主要重（类）金属污染物及修复目标**

| 序号 | 污染物 | 浸出修复目标/（mg/L） |
| --- | --- | --- |
| 1 | 钴 | ≤1.0 |
| 2 | 砷 | ≤0.05 |
| 3 | 铅 | ≤0.1 |
| 4 | 镍 | ≤0.1 |
| 5 | 锌 | ≤5.0 |
| 6 | 镉 | ≤0.01 |
| 7 | 六价铬 | ≤0.1 |

（4）地质条件

地块内除上部普遍分布人工填土层（厚度为 0～7 m）之外，以下均为粉质黏土，含水量高。

（5）工艺流程及关键设备

本项目重金属污染区采用固化/稳定化修复技术，利用土壤修复机进行土壤的破碎与药剂的混合；重金属与有机物复合污染区采用化学氧化+固化/稳定化修复技术，液体养护剂及固体稳定化药剂均利用土壤修复机进行混合。工艺流程如图 1 所示。

（6）修复效果

经修复后的土壤合格率达 100%。

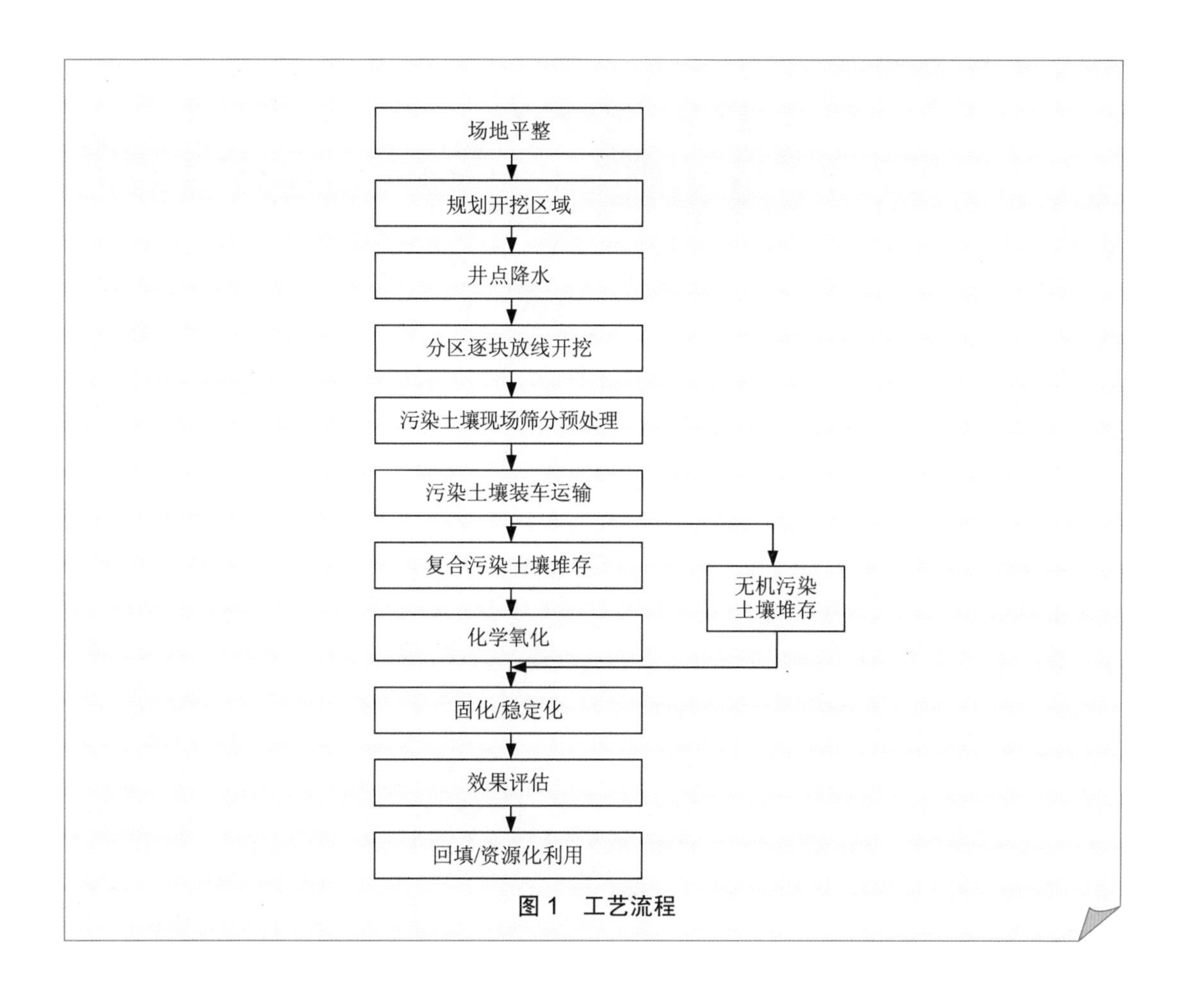


图 1　工艺流程

## 技术应用案例 5-3：异位混合案例 3

（1）项目基本情况

湖南某化工老工业基地，工业区以有色冶炼、化工、建材等高能耗、高污染产业为主导，工业结构性污染十分严重。20 世纪 80 年代以前，工业“三废”基本处于无序排放状态，区域内土壤受到重（类）金属的严重污染。

（2）工程规模

地块面积为 202 亩，需处理的重（类）金属废渣 210 万 $m^3$。

（3）主要污染物及修复目标

该地块土壤中污染物主要为重（类）金属汞、铅、镉、砷，其中铅最大含量超过 5 000 mg/kg，砷最大含量超过 10 000 mg/kg。对污染土壤进行异位修复，镉、汞、砷、铅浸出浓度需达到的目标值见表 1。

表 1 稳定化处理后的修复目标

| 序号 | 污染物 | 浸出修复目标/（mg/L） |
| --- | --- | --- |
| 1 | 镉 | ≤0.005 |
| 2 | 汞 | ≤0.001 |
| 3 | 砷 | ≤0.1 |
| 4 | 铅 | ≤0.05 |

（4）技术选择

采用原场异位修复方案，将固化/稳定化药剂与废渣快速均匀混合，使废渣中的重金属更加稳定、迁移性降低，使废渣中重金属的浸出浓度满足标准。工艺流程如图 1 所示。

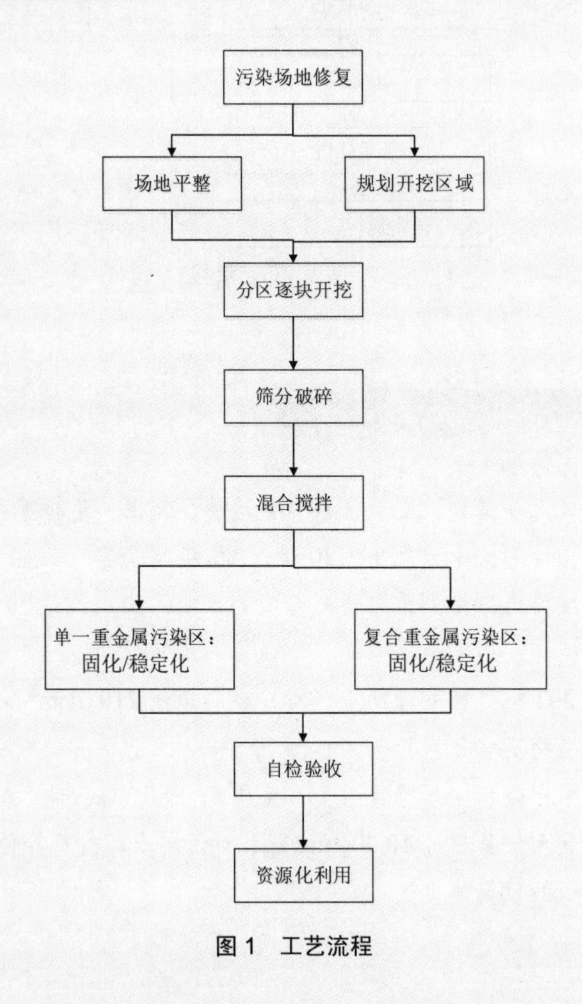


图 1 工艺流程

(5) 工艺流程和相关设备

重金属废渣的处置工艺为开挖→破碎筛分→固化/稳定化处理→填埋。挖掘机挖出废渣，按污染程度分区堆放。废渣经2次筛分破碎后，通过犁式卸料器配送至搅拌站的料仓，料仓底部的计量控制阀控制废渣进入搅拌机。固化/稳定化剂储存在筒仓里，通过螺旋输送机定量送至搅拌机，水剂通过药剂搅拌槽上的计量泵送至搅拌机。经过搅拌后的废渣由搅拌机底部的卸料口直接出料。出料直接由自卸车受料后运至废渣回填场，在废渣回填场进行养护。

(6) 修复效果

修复后的废渣进行浸出毒性检测，满足回填标准。

## 5.1.2 原位混合

### 5.1.2.1 技术名称

原位混合，In-situ Mixing。

### 5.1.2.2 技术介绍

（1）技术原理

原位混合技术是指原位搅拌目标区域和深度的污染土壤，并配合药剂输送系统，使污染土壤和修复药剂充分混合的技术。该技术通过土壤和修复药剂的充分混合，可提高药剂利用率，解决低渗透性土壤和药剂接触不充分的问题。

（2）设备分类及系统组成

按照搅拌设备不同，原位土壤混合技术可分为原位搅拌头混合技术和原位搅拌桩混合技术。两种技术均由原位搅拌系统和药剂输送系统组成，如图 5.1.2-1 和图 5.1.2-2 所示。

原位搅拌头混合技术的核心设备是搅拌头，往往和挖掘机配合使用。该组合设备移动灵活，受地形影响较小，通过搅拌头对土壤进行搅拌，并同时将修复药剂注入污染土壤中，实现修复药剂与污染土壤的充分混合。搅拌头设计有不同的规格可供选择，最大搅拌深度可以达到地下 7 m，不适合更深的搅拌深度。

原位搅拌桩混合技术的核心设备是传统的双轴/三轴搅拌桩机。搅拌桩采用双向、双轴（也可以是单轴或三轴）、多层叶片同时搅拌污染土壤，钻头侧面喷嘴和底端喷嘴在搅拌的同时喷射药剂，使得土壤与药剂均匀混合。

药剂输送系统主要包括药剂罐、药剂混合设备、输送系统等，主要将配制成的药剂输送至搅拌系统，使土壤与药剂均匀混合并充分反应。

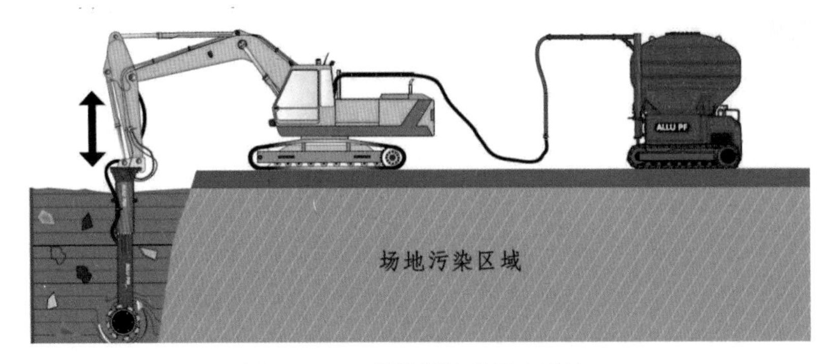


图 5.1.2-1 原位搅拌头混合系统

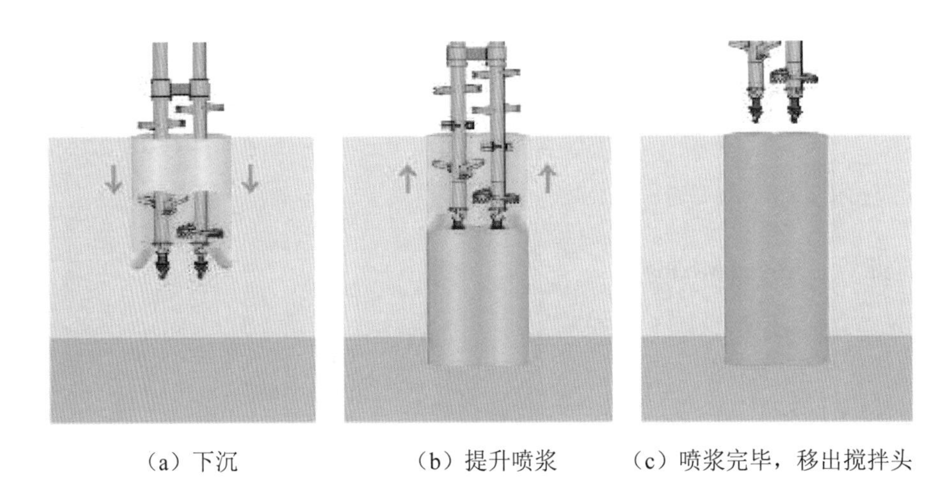


图 5.1.2-2 原位搅拌桩混合系统

### 5.1.2.3 适用性

原位搅拌头混合技术不适用深度超过 7 m 的深层土壤。

原位搅拌桩混合技术适用于各种类型土壤的混合，特别是在低渗透性污染土壤修复领域有明显优势，但施工速度慢，对场地承载能力要求较高，施工成本也较高。

### 5.1.2.4 工艺流程

（1）原位搅拌头混合

原位搅拌头混合技术施工工艺流程如图 5.1.2-3 所示。

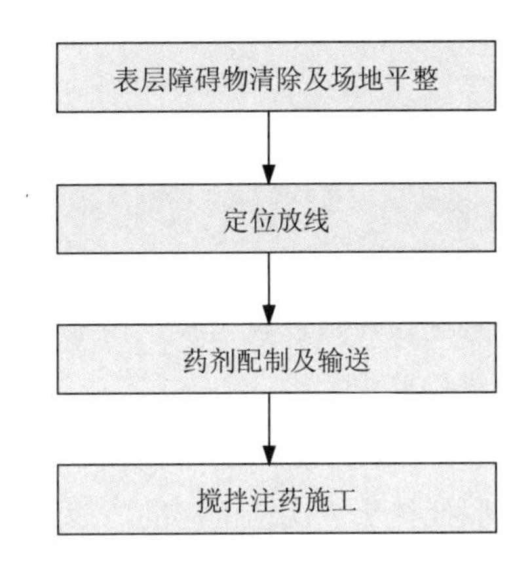


图 5.1.2-3　原位搅拌头混合施工工艺流程

（2）原位搅拌桩混合

原位搅拌桩混合施工工艺可采用单次或多次喷浆、搅拌工艺，主要依据药剂掺入比及土质情况而定。以“二次喷浆、三次搅拌”为例，施工工艺流程如图 5.1.2-4 所示。

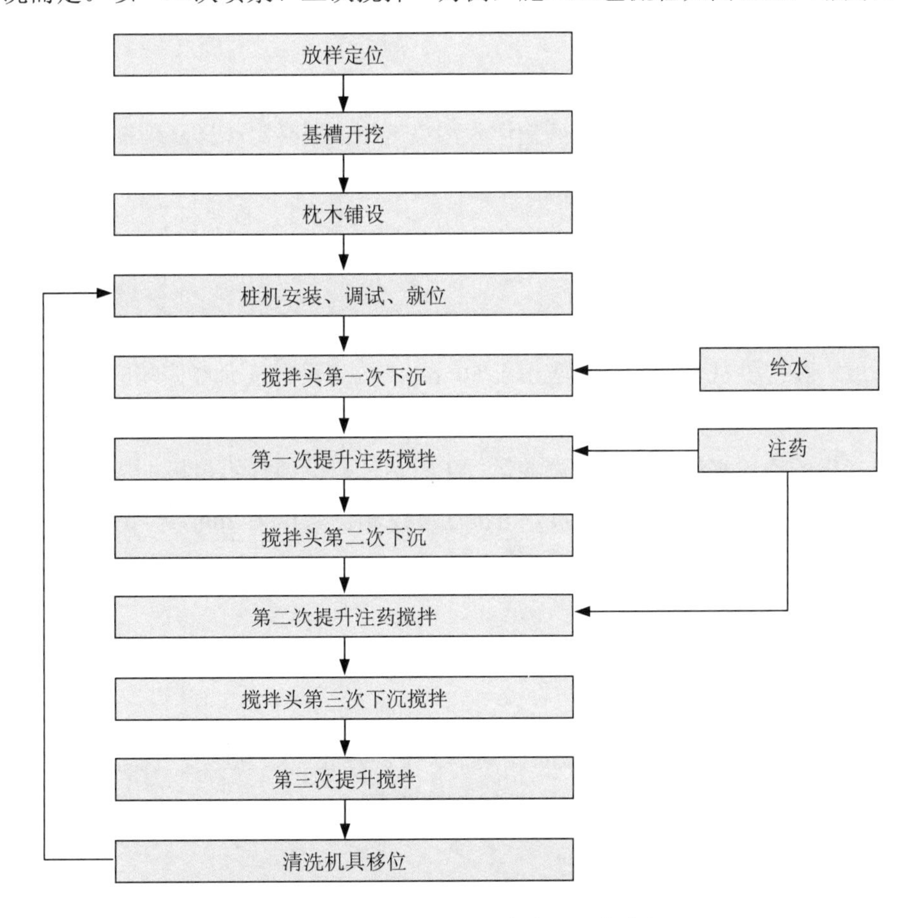


图 5.1.2-4　原位搅拌桩混合施工工艺流程

#### 5.1.2.5 关键工艺参数及设计

（1）原位搅拌头混合

1）表层障碍物清除及场地平整

清理场地石块、混凝土块等建筑垃圾以及树枝、树根等可能妨碍搅拌头钻进的杂物，并对场地进行平整以满足设备进场要求。

2）定位放线

精准标记施工区域，并按照搅拌头一次站位标准覆盖区域划分成网格，以利于工作量控制。

3）药剂配制及输送

不同药剂采用单独的药剂配制及输送系统，包含配制单元、储罐单元及输送单元。这样可以避免药剂在输送过程中发生化学反应，最大限度地发挥药剂的效能。为保证药剂效果，药剂应现配现用。

4）搅拌注药施工

搅拌头安装在反铲挖掘机前臂，药剂输送系统将药剂沿挖掘机前臂输送到搅拌头。搅拌头在土壤搅拌过程中边搅拌边将药剂注入污染土壤，最终实现修复药剂与污染土壤的充分混合。搅拌机和药剂输送机全程联动，合理调节药剂输送速率。

（2）原位搅拌桩混合

1）定位

搅拌桩机开行到达指定桩位（安装、调试）就位。当地面起伏不平时，应注意调整机架的垂直度。搅拌桩桩位定位偏差应小于 50 mm，桩身垂直度允许偏差应为±1%。

2）预搅下沉

待搅拌机的冷却水循环及相关设备运行正常后，启动搅拌机电机。放松桩机钢丝绳，使搅拌机沿导向架旋转搅拌切土下沉，下沉速度控制在＜1.0 m/min，可由电气装置的电流监测表控制。如遇硬黏土等导致下沉速度太慢，可以通过输浆系统适当补给清水以利钻进。

3）制备药剂

搅拌机预搅下沉到一定深度后，即开始按设计及试验确定的配合比拌制药剂。

4）提升喷浆搅拌

搅拌机下沉到达设计深度后，开启药剂泵，将药剂压入土壤中，且边喷浆边搅拌，搅拌提升速度一般控制在 0.5 m/min 以内，确保喷药量。

5）再次下沉、提升搅拌

为使已喷入土中的药剂与土充分搅拌均匀，再次沉钻进行复搅，复搅下沉速度控制在 0.5～0.8 m/min，复搅提升速度控制在 0.5 m/min 以内。当药剂掺量较大或因土质较密，在提升时不能将应喷入土中的药剂全部喷完时，可在重复下沉、提升搅拌时予以补喷，但此时仍应注意喷浆的均匀性。由于过少的药剂很难做到沿全桩均匀分布，第二次喷浆量不宜过少，可控制在单桩总喷药量的 40%左右。

6）第三次搅拌

停浆，进行第三次搅拌，钻头搅拌下沉，钻头搅拌提升至地面停机。第三次搅拌下沉速度控制在 1 m/min 以内，提升搅拌速度控制在 0.5 m/min 以内。

7）清洗、移位

在施工现场布设两个清水罐，一用一备，交替使用，切换阀门，开启注药泵，清洗压浆管道及其他所用机具，然后移位继续施工。

#### 5.1.2.6 处理周期及成本

原位土壤混合处理周期可能为几个月到几年，实际周期取决于以下因素：①待处理土壤和地下水的体积；②污染程度及污染物性质；③设备的处理能力；④场地地层情况。

影响原位土壤混合技术处置费用的因素有：①修复工程规模；②修复深度；③场地地质情况等。根据国内现有工程统计数据，原位搅拌头混合技术费用为 50～120 元/$m^3$（不含修复药剂费用），原位搅拌桩混合技术费用为 75～160 元/$m^3$（不含修复药剂费用）。

**技术应用案例 5-4：原位混合案例 1**

（1）项目基本情况

山东某化工厂曾长期大规模生产中性染料、苯胺黑系列、二乙芳胺系列、吡唑酮、尤丽特染料系列等，该场地土壤受到重金属和有机物污染。

（2）工程规模

需要进行原位修复的土壤深度为 4～8 m，修复目标污染物为苯胺。修复土壤方量为 5 783 $m^3$，面积为 1 572 $m^2$。

（3）主要污染物及污染程度

需要进行原位搅拌的土壤中苯胺的最高含量为 112 mg/kg，修复目标值为 19 mg/kg。

（4）土层及水文地质条件

场地浅土层主要由杂填土和粉质黏土组成。

场区地下水类型主要为第四系孔隙潜水，主要赋存于杂填土中，稳定水位埋深 2.40～3.05 m。

(5) 工艺流程

1) 放坡开挖

由于原位搅拌使用的搅拌头长度为 7 m，先需要将上层土壤（0~4 m）通过挖掘机开挖出来并存放在现场某干净区域。采取边开挖边放坡的方式开挖上层土壤，并且为了开挖安全和后期基坑内作业安全，采取四周放坡开挖，均以 1：2 的比例进行放坡开挖。

2) 搅拌注药

后台注药设备配合搅拌头，将氧化药剂注入污染土壤中，进行搅拌并使其与土壤充分接触，如图 1 所示。

图 1　原位搅拌头施工

3) 上层土壤回填

取样送检结果表明土壤达到修复目标后，使用挖掘机将上层土壤回填。

(6) 修复效果

该场地原位化学氧化搅拌后达到修复目标，土壤中苯胺未检出。

## 技术应用案例 5-5：原位混合案例 2

(1) 项目基本情况

江苏某化工厂曾长期大规模生产氯化钾和氯化钠等产品，原料是其他化工厂生产废弃下脚料，其中含有异味较重、污染严重的苯酚、氯苯、二苯醚等物质。经调查发现，该场地土壤及地下水均受到氯苯、苯酚、萘、醚类等的污染。

(2) 工程规模

修复土壤方量为 26 225 $m^3$，面积为 3 021 $m^2$；治理修复地下水面积为 4 934 $m^2$，深度为 18 m。

(3) 主要污染物及污染程度

土壤及地下水主要污染物及污染程度见表 1、表 2。

表 1 土壤主要污染物及污染程度

| 污染物 | 最高含量 | 修复目标值 | | |
|---|---|---|---|---|
| | | 地下 0～11 m | 地下 11～12 m | 地下 12～18 m |
| 氯苯/（mg/kg） | 93 | 6.2 | 6.3 | 9.5 |
| 苯酚/（mg/kg） | 1 100 | 474 | 634 | 916 |
| 萘/（mg/kg） | 364 | 16.9 | 18.6 | 28.1 |
| 2-甲基萘/（mg/kg） | 3 300 | 49.5 | — | — |
| 二苯醚/（mg/kg） | 40 000 | 70 | 536 | 811 |
| 甲基二苯醚/（mg/kg） | 10 000 | 70 | 536 | 811 |

表 2 地下水主要污染物及污染程度

| 污染物 | 最高浓度 | 修复目标值 |
|---|---|---|
| 氯苯/（μg/L） | 170 | 54.7 |
| 萘/（μg/L） | 3 000 | 4.35 |
| 二苯醚/（μg/L） | 5 300 | 11.5 |
| 甲基二苯醚/（μg/L） | 2 600 | 11.5 |

（4）水文地质条件

地面以下 22 m 内土层主要由填土、粉质黏土、粉质黏土夹粉砂土组成，地下水主要为潜水、承压水。其中，潜水主要赋存于素（回）填土、淤泥质填土、素填土层中，第 I 承压水上段主要赋存于粉质黏土夹粉砂、粉土夹粉砂、粉土、中砂夹粉砂层中。

（5）工艺流程及关键设备

该工艺采用特制的三轴搅拌桩机施工，在不开挖情况下，采用原位喷浆搅拌的施工方式，将碱活化过硫酸钠直接加入污染土壤及地下水中，使药剂与土壤及地下水中的污染物充分接触、反应，以实现修复目的。

1）关键设备及参数

主要工艺设备为三轴搅拌桩机；搅拌桩搅拌注射点位布设形式采用搭接布置形式，三轴搅拌桩桩径为 850 mm，自身搭接 200 mm，幅间搭接 150 mm。

2）工艺流程

主要施工流程为传统的原位搅拌桩施工流程，包含机械定位→下沉到设计深度→喷药上升→复搅下沉→复搅上升→完毕→移至下一点位，并重复上述施工工序，如

图 1 所示。

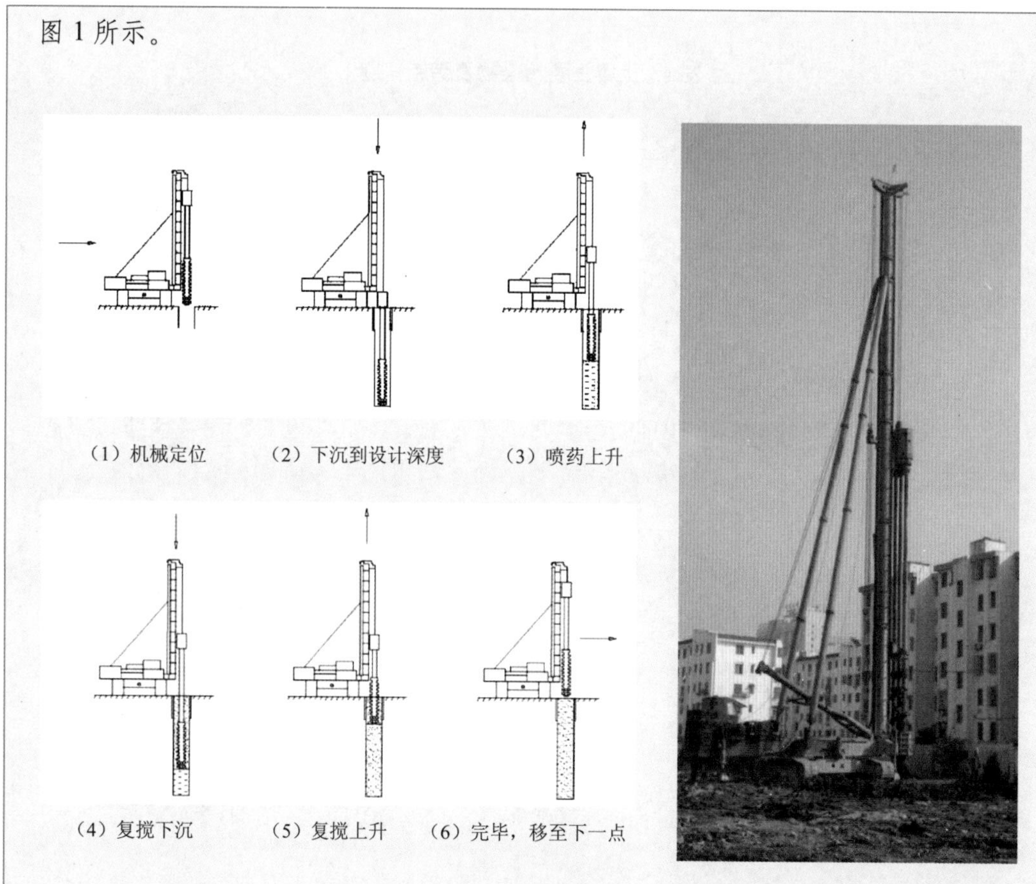


**图 1　原位搅拌桩技术施工工艺**

（6）修复效果

该地块原位修复后达到修复目标值。原位修复过程中未对修复地块中的非修复区域土壤和水体环境造成影响。

## 参考文献

[1] 林志坚，毕薇. 重金属污染土壤固化/稳定化修复技术及设备研究进展[J]. 广东化工，2016，43（14）：119-120.

[2] 王湘徽. KH200 集成破碎混合设备在重金属污染土壤稳定化修复中的应用及其效果[J]. 环境卫生工程，2015，23（4）：55-58.

[3] 龙吉生，朱晓平，王湘徽，等. 一种修复和改良土壤的一体化模块化集成设备：CN204074695U[P]. 2015-01-07.

[4] 尚小龙，袁瑜. 日本土质改良机械一瞥[J]. 工程机械与维修，2015（7）：16-17.
[5] 蒋忠. 异位污染土壤修复设备关键部件设计分析及送料控制策略的研究[D]. 上海：华东理工大学，2015.
[6] 山口俊和. 自走式土質改良機[J]. フルードパワーシステム(日本フルードパワーシステム学会誌)，2004，35：309-311.
[7] Alpaslan B，Yukselen M A. Remediation of lead Contaminated soils by stabilization/ solidification[J]. Water Air & Soil Pollution，2002，133（1-4）：253-263.
[8] 工业和信息化部，科技部，环境保护部. 关于发布《国家鼓励发展的重大环保技术装备目录（2014年版）》的通告（工信部联节〔2014〕573 号）[Z]. 2014-12-19.
[9] 宋刚练. 重金属锑污染土壤固化-稳定化修复技术研究及应用[J]. 环境与可持续发展，2018，688（2）：63-66.
[10] 《建筑施工手册》第五版编委会. 建筑施工手册.第 5 版[M]. 北京：中国建筑工业出版社，2013.

## 5.2 注射技术

### 5.2.1 建井注射

#### 5.2.1.1 技术名称

建井注射，Well Injection。

#### 5.2.1.2 技术介绍

（1）技术原理

建井注射技术即在污染地块上，通过建立注射井，向待修复的污染土壤或地下水含水层中注入药剂、浆料的技术。

（2）系统组成

建井注射系统由药剂制备/储存系统、注入井系统、操作系统、监测系统等组成。注入井的数量和深度根据污染区的大小和污染程度进行设计。操作系统主要包括注入泵、药剂混合设备、注入管、压力表、药剂流量计。监测系统主要由监测井、采样设备和检测设备组成，目的是监测修复过程中的修复效果。

#### 5.2.1.3 适用性

建井注射适用于渗透性较好的土层或含水层，不适用于渗透性较差的区域（如黏土）。

#### 5.2.1.4 工艺流程

在污染地块内布设一定数量的注入井，通过注入井向土壤或地下水中注射药剂，药剂通过重力或压力进入周围环境中，与污染物接触、反应。

#### 5.2.1.5 关键工艺参数及设计

（1）注射井布设

根据污染物特性与分布、修复药剂理化性质、地层的渗透性、修复时间、修复目标要求等，确定注入井的数量及位置。需考虑的因素如下。

1）污染物类型和质量

不同药剂适用的污染物类型不同。如果存在非水相液体（NAPL），由于溶液中的药剂只能和溶解相中的污染物反应，因此反应会限制在药剂溶液与非水相液体（NAPL）界面处。如果轻质非水相液体（LNAPL）层过厚，建议利用其他技术进行清除。

2）扩散半径

一般药剂的扩散半径为 0.75～7.50 m。药剂注入后，扩散半径与反应速率、土壤渗透系数等外部条件相关。

3）药剂投加量

药剂的用量由污染物药剂消耗量、土壤药剂消耗量等因素决定。由于实施工程中可能会在地下产生热量，导致土壤和地下水中的污染物挥发到地表，因此需要控制药剂注入的速率，避免发生过热现象。

4）注射速率

药剂注射速率一般为 3.5～7.6 L/min，注射压力为 140～200 kPa。适当增加药剂的注射压力或提高注射速率可以在地下发生破裂反应，形成药剂扩散的快速通道，增大药剂的作用范围。但注射压力过高会造成冒浆或形成过大的裂隙，导致药剂向非目标区域扩散。

5）土壤均一性

非均质土壤中易形成快速通道，使注入的药剂难以接触到全部处理区域，因此均质土壤更有利于药剂的均匀分布。

6）土壤渗透性

高渗透性土壤有利于药剂的均匀分布。由于药剂难以穿透低渗透性土壤，在处理完成后可能会释放污染物，导致污染物浓度反弹，因此可采用长效药剂（如高锰酸盐、过硫酸盐）来减轻这种反弹。

7）地下水水位

该技术通常需要一定的压力以进行药剂注入，若地下水水位过低，则系统很难达到所需的压力。但当地面有封盖时，即使地下水水位较低，也可以进行药剂投加。

8）pH 和缓冲容量

pH 和缓冲容量会影响药剂的活性，药剂在适宜的 pH 条件下才能发挥最佳的化学反应效果。有时需投加酸以改变 pH 条件，但可能会导致土壤中原有的重金属溶出。

9）地下基础设施

若存在地下基础设施（如电缆、管道等），则需谨慎使用该技术。

（2）注入井构造及安装

注入井管长度根据修复深度分别设置，注入井筛孔位置根据修复治理深度开孔。筛孔段井管与钻孔壁之间填入石英砂作为滤料，滤料上填入黏土球，地面以下 0.5 m 用水泥浆封井。井头用活接与井管连接，上设三通作为注药口，注药口用快接与药剂输送管相连，设置阀门控制药剂大小，井头高 0.5～1.5 m，井口设置弯头防止雨水、杂物进入。

安装过程：定井位→埋设护筒→钻机就位→钻孔→下井管→填滤料→洗井。

#### 5.2.1.6 处理周期及成本

建井注入技术的处理周期可能为 3～24 个月，实际周期取决于以下因素：①待处理土壤和地下水的体积；②污染程度及污染物特性；③药剂投加量；④土壤渗透性；⑤地下水水位；⑥pH 和缓冲容量；⑦地下基础设施。

影响建井注入技术处置费用的因素有：①特征污染物；②渗透系数；③药剂注入影响半径；④修复目标和工程规模。

除注射费用外，建造注射井的基础耗材费用，根据地层复杂情况，按进尺数计为 450～750 元/m。

**技术应用案例 5-6：建井注射案例 1**

（1）项目基本情况

广东某场地土壤及地下水修复项目中，采用原位化学氧化修复有机物污染土壤及地下水，污染物为苯、萘、间&对-二甲苯、1,2,4-三甲基苯、总石油烃（碳数<16）。

（2）工程规模

场地污染土壤修复方量为 336 367 $m^3$，地下水修复方量为 31 832.5 $m^3$，污染最大深度为 24 m。本项目对 8 m 以下 92 147 $m^3$ 的污染土壤以及 24 671.25 $m^3$ 的污染地下水采用化学氧化技术进行修复，总修复面积为 32 125 $m^2$。

（3）主要污染物及污染情况

土壤中苯的最大含量为 64 mg/kg，总石油烃（碳数<16）最大含量为 16 310 mg/kg。下层地下水中苯的最大浓度为 30 mg/L，萘的最大浓度为 11 mg/L。

（4）修复目标值

土壤及地下水修复目标值分别见表 1、表 2。

**表 1　土壤修复目标值**

单位：mg/kg

| 关注深度 | 序号 | 关注污染物 | 修复目标值 |
|---|---|---|---|
| 8～16 m | 1 | 苯 | 3.64 |
| | 2 | 总石油烃（$C_6$–$C_{16}$） | 14 169.9 |
| 16～24 m | 1 | 苯 | 7.26 |

**表 2　地下水修复目标值**

单位：mg/L

| 关注深度 | 序号 | 关注污染物 | 修复目标值 |
|---|---|---|---|
| 下层地下水 | 1 | 苯 | 3.84 |
| | 2 | 萘 | 1.12 |

（5）土壤质地类型

土壤质地类型：自上而下为素填土、粉质黏土、淤泥质土、砂质黏土。

（6）工艺流程及关键设备

注入井工艺流程：污染场地内布设一定数量的注入井，通过注入井向土壤或地下水中添加氧化剂，定期对修复过程中的土壤和地下水进行取样检测。

关键设备：注入井修复系统（包含注入井、药剂罐、注入泵等设备）。

主要工艺及设备参数如表 3 所示。

**表 3　原位化学氧化注入井主要工艺及设备参数**

| 类别 | 参数名称 | 参数值 |
|---|---|---|
| 注入井修复系统 | 注入井间距 | 5 m |
| 修复药剂 | 种类 | 活化过硫酸盐 |

（7）成本分析

本项目原位化学氧化/还原技术修复成本为 550 元/$m^3$。

（8）修复效果

目前，本项目已竣工且通过竣工验收，原位化学氧化技术对本项目 8 m 以下 92 147 $m^3$ 的苯污染土壤以及 24 671.25 $m^3$ 的苯污染地下水具有良好的修复效果。

## 技术应用案例 5-7：建井注射案例 2

（1）项目基本情况

该地块原为天津某染纱厂，主要经营染纱、织布，土壤污染状况调查结果表明场地主要为地下水氯苯污染，地块未来主要作为二类居住用地和商业用地。

（2）工程规模

地块需修复的地下水面积约为 320 $m^2$，地下水污染深度约 7.5 m。

（3）主要污染物及污染程度

主要污染物为氯苯，最高检测浓度为 801 μg/L。

（4）修复目标值

地块地下水氯苯的修复目标值为 472 μg/L。

（5）水文地质条件

地块地表下 13.0 m 范围内主要分布一层地下水，为潜水含水层，该层地下水稳定水位埋深为 1.30～3.80 m（−1.21～1.48 m），含水层厚度为 7.5 m，在场地内连续分布，主要赋存于填土层、粉土和粉砂细砂中。

（6）工艺流程及关键设备

主要工艺流程：根据污染物分布特征及水文地质情况，将氧化药剂垂直加压注入，待催化剂均匀渗入井周围土壤中，再向井内注入氧化药剂，定期对修复过程中的地下水进行检测。修复现场监测井和流量控制如图 1、图 2 所示。

图 1　修复现场监测井

图 2　流量控制

关键设备：注入井修复系统（包含注入井、药剂罐、注入泵等设备）。

主要工艺及设备参数如表 1 所示。

表 1　原位化学氧化注入井主要工艺及设备参数

| 类别 | 参数名称 | 参数值 |
|---|---|---|
| 注入井修复系统 | 注入井间距 | ≤5 m |
| 修复药剂 | 种类 | Fenton 试剂 |

(7) 成本分析

本项目原位化学氧化/还原技术修复成本为 450 元/$m^3$。

(8) 修复效果

本项目已通过竣工验收，修复后氯苯浓度低于修复目标值。

## 5.2.2　直推注射

### 5.2.2.1　技术名称

直推注射，Direct Push Injection。

别名：直接推进式注射，直压注射，Direct Injection。

### 5.2.2.2　技术介绍

（1）技术原理

直推注射是指直接推进式钻机借助自身重力及冲击锤敲击，将空心注射钻杆和注射钻头低扰动钻入地下污染区域，然后利用自身液压系统给注射泵提供动力，修复药剂经注射泵加压注入空心钻杆并在注射钻头处喷射进入待修复土壤和地下水中，与污染物接触并发生反应，从而修复污染土壤和地下水的技术。

（2）技术分类

直推注射按注射工艺可分为“自上而下”（top-down）和“自下而上”（bottom-up）两种，见图 5.2.2-1。

“自下而上”注射是最普遍的注射方式，首先将注射钻头直推至最底部目标注射区域后注射修复药剂，然后将注射钻头向上提升至上部目标注射区域进行注射，因此该种注射方式是自下而上分层注射。该种注射方式适用于均质的砂层（尤其是流沙）土壤，但在黏土或其他黏重土地层中，由于下部注射后会残留注射通道，在将注射钻杆提升上部注射时，注射药剂会优先流向下部残留的通道，而并非将上部注射区域土壤压裂，从而导致修复效率降低。而在砂质土壤中，当钻杆提升至下一个注入深度时，砂土会瞬时填充先前遗留的空隙及通道，从而不会影响对上部注射区域的压裂。

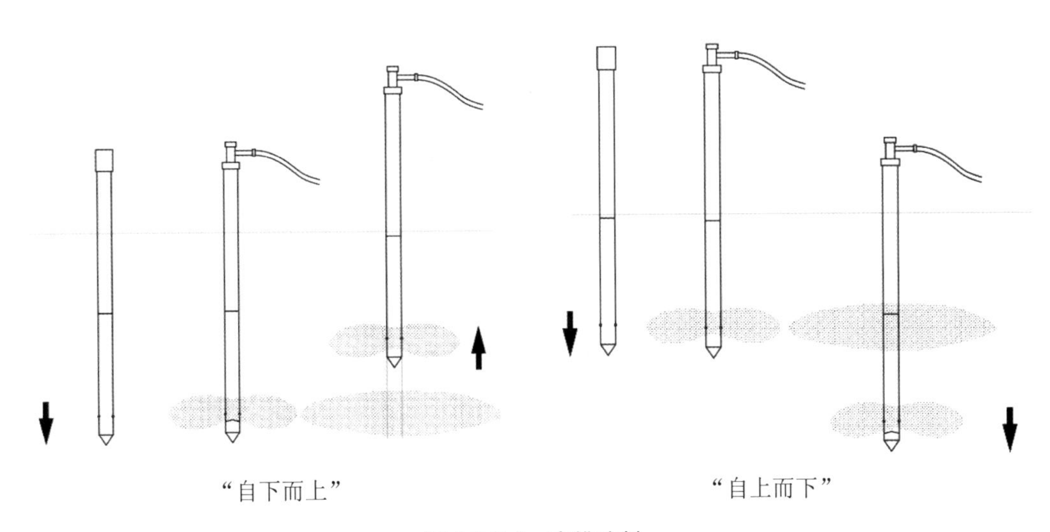


图 5.2.2-1　直推注射

“自上而下”注射是直推注射特有的注射方式。首先将注射钻头直压至最上部注射区域进行注射，高压注射药剂压裂上部土层形成注射通道，当第一层深度的注入完成后，冲洗管线并混合新一批的修复药剂；然后将注射钻杆推进至下一个目标深度，重复该过程，直到完成所有深度的注射；同时，为了建立交错的药剂注射平面，相邻点位的注射深度应有所偏移。该种注射方式克服了传统注射井无法精准定深注射的缺点，可以在砂土、泥沙、黏土地层中进行定深分层注射。为了保证注射效率，可以在上部注射完成后，使用膨润土封住上部注射通道，再进行下部注射。

（3）系统组成

直推式注射系统主要分为药剂配制系统、注射泵、直推注射、效果检测四个组成部分。药剂主要通过隔膜泵运输至药剂桶内，进行稀释、搅拌、混合等一系列配制工作。注射泵通过钻机的液压系统提供动力，对药剂进行增压、推进至压力管道中，并完成注射工作。直推注射主要是通过钻机的直推系统，将注射钻杆、钻头推进至指定土层进行注射工作。监测井用于注射效果的监测和评估。直推注射系统组成如图 5.2.2-2 所示。

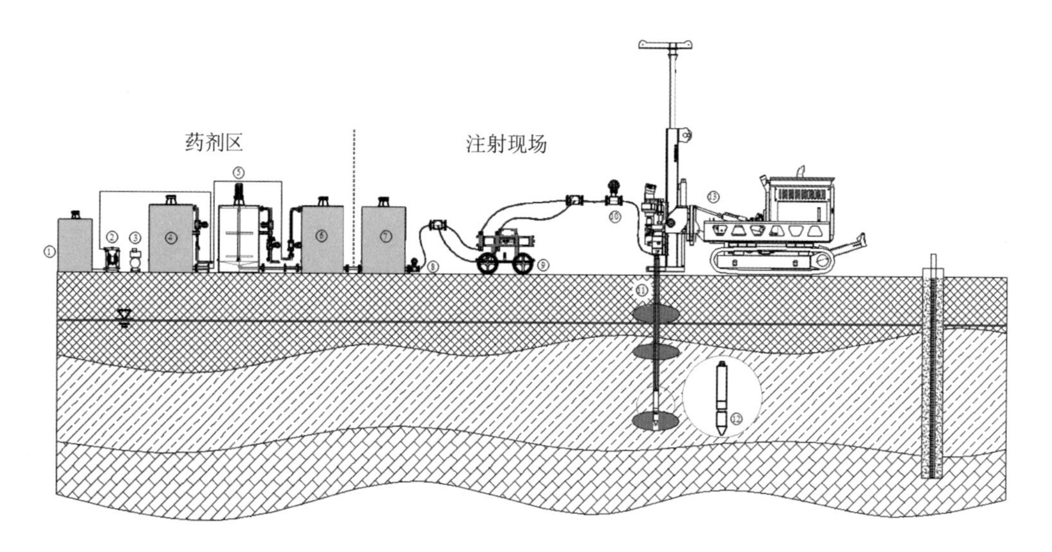


①药剂桶；②隔膜泵；③空压机；④药剂稀释桶；⑤药剂搅拌桶；⑥药剂暂存桶；⑦药剂容器；⑧流量计；⑨注射泵；⑩压力表；⑪注射钻杆；⑫注射钻头直推钻机；⑬监测井

**图 5.2.2-2 直推注射系统组成**

### 5.2.2.3 适用性

直推注射技术尤其适用于：①污染物在不同的深度分层分布、一次注射难以满足污染物去除要求的地块；②所在位置不适合安装注射井的污染场地；③修复药剂为悬浮颗粒溶液或浆液类（如纳米零价铁），可能堵塞注射井筛孔的注射；④修复药剂地上混合后易失活的注射情况。

直推注射技术适用于土壤渗透系数不小于 $10^{-6}$ cm/s 的土层，注射压力一般为 1～20

MPa，注射深度一般不大于 30 m。直推注射不需要建设注射井，直推式钻机有很强的灵活性，由于土壤污染的非均质性，在修复过程中能够及时调整注射位置以更靠近污染源，加强修复精准性，同时由于其可定深注射，通过与薄膜界面探测器（Membrane of Interface Probe，MIP）、水力剖面仪（Hydraulic Profiling Tool，HPT）等原位高分辨率检测工具的联合使用，可以大大减少修复药剂的使用量，降低修复成本。

#### 5.2.2.4 工艺流程

在药剂系统安装区域，按照设计要求布置、安装药剂容器及溶解稀释设备，完成药剂初步配制准备工作，将不同的药剂按照要求配比混合至药剂容器内暂存。通过注射泵系统和药剂运输管道，将混合后的药剂运输至场地注射区域，暂存于药剂容器中，接入注射泵进口；注射泵通过直推式钻机提供液压动力，将药剂增压进入高压软管并接入钻具系统，通过注射钻头将药剂注射至目标污染层；按照方案要求通过注射系统的调压阀和流量计控制注射参数，对不同深度层逐层进行注射工作；注射监测系统通过倾角仪和监测井对修复效果进行监测和评估。直推注射系统工艺流程如图 5.2.2-3 所示。

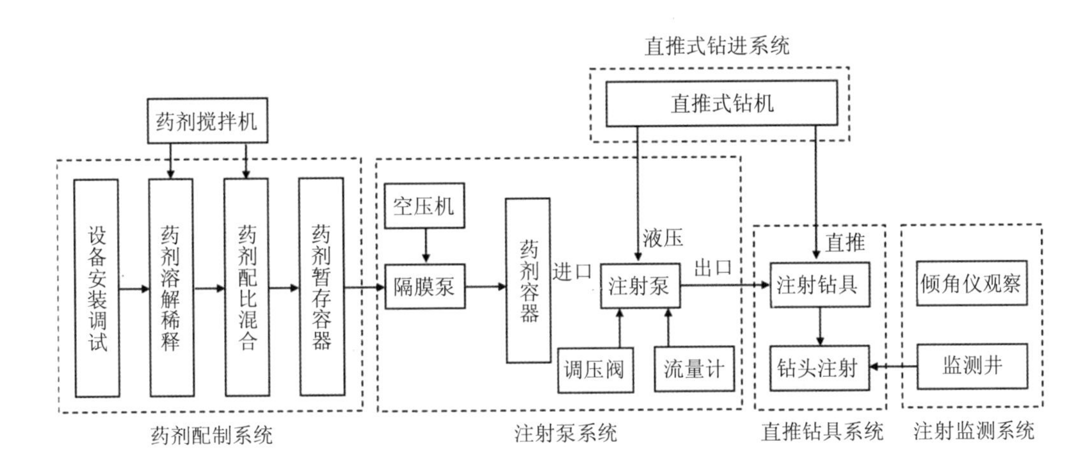


图 5.2.2-3 直推注射系统工艺流程

（1）注射点位布设

根据污染物的浓度与空间分布、污染物的理化性质、修复药剂的理化性质、土壤含水层厚度、地层情况、修复时间、修复目标要求等，确定注射孔位的数量、位置及深度。注射孔位之间的间距根据扩散半径及有效作用半径确定。点位布设参见本书 3.2.1.5 节（2）原位化学氧化注入点布设、5.2.1.5 节（1）注射井布设。

（2）注射系统组成

注射装置主要由药剂添加单元、药剂搅拌单元以及直推注射单元组成。药剂添加单元一般分为两个部分：①根据药剂配比计算出固体药剂的添加量并予以称量；②采用磁力泵供给液体药剂给搅拌罐，磁力泵一般宜采用聚偏二氟乙烯制造，该材料耐腐蚀性、耐磨性及耐冲击性强。

药剂搅拌单元主要为药剂搅拌桶，药剂搅拌桶内部装有多个快速检测探头，检测的参数包括 pH、温度、电导率、氧化还原电位、溶氧率等。药剂搅拌桶上部桶壁设有加水口和液态药剂添加口，与各输送管道通过法兰连接，法兰中间装有橡胶垫片以保证其密封性；底部加装通气吹扫口，以确保药剂不发生倒流。

直推注射单元中主要装置为中空钢质注射钻杆，注射钻杆的底部设有钻头组件，钻头组件上可以设置两组及以上的喷射口；为了使药剂喷射到污染体后能够快速混合，喷射口的高度以及倾斜方向一般不同，以保证土壤的修复效率，如图 5.2.2-4 所示。同时，直推式钻机提供注射泵液压动力，将泵内药剂增压并进入高压软管连接至钻具系统，注射钻头将药剂注射至目标污染层，对地下水进行修复。当下压钻杆和注射头时，注射头处于关闭状态，防止泥沙进入注射头而堵塞。当注射头达到指定深度时，由于注射压力增大而使注射头打开并注射。注射完成后，钻杆和注射头拔出。按照设计要求对不同深度层逐层注射，直至达到目标修复效果。

图 5.2.2-4　直推注射钻头清水喷射（Geoprobe）

（3）注射方法和顺序

污染区域修复药剂的注射顺序为一般由外向内。确定污染区域后，先从边界注入修复剂，边界区域全部覆盖后，再逐步向中心转移，进而覆盖整个污染区域。这样的注射方式使得污染物在向外扩散迁移时仍处于药剂作用范围内，既保证了污染区域的有效修复，又阻止了污染区域的进一步扩大。

如污染物分布于不同的深度，可分层进行药剂注射，也可以在污染较严重的区域进行多次注射，以确保修复效果。

直推注射的设计思路如图 5.2.2-5 所示。

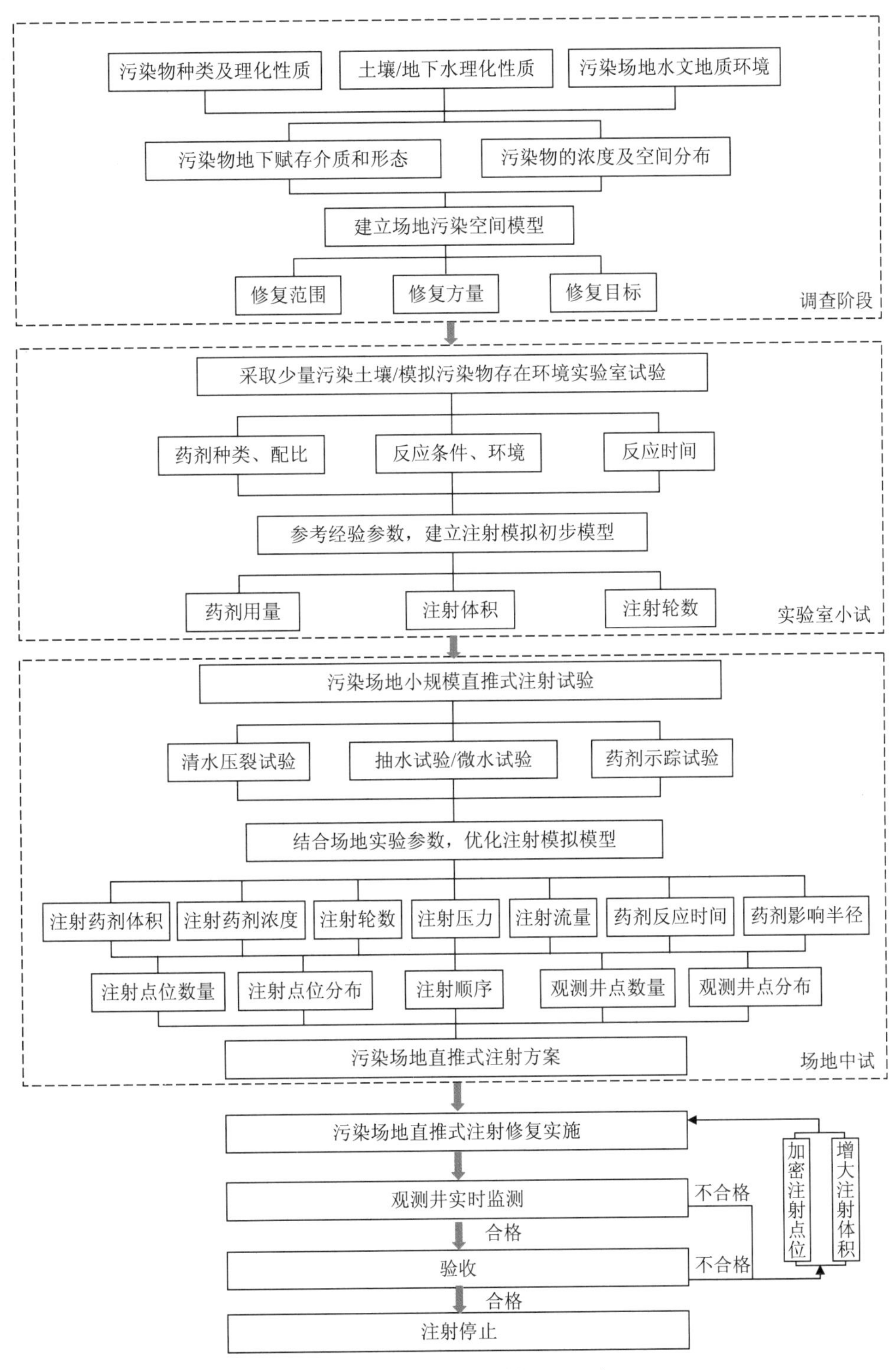


图 5.2.2-5　直推注射设计思路

影响直推注射技术修复效果的关键技术参数包括：污染物类型和浓度、扩散半径、药剂投加量、注射速率、土壤均一性、土壤渗透性、地下水水位、pH和缓冲容量、地下基础设施等。

#### 5.2.2.5 处理周期及成本

直推注射技术的修复周期与污染物特性、污染土壤及地下水的埋深和分布范围密切相关。使用该技术清理污染源区的速度相对较快，通常需要3～24月的时间。修复地下水污染羽流区域通常需要更长的时间。

处理成本与污染物、渗透系数、药剂注入扩散半径、修复目标和工程规模等因素相关，主要包括监测井的建造费用、药剂费用、样品检测费用以及其他配套费用。考虑场地地层的复杂难易情况，若仅计算人工成本、机器折旧、技术服务费，按台班数计，直推注射成本为12 000～15 000元/台班（1台班为4人工作8小时），按进尺数计，为200～250元/m。

**技术应用案例5-8：直推注射案例1**

（1）项目基本情况

内蒙古某地块化工厂曾生产铬盐产品，经地块土壤污染状况调查发现，该地区浅层地下水受到六价铬的污染。

（2）工程规模

80个药剂注射孔的钻孔工作和48 t地下水修复药剂的直接推进式原位注射工作。

（3）主要污染物及污染程度

场地内有两层地下水，分别是地下6 m左右和19 m左右，第一层地下水受到铬污染，其中污染最严重点位地下水中六价铬浓度为32 mg/L，超标319倍；第二层地下水未受到污染。

（4）土壤理化性质

地块土壤理化性质如下：表层10～20 cm土壤的有机质含量为0.35 mg/kg、pH为8.5、容重为1.45 g/cm$^3$、含水量为17.49%、非毛管孔隙度为30.65%、毛管孔隙度为42.12%、总孔隙度为43.86%。

（5）土层及水文地质条件

地块在深度15 m以上地层可分为三个单元层。

第一层杂填土：杂色、稍湿、松散状态，以粉砂为主，含植物根系，层厚0.5～1.3 m。

第二层粉砂：黄色，松散～稍密，饱和状态，颗粒矿物成分以石英、长石为主，颗粒不均匀，局部夹粉质黏土薄层，混细砂，层厚为 1.50～4.90 m。

第三层细砂：黄褐色。稍密～中密，饱和状态，颗粒矿物成分以石英、长石为主，颗粒不均匀，局部夹粉土、粉质黏土薄层。

场地地下水埋深在地表以下 2.0～3.5 m，地下水类型属潜水。

(6) 工艺流程及关键设备

通过钻杆将修复药剂注入污染区域，药剂可联合化学过程和微生物过程创造出强还原环境，重金属污染物可通过还原性矿物质的还原沉淀作用和络合作用，形成难溶性金属硫化物或含硫矿物质，并吸附到矿物质腐蚀产物上，实现重金属的稳定化，从而达到对地下水进行修复的效果。

根据现场情况（图 1），配备直推式钻机及双液注射泵，该配套工具利用液压驱动以直推或振动的方式将小口径空心钻杆贯入地下进行注射。该工具借由套管末端安装的四向喷嘴注射钻头，对深层地层位置进行全扇面喷浆注射。根据地质条件最大喷射半径达到 2.5 m，最大喷射压力为 20 MPa。

图 1 内蒙古某项目直推注射现场施工

## 技术应用案例 5-9：直推注射案例 2

(1) 项目情况

江苏某地块受到硝基氯化苯和氯苯的污染，初步设计以碱活化过硫酸钠为氧化剂，对该地块进行修复。

（2）工程规模

地块面积约为 2.2 万 $m^2$，根据后期规划，将修复分为 4 m 及以上和 4 m 以下两个区域。其中，污染物超标倍数小于 5 倍的划分为轻度污染，超标倍数在 5～20 倍的划分为中度污染，超标倍数大于 20 倍的划分为重度污染。

（3）土层及水文地质条件

本地块深度 4～8 m 为粉砂土（含水层）、8～12 m 为黏土层，土壤 pH 范围为 3.4～12.6。土壤渗透系数介于 $10^{-7}$～$10^{-3}$ cm/s，分别属于微透水层、透水层和弱透水层。地下水初见水位埋深为 0.8～2.0 m，稳定水位埋深为 0.2～3.75 m，水位高程为 6.51～9.03 m，地下水流向整体由南向北。

（4）关键设备及参数

液压直推式钻机配备双液注射泵，该配套工具利用液压驱动以直推或振动的方式将小口径空心钻杆贯入地下进行注射。该工具借由套管末端安装的四向喷嘴注射钻头，对深层地层位置进行全扇面喷浆注射，注浆压力最大可达 16 MPa，注浆流量可达 3 $m^3$/h。此外，还配套三套水位计。

1）参数设计

中试采用清水进行压裂试验和模拟药剂扩散试验。共建设 3 口观测井，深度分别为 6 m、8 m、10 m，钻机注射压力 1.24 MPa，注射深度分 4 m、5 m、6 m、7 m、8 m、9 m 共 6 层注射，每间隔 1 m 注射一次药剂，采用自上而下的方式，每层设计注射时间 10 min，以 50 L/min 的速率开始注射。设定药剂注入后的有效影响半径为 1.5 m（注射点与污染羽中心间距离）。

2）注入孔和地下水观测井布设

场地中需选择一个地点，建设深度分别为 6 m、8 m、10 m 的地下水监测井各 1 口（监测井在后期氧化药剂注射过程中以及后期修复效果评估过程中可重复使用），3 口监测井呈三角形分布，距离尽可能小（在施工准许情况下，做到最小），地下水监测井信息见表 1。

表 1　地下水监测井信息

| 监测井 | 监测井深度/m | 监测井直径/cm | 开筛位置/m | 数量/口 |
|---|---|---|---|---|
| GW1 | 6 | 5 | 4.5～6 | 1 |
| GW2 | 8 | 5 | 6.5～8 | 1 |
| GW3 | 10 | 5 | 8.5～10 | 1 |

以 3 口监测井为中心，选择距离 3 m 的地方进行清水注射试验，地下水监测井和注射孔位置分布以及地下水监测井样式见图 1。

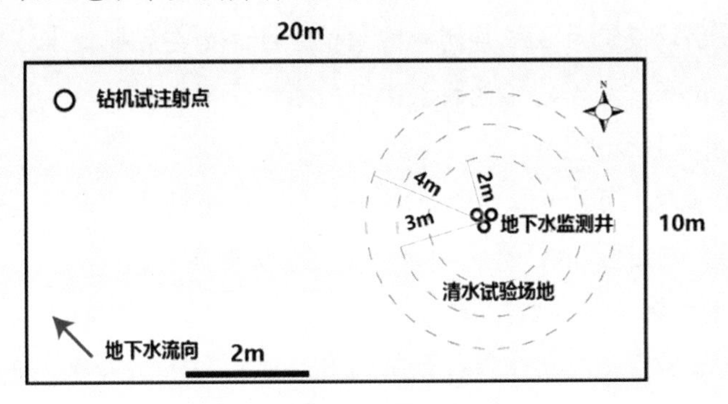


图 1　地下水监测井和注射孔分布

(5) 中试流程

中试技术路线如图 2 所示。

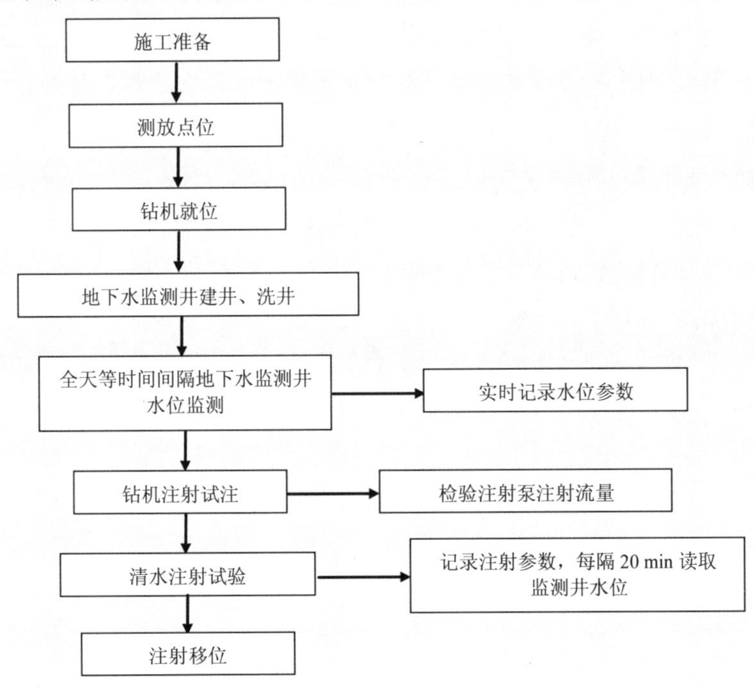


图 2　中试技术路线

1) 地下水监测井建设

根据设计方案，完成深度分别为 6 m（GW1）、8 m（GW2）、10 m（GW3）地下水监测井的建井、洗井工作。

2）全天等时间间隔测量监测井水位

待地下水监测井洗井结束，水位大致稳定后，选择一个自然天，从9时到17时，每隔半个小时分别读取记录3口监测井的水位。目的是在后期清水注射时，尽可能消除因注射引起水位变化之外的其他因素带来的水位变化。

3）确定注射泵注浆流量

选择中试场地内尽可能远离监测井的地点，进行钻机注射试注试验，确定该套注射设备注浆速率。该过程中,记录仪器的泵压、管压等参数。

4）清水注射试验

未进行清水注射前，先用水位计分别测量并记录GW1、GW2和GW3地下水监测井的水位，然后在距离这三口监测井的中心3 m处开始以4 m、5 m、6 m、7 m、8 m、9 m深度进行清水注射试验，采用“自上而下”的方式，每层设计注射时间10 min，以50 L/min的速率开始注射（以现场实际的注射速率来确定），该点注射总体积为3 000 L，注射过程中，每隔20 min读取并记录各地下水监测井的水位。

若上一注射步骤完成后，保持注射钻头不动，2小时内监测井中水位仍未有变化，则之后采用“自下而上”的方式，其他各项参数同上，再次分层等量注射清水，故该单点清水注入体积为6 000 L。

5）确认水位变化

若上一步骤完成后，监测井中的水位仍未有变化，则在隔天，缩短注射点与监测井之间的距离（改成4 m或3 m），重复步骤1）至4），直至监测井中的水位有了变化。

（6）中试结果

根据中试记录的监测井水位变化，计算地层实际渗透系数和清水压裂后土层渗透系数变化，利用场地中试所得参数进一步优化注射修复模型，为后期地块修复施工奠定基础。

## 参考文献


[1] In Situ Remediation Reagents Injection Working Group. Technical Report：Subsurface Injection Remedial Reagents（ISRRs）within the Los Angeles Regional Water Quality Board Jurisdiction[R]. 2009.

[2] Friedrich J K. Critical Analysis of the Field-Scale Application of in Situ Chemical Oxidation for the Remediation of Contaminated Groundwater[D]. Colorado：Colorado School of Mines，2008.

[3] Huling S G，Pivetz B E. In-Situ Chemical Oxidation. US EPA Engineering Issue[R].2013.

## 5.2.3　高压旋喷注射

### 5.2.3.1　技术名称

高压旋喷注射，High Pressure Jet Grouting。

### 5.2.3.2　技术介绍

（1）技术原理

高压旋喷注射技术是将药剂溶液通过高压喷射的冲击力破坏土层并与土体混合，使土壤中的污染物与药剂充分接触以完成土壤修复的技术。

（2）技术分类

根据喷射方法的不同，喷射注入可分为单管法、二重管法和三重管法。具体见本书 3.1.1 节阻隔中高压旋喷墙部分。其中以二重管法应用居多。

（3）系统组成

系统包括配药站、高压注浆泵、空气压缩机、旋喷钻机、高压喷射钻杆、药剂喷射喷嘴、空气喷射喷嘴等组成的气体（空气）、液（修复药剂）二重管原位注射系统，如图 5.2.3-1 所示。

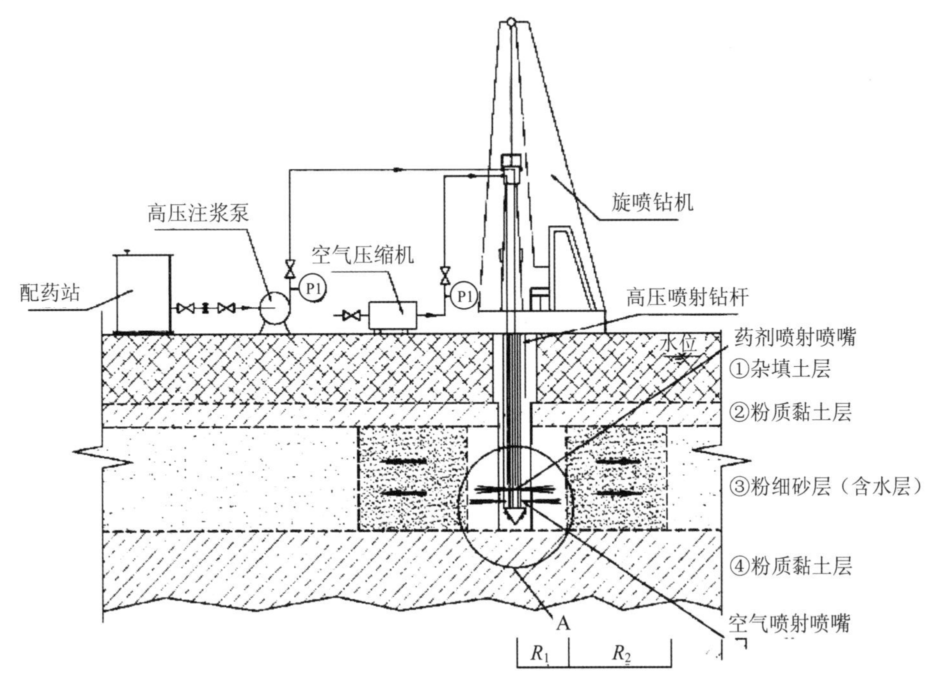


图 5.2.3-1　高压旋喷注射系统组成

#### 5.2.3.3 适用性

高压旋喷技术适用土层范围广，适用于高渗透性、低—中渗透性地层，适用于单独土壤或地下水、水土复合污染的情况。适用于处理淤泥、淤泥质土、流塑、软塑或可塑黏性土、粉土、砂土、黄土、素填土和碎石土等土质地层，特别适用于土质湿黏、塑性强、扩散系数较低的粉质或黏土层。

不适用于松散杂填土层存在大孔隙的卵砾石层，对非饱和层的适用性需经现场验证。

#### 5.2.3.4 工艺流程

高压旋喷注射工艺流程如图 5.2.3-2 所示。

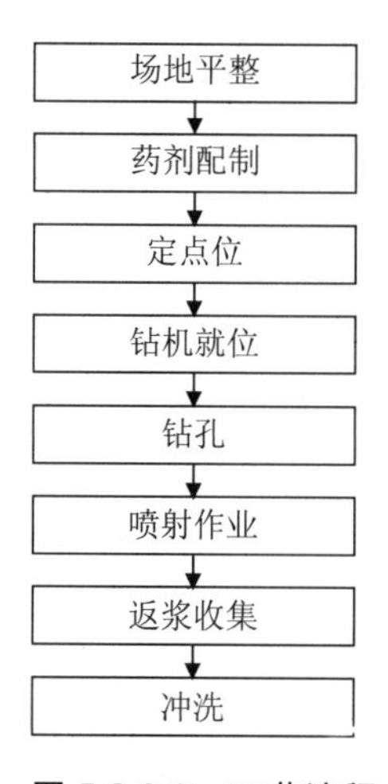


图 5.2.3-2 工艺流程

（1）场地平整

清理地面和地下的施工障碍物。

（2）药剂配制

根据修复区域内土壤及污染特性，按要求进行药剂的配制。

（3）定点位

设置基线点和水准点，测量布置施工成孔点。

（4）钻机就位

钻机安放在设计的孔位上并应保持垂直，施工时旋喷管的允许倾斜度不得大于 1.5%。

（5）钻孔

旋喷钻机钻进深度可达 30 m 以上，当遇到比较坚硬的地层时宜用地质钻机钻孔。钻孔的位置与设计位置的偏差不得大于 50 mm。

（6）喷射作业

当喷管插入预定深度后，自上而下地进行喷射作业。

（7）返浆收集

高压旋喷施工时，注入药剂时会发生返浆现象，为了防止返浆二次污染，需要将其收集处理。

（8）冲洗

喷射施工完毕后，应将注浆管等机具设备冲洗干净，管内、机内不得残存药剂。

#### 5.2.3.5　关键工艺参数及设计

关键工艺参数为药剂有效扩散半径、布控密度、空气注入压力、药剂注射压力、药剂注射流量、药剂投加比例等，实际工艺参数根据不同污染类型及场地状况设计。

施工安装钻机应放置平稳、坚实。喷射注药前要检查高压设备和管路系统，确保正常使用。当喷管插入预定深度后，自上而下进行喷射作业。在喷射过程中，应观察返浆的情况，以及时了解土层情况、喷射注浆的大致效果和喷射参数是否合理。喷射注浆完毕后，卸下的注浆管立即用清水冲洗干净，拧上堵头。

**技术应用案例 5-10：高压旋喷注射案例**

（1）项目基本情况

江苏某化工厂创建于 1947 年，是我国有机中间体、橡胶助剂和氯碱三大系列产品的大型有机化工生产基地，厂区曾分布有硝基苯车间、邻/对硝基氯苯车间、苯类罐区等。场地土壤及地下水受到有机物污染，污染深度最深达 12 m，修复范围包含土壤/地下水复合修复、单独地下水修复两部分。

（2）工程规模

该工程土壤修复总工程量为 25.8 万 $m^3$，地下水修复 17 万 $m^3$。修复技术主要采用原位化学氧化技术，其中部分土壤修与地下水修复工程采用了高压旋喷注射—原位化学氧化修复工艺。

（3）主要污染物及污染程度

目标污染物为苯、苯胺、氯苯、邻(对)硝基氯苯、1,3-二硝基苯、1,4-二氯苯、1,2-二氯苯、硝基苯等。土壤地块重度区域氯苯、对/邻硝基氯化苯含量高达 1 000～3 000 mg/kg，地下水重度污染区氯苯、对/邻硝基氯化苯的浓度高达 100～400 mg/L。

（4）水文地质条件

本场地土壤最大修复深度 12 m，存在两层粉质黏土层、含水层为粉细砂层（分布在3～6 m或4～7 m)，地下水埋藏浅（约1 m）且丰富。修复介质分为土壤及地下水复合污染、单独地下水污染区域两类。

(5) 关键设备

关键设备为旋喷钻机、空压机、高压注浆泵、配药站等。修复现场见图1。

图1 修复现场远景

图2 高压旋喷注射设备试喷

(6) 主要工艺参数

本项目采用二重管高压旋喷注射工艺，采用了液碱活化过硫酸盐复配修复药剂(图2)。注射过程工艺机械参数：①空气压缩机的空气压力为0.7～0.8 Mpa，高压注浆泵注射压力为25～30 MPa，注浆流量为20～120 L/min，提升速度为5～20 cm/min；②药剂扩散半径达到0.8～3.5 m，氧化剂药剂投加比0.2%～4%。

(7) 修复效果

该工程通过高压旋喷注射—原位化学氧化修复工艺，土壤及地下水中目标污染物均达到了验收标准，去除率为72%～99%。土壤修复综合成本为400～650元/$m^3$。

## 5.2.4 水力压裂

### 5.2.4.1 技术名称

水力压裂，Hydraulic Fracturing。

### 5.2.4.2 技术介绍

（1）技术原理

水力压裂技术是指利用钻井将高压的流体（通常是水）压入地下，当液体的压力超过土壤或岩石的断裂韧性时，就会在土壤或岩石中形成垂直于注入管道的裂缝，这些裂缝构成一个裂缝网络，增加低渗透介质中的流体流动性，缩短传质路径，可以有效改善修复药剂在低渗介质中的传质能力，增大修复药剂与污染物的接触效率，有效地提高修复效果。

（2）技术分类

水力压裂技术最先应用于石油行业，包括清水压裂、多级压裂、水力喷射压裂、重复压裂、同步压裂等技术分类。在环境修复领域，通常采用清水压裂技术。清水压裂是指在清水中加入少量的减阻剂、稳定剂、表面活性剂等添加剂作为压裂液进行的压裂作业。最初的压裂液只是清水，存在裂缝导流能力差、裂缝开启后易重新关闭等问题。随后，人们在压裂液中加入了支撑剂、表面活性剂、增黏剂等物质，有效地提高了裂缝的导流能力，并可以始终保持裂缝的开启状态。

（3）系统组成

水力压裂系统通常由压裂车组和地面设备两部分组成，具体包括压裂液储罐、支撑剂储罐、混砂装置、管汇、压裂泵车、地面管线、压裂井口、井下管线、喷砂器、监控系统等单元，如图 5.2.4-1 所示。

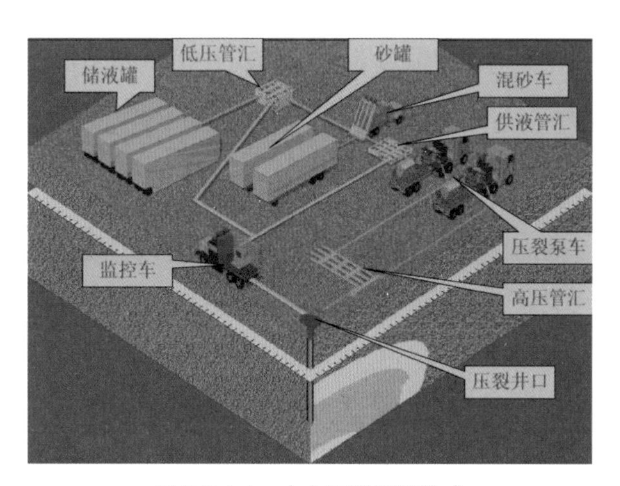


**图 5.2.4-1　水力压裂系统构成**

压裂车组包括混砂车、压裂泵车、监控车、管汇车、运砂车等。其中压裂泵车一般由压裂泵、压力表、流量计、卸压阀、高压管汇等构成。管汇车是配合压裂机组作业的一种辅助设备，整机分为底盘车、高压管汇、低压管汇、备用高压管汇、随车吊五个部分。

压裂材料包括压裂液和支撑剂两部分。

监控系统包括测斜仪、压力传感器等。

另外，根据水力压裂所辅助的具体修复工艺的不同，还可能包括注入井、注入泵、监测井、药剂罐、抽提井、地面水处理设施等设备单元。

### 5.2.4.3 适用性

水力压裂技术本身不是一种独立的修复技术，它通过使地层压裂，从而提升其他修复技术（如抽出处理、原位化学氧化/还原、原位生物修复）的修复效率，适用于改善单纯应用传统的原位修复技术修复低渗介质污染物时修复效率不高的问题。

水力压裂技术适用于渗透性较差的介质（如黏土、有机土及其他一些紧密土体），可显著提高修复药剂在低渗介质中的传质能力，可减少原位化学氧化/还原、原位生物修复等修复技术应用中所需注入井的数量，增强低渗介质中原位修复技术的修复效果。

通常，水力压裂技术可用于修复石油类、氯代溶剂类、苯系物、苯酚类、多环芳烃、农药及其他持久性有机污染物、重金属等污染土壤，也可用于帮助处理非水相液体（NAPLs），在地下没有裂痕的情况下，上述物质通常很难去除。

水力压裂技术也有一定的局限性：由于土壤渗透性增强，存在污染物垂直迁移的潜在风险。实施过程中应通过对现场水文地质条件的全面了解，适当实施该技术以减小风险。

### 5.2.4.4 工艺流程

在水力压裂过程中，将钻孔推进到将发生破裂的深度（通常使用空心杆钻或双管直接推钻机完成），并将高压水注射进入注射井底部，作为压裂开始点，然后将支撑剂（如砂砾）和压裂液（如凝胶混合物）高压泵入压裂区域。当液体的压力超过土壤或岩石的断裂韧性时，就会在土壤或岩石中创造出垂直于注入管道的裂缝。为了防止裂缝在重力作用下重新合拢，将砂砾（支撑剂）和水一起泵入地下，这样可以在低渗介质中形成明显的由砂砾填充的裂隙。水力压裂技术工艺流程如图 5.2.4-2 所示。

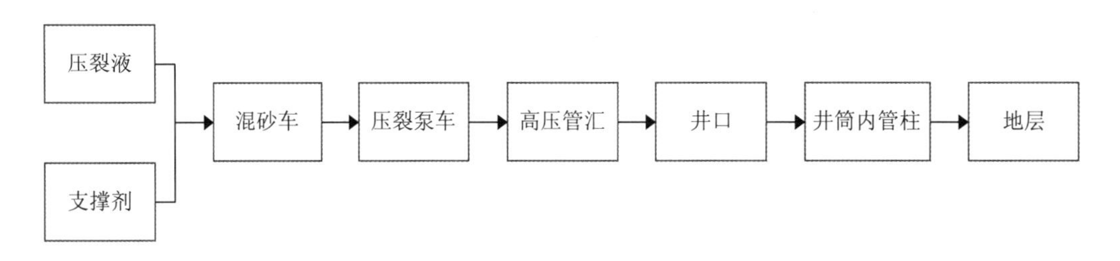


图 5.2.4-2 水力压裂技术工艺流程

充有砂砾的裂缝形成高通透性的通气系统，裂缝可以增强原位化学氧化/还原、原位生物修复等修复工艺的效果，辅助泵出处理以提高其他修复技术的污染物传输效率。有时根据实际需要，可以用其他粒状物质（如零价铁等）代替砂砾作为支撑剂。

### 5.2.4.5 关键工艺参数及设计

（1）压裂液和支撑剂的选择

水力压裂的关键技术之一就是压裂液和支撑剂。

1）压裂液

压裂液是对低渗透层进行压裂改造时使用的工作液，它的主要作用是将地面设备形成的高压传递到地层中，使地层破裂形成裂缝并沿裂缝输送支撑剂。

压裂液主要分为水基压裂液、油基压裂液、泡沫压裂液、乳化压裂液、清洁压裂液等种类，选择压裂液时应考虑以下几方面性能要求：①与地层土壤和地下流体的配伍性；②有效地悬浮和输送支撑剂到裂缝深部；③滤失少；④低摩阻；⑤低残渣，易返排；⑥热稳定性和抗剪切稳定性。选择压裂液时，应根据场地条件、二次污染防控等要求综合考虑，水基压裂液是最常用的压裂液，其中环境修复领域常用瓜尔胶作为压裂液。

2）支撑剂

支撑剂起到支撑裂缝，使之处于张开状态，保持裂缝导流能力的作用。支撑剂常选择砂砾，根据修复工艺实际需要，可采用其他粒状物质（如零价铁等）作为支撑剂。

（2）压裂深度、影响半径及施工压力

环境水力压裂的方法通常是使用能够承载支撑剂（粗砂）和/或修复药剂的食品级水基凝胶在垂直井中诱导压裂。压裂深度根据场地污染深度范围具体确定，将钻孔推进到计划压裂的深度（通常使用空心杆钻或双管直接推钻机完成），并将高压水（约 20 MPa）注入井底部，水压在套管底部形成一个盘形成核区，作为压裂开始点，拔出喷嘴，在缺口上方安装封隔器，并向成核区域施加流体压力以开始压裂。对于淤泥或黏土，引发压裂所需压力通常较低（小于 0.7 MPa），而对于岩石工程，通常较高（通常小于 7 MPa），并且随着裂缝的扩展而进一步降低。

根据被压裂的地层材料不同，水力压裂影响半径不同，应根据场地具体地质条件确定。环境修复工程中，一般未固结材料（黏土和淤泥）中压裂井的影响半径很少超过 30 m，一般为 6～10 m。

水力压裂的主要设备压裂车的最高施工压力能达到 105 MPa，最大单车排量在 3 $m^3$/min 以上。

（3）注入方式及参数控制

影响水力压裂效果的因素主要包括压裂液注入流量、注入方式、土壤含水率和压裂液黏度。

1）注入流量

通常情况下，随着压裂液注入流量的升高，压裂效果先升高后降低。

流量的大小主要影响压裂过程中压能的累积，流量越大，压能累积的速率越快，随流量升高，单位时间内在压裂管中积累较大压能，当压能释放后，所取得的压裂效果逐渐变好。起初裂缝半径随着流量的增加而线性增加，而当流速过大时，能量累积过快致使裂缝延伸速度过快，但最初的裂缝没有足够的扩展和变宽，所以新形成的裂缝和初始裂缝之间并没有形成一个连接的网络，导致在一定时间内无法有效释放，使得压裂效果逐渐变差。

一般压裂车的最大单车排量可达到 3 $m^3$/min 以上，实际注入流量应根据场地具体地质条件，开展试压试验后确定。

2）注入方式

通常情况下，间歇注入相较于连续注入会产生更好的压裂效果，并且间歇时间对于压裂效果影响较大。

连续注入使得压裂液在水泵作用下积累的压能无法有效释放，一部分压能在压裂过程中转化为内能，使压裂液温度升高而消耗。而间歇注入使得压能有足够时间释放，可以取得较好的压裂效果；并且间歇注入能够使黏土产生疲劳效应，从而导致黏土自身的抗剪强度降低，使之产生疲劳断裂。

从间歇注入的频率来看，低间歇注入频率能够更大幅地提高土柱的渗透系数，并且引起的破裂使得裂缝有足够的时间增长和扩展，产生的裂缝网络的形状相对更为复杂，裂缝之间的连通性较好。所以在一定压裂时间内，间歇压裂比连续压裂更容易取得好的压裂效果，但是要想取得最佳压裂效果，则需通过现场试压试验，判断在其他因素确定条件下，连续压裂最佳压裂时间是多少，然后以此压裂时间为间歇压裂的单位时间，则可取得最优效果。

3）土壤含水率

黏土中的含水率对压裂情况有影响。当含水率高时，由于存在较高的孔隙水压力，会降低黏土的断裂韧性，从而降低初始破裂压力。同时，较高的孔隙水压力也可以改变裂缝边缘的形状，影响裂缝扩展。

4）压裂液黏度

压裂液黏度大小影响其破碎能力，压裂液黏度越高，其破碎能力越强，所取得的压裂效果越好。

较大的黏度会减小在压裂过程中的滤失量，为水力压裂造就长缝、宽缝创造了重要条件，而且随着黏度的增加，压裂液携带支撑剂的能力也相应增强，进一步增加裂缝的导流能力，所以当其他因素一定时，其破碎能力越强，压裂效果越好。

有研究表明，当用低黏度的压裂液时，裂缝形态为网络状，长度较短，形状较为弯曲。用高黏度的压裂液时，易形成平直较长的单一裂缝。因此，压裂液黏度参数应根据场地具体地质条件、压裂井影响半径等情况具体确定。

（4）监测单元设计

监控单元通常包含测斜仪、压力传感器等。

水力压裂性能监测主要包括两个方面：一是确定目标地下区域是否成功压裂；二是确定水力压裂是否将目标区域渗透系数提高到了计划水平。

其中：①连续监测注入井压力，可以提供有关裂缝方向的实时信息；②测量地表的位移（起伏），可用于估计裂缝的长度和尺寸；③使用测斜仪测量地面的角度变形，可用于创建裂缝的 3-D 映射；④偏移监控井中压头或压差的测量通常可以使用安装在井中的压力传感器完成；⑤在非固结材料（黏土和淤泥）中，直接推动连续取心技术可以提供裂缝大小、方向以及支撑剂或改性剂存在的直观视觉证据。

#### 5.2.4.6 处理周期及成本

水力压裂所需时间很短，大约几天时间，但是即使有水力压裂技术辅助，一些修复工作也可能持续数月或几年，实际周期取决于以下因素：①污染面积与深度；②污染物的类型和污染程度；③土壤的类型；④所使用的修复技术。

影响水力压裂技术处置费用的因素有：①所使用的修复技术；②修复深度；③场地水文地质条件；④修复工程规模等。水力压裂主要作为其他修复工艺的辅助手段，污染场地总体修复成本受主体工艺影响变化较大。国外参考成本：只考虑水力压裂直接相关的费用，如钻井、压裂、人员等费用，水力压裂的成本为 3.57～4.79 美元/立方英尺（合 126～170 美元/$m^3$）。国内目前尚无修复工程参考成本。

**技术应用案例 5-11：水力压裂案例**

水力压裂技术在国内尚未见用于修复工程的案例。以下为美国加利福尼亚州某场地于 2017 年实施的工程案例。

（1）项目基本情况

美国加利福尼亚州某地块被用作汽车保养、维修、涂漆、清洗场所和加油站，场地污染物包括汽油和柴油段石油烃、1,2-二氯乙烷、顺式 1,2-二氯乙烯、三氯乙烯等氯代有机物以及乙苯、甲基叔丁基醚（MTBE）、萘、甲苯等，场地为低渗透性土壤。

（2）工程规模

该工程为原位化学氧化的辅助工程，其水力压裂工作包括将硅砂支撑剂包裹在离散裂缝中以增强土壤渗透性，然后将经氢氧化钠活化的过硫酸钠溶液注入砂支撑的裂缝中。该工程示范区域面积约为 5.87 万 $m^2$，最大修复深度为 15.2 m。

（3）主要污染物及污染程度

该场地主要污染物为汽油和柴油段石油烃，最高污染含量为 14 000 mg/kg。

(4) 水文地质条件

该场地地层由低渗透性土壤、轻质粉质粉砂岩、砂岩和泥岩组成，地下水流向是多方向的。

(5) 工艺流程及关键设备

1) 水力压裂

使用 Geo Tactical 的 EF9300 撬装式压裂装置（见图 1），井下压裂设备和高黏度压裂液系统，于 2016 年 8 月 23 日开始在现场压裂土壤。

使用履带式直推钻机完成钻孔，使用高黏度压裂液系统将支撑剂砂浆和压裂液瓜尔胶在压裂装置上分批混合，高黏度的泥浆将砂粒悬浮在其中，以便在整个裂缝中均匀分布。

在钻孔上使用了带有充气密封元件的跨式封隔器，将砂浆在足够高的压力下泵入钻孔以形成裂缝，持续泵送使裂缝散开；压裂之后，将封隔器元件放气并提升至下一个泵送深度。这个过程一直持续到钻孔中的所有裂缝都完成为止。

水力压裂产生的砂裂网络为随后的碱活化过硫酸盐注入周围土壤提供了可渗透的流动路径。

在现场的所有压裂过程中，实时监控压力和泵速数据。

2) 碱性活化过硫酸盐溶液注入

压裂完成后，在钻孔位置安装注入井并注入碱活化过硫酸盐，溶液注入过程与常规原位注入相同。

图 1 撬装式压裂装置

（6）主要工艺参数

从一个钻孔位置成功地引发6条裂缝，深度范围为9.8～15.2 m，注入砂浆总量为1.1 $m^3$（包含9.4 t砂支撑剂）。

其中引发裂缝的平均压力（包括克服泵入高黏度浆料引起的摩擦损失所需的压力）范围为1.12～1.99 MPa，传播裂缝的平均压力范围为1.08～1.57 MPa，压裂过程中的平均泵速为0.35～0.44 $m^3$/min。

压裂完成后，在钻孔位置安装注入井，开筛范围为9.1～15.2 m。

碱性活化过硫酸盐溶液注入过程将约12.2 $m^3$的溶液（其中包含1.45 t过硫酸钠和90 kg氢氧化钠）成功注入地下，进样流速为1.9～36.7 L/min。

对6条裂缝进行了监测，水力压裂的裂缝厚度为0.71～1.12 cm，平均厚度为0.91 cm，平均宽度为8.75 m，平均长度为18.17 m。

（7）修复效果

该工程通过水力压裂技术，将约12.2 $m^3$的溶液（其中包含1.45 t过硫酸钠和90 kg氢氧化钠）成功注入地下，解决了低渗透性土壤采用传统注入方式时传质困难的问题。

## 参考文献

[1] US EPA. A Citizen's Guide to Fracturing for Site Cleanup[Z]. 2012.

[2] California Regional Water Quality Control Board. A-Zone Aquifer ZVI Permeable Reactive Barrier Project，Hookston Station Site，Pleasant Hill，California：Final Construction Report[R]. 2009.

[3] Christiansen C M. Methods for Enhanced Delivery of In Situ Remediation Amendments in Contaminated Clay Till[R]. Lyngby: Technical University of Denmark，2010.

[4] US EPA. Microfracture Surface Characterizations：Implications for In Situ Remedial Methods in Fractured Rock. Bedrock Bioremediation Center Final Report[R]. 2006.

# 第六章　农用地土壤污染风险管控与修复案例

## 6.1　北方农用地土壤污染风险管控与修复案例

### 6.1.1　河南某镉铅污染农用地土壤污染风险管控与修复项目

（1）项目基本信息

实施周期：2015 年 8 月至 2020 年 12 月（相关工作始于 2010 年）

项目经费：3 276 万元

项目进展：已完成修复效果评估

（2）区域自然环境概况

地形地貌：项目所在区域呈西北高、东南低的倾斜地势，地形差异明显，山区、丘陵、平原地形多样。其中平原面积约 231.3 $km^2$，占全市总面积的 11.8%，土层较厚。丘陵面积约 401.3 $km^2$，占全市总面积的 20.4%。北部为太行山脉，西部为低山丘陵区，南部为黄土丘陵区，地形起伏，东部平原区地势向东及东南倾斜，属华北平原的边缘地带。地表普遍为第四系黄土物质覆盖。

气候气象：项目所在地属暖温带大陆季风性气候。四季分明，气候温和，光、热、水资源丰富，非常有利于发展工农业生产。但受季风影响显著，冷热分明，干旱或半干旱季节明显。春季气温回升快，多风少雨、干旱频发；夏季炎热，热量充足，降雨集中，局部易涝易旱；秋季秋高气爽，气温降幅较大，雨量减少；冬季寒冷，雨雪稀少。属暖温带大陆季风性气候，常年平均气温 14.3℃，年平均气温≥0℃的持续时间为 291 天，年降水量东部、南部、西部地区年降水量为 640～680 mm，中部地区年降水量 700～800 mm，无霜期平均为 223 天，极端最低温度为−18.5℃，最高温度为 40.2℃。

水文条件：该地属黄河流域，境内有大小河流 200 余条，全市年平均地表径流量 3.12 亿 $m^3$。在地区分布上，山区大于平原，与降水量的分布大体一致。汛期在 6 月至 9 月。水资源开发利用方面，以地表水利用为主，地表水水源供水量占总供水量的 56.0%。该地境内地下水类型主要为基岩孔隙裂隙水和松散岩层孔隙水。基岩孔隙裂隙水主要由大气降水补给，其中一部分以地下水径流形式排入河道，成为河川径流，一部分变为深层水，或以山前侧渗形式进入山前倾斜平原。松散岩层浅层地下水主要受大气降水、灌溉入渗和山前侧渗等项补给，其消耗项主要为开采、蒸发，一部分由河谷排泄。该地浅层地下水在北部山前边缘地带埋深为 10～45 m，市区附近浅层地下水埋深约 5 m，浅层地下水主要由大气降水和河流侧渗、灌溉回用水补给，水量丰富，水质较好。

土壤类型：该地土壤分为褐土、黄绵土、新积土和潮土 4 个土类，石灰性褐土、淋溶褐土、潮褐土、褐土性土、黄绵土、冲积土、潮土等 7 个亚类。分布最广的是褐土，其次是黄绵土。农业种植区土壤是东部平原地区和黄土丘陵区的褐土和潮土。褐土的土壤颗粒组成除粗骨性母质外，一般均以壤质土居多。在这种质地剖面中，主要特征是在一定深度内具有明显的黏粒积聚，即黏化层。由于黏粒的积聚，碳酸钙含量也高，土壤呈中性到微碱性，盐基饱和度多在 80%以上，钙离子饱和。

种植结构：受气候、土壤类型等因素影响，当地农业广泛适种小麦（绝大部分为冬麦）、玉米、花生、棉花、烟草、苹果等粮食和经济作物。

（3）主要污染情况

项目前期，通过收集市域环境质量状况及涉重企业的相关资料，对重金属污染源及历史排放状况进行详细调查。基于历年土壤监测及全国土壤污染调查监测数据，依据污染源影响、土壤污染状况、土地用途、历史污染情况、敏感程度等，将全市域分为普查区和重点区，测定表层土壤重金属含量。在涉重金属企业较多的地区按 1 km×1 km 尺度划分网格，在涉重金属企业较少的地区按 2 km×2 km 尺度划分网格，在无涉重金属企业的山区按 10 km×10 km 尺度划分网格，设置普查点位。在部分重点企业周边设置重点调查区域，以污染源为起点，考虑地形、风速、风向等的影响，按 8 个不同方位、50～300 m 1 个点的密度，布设重点调查点位。同时，设置剖面点位，监测重金属土壤垂向迁移情况。在冶炼企业的下风向布设剖面点位，采集 0～20 cm、20～40 cm、40～60 cm、60～100 cm 剖面样品。

在 1∶50 000 土地利用图（2005 版）标识各点位，组织对监测点位进行逐点现场勘查核查。结合土地实际利用情况及污染源调查，最终确定 459 个土壤表层采样点位（普查点 183 个、重点区域 276 个）、12 个剖面点位。项目共采集 538 个土壤样品，其中 459 个土壤表层土样、31 个现场平行样、48 个剖面土样。2011 年 6 月，完成小麦样品采集，共采集 280 个小麦籽粒样品。2011 年 9 月，完成玉米样品采集，共采集 265 个玉米籽粒样品，其中 11 个现场平行样，并按规定进行样品制备，建设样品库。

2011 年 8 月至 2012 年 6 月，按国家规定的标准方法完成土壤、小麦和玉米样品测试。监测项目包括土壤 pH，有机质，阳离子交换量，Pb、Cd、Cr、As、Hg、Cu、Zn、Ni、Sb 全量及有效态含量等共计 30 项指标。按标准项目监测农作物重金属含量，获取 19 955 个有效监测数据，并建立了市级土壤样品库、土壤环境质量数据库，绘制了市级土壤环境质量图集。调查发现，该市土壤重金属污染主要由大气污染物沉降引起，污染程度为Cd＞Pb＞As＞Hg，一般污染深度在0～20 cm，局部40 cm超标。对照国家历史资料和周边地区监测结果，表层土壤中Pb、Cd、As、Hg平均含量均高于周边市的土壤背景值，超过背景水平倍数最大的是Cd。

根据前期调查结果，选择500亩农用地作为本项目修复试点区域。2016年对本项目区域土壤进行系统调查。土壤pH值范围为7.53～8.25，Cd平均含量为2.5 mg/kg，点位超筛选值（0.6 mg/kg）比例达100%；Pb平均含量为181 mg/kg，点位超筛选值（170 mg/kg）比例为100%；As平均含量为18 mg/kg，低于风险筛选值（25 mg/kg）。小麦籽粒样品中，Cd含量范围为0.154～0.547 mg/kg，均值为0.26 mg/kg，超标率100%；As含量范围为0.162～0.312 mg/kg，均值为0.21 mg/kg，未超标。

（4）安全利用和修复目标

本项目执行时间跨度较大，经历了我国土壤污染防治法律、标准的完善以及食品安全标准的修订。项目不同阶段执行当时有效的法律、标准。

1）土壤安全利用和修复目标

本项目分为三个阶段：小试阶段、中试阶段和扩大化阶段。围绕试点项目总体目标，结合不同修复技术特点，根据不同技术各阶段工作内容及要求，制定了各阶段土壤修复阶段目标。不同修复技术土壤修复阶段目标如下。

植物吸取修复技术：小试阶段修复地块土壤Pb、Cd年度削减量不低于达标应削减总量的10%，As的年度削减量不低于修复前总含量的15%。扩大化阶段要达到土壤中重金属含量不再增加，或呈现逐年降低趋势；地块土壤监测结果满足《土壤环境质量 农用地土壤污染风险管控标准（试行）》（GB 15618—2018）相关要求。

稳定化修复技术：原位稳定化技术未设定土壤修复目标，异位稳定化及其他技术小试阶段及扩大化阶段土壤修复目标为移除表层污染土或生态分离重金属后，小试阶段修复田块土壤Pb、Cd、As含量满足《土壤环境质量标准》（GB 15618—1995）要求。

2）农作物质量达标目标

根据不同修复技术特点，制定了粮食作物产量与品质阶段目标。通过各阶段修复试验，最终要实现籽粒中重金属含量符合食品安全国家标准相关要求，不同修复技术粮食作物产量与品质阶段目标如下。

植物吸取修复技术：小试阶段试点修复后，地块复耕种植小麦、玉米等作物籽粒中Pb、Cd、As等重金属含量符合《粮食卫生标准》（GB 2715—2005）、《食品安全国家标准 食品中污染物限量》（GB 2762—2012）相关要求。中试阶段优选出适合在本地生长的农作物品种。扩大化阶段与中试阶段均要求农作物可食用部分重金属含量符合《食品安全国家

标准　食品中污染物限量》（GB 2762—2017）相关要求。

稳定化修复技术：小试阶段修复地块复耕种植农作物籽粒中重金属含量基本符合《食品安全国家标准 食品中污染物限量》（GB 2762—2012）相关要求；原位稳定化要求采样点样品超标率低于 30%，样品平均重金属含量不高于标准值的 20%；异位稳定化要求采样点样品超标率低于 10%，平均重金属含量不高于标准值的 5%。中试阶段试点修复地块复耕种植农作物产量不低于当年当地同类作物平均亩产水平；对照《食品安全国家标准 食品中污染物限量》（GB 2762—2017），作物籽粒中重金属含量达标率应在 60%以上。扩大化阶段试点修复地块复耕种植农作物产量不低于当年当地平均亩产水平，作物籽粒中重金属含量与《食品安全国家标准 食品中污染物限量》（GB 2762—2017）相关要求无显著差异。

（5）技术路线

项目总体采用分步实施的思路，按小试、中试、扩大试点逐步扩大规模，如图 6.1.1-1、图 6.1.1-2 所示。首先对多个潜在可行技术开展小规模的示范验证，通过效果评估遴选甄别后，进入中试。在项目所在地建立开放试验平台，提供试验保障条件，广泛吸引国内外技术团队到当地开展工作，实现了对国内农用地治理技术较全面的覆盖。

小试阶段（2015 年至 2018 年），项目选择植物吸取修复、原位稳定化和异位稳定化及其他技术等进行工程小试。由全国范围内公开遴选的 8 家单位承担 10 个分项工程技术试点，每项工程技术试点面积为 15 亩。同时，项目探索低积累油菜品种代替小麦的替代种植技术。

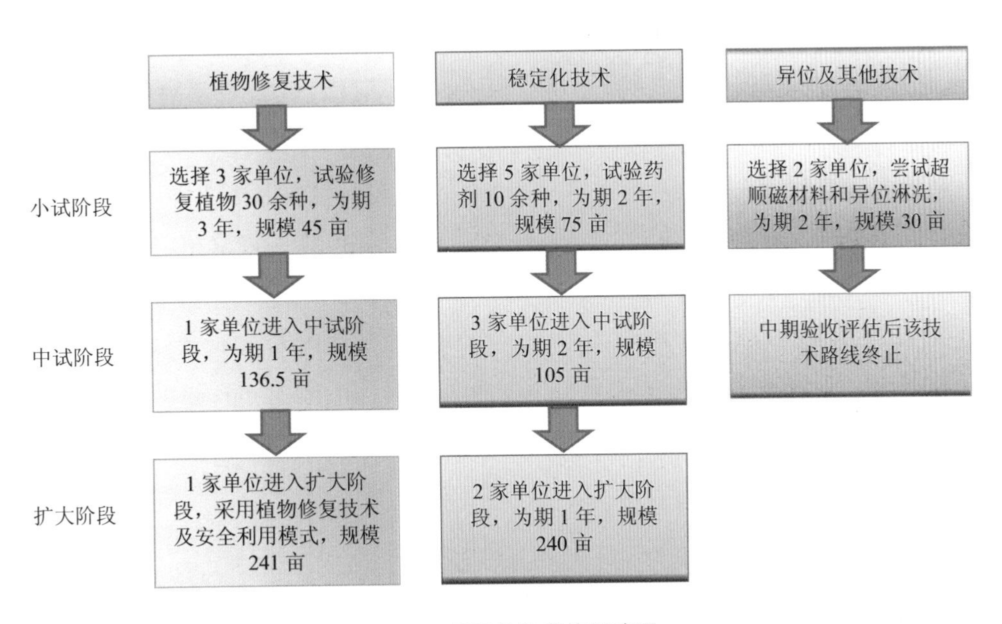


图 6.1.1-1　项目总体实施思路图

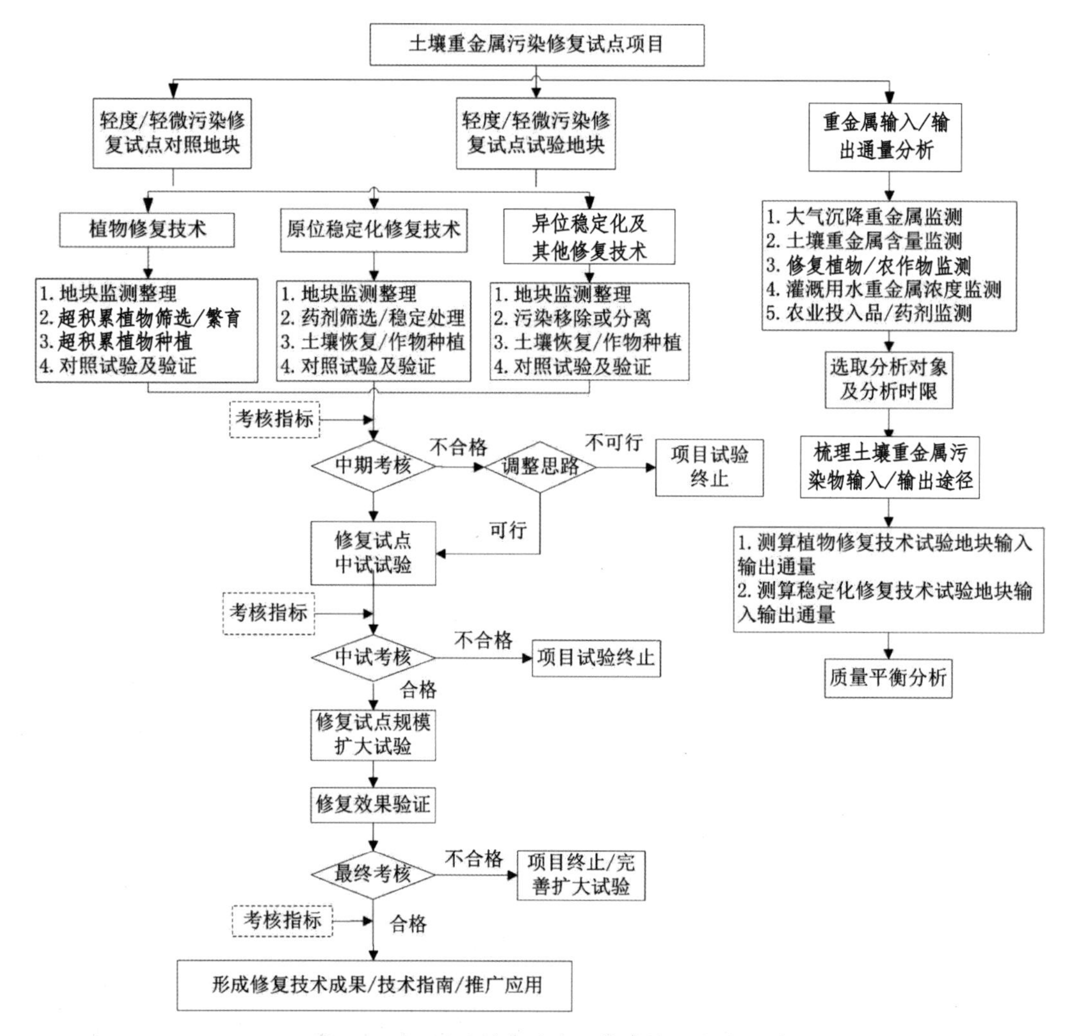


图 6.1.1-2 项目修复试点工作总体技术路线

植物吸取修复技术试点：由 3 家单位筛选了龙葵、德国景天、印度芥菜、蜈蚣草、鬼针草、甜高粱、籽粒苋、富集型冬油菜、向日葵等 30 余种修复植物及经济作物。经评估后，最终推荐富集型冬油菜+籽粒苋和修复植物德国景天作为最佳修复模式（图 6.1.1-3）。中试规模为 136.5 亩（德国景天植物吸取修复技术 15 亩，籽粒苋—冬油菜轮作修复技术 20 亩，低积累冬油菜—玉米轮作安全利用技术 98.5 亩，低积累蔬菜品种筛选 3 亩）。

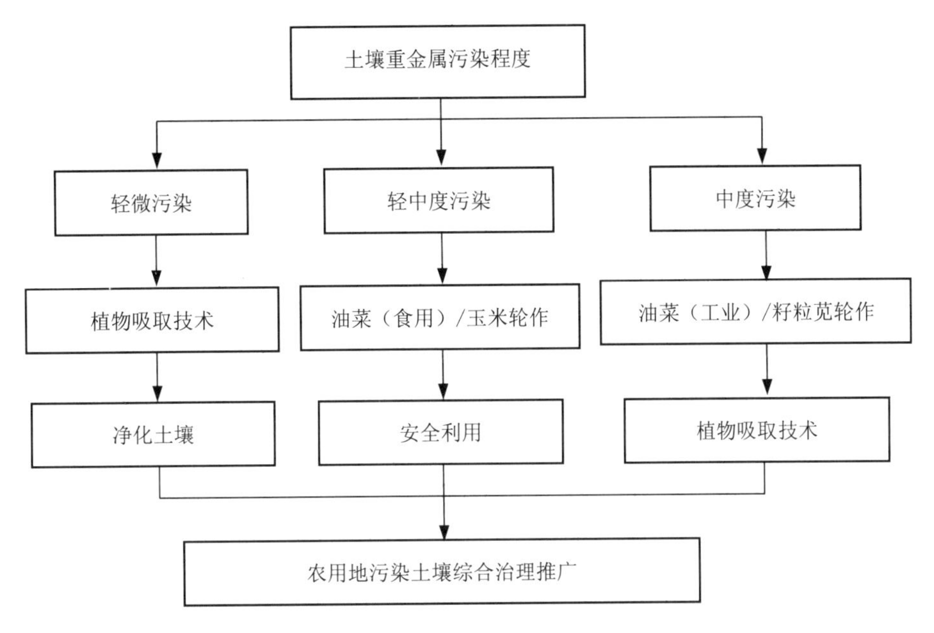


图 6.1.1-3　植物修复与安全利用试点技术路线

替代种植试点：结合当地种植条件，探索以油菜—玉米替代小麦—玉米的种植方式，实现安全利用。其中，低积累冬油菜—玉米轮作安全利用技术 98.5 亩，低积累蔬菜品种筛选 3 亩。

原位稳定化修复技术试点：由 5 家单位分别开展羟基磷酸盐、纳米聚合物、农林废弃物产品、微生物菌剂、复配型修复剂等稳定化药剂的工程小试。2017 年评估后，择优选择 3 家单位继续开展为期 2 年的中试，中试规模为 105 亩。原位稳定化修复试点技术路线如图 6.1.1-4 所示。

异位稳定化与其他技术试点：由 2 家单位开展了磁分离修复、异位稳定化、异位淋洗等技术的工程小试。评估后认为，上述技术尚未摸索出稳定的修复技术工艺，未继续进行后续试点。

（6）实施效果

1）植物修复技术

2016 年 4 月，项目设置了 Cd 修复植物筛选区，种植了德国景天、美国籽粒苋、富集型冬油菜、龙葵、印度芥菜、向日葵、三七景天、紫茉莉、红叶甜菜和红米苋等修复植物（图 6.1.1-5～图 6.1.1-8）。

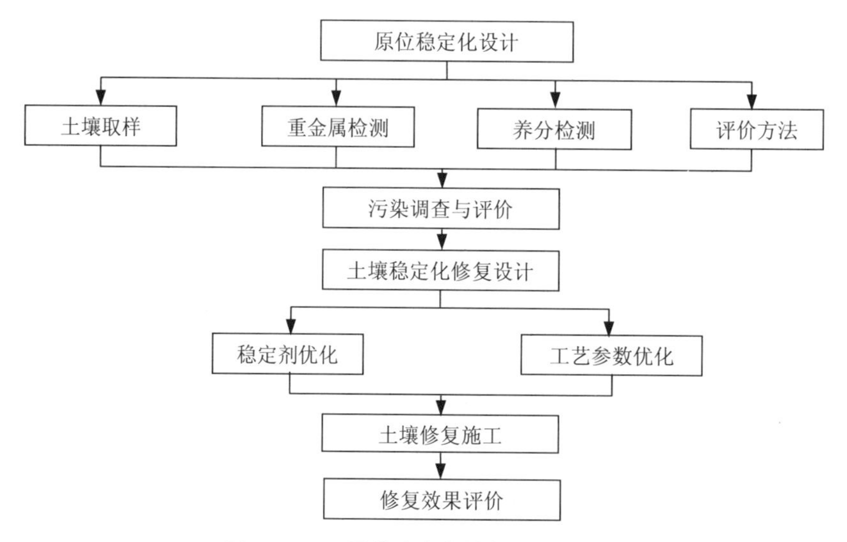


图 6.1.1-4　原位稳定化修复试点技术路线

图 6.1.1-5　油菜播种

图 6.1.1-6　土壤旋耕

图 6.1.1-7　修复植物测产

图 6.1.1-8　修复植物焚烧

项目筛选出德国景天、籽粒苋、富集型冬油菜和向日葵等4种适宜在本地大面积种植且修复效率（以植物种植一季地上部分吸取重金属总量占耕作层土壤中重金属总量的比重计算）较高的修复植物（表6.1.1-1）。最终，选择2种修复种植模式进入中试，即单一种植德国景天修复模式（修复效率为2.71%）、籽粒苋—富集型冬油菜轮作修复模式（总修复效率为4.49%）。

表6.1.1-1　示范区镉修复植物品种筛选及Cd修复效率

| 序号 | 植物名称 | 生物量/（$kg/hm^2$） | Cd含量/（mg/kg） | Cd提取量/（$g/hm^2$） | 修复效率/% |
|---|---|---|---|---|---|
| 1 | 德国景天 | 7 573 | 17.67 | 133.81 | 2.71 |
| 2 | 籽粒苋 | 29 598 | 4.39 | 129.94 | 2.60 |
| 3 | 富集型冬油菜 | 21 010.5 | 4.38 | 92.03 | 1.89 |
| 4 | 龙葵 | 4 860 | 5.50 | 26.73 | 0.53 |
| 5 | 印度芥菜 | 1 800 | 15.78 | 28.40 | 0.57 |
| 6 | 向日葵 | 9 663 | 11.82 | 114.2 | 2.29 |
| 7 | 三七景天 | 1 050 | 5.70 | 5.99 | 0.12 |
| 8 | 紫茉莉 | 3 330 | 1.80 | 5.99 | 0.12 |
| 9 | 红叶甜菜 | 9 360 | 6.12 | 57.28 | 1.15 |
| 10 | 红米苋 | 6 360 | 8.20 | 52.15 | 1.04 |

2）原位稳定化技术

由3家单位进行中试规模的稳定剂优化施工（图6.1.1-9），分别采用“微生物菌剂+叶面阻隔”、“有机/无机复配型修复剂+叶面阻隔”和“有机/无机复配稳定化材料+叶面阻隔+30 cm深耕”等三种模式进行修复。经跟踪监测，各中试区土壤肥力不变，Pb、Cd、As总量也无明显变化。小麦籽粒中Pb、Cd含量逐年降低，2019年小麦籽粒Pb达标率为100%；Cd虽未达标，但显著低于修复前和小试阶段的检测值。根据2019年小麦检测结果，连续4年施加药剂田块小麦籽粒Cd平均含量为0.14 mg/kg，而2个未连续加药剂田块小麦Cd平均含量分别为0.21 mg/kg、0.26 mg/kg。可见，连续添加稳定剂处理效果更佳。

3）替代种植与安全利用

项目探索了低积累油菜品种—玉米安全种植模式。低积累油菜品种根据同批20个油菜品种选定，采用低积累油菜品种代替小麦，可与当地玉米种植轮作，实现安全利用。从中试油菜检测结果可知，收获期三个油菜品种叶、茎、根、豆荚中Cd含量分别为7.6～

15.8 mg/kg、1.6～2.4 mg/kg、1.1～1.3 mg/kg、1.0～1.7 mg/kg，Pb 含量分别为 71.4～75.6 mg/kg、3.8～4.6 mg/kg、7.5～13.6 mg/kg、5.4～8.1 mg/kg。油菜不同部位生物量分别为地上部籽粒 300～400 斤/亩、秸秆 400 斤/亩、根部 200 斤/亩。分别采用常规压榨技术、低温压榨技术和正己烷浸提技术制备毛油。经净化、提纯，中试收获油菜籽加工的成品油样品检测符合《食品安全国家标准 食品中污染物限量》（GB 2762—2017）要求，油粕重金属含量符合《饲料卫生标准》（GB 13078—2017）。

图 6.1.1-9 稳定剂投加

编制受污染耕地蔬菜安全种植清单：根据低积累蔬菜品种筛选结果，提出供下一阶段工作参考的受污染耕地蔬菜安全种植推荐清单，见表 6.1.1-2。

表 6.1.1-2 污染田块蔬菜种植品种推荐清单

| 序号 | 品种 | 限量标准/（mg/kg） | | 室内 | | 室外 | | 种植建议 |
|---|---|---|---|---|---|---|---|---|
| | | Cd | Pb | Cd | Pb | Cd | Pb | |
| 1 | 菠菜 | 0.2 | 0.3 | × | × | — | — | 不建议 |
| 2 | 快菜 | 0.2 | 0.3 | × | × | — | — | 不建议 |
| 3 | 四月慢油菜 | 0.2 | 0.3 | × | × | — | — | 不建议 |
| 4 | 蒜苗 | 0.2 | 0.3 | √ | √ | — | — | 不建议 |
| 5 | 香菜 | 0.2 | 0.3 | × | × | — | — | 不建议 |

| 序号 | 品种 | 限量标准/（mg/kg） | | 室内 | | 室外 | | 种植建议 |
|---|---|---|---|---|---|---|---|---|
| | | Cd | Pb | Cd | Pb | Cd | Pb | |
| 6 | 养生菜 | 0.2 | 0.3 | × | × | — | — | 不建议 |
| 7 | 大蒜 | 0.05 | 0.1 | × | √ | × | √ | 不建议 |
| 8 | 青菜 | 0.2 | 0.3 | × | × | × | × | 不建议 |
| 9 | 香菜 | 0.2 | 0.3 | × | × | × | × | 不建议 |
| 10 | 油菜 | 0.2 | 0.3 | × | × | × | × | 不建议 |
| 11 | 长豆角 | 0.1 | 0.2 | √ | √ | √ | × | 大棚 |
| 12 | 黄瓜 | 0.05 | 0.1 | √ | √ | √ | √ | 大田 |
| 13 | 茄子 | 0.05 | 0.1 | × | × | × | × | 不建议 |
| 14 | 四季豆 | 0.1 | 0.2 | √ | √ | √ | × | 大棚 |
| 15 | 西红柿 | 0.05 | 0.1 | × | × | × | × | 不建议 |
| 16 | 苦瓜 | 0.05 | 0.1 | √ | √ | √ | × | 大棚 |
| 17 | 辣椒 | 0.05 | 0.1 | × | √ | × | √ | 不建议 |

注：限量标准依据《食品安全国家标准　食品中污染物限量》（GB 2762—2017）。“√”表示低于限量标准，“×”表示超标，“—”表示未设置试验。

2019 年 10 月，在已有修复试点基础上，另选取土壤、小麦 Cd 含量均超标 1～2 倍的轻度污染的 240 亩农用地，开展为期 1 年的扩大试验，修复规模共计 500 亩。植物吸取修复仍采用德国景天植物吸取修复技术、籽粒苋—富集型冬油菜轮作修复技术。风险管控技术则采用低积累冬油菜—玉米轮作、种植低积累蔬菜品种。土壤重金属稳定化法优选出 2 家进入扩大阶段，采用中试优选的稳定剂，优化施用参数，小面积尝试使用药剂施撒机、机械深耕混合破碎装备等工程措施，开展稳定剂连续施用试验。评价连续施用 1 年、2 年、3 年、4 年和 5 年稳定剂的修复效果，确定稳定剂的使用周期。目前，大田种植的修复植物、小麦等长势良好。

（7）成本分析

项目总投资 3 276 万元。根据估算，小试阶段直接成本控制在 3 万～4 万元/亩，中试阶段、扩大阶段直接成本控制在 1 万元/亩。

（8）问题总结

①植物修复法周期较长。根据 Cd 污染土壤修复试验两年实际运行数据，考虑目前的技术水平，使该地 1 $hm^2$ 土壤中 Cd 平均含量由 2.22 mg/kg 降低到《土壤环境质量　农用地土壤污染风险管控标准（试行）》（GB 15618—2018）中相应的筛选值（0.6 mg/kg）以

下，理论修复年限约为 16 年。由于植物吸取效率会随着土壤中重金属含量减少而降低，修复周期可能会更长。土壤重金属原位钝化技术需逐年添加钝化剂，且长期效应不明。

②大气沉降仍然存在，对土壤和农作物的影响尚难以评估。项目在实施过程中对降尘进行了同步监测（图 6.1.1-10、图 6.1.1-11），发现虽试点基地周边企业已达标排放，但大气降尘中的重金属含量仍显著高于对照点。从受污染区的净土种植对照实验监测数据中可以看出，小麦籽粒中 Pb 含量受降尘中 Pb 含量影响较大。需继续充分获取大气沉降数据，以定量评估大气沉降对土壤修复效果和农产品质量的影响。

图 6.1.1-10 放置降尘缸

图 6.1.1-11 环境空气重金属监测采样

（9）项目经验

①数据完备，夯实基础。本项目以不小于 10 km×10 km 密度，在全市域范围内采集

土壤表层样品、剖面样品以及对应作物样品。测试项目涵盖土壤重金属全量、有效态，土壤理化性质，作物可食部分重金属含量等指标。通过开展全市域的土壤加密调查，基本摸清了土壤污染特征与分布情况，反映了区域污染特征，为指导试验布设打下了坚实的基础。

②总体规划，分步实施。开放平台提供实验条件及经费支持，广泛征集技术方案，吸引国内外有潜力的土壤治理修复技术团队到当地开展工作，进行技术验证，对农用地治理技术覆盖较为全面。项目进行分步实施，分为小试阶段、中试阶段、扩大阶段。通过小规模多种技术路线的示范验证，遴选甄别后进入中试项目。

③全局统筹，严格管理。项目由市局专人负责，严控过程管理。为各种治理修复技术提供相同化肥、种子、浇灌水等实验条件，并设置对照组，保证实验结果的可信性。全过程记录土壤、农作物、气象、大气监测等数据，定期总结各标段季度进展，归档各标段季度总结、阶段总结、验收总结、监理等材料。设立公共检测平台，选择高水平的检测单位，并聘请独立的质控单位，统一检测，确保检测数据可靠。项目团队善于思考、总结摸索，除提出一套科学的管理策略和解决方案外，还在不断进行尝试，如探索农产品加工过程中的风险管控。

**专家点评**

该案例针对在产冶炼厂周边因大气沉降历史积累造成的农用地土壤污染，开展了系列风险管控与修复技术探索试点工作。案例立项前期通过系统调查，掌握污染，为科学开展农用地土壤风险管控与修复试点提供了扎实数据基础。科学组织，跟踪过程，保证评价结果可靠。逐步试验，科学集成，淘汰不合适技术，实现优选技术模式递进扩大，效果可达。分类施策，精准实施分区分类的风险管控与修复方案：重度污染区域提出了低积累油菜品种—玉米安全种植模式，编制了地域性常见蔬菜安全种植清单；中轻度污染区提出了原位钝化+低积累小麦品种的模式，探索出北方微碱性农用地土壤镉、铅及砷污染风险管控与修复模式。

## 6.1.2　河南某镉污染农用地土壤污染风险管控与修复项目

（1）项目基本信息

项目规模：修复耕地 55 亩

实施周期：2018 年 6 月至 2021 年 6 月

项目经费：433 万元

项目进展：已完成修复效果评估

（2）区域自然环境概况

项目所在地位于河南省北部，地处黄河冲积扇平原。土壤类型繁多，有潮土、褐土、棕壤、粗骨土、石质土、风沙土及水稻土等。属暖温带季风气候，雨热同期，夏季高温多雨，冬季寒冷干燥。该区域种植业以粮棉油为主，主要农作物有小麦、玉米、花生、水稻、棉花。种植制度为小麦—玉米二熟制、小麦—夏大豆二熟制、油菜—玉米二熟制，耕地绝大多数为旱田，具有较好的灌溉条件。

（3）主要污染情况

该市是中原地区重要的工业基地。历史上镍镉电池工业污染排放导致农用地重金属污染，进而引发严重粮食安全问题，近年来受到社会及政府的广泛关注。

2017 年，对 235 亩耕地土壤初步取样调查发现土壤主要污染物为 Cd。对标《土壤环境质量　农用地土壤污染风险管控标准（试行）》（GB 15618—2018），0～100 cm 土壤样品点位超标率为 42.5%。其中，表层 0～20 cm 土壤点位超标率为 100%，超标倍数为 1.92～14.7 倍。小麦籽粒 Cd 含量超出《食品安全国家标准 食品中污染物限量》（GB 2762—2017）相应标准 4.89～13.25 倍。

2018 年夏季，对本项目实施修复区域 55.65 亩耕地进行加密采样调查。调查结果显示，修复区域土壤 pH 值范围为 7.81～8.09，Cd 污染主要集中于 0～20 cm 表层土壤，20～40 cm 部分土壤超标。0～20 cm 土壤 Cd 含量范围为 0.815～3.79 mg/kg，平均含量为 2.76 mg/kg，参照 GB 15618—2018，土壤 Cd 含量均超过筛选值（0.6 mg/kg），但低于管制值（4 mg/kg）。20～40 cm 土壤含量范围为 0.384～0.753 mg/kg，平均含量为 0.513 mg/kg。

为科学合理地验证修复措施对土壤、植物及作物的影响，科学考评修复效果，特选择修复区域范围内重金属污染程度相似地块作为对照区，对照区表层（0～20 cm）土壤 Cd 含量范围为 2～4 mg/kg。

（4）安全利用和修复目标

①耕地污染治理措施对耕地和地下水不造成二次污染，修复后耕地土壤中重（类）金属（Cd、Hg、Pb、Cr、As）含量不增加，土壤肥力水平不降低；

②农作物（小麦、玉米等粮食作物）产量不低于当年当地平均水平；

③参照《食品安全国家标准　食品中污染物限量》（GB 2762—2017），农产品可食部分 Cd 含量单因子污染指数均值与 1 差异不显著（单尾 $t$ 检验，显著性水平为 0.05）且样品达标率为 90%以上。

（5）技术路线

总体思路：按照农用地土壤重金属污染程度的差异，采用分区分类治理的思路，总技术路线如图 6.1.2-1 所示。试验区划如图 6.1.2-2 所示。A 区：27.45 亩，采用边生产边修复模式，采取“深耕+原位钝化技术”联合修复，确保粮食产量与质量安全。B 区：28.2 亩，采用“深耕+替代种植/植物吸取技术”联合修复，确保有效降低农用地重金属含量。CK 区：2.68 亩，一部分开展修复效果对照试验，一部分开展低积累小麦品种筛选试验（农艺调控技术）。

1）A 区

采取“工程措施+原位钝化技术”联合修复。修复面积 27.45 亩，修复污染物为 Cd。采用的具体措施包括：深耕（0～45 cm）、施用钝化剂、种植低积累小麦品种等。实行二熟制，冬季种植小麦，夏季玉米—大豆轮作。A1～A6 小区分别施用纳米硅材料、生物质修复材料、有机—无机天然复合材料、矿物微胶囊、高性能无机改性修复材料、有机硅材料等，筛选适于当地的钝化材料。现场工作情况如图 6.1.2-3～图 6.1.2-6 所示。

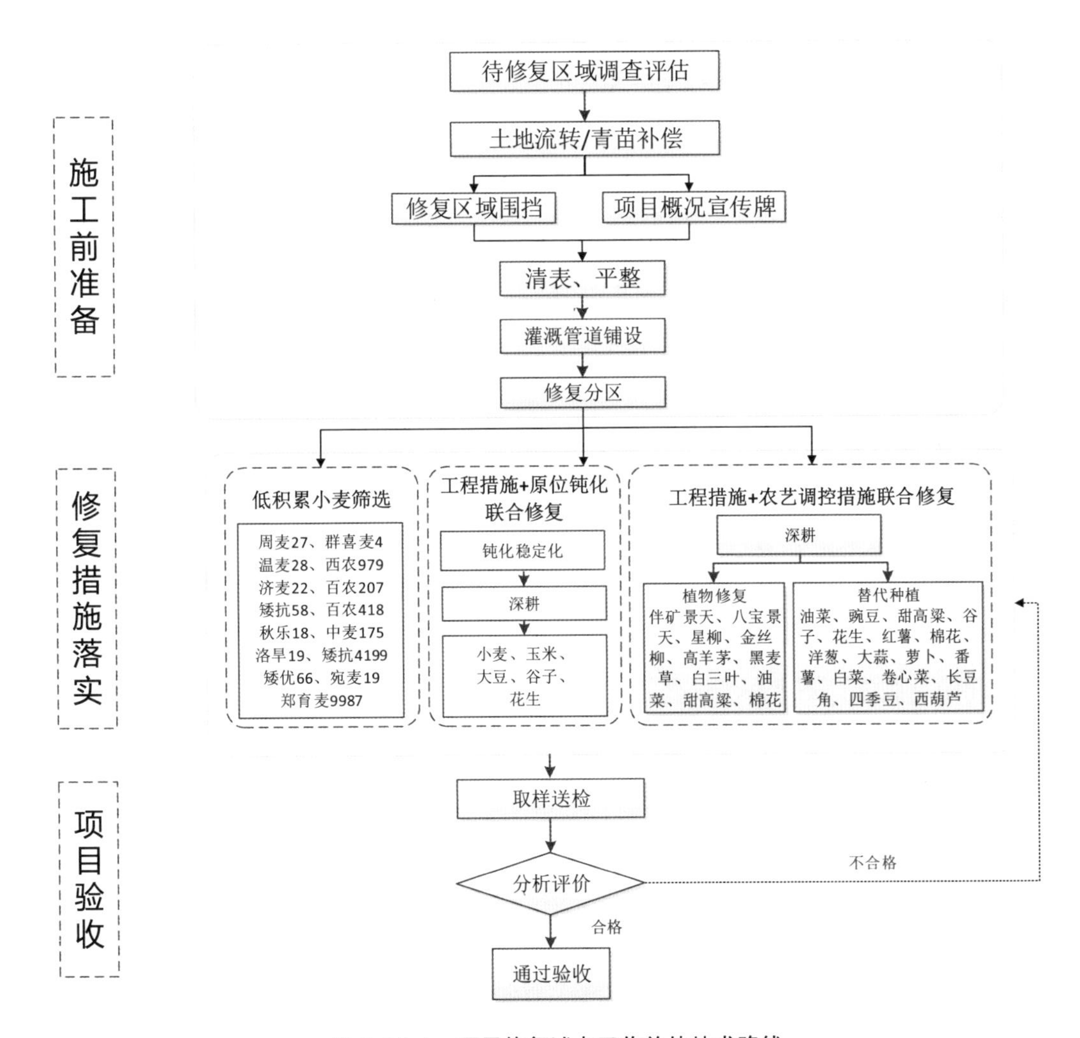


图 6.1.2-1　项目修复试点工作总体技术路线

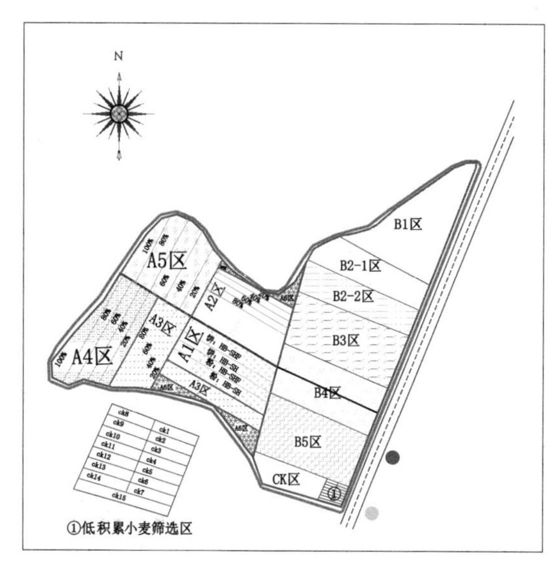


| 项目区面积分布表 | | | |
| --- | --- | --- | --- |
| 图例 | 区域 | 处理措施 | 面积/亩 |
| | A1 | 纳米硅修复材料 | 5.17 |
| | A2 | 生物质修复材料 | 5.06 |
| | A3 | 有机无机天然复合材料 | 4.91 |
| | A4 | 矿物微胶囊 | 4.94 |
| | A5 | 高性能无机改性吸附材料 | 5.77 |
| | A6 | 有机硅修复材料 | 1.6 |
| | B1 | 油菜 | 5.7 |
| | B2-1 | 八宝景天 | 5.8 |
| | B2-2 | 伴矿景天 | |
| | B3 | 白三叶/猫眼草 | 5.7 |
| | B4 | 高羊茅/黑麦草 | 5.4 |
| | B5 | 星柳/金丝柳 | 5.6 |
| | CK区 | 空白对照 | 2.68 |
| | | 合计 | 58.33 |

| 低累积小麦筛选区 | |
| --- | --- |
| 区域 | 小麦品种 |
| ck1 | 周麦27 |
| ck2 | 温麦28 |
| ck3 | 群喜麦4 |
| ck4 | 济麦22 |
| ck5 | 西农979 |
| ck6 | 矮抗58 |
| ck7 | 百农207 |
| ck8 | 郑育麦9987 |
| ck9 | 秋乐18 |
| ck10 | 百农419 |
| ck11 | 中麦175 |
| ck12 | 矮抗4199 |
| ck13 | 宛麦19 |
| ck14 | 矮优66 |
| ck15 | 洛旱19 |

● 工程宣传牌　● 改良剂临时仓储点　围栏　— 主马路　B区分界　A区分界

0　50　100　200 km

（a）第一季（2018 年 9 月—2019 年5 月）种植平面布置图

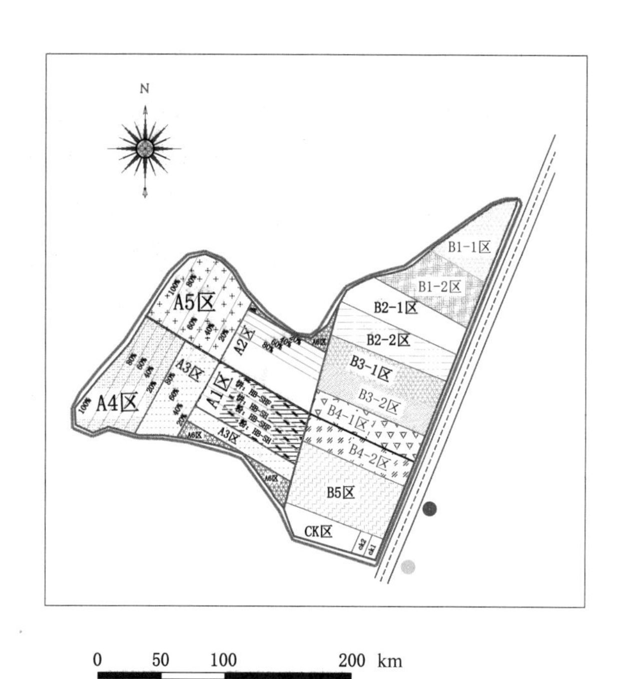


| 项目区面积分布表 | | | |
| --- | --- | --- | --- |
| 图例 | 区域 | 处理措施 | 面积/亩 |
| | A1 | 纳米硅修复材料（大豆/玉米） | 5.17 |
| | A2 | 生物质修复材料（大豆/玉米） | 5.06 |
| | A3 | 有机无机天然复合材料（大豆/玉米） | 4.91 |
| | A4 | 矿物微胶囊（大豆/玉米） | 4.94 |
| | A5 | 高性能无机改性吸附材料（大豆/玉米） | 5.77 |
| | A6 | 有机硅修复材料（大豆/玉米） | 1.6 |
| | B1-1 | 甜高粱 | 5.7 |
| | B1-2 | 棉花 | |
| | B2-1 | 八宝景天 | 5.8 |
| | B2-2 | 蔬菜瓜果 | |
| | B3-1 | 红薯 | 5.7 |
| | B3-2 | 花生/谷子 | |
| | B4-1 | 大豆 | 5.4 |
| | B4-2 | 玉米 | |
| | B5 | 星柳/金丝柳 | 5.6 |
| | CK区 | 空白对照 | 2.68 |
| | CK-1 | 大豆 | |
| | CK-2 | 玉米 | |
| | | 合计 | 58.33 |

● 工程宣传牌　● 改良剂临时仓储点　围栏　— 主马路　B区分界　A区分界

0　50　100　200 km

（b）第二季（2019 年 5 月—2019 年9 月）种植平面布置图

图 6.1.2-2　项目区种植平面布置

图 6.1.2-3 钝化剂施撒

图 6.1.2-4 土壤旋耕

图 6.1.2-5 田间管理

图 6.1.2-6 作物测产

2）B 区

采取“深耕+替代种植/植物吸取修复技术”联合修复。修复面积 28.2 亩，采用的工程措施为深翻耕；部分区块开展修复植物吸取修复，部分区块开展替代种植的安全性测试。现场工作情况如图 6.1.2-7～图 6.1.2-10 所示。修复植物有伴矿景天、八宝景天、星柳、金丝柳、高羊茅、黑麦草、白三叶、猫眼草等；替代种植作物有甜高粱、油菜、棉花、红薯、花生、谷子等。采用植物吸取修复、修复植物—替代作物轮作和替代作物轮作三种模式。具体分区有：B1-1，甜高粱—油菜轮作；B1-2，棉花—油菜轮作；B2-1，八宝景天修复；B2-2，伴矿景天—蔬菜瓜果轮作；B3-1，白三叶/猫眼草—红薯轮作；B3-2，白三叶/猫眼草—花生/谷子轮作；B4-1，高羊茅/黑麦草—大豆轮作；B4-2，高羊茅/黑麦草—玉米轮作；B5，星柳/金丝柳。

图 6.1.2-7　油菜种植

图 6.1.2-8　油菜测产

图 6.1.2-9　景天种植

图 6.1.2-10　田间管理（金丝柳）

3）辅助建设

①修复工程对照区建设。

设置 1 个修复对照区，对照区面积为 2.68 亩，其中包含低积累小麦筛选 0.5 亩。

②围栏建设。

整个项目区围栏采用隔离护栏网，材质为低碳冷拔丝，长度约为 500 m，设计高度 2 m，网孔为 66 mm×66 mm（图 6.1.2-11）。项目宣传围挡长 75 m，高 2 m。

③宣传建设。

设置宣传牌共计 49 个，材料选用 304 不锈钢，展示牌高 2 m，牌面长 0.6 m，高 0.45 m。

④焚烧炉建设。

修复植物不属于《国家危险废物名录》（2016 年）中所列危险废物类别，按照最不利情况考虑，将修复植物按照危险废物进行贮存和处理，采用自建焚烧炉进行焚烧（图

6.1.2-12）。焚烧量为 50 kg/h，燃烧室内焚烧温度控制在 800℃左右，二级焚烧 1 100℃，除尘采用旋风除尘—水幕急冷—布袋除尘。

图 6.1.2-11　配套设施建设

图 6.1.2-12　焚烧炉建设

（6）实施效果

小麦品种筛选：综合富集系数、产量和小麦达标等指标结果，筛选并验证“矮抗 4199”为适宜推广的品种。

深耕翻：通过深耕翻显著降低了耕层土壤总镉的含量，对后续土壤钝化调理，降低农产品超标率起到了根本性的作用。但个别区域深翻效果欠佳。

植物修复：2018 年，金丝柳和八宝景天的 Cd 生物积累量分别为 1.40 g/亩和 0.91 g/亩。2019 年，金丝柳、甜高粱秸秆和星柳的 Cd 生物积累量分别为 2.26 g/亩、1.78 g/亩和 1.72 g/亩。2020 年，金丝柳、星柳和八宝景天的 Cd 生物积累量分别为 11.39 g/亩、4.52 g/亩和 0.019 g/亩。三年连续监测结果表明金丝柳和星柳的生物量、富集能力均高于传统的修复植物八宝景天，可作为项目所在区域受污染耕地修复植物进行推广。

替代种植：本项目试验的油菜、甜高粱、谷子、花生、棉花、金丝柳、星柳、牧草和各类蔬菜中 Cd 的超标率低（表 6.1.2-1），仅在大蒜头和黑麦草中各发现 1 个样品超标。但油菜、谷子、花生、卷心菜和白菜、牧草中 Cd 含量较高，需持续关注 Cd 在上述作物中的富集。

（7）成本分析

本项目待修复总面积约 235 亩。本项目为一期修复试点，修复耕地面积约为 55 亩，修复技术成本控制在 3 万～4 万元/亩。后期修复面积扩大可使直接成本大幅下降。

表 6.1.2-1　安全利用类农用地土壤作物推荐清单

| 序号 | 品种 | 标准 | 标准限值 | 达标率 | 修复模式 | 是否可行 |
|---|---|---|---|---|---|---|
| 1 | 小麦 | 《食品安全国家标准 食品中污染物限量》（GB 2762—2017） | 0.1 | 90% | 钝化+深耕+低积累品种 | √ |
| 2 | 玉米籽粒 | 《食品安全国家标准 食品中污染物限量》（GB 2762—2017） | 0.1 | 100% | 无 | √ |
| | | | | 100% | 深耕 | √ |
| | | | | 100% | 钝化+深耕 | √ |
| 3 | 玉米秸秆 | 《饲料卫生标准》（GB 13078—2017） | 1.0 | 0% | 无 | × |
| | | | | 67% | 深耕 | × |
| | | | | 96% | 钝化+深耕 | √ |
| 4 | 大豆 | 《食品安全国家标准 食品中污染物限量》（GB 2762—2017） | 0.2 | 0% | 无 | × |
| | | | | 67% | 深耕 | × |
| | | | | 83% | 钝化+深耕 | × |
| 5 | 油菜籽粒 | 《食品安全国家标准 食品中污染物限量》（GB 2762—2017） | 0.2 | 100% | 深耕 | √ |
| 6 | 甜高粱籽粒 | 《食品安全国家标准 食品中污染物限量》（GB 2762—2017） | 0.1 | 100% | 深耕 | √ |
| 7 | 萝卜 | 《食品安全国家标准 食品中污染物限量》（GB 2762—2017） | 0.1 | 100% | 深耕 | √ |
| 8 | 番薯 | 《食品安全国家标准 食品中污染物限量》（GB 2762—2017） | 0.1 | 100% | 深耕 | √ |
| 9 | 谷子 | 《食品安全国家标准 食品中污染物限量》（GB 2762—2017） | 0.1 | 100% | 深耕 | √ |
| 10 | 白菜 | 《食品安全国家标准 食品中污染物限量》（GB 2762—2017） | 0.2 | 100% | 深耕 | √ |
| 11 | 卷心菜 | 《食品安全国家标准 食品中污染物限量》（GB 2762—2017） | 0.2 | 100% | 深耕 | √ |
| 12 | 花生 | 《食品安全国家标准 食品中污染物限量》（GB 2762—2017） | 0.5 | 100% | 深耕 | √ |

（8）问题总结

①通过深翻耕显著降低了耕层土壤总镉的含量，对后续土壤钝化调理，降低农产品超标率起到了根本性的作用。但个别区域深翻效果欠佳。

②结合 Cd 小麦超标现状、区域气候特征，需进一步探索在 Cd 小麦超标区域冬季种植制度调整的技术模式（与小麦生长季节生态位一致或相近，且农产品能达标安全利用的作物品种）。

③本项目实施周期较短，获得的阶段性结论还需长期监测验证，对于大面积推广仅作为参考。

（9）项目经验

①传统意义的植物吸取在北方的技术推广难度大、修复效率低、经济成本大、无产出，不建议大面积推广；钝化修复材料在北方应用与南方应用效果差异较大，必须本地化，并且需长期监测；修复策略和技术选择上，建议优先选择农艺调控、替代种植等措施。

②本项目中实行分级分类的治理修复思路、技术途径和模式，针对不同污染等级，因地制宜地采取安全利用与修复的技术措施。重点探索适宜较高镉含量耕地的安全利用模式：一方面，尝试多种边修复边生产模式，达到农产品的安全利用；另一方面，尝试在较低投入下实现经济产出，达到成本低廉、易于推广。

**专家点评**

该案例围绕镍镉电池企业生产造成周边农用地土壤镉污染、小麦镉超标等问题开展了系统的土壤风险管控与修复系列大田现场实践工作，针对重度污染土壤，探索出深翻法+钝化修复+低积累品种联合修复模式，实现了小麦籽粒镉含量达标，识别出深翻法对于显著降低耕层土壤镉含量、有效态含量及小麦籽粒镉含量等关键性指标具有决定性作用。实践出豌豆替代冬小麦的种植新模式，具有无二次污染、低成本、边生产边修复的特点。提出了镉低风险的大田主栽品种名单如油菜、甜高粱、棉花、牧草和各类蔬菜等，具有较好的推广性。

### 6.1.3　河北某重金属污染农用地土壤污染风险管控与修复项目

（1）项目基本信息

项目规模：一标段，100 亩；二标段，200 亩；三标段，500 亩

实施周期：2018 年 1 月至 2020 年 8 月

项目经费：2 807 万元

项目进展：已完成项目验收

（2）前期工作基础

1）项目基础

对某流域农用地土壤重金属污染状况开展调查监测评价等工作，是后续农用地土壤修复工作的基础，也是未来环境管理工作的科学依据。2017 年 3 月开始启动，经过 9 个月的工作，2017 年年底通过验收。

2）初步调查工作

在项目建议书编制阶段（2017 年 3—5 月），方案编制单位收集该流域农用地环境质量状况及该水系的相关资料，对项目所在地重金属污染区域展开初步调查。初步调查期间分三个阶段，对该流域周边约 1 万亩农用地进行布点采样。点位布设情况如下：

第一阶段（土壤样品采集）：在河道两端沿河道方向等间距（1 km），垂直河道方向 0 m、200 m 两处布设采样点，土壤采样深度设定为 0～0.2 m，共采集表层土壤样品 70 个。

第二阶段（污染源与农作物样品采集）：按照《地表水和污水监测技术规范》（HJ/T 91—2002）的要求，在该河段采集水样 7 个、底泥样品 8 个，同时根据现场情况采集当季蔬菜作物西红柿 2 个、北瓜 1 个。

第三阶段（重点区域土壤样品采集）：按照《农田土壤环境质量监测技术规范》（NY/T 395—2012）的相关要求，在该河流上游超标点位处，垂直河岸 0 m、300 m 处布设采样点，在中下游河段选取两块片式农用地区域，沿河道方向等间距（100 m），垂直河道方向 0 m、100 m、200 m 布设采样点，表层土壤采样深度设定为 0～0.2 m，共采集表层土壤样品 124 个；根据表层土壤重金属含量，选择 11 个高含量点位采集深层土壤样品，采集深度为 0.2 m、0.5 m、1.0 m 土壤样品 33 个，共计土壤样品 157 个。

初步调查阶段采样数量汇总如下：土壤样品 227 个，农作物样品 3 个，水样 7 个，底泥样品 8 个。土壤监测项目涉及 pH、总铜、总铬、总镍、总锌、总铅、总镉、总砷、总汞、有效态镉（DTPA）；农作物检测项目涉及总铜、总铬、总镍、总锌、总铅、总镉、总砷、总汞。

检测结果显示：调查区域表层土壤重金属镉超标，超标率在 41.1%～46.7%。

3）详细调查工作

在实施方案编制阶段（2017 年 6—10 月），编制单位在前期工作的基础上进行了详细采样调查，详细调查期间样品采集分三类，对河流周边约 1 000 亩农用地进行布点采样。点位布设情况如下。

第一类（土壤样品采集）：在重点区域按照 100 m×100 m（约 15 亩）的网格，设置土壤采样点，采集表层土壤样品 74 个；在重点区域内沿河道方向在镉含量范围为 0.3～0.45 mg/kg、0.45～0.6 mg/kg、0.6～0.8 mg/kg 的三个含量污染区域采集土壤剖面样品，共设置 18 个剖面采样点位，每个剖面采集 5 个土层（0～0.1 m、0.1～0.2 m、0.2～0.3 m、0.3～0.4 m、0.4～0.5 m），共采集土壤剖面样品 72 个。

第二类（农作物样品采集）：在重点区域按照 200 m×200 m（约 50 亩）的网格，设置农作物（小麦、玉米）采样点，共设置 42 个采样点位，采集农作物（小麦、玉米）样品各 42 个。

第三类（环境样品采集）：按照《水质　采样技术指导》（GB 12998—1991）的要求采集河流水样共 8 个、底泥样品 8 个、井水水样（地下深度为 30 m）5 个、化肥样品 5 种、大气沉降采样点 4 个。

详细调查阶段采样数量汇总如下：土壤样品 188 个、农作物样品 42 个、河流水样 8 个、底泥样品 8 个、井水水样 5 个、化肥样品 5 个、大气沉降样品 4 个。土壤监测项目涉及总镉、有效态镉（DTPA）；农作物检测项目涉及总镉。

检测结果显示：重点区域调查发现表层土壤重金属镉超标率为 32.80%～42.94%；农作物小麦出现一个点位超标现象；环境样品（肥料）存在重金属镉输入风险。

对照设置：为科学合理地验证局地环境的河流水体重金属对土壤和农作物的影响，科学评价修复效果，编制单位在调查阶段特选择河流生态恢复工程中已治理与未治理的河段分别进行水样与底泥监测，作为污染源对照点；选择相邻的清灌区，按照 100 m×100 m（约 15 亩）的网格采集农作物—土壤样品作为对照样品，布设点位数为 24 个。监测项目涉及 pH、总铜、总铬、总镍、总锌、总铅、总镉、总砷、总汞、有效态镉（DTPA）等。

4）补充调查工作

在工程施工阶段（2018 年 5 月）：修复单位在前期工作的基础上进行了补充采样调查，补充调查期间样品采集分两类，对施工区域内 500 亩农用地进行布点采样。点位布设情况如下。

第一类（农作物样品采集）：2018 年 5 月，补充完成 12 种常种蔬菜（豆角、油菜、茴香、辣椒、韭菜、生菜、白菜、萝卜、秋葵、蔓菁、菠菜、香菜）样品采集，共采集 22 个蔬菜样品。

第二类（土壤样品采集）：按照《农田土壤环境质量监测技术规范》（NY/T 395—2012）的相关要求，在 500 亩修复区域按照 100 m×100 m（约 15 亩）的网格，设置土壤采样点，采集表层土壤样品 49 个。

补充调查阶段采样数量汇总如下：土壤样品 49 个，农作物样品 22 个。土壤监测项目涉及 pH、总铜、总铬、总镍、总锌、总铅、总镉、总砷、总汞、有效态镉（DTPA）、全氮、有效磷、速效钾；农作物检测项目涉及总镉。

检测结果显示，蔬菜作物出现超标现象，种类超标率在 33.3%；河流未加治理前，河道污染严重，经过修复后，成效显著，且清灌区土壤、农作物重金属均不超标，所以河流污灌是农用地土壤污染的重要成因；500 亩修复区域内土壤全氮含量在 0.008%～0.29%，有效磷含量在 2～66.9 mg/kg，速效钾含量在 105～397 mg/kg，参照第二次土壤普查全国通用土壤养分分级标准，修复区域土壤各肥力指标等级基本位于二级水平。

（3）主要污染情况

项目所在区域农用地土壤重金属污染主要是由1978—2012年长期污水灌溉造成的。对照国家历史资料和周边地区监测结果，表层土壤中Cd平均含量高于该市的土壤背景值；对照《土壤环境质量标准》（GB 15618—1995），重点区域主要污染物为Cd，污染深度为0～20 cm，污染面积800亩。故选择这800亩农用地作为修复试点区域。该地块土壤Cd含量超过《土壤环境质量标准》（GB 15618—1995）中pH＜7.5的旱地二级标准（0.3 mg/kg）1.5～13倍；小麦籽粒Cd平均含量超《食品安全国家标准　食品中污染物限量》（GB 2762—2012）（0.1 mg/kg）1.28倍，未发现玉米籽粒重金属含量超标，采集到的12种蔬菜作物中有4种作物超标，种类超标比例约33.3%，超标作物可食部位中Cd含量超出《食品安全国家标准　食品中污染物限量》（GB 2762—2012）1.44～85.9倍。

污染物含量：2017年土壤监测结果显示，74%的土壤，pH＜7.5，镉含量在0.01～3.88 mg/kg，点位超筛选值（0.3 mg/kg）比例范围为32.80%～42.94%；有效态Cd（DTPA）含量在0.003～1.253 mg/kg。小麦籽粒样品Cd含量为0.006～0.128 mg/kg，超标率为2.38%。4种蔬菜作物镉含量超标情况：茴香检出Cd含量最大值为1.15 mg/kg，超标率为50%；辣椒检出Cd含量最大值为0.07 mg/kg，超标率为50%；白菜检出Cd含量最大值为17.18 mg/kg，超标率为100%；秋葵检出Cd含量最大值为0.12 mg/kg，超标率为100%。

（4）安全利用和修复目标

项目实施后，参照《食品安全国家标准　食品中污染物限量》（GB 2762—2017），农作物可食部分的Cd含量达标率≥95%。

土壤Cd含量满足《土壤环境质量标准》（GB 15618—1995）中的二级标准限值0.3 mg/kg或土壤有效态Cd含量修复后降低50%以上。

土壤肥力基本与修复前主要水平持平或相近；农作物以当地农作物小麦和玉米为准，产量不低于当年当地平均亩产水平。

（5）技术路线

总体思路：项目总体采用分程度、分技术、分步骤实施的思路，按污染程度分成轻度污染区域与中度污染区域，再根据污染程度制订对应修复技术，各项技术分别通过田间小试后，进行大规模农用地修复施工，如图6.1.3-1所示。在项目所在地周边设立小区试验，针对该项目涉及的各项修复技术，进行田间小试，根据小试结果开展后续大面积修复工程的施工，如图6.1.3-3、图6.1.3-4所示。实现了国内农用地修复技术在北方受污染农用地的试验与修复示范。

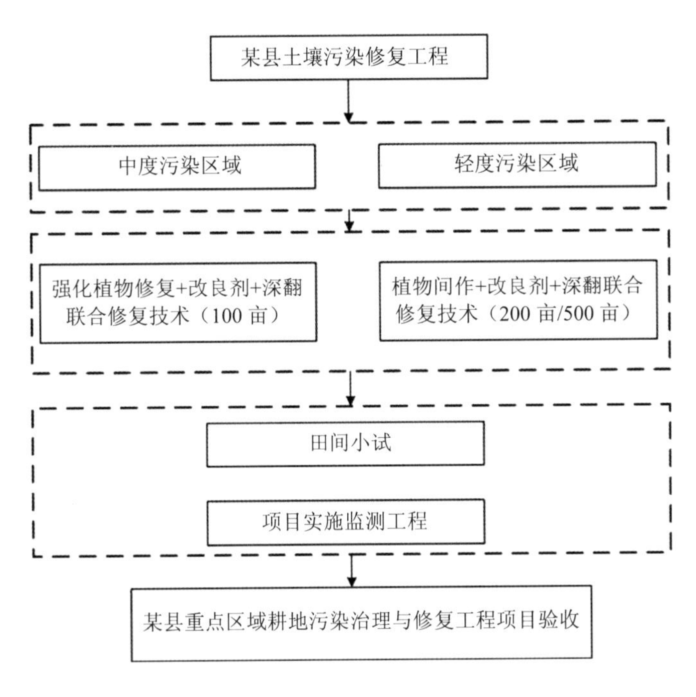


图 6.1.3-1　项目总体实施思路

项目施工情况：依据《实施方案》规定，本项目施工部分分为三个标段。

①第一标段：污染程度——中度污染区域，修复面积——100 亩，修复技术——“CPCTs-I：强化植物修复（龙葵、籽粒苋、甜高粱）+钝化剂+深翻联合修复技术”；

②第二标段：污染程度——轻度污染区域，修复面积——200 亩，修复技术——“CPCTs-II：低积累农作物（先玉 335、济麦 22）和超积累/高积累植物（籽粒苋、甜高粱）间套作+钝化剂+深翻联合修复技术”；

③第三标段：污染程度——轻度污染区域，修复面积——500 亩，修复技术——“CPCTs-II：低积累农作物（先玉 335、济麦 22）和超积累/高积累植物（龙葵、籽粒苋）间套作+钝化剂+深翻联合修复技术”。

部分标段的修复技术路线图详见图 6.1.3-2，涉及具体修复技术内容如下：

①高积累植物（龙葵、籽粒苋、甜高粱）种植。利用高积累植物的根系，吸收土壤中的有毒有害物质，并运移至植物地上部，通过收割地上部减少土壤中重金属 Cd 含量。

②低积累农作物品种（先玉 335、济麦 22）种植。筛选低积累农作物播种，减少农作物对土壤中污染物的吸收，使农产品质量达到《食品安全国家标准 食品中污染物限量》（GB 2762—2017）要求。

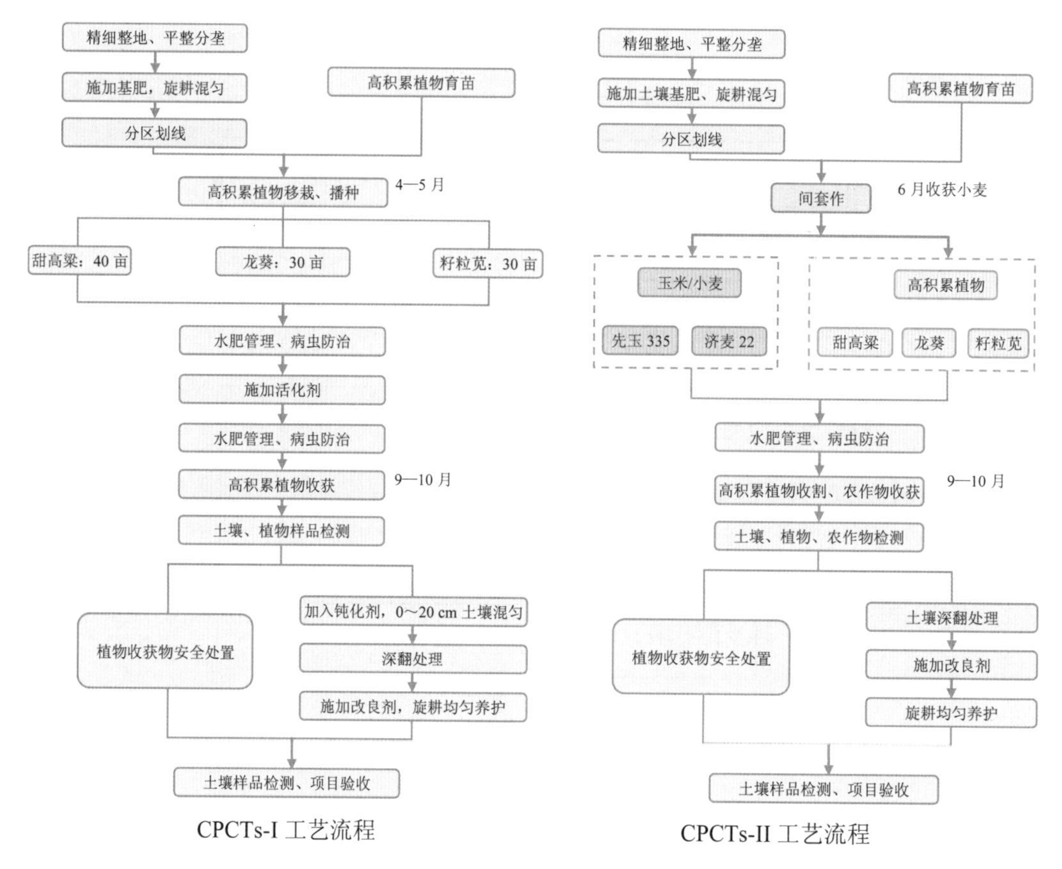


**图 6.1.3-2　项目技术路线图**

③钝化技术。施加钝化剂降低土壤 Cd 生物有效性，保障农产品质量达到《食品安全国家标准 食品中污染物限量》（GB 2762—2012）要求。

④深耕（0～40 cm）。充分混合 0～40 cm 土壤，稀释土壤表层（0～20 cm）重金属含量，达到进一步降低土壤表层 Cd 含量的效果。

（a）小区布设

（b）间套作种植

（c）钝化剂试验

（d）深翻试验

图 6.1.3-3　小区试验

（a）修复区域药剂投加

（b）修复植物收割

（c）修复区域深翻

（d）修复植物焚烧

图 6.1.3-4　大田修复施工

（6）实施效果

500 亩轻度污染区域农用地利用“低积累农作物和超积累/高积累植物间套作+钝化剂+深翻联合修复技术”，经过两年的修复治理，农作物小麦、玉米可食部位 Cd 含量均达到《食品安全国家标准　食品中污染物限量》（GB 2762—2017）要求；土壤中总镉含量 100%达到《土壤环境质量标准》（GB 15618—1995）二级标准，同时低于《土壤环境质量　农用地土壤污染风险管控标准（试行）》（GB 15618—2018）风险筛选值；土壤肥力基本与修复前主要水平持平或相近，农作物（小麦、玉米）产量与当年当地平均亩产水平基本持平。相关数据见表 6.1.3-1～表 6.1.3-4。

**表 6.1.3-1　农作物可食部位镉含量修复效果**

| 特征值 | 小麦/（mg/kg） | | 玉米/（mg/kg） | | 蔬菜/（mg/kg） | |
|---|---|---|---|---|---|---|
| | 修复前 | 修复后 | 修复前 | 修复后 | 修复前 | 修复后 |
| 最大值 | 0.128 | 0.03 | 0.005 | <0.001 | 2.337 | 0.023 |
| 最小值 | 0.006 | 0.001 | 0 | <0.001 | 0.003 | <0.001 |
| 国家限值 | 0.1 | | | | 0.05～0.2 | 0.05～0.2 |
| 修复目标 | 可食部位达标率≥95% | | 可食部位达标率≥95% | | 可食部位达标率≥95% | 可食部位达标率≥95% |
| 可食部位达标率 | 100% | | 100% | | 100% | |
| 是否达标 | 是 | | 是 | | 是 | |

注：修复前小麦、玉米数据来自实施方案调查阶段，蔬菜数据来自施工单位对本标段修复区域内的蔬菜样本自检。

**表 6.1.3-2　农用地土壤重金属修复效果**

| 特征值 | 修复前 | | 修复后 | | 是否达标 | |
|---|---|---|---|---|---|---|
| | 镉总量/（mg/kg） | 有效态镉/（mg/kg） | 镉总量/（mg/kg） | 有效态镉/（mg/kg） | 镉总量（0.3 mg/kg） | 有效态镉（0.23 mg/kg） |
| 最大值 | 1.7 | 0.549 | 0.29 | 0.10 | 是 | 是 |
| 最小值 | 0.08 | 0.026 | 0.11 | 0.04 | | |
| 中值 | 0.25 | 0.08 | 0.23 | 0.06 | | |
| 平均值±标准差 | 0.3±0.23 | 0.1±0.08 | 0.23±0.037 | 0.06±0.011 | | |

注：修复前数据为施工单位进场后对本标段修复区域内的土壤样品自检所得。

表 6.1.3-3 土壤肥力修复后情况

| 检测项目 | 修复前 | | | | 第一周期修复完成后 | | | | |
|---|---|---|---|---|---|---|---|---|---|
| | 最大值 | 最小值 | 算术平均值±标准差 | 肥力等级 | 最大值 | 最小值 | 算术平均值±标准差 | 肥力等级 | 升高率/% |
| 全氮/% | 0.29 | 0.08 | 0.17±0.05 | 二级 | 0.18 | 0.1 | 0.14±0.03 | 三级 | −17.6 |
| 有效磷/（mg/kg） | 66.9 | 2 | 24±12 | 二级 | 256 | 27.6 | 88±76 | 一级 | +266.6 |
| 速效钾/（mg/kg） | 397 | 105 | 195±60 | 二级 | 872 | 191 | 355±186 | 一级 | +82.1 |

注：修复前数据来自 2018 年监理入场检测；修复后数据来自 2018 年年底施工单位检测。

表 6.1.3-4 农作物亩产修复效果

| 特征值 | 小麦/（kg/亩） | | 玉米/（kg/亩） | |
|---|---|---|---|---|
| | 修复前 | 修复后 | 修复前 | 修复后 |
| 最大值 | 510 | 482 | 680 | 647 |
| 最小值 | 472 | 456 | 466 | 400 |
| 平均值 | 492 | 472 | 553 | 506 |
| 下降率 | 4.07% | | 8.50% | |
| 是否达标 | 是 | | 是 | |

注：修复前数据来自施工单位修复过程对对照区域的检测。根据要求，亩产波动幅度在 10%以内为达标。

（7）成本分析

该项目工程实施费用为 2 807 万元。

（8）问题总结

①土壤治理修复归还给农民后，对低积累农产品与蔬菜作物种植方案的宣传与落实对于确保清除农作物超标风险至关重要，需要相关人员积极组织落实到位，以保证后续土壤安全利用。

在田间试验中，前后筛选了当地常规种植蔬菜作物 12 种，在存在污染的区域进行种植试验。收获期检测结果显示，部分蔬菜作物存在镉超标风险，不建议种植，详细清单见表 6.1.3-5。

表 6.1.3-5 污染田块蔬菜种植品种推荐清单

| 序号 | 品种 | Cd 限量标准/（mg/kg） | 田间种植建议 |
|---|---|---|---|
| 1 | 菠菜 | 0.2 | 建议 |
| 2 | 油菜 | 0.2 | 建议 |
| 3 | 香菜 | 0.2 | 建议 |
| 4 | 茴香 | 0.2 | 不建议 |
| 5 | 韭菜 | 0.2 | 建议 |
| 6 | 生菜 | 0.2 | 建议 |
| 7 | 豆角 | 0.1 | 建议 |
| 8 | 白菜 | 0.2 | 不建议 |
| 9 | 辣椒 | 0.05 | 不建议 |
| 10 | 萝卜 | 0.1 | 建议 |
| 11 | 秋葵 | 0.05 | 不建议 |
| 12 | 蔓菁 | 0.1 | 建议 |

②植物修复法周期较长，提取率低，修复效果逐年递减，且容易造成第二年度田间杂草的疯长，现有田间管理水平有待提高。从农用地土壤修复过程中掌握的吸取量数据发现：龙葵的修复效果（293.65 mg/亩）优于籽粒苋修复效果（84.28 mg/亩）；土壤中镉超标倍数在 0～1.0 倍，种植一季龙葵、籽粒苋能将土壤镉总量平均降低 10%；加之施工过程中植物吸取效率会随着土壤中重金属含量减少（可能因为受到其他技术影响）而降低，植物吸取修复周期较长。所以采用植物吸取修复对修复后农用地土壤田间管理的长期影响暂不明确。

③施加钝化剂对于农用地修复来说，见效快、易实施，但不能去除重金属，且存在一定的时效性，示范、推广时需全面综合考虑。在该项目实施过程中发现，仅采用钝化技术，每亩添加 500 kg 钝化剂，Cd 有效态含量平均降低约 30%；针对北方农用地，同等添加比条件下处理效果为矿物型钝化剂＞硅钙型钝化剂＞微生物型钝化剂。

④“深耕”“深翻”可能是降低土壤重金属含量水平的经济有效的方法（需要补充提升肥力），但其原理是稀释，对于该技术的选用需慎重。在该技术应用过程中发现，市面上常规深耕机的直接深翻深度为 25～30 cm，Cd 含量平均降低 16%，有效态平均降低 18%。常规深耕设备修复成本为 200～250 元/亩，适用于 Cd 超标倍数在 0～1.2 倍的表层土壤。

⑤采用联合修复技术时，应尽量对各项技术各自的效果进行定量评估，为各项技术的

贡献率及费用效益关系提供佐证。

（9）项目经验

①目标全面。制定了重金属总量、有效态、农产品质量、产量、土壤肥力等多项验收指标，形成了一套完善的农用地土壤修复考核标准，避免了农用地修复项目考核指标不全面、后期验收困难的问题。

②基础扎实。前期调查数据较为充分、全面，为修复效果的定量评估打下了基础。

③模式可行。项目启动之前，完成土地流转，可加快项目执行进度。

④信息化管理。项目建设了土壤环境保护和修复的监管平台，实现对农用地的数据分析与实施过程实时监测。平台包括数据采集与校验子系统、风险管控与决策子系统等。体现农用地等级划分、修复效率评价、施工动态监管等功能，同时确保数据的真实性和科学性，为土壤环境调查、修复评估、监管从业人员提供决策支持。

⑤开展小区试验。在现场建设有试验小区，为各项修复技术效果评估提供技术支持。

⑥本项目对所采用的农用地修复技术进行了初步评估。结果显示，针对我国北方 Cd 污染农用地，“深翻+钝化+替代种植”路线可行；对于 Cd 含量偏高的农用地，应避免种植叶菜类、茄果类等容易积累 Cd 的农作物。

**专家点评**

该案例围绕因河流污水灌溉造成农用地土壤镉污染、小麦镉超标等问题，开展了土壤风险管控与修复系列大田现场实践工作。项目实施前期开展了土壤—农产品协同监测评价工作，掌握了案例地块的污染基本状况、污染源等关键信息；依据土壤污染程度，将项目区分成轻度污染区域与中度污染区域，选择对应的风险管控与修复技术。科学制定了安全利用和修复目标，将农作物可食部位达标作为约束性指标，农作物产量、土壤肥力状况、土壤重金属含量及有效态等作为辅助性指标，能够体现农用土壤地风险管控与修复的要求。在轻度污染区域采取了低积累农作物和超积累/高积累植物间套作+原位钝化+深翻法联合修复模式，达到了修复目标。

### 6.1.4　辽宁某镉污染农用地土壤污染风险管控与修复项目

（1）项目基本信息

项目规模：本项目修复耕地面积共计 200 亩

实施周期：2020 年 5—11 月

项目经费：约 370 万元

项目进展：已完成修复效果评估，并通过项目验收

（2）区域自然环境概况

项目所在地位于中纬度地区，属于北温带半湿润季风型大陆性气候。年平均气温 8.4℃；采暖季平均气温-4.8℃。其中 1 月平均气温最低（−11.0℃），7 月平均气温最高（24.7℃）。雨热同期，降水高度集中于夏季，1 月降水量最低（6 mm），7 月降水量最高（165.5 mm），全年降水量 690.3 mm。年平均风速为 2.9 m/s。月平均风速中 4 月相对较大，为 3.8 m/s，8 月、9 月相对较小，为 2.4 m/s。

（3）主要污染情况

1）污染成因

作为北方外源型污染的代表，该市周边农用地土壤污染多由历史上长期利用工业废水和生活污水灌溉所致。受污染农用地围绕该市近郊集中连片分布，具有污染面积大、污染程度重等特点。虽然灌区核心区的土壤利用方式已经发生变化，沿岸企业也已停止向河道内继续排放污染物，但是大量的重金属污染物残留在河流底泥中，至今仍在持续释放，并造成下游区域的大范围污染。

2）土壤类型及原种植农作物类型

项目区耕地为旱地，主要农作物为玉米。土壤类型为潮棕壤，修复前土壤 pH 范围为 5.55～6.54，有机质含量约为 26.25 g/kg，土壤阳离子交换量为 20.03 cmol/kg，速效磷 82.37 mg/kg，速效钾 132.42 mg/kg，碱解氮 187.57 mg/kg。

3）污染物含量

本项目关注污染物为 Cd。土壤中 Cd 含量为 0.59～3.05 mg/kg，平均含量为 1.42 mg/kg。对照《土壤环境质量 农用地土壤污染风险管控标准（试行）》（GB 15618—2018）筛选值，点位超标率为 100%，最大超标倍数大于 10 倍。大范围采样结果表明，该区域内作物可食部分中 Cd 含量超标率由高到低分别为水稻、蔬菜、玉米，超标率分别约 20%、8%、5%。

4）修复面积

本项目修复耕地面积共计 200 亩。其中，采用“翻混/钝化修复技术”治理的耕地 100 亩，采用“低积累品种/钝化技术”治理的耕地 100 亩。

（4）安全利用和修复目标

参照《食品安全国家标准 食品中污染物限量》（GB 2762—2017）谷物及其制品中镉限值标准，修复后玉米籽实部分 Cd 含量＜0.1 mg/kg。受污染土壤 Cd 有效态含量削减 20%以上。

（5）技术路线

以农用地土壤安全利用为目标，采用翻混、钝化、低积累作物种植、农艺措施的组合技术措施进行农用地土壤重金属安全利用，保证农产品食品安全。项目总体设计思路如图 6.1.4-1 所示。

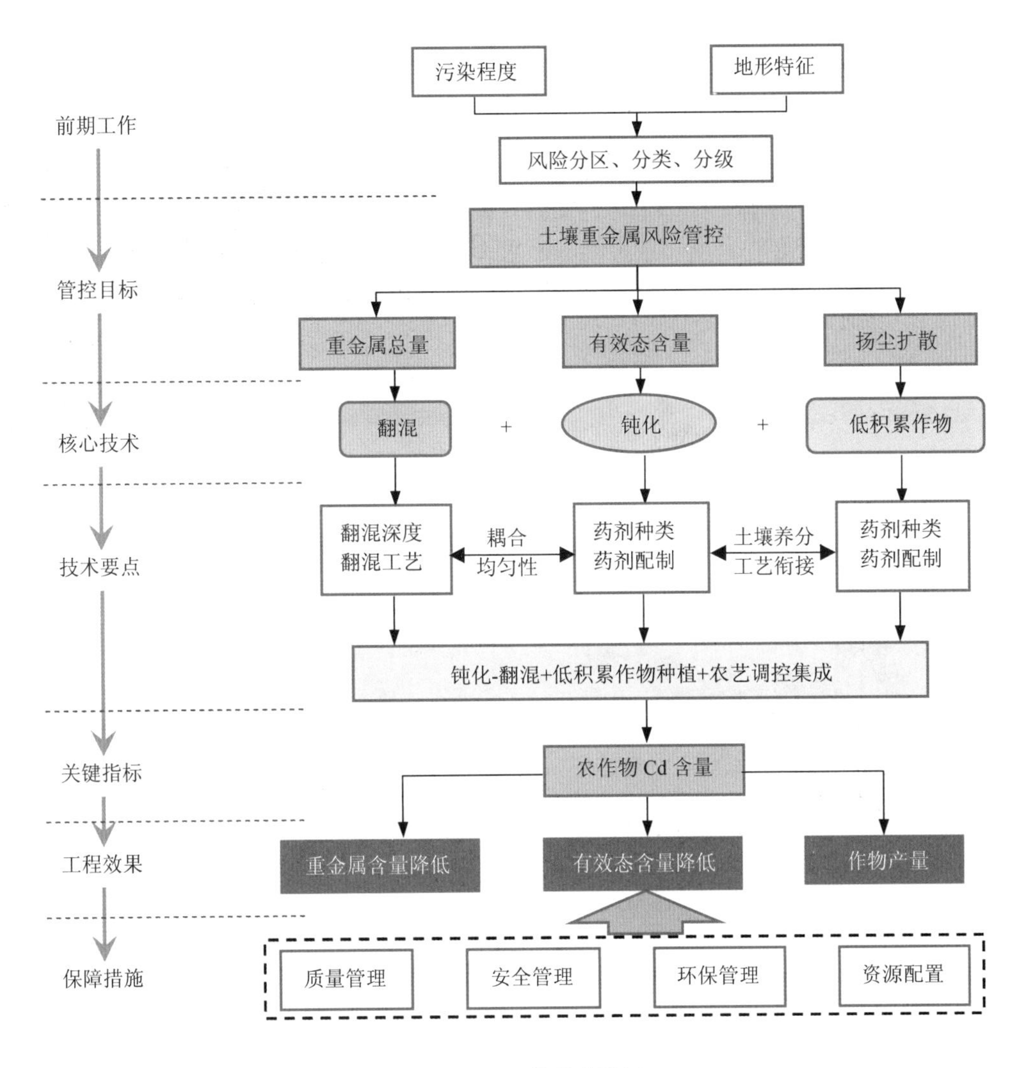


图 6.1.4-1　技术路线图

① 钝化材料撒播。

部分钝化材料为极细颗粒粉末状态，在施加过程中产生空气扬尘，对此可通过药剂塑形改良的方法，解决给药过程中的空气污染问题。

在钝化材料撒播过程中，撒肥机采用“十字交叉”式结合“蛇形走位”的方式进行药剂施撒，这种撒药方式可实现全区域无死角的全覆盖撒药。钝化材料撒播如图 6.1.4-2 所示。

② 耕地土壤翻混。

针对如本项目所涉及的土壤原位修复工程，土壤中重金属污染物分布的空间变异性是制约修复效果与效率的重要因素之一。

针对重金属类别、污染物水平和深度的空间异质性，构建了土壤翻混破碎处理→污染土壤给药与翻混→钝化后土壤翻混养护的耦合技术。土壤翻混如图 6.1.4-3 所示。

图 6.1.4-2　钝化材料撒播现场

图 6.1.4-3　土壤翻混现场

③ 低积累品种筛选与种植。

根据当地自然环境及生产条件，因地制宜选取生产可大面积推广的标准品种，如图 6.1.4-4 所示。通过大田试验优选低积累品种，同时保证农产品质量安全和产量。

图 6.1.4-4　低积累玉米品种筛选与种植现场

（6）实施效果

修复一季后（2020 年度），土壤 Cd 有效态含量均值降低 20%以上。修复后现场如图 6.1.4-5 所示。修复后达到该市农用地土壤重金属污染治理与修复技术研究试点项目修复目标。玉米的 Cd 含量低于《食品安全国家标准　食品中污染物限量》（GB 2762—2017）谷物及其制品中镉浓度标准（0.1 mg/kg）。

翻混-钝化修复技术示范区（大棚内）

低积累品种-钝化技术示范区（航拍）

图 6.1.4-5　修复后现场

（7）成本分析

根据上述工程参数和以往试验结果，一次性施工后，安全利用效果可维持 2～3 年。在现有农业生产成本的基础上，对于中轻度重金属污染土壤，每年费用为 97～146 元/亩；对于重度重金属污染土壤，每年费用为 168～252 元/亩。

（8）长期管理措施

北方农用地土壤环境质量总体较好，存在局部灌溉和大气沉降导致的外源性重金属污染。为保障农用地的安全利用，首先应切断污染源。采用土壤重金属原位钝化技术，应定期协同监测农用地土壤重金属钝化的长效性和农产品可食部分重金属含量，保障不同气候条件和土壤性质对钝化效率的影响。

（9）经验总结

本项目示范的“翻混/钝化修复技术”“低积累品种/钝化技术”为解决辽宁省乃至北方地区部分外源污染农用地问题提供了可行的方案。但在推广过程中，还需注意与当地土地利用规划相结合，避免过度修复。

（10）技术推广工作建议

本项目技术适用条件如下：

① 耕地类型：旱地；

② 种植品种：玉米；

③ 技术模式：低积累品种 + 钝化-翻混；

④ 安全利用：玉米籽粒镉含量低于《食品安全国家标准 食品中污染物限量》（GB 2762—2017）限量标准。

推荐工程参数见表 6.1.4-1。

表 6.1.4-1 安全利用工程参数

| 技术 | 类型 | | 技术要求 | 中轻度 | 中重度 |
|---|---|---|---|---|---|
| 钝化药剂 | 主剂 | 磷酸盐、钙基 | 粉剂造粒 | ≥200 kg/亩 | ≥350 kg/亩 |
| | 辅剂 | 有机质、黏土矿物 | 辅加 pH 调整 | ≥150 kg/亩 | ≥250 kg/亩 |
| 撒药翻混 | 钝化剂播撒 | CFC500 撒肥车 | 蛇形撒播 | ≥200 亩/d | ≥120 亩/d |
| | 土壤翻混 | 秋犁翻耕机 | 深度≥40cm | ≥300 亩/d | ≥300 亩/d |

**专家点评**

该案例围绕因河流污水灌溉造成农用地土壤镉污染、农产品镉超标等问题，开展了土壤风险管控与修复系列大田现场实践工作。项目区大范围土壤-农产品协同监测评价工作，为项目选择低积累农作物品种玉米应用提供了数据支撑。采取了钝化-深翻+低积累种植+农艺调控联合修复模式，取得显著的修复效果。后续可进一步探索各个分项技术的选择依据及贡献率。

## 6.2 南方农用地土壤污染风险管控与修复案例

### 6.2.1 云南某铅锌矿周边农用地土壤污染风险管控与修复项目

（1）项目基本信息

实施周期：2017 年 1 月至 2019 年 6 月

项目经费：1 265 万元

项目进展：已完成修复效果评估

（2）区域自然环境概况

项目所在地位于云南省西北部，海拔 2 300～2 500 m。地区多年平均气温 11.2℃，极端最高气温 31.7℃，最低气温−10℃；年蒸发量 1 577.2 mm，多年平均降水量 1 007.1 mm。

雨量多集中在 6—9 月，占年降水量的 74.2%，10 月至次年 5 月降水量仅占年降水量的 25.8%。无霜期 196 天，历年平均日照时数 1 994 h，8—9 月阴雨日多，易发生洪灾。冬春干旱，夏秋易涝，年主导风向为西南风，最大风速 23 m/s。

项目所在区域土壤种类较多，以紫色土、暗棕壤土、棕壤土、黄棕壤土为主。其中，海拔 2 400 m 以下为主要耕作区，土壤主要为紫色土；2 400～3 100 m 为黄棕壤、棕壤；3 100～3 400 m 为暗棕壤；3 400～3 900 m 为针叶林暗棕壤；3 900 m 以上为亚高山草山草甸土。沿河两岸为紫砂泥田水稻土，质地黏重，有机物含量低，土壤板结。项目所在区域的主粮作物为水稻、小麦和玉米。

（3）主要污染情况

①污染成因。受到露天铅锌矿采选活动的影响，周边的耕地土壤重金属超标严重。

②土壤类型及原种植农作物类型。项目区耕地为旱地，主要农作物为玉米和蔬菜。土壤类型为紫色土，修复前土壤 pH 为 4.42～8.79，有机质含量为 28.3～78.8 g/kg，土壤阳离子交换量为 8.83～14.6 cmol/kg，速效磷为 1.89～75.3 mg/kg，速效钾为 148～648 mg/kg，水解氮为 75.8～478 mg/kg。

③污染物含量。项目总体污染情况：土壤中主要为重金属镉和铅复合污染，镉含量 1.46～244 mg/kg，均值为 11 mg/kg；铅含量 52.3～17 940 mg/kg，均值为 440 mg/kg。超筛选值占比分别为 100%、85%，超管制值占比分别为 91.9%、12.7%。项目区耕地主要种植玉米和蔬菜，玉米籽粒中镉、铅超标率分别为 70.1%、36.2%，最大超标倍数分别为 16 倍、5 倍；蔬菜中镉、铅超标率分别为 68.7%、61.7%，最大超标倍数分别为 21.6 倍、16.8 倍。

植物吸取修复区：土壤 pH 为 4.82～6.86，全量 Cd 含量为 1.50～5.45 mg/kg，平均含量为 2.58 mg/kg。根据《土壤环境质量　农用地土壤污染风险管控标准（试行）》（GB 15618—2018），该地块 Cd 含量是土壤污染风险筛选值的 4.99～18.2 倍。

④修复面积。本项目修复耕地面积共计 772 亩。其中，采用植物吸取修复技术的中重度污染耕地面积为 257 亩；采用钝化—低积累玉米联合修复技术的中重度污染耕地面积为 515 亩。

（4）安全利用和修复目标

修复后土壤中 Cd、Pb 有效态含量降低 70%，或植物吸取修复区域土壤 Cd 全量降低 15%、Pb 降低 5%。

修复后玉米等作物籽粒中 Cd、Pb 含量满足《粮食卫生标准》（GB 2715—2005）和《食品安全国家标准　食品中污染物限量》（GB 2762—2017）相关要求。同时，修复后玉米等作物产量不低于修复前的水平。

（5）技术路线

根据土壤污染程度，分区采用不同的安全利用与治理修复措施，如图 6.2.1-1 所示。对中重度污染耕地，主要采取钝化、低积累玉米品种种植联合修复技术；对中度污染耕地，主要采取低积累玉米品种种植、超积累植物套种（伴矿景天）、农艺调控等联合修复技术；对轻度污染耕地，主要采取低积累玉米品种种植、农艺调控技术。

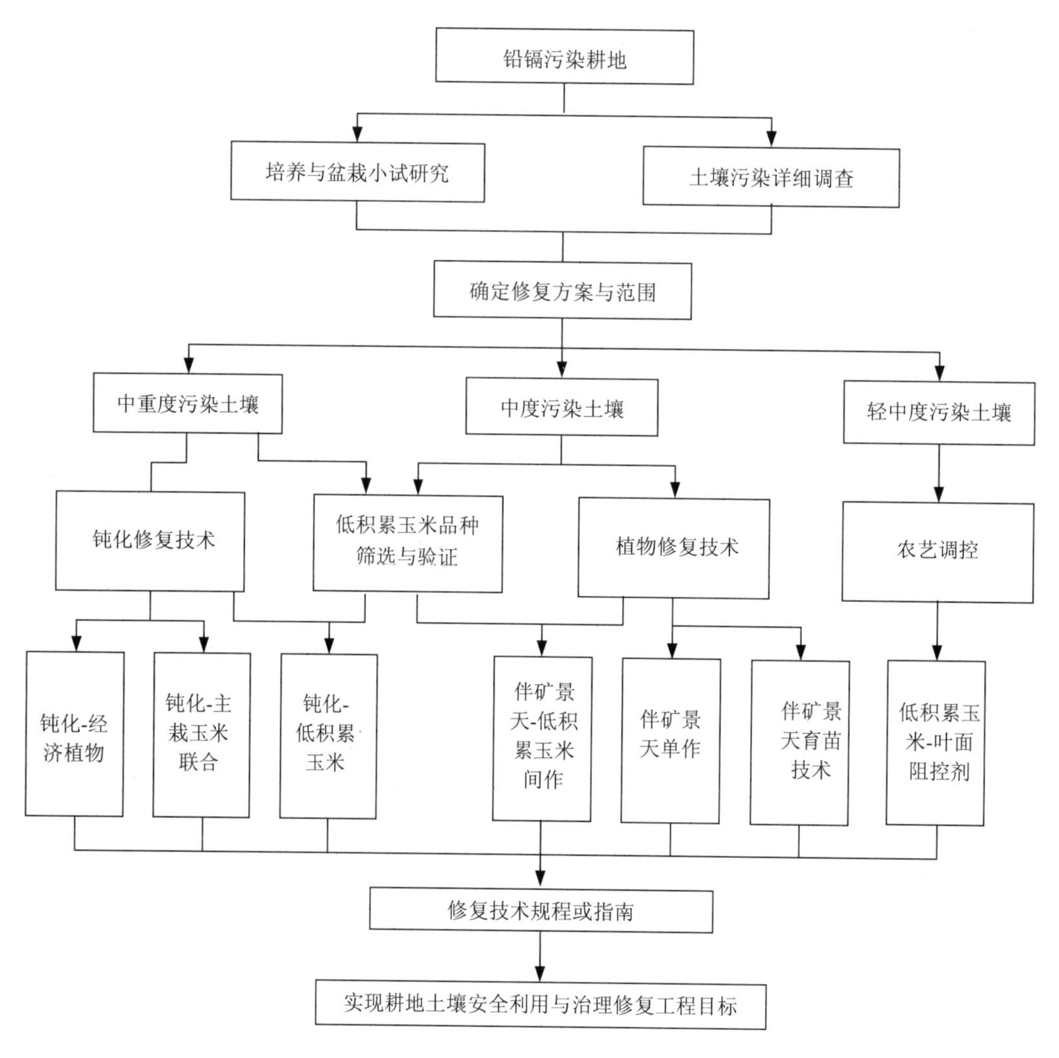


图 6.2.1-1 技术路线

1）低积累玉米品种筛选

①玉米品种选择与购买。选择易于从农资部门购买，且已通过国审或者省审的玉米优良品种（审定通过的种子种植起来有保障）。试验的玉米品种丰富，保证有较高的概率筛选出低积累品种。本项目收集 51 个玉米品种开展低积累品种筛选，其中既有本地选育的玉米品种，也有其他地区选育的品种。此外，还要综合考虑气候、地形、土壤等因素。以本项目为例，选择的玉米品种须适于高海拔地区种植。

②低积累玉米品种初步筛选。

播种：本项目购置的玉米种子在出厂时均已进行了包衣处理，因此在播种前未做前处理。如果购进没有包衣的种子，则要先进行拌种后再播种。尽量选择土壤重金属污染和肥力水平较为一致的田块，保证不同品种玉米的生长环境一致，降低筛选过程中环境差异的影响。项目区耕地土壤重金属污染变异较大，因此采用随机区组的小区排列方式进行不同品种玉米的田间种植，每个品种重复 3 次，以减小试验误差。项目所在地的玉米播种时间通常在清明节前后，为当地的旱季。根据当地种植习惯，播种前先对选择的田块进行翻耕与平整，然后施基肥（复合肥 40～50 kg/亩，N∶$P_2O_5$∶$K_2O$=13∶5∶7 或其他比例）。人工起垄、浇足水后播种玉米，每穴 1～2 粒。喷施除虫剂后覆盖白色地膜。项目所在地种植玉米的垄底宽 85～100 cm，垄沟宽 25～40 cm；每亩约 4 500 株，行距 30 cm，株距 30 cm，每垄种植两行。不同品种玉米的推荐亩播种量并不一致，以商家推荐播种量为宜。

田间管理：玉米播种 1～2 周后要进行挑苗工作，避免地膜下玉米苗被高温蒸死。玉米播种 1 个月后，进行间苗、补苗工作。与此同时，使用杀虫剂和玉米专用除草剂进行田间杀虫和除草工作。玉米穗期前，追施氮肥，施用尿素约 20 kg/亩（依据长势适当增减）。由于项目所在地雨季为 6—10 月，与玉米生长期重合，因此玉米生长期应加强田间排涝工作。不同玉米品种的田间管理措施要保持一致。

样品采集：项目所在地玉米成熟期在每年的 9 月中下旬。在玉米成熟期，测定玉米产量，同时采集不同品种的玉米籽粒样品进行镉、铅含量分析。根据籽粒产量和镉、铅含量的结果，并且与《食品安全国家标准　食品中污染物限量》（GB 2762—2017）比较，初步筛选出高产、低积累（籽粒镉、铅含量均低于标准值）的玉米品种。初步筛选出的玉米品种在下一年进行稳定性验证。为了控制土壤污染空间变异性造成的系统误差，同时采集每个玉米品种对应的土壤样品，通过计算富集系数来进一步筛选或确认低积累玉米品种。

初步筛选结果：本项目从 51 个玉米品种中初步筛选出诚信 1 号、诚信 5 号、诚信 6 号、金农 109、强盛 101 号、华美 468、先玉 987、强盛 103 和龙生 16 号等 9 个具有镉、铅低积累特性的玉米品种，其镉、铅含量均低于《食品安全国家标准　食品中污染物限量》（GB 2762—2017）。

③低积累玉米品种验证。

采用大区生产性示范试验，在开展初步筛选的受污染耕地上继续开展 9 个玉米品种的遗传稳定性验证。每个品种重复 3 次，本项目的大区面积为 400 $m^2$。玉米播种、田间管理和样品采集过程均与初步筛选试验相同。根据大区试验的玉米籽粒产量和镉、铅含量结果，并与《食品安全国家标准　食品中污染物限量》（GB 2762—2017）比较，验证初步筛选出的玉米品种的稳定性，进一步筛选出高产且镉、铅低积累性状稳定性较好的玉米品种。同时，结合富集系数等参数，对镉、铅低积累玉米品种进行同步验证。根据项目规模筛选出适宜数量的镉、铅低积累玉米品种，品种过多不利于推广，品种过少则选择空间太小。

2）钝化+当地主栽/低积累玉米联合修复

①钝化剂筛选。

选择易于大面积推广使用、成本低且无二次污染的钝化剂。收集多种钝化剂，连续开展室内培养试验、温室盆栽试验以及田间小区试验，筛选出钝化效果较优且适合项目所在地中重度污染耕地的钝化剂，确定其施用量。本项目最终选择海泡石+生石灰（9∶1）的钝化剂组合，参考施用量为 1 500 kg/亩，并根据土壤污染程度、pH 等情况进行适当增减。

②钝化剂施用。

选择项目区约 200 亩的镉、铅中重度污染耕地开展钝化+当地主栽/低积累玉米联合修复技术示范。考虑到钝化剂一次性施用量过大可能造成玉米产量下降等负面影响，本项目钝化剂采用少量多次的施用方式，并根据土壤有效态镉、铅含量和玉米籽粒镉、铅含量的动态监测结果适当调整钝化剂施用量。

2017 年度玉米种植前，第一次施用海泡石 150 kg/亩，玉米收获后第二次施用海泡石 250 kg/亩；2018 年度玉米种植前，第三次施用海泡石 500 kg/亩+生石灰 150 kg/亩，玉米收获后中度污染耕地第四次施用生石灰 150 kg/亩，重度污染耕地第四次施用生石灰 300 kg/亩。最终，中度污染耕地（土壤全量镉含量 4.46±3.10 mg/kg，铅 170±212 mg/kg）累积施加海泡石 900 kg/亩+生石灰 300 kg/亩；重度污染耕地（土壤全量镉：9.76±16.5 mg/kg，铅：643±978 mg/kg）累积施加海泡石 900 kg/亩+生石灰 450 kg/亩。钝化剂施用方式为表面撒施后采用机械或人工进行翻耕使其与土壤混匀。

③当地主栽玉米及低积累玉米品种播种。

中重度污染耕地钝化+当地主栽/低积累玉米联合修复示范区（本节以下简称联合修复示范区）玉米播种同本节“1）低积累玉米品种筛选”。2017 年度和 2018 年度均以当地主栽玉米品种为主，由当地农户自主种植。2017 年度和 2018 年度当地主栽玉米品种的籽粒镉、铅含量均未 100%达标，且土壤有效态镉、铅含量降低率也未达到项目修复目标。2019 年度在提高钝化剂施用量的基础上，联合修复示范区耕地均种植低积累玉米品种，包括诚信 1 号、诚信 5 号、诚信 6 号、龙生 16 号、强盛 103 等 5 个品种。无论是当地主栽还是本项目筛选出的低积累玉米品种，均为通过国审或省审的玉米优良品种。

④田间管理。

同本节“②低积累玉米品种初步筛选——田间管理”。

⑤收获与样品采集。

钝化剂施用前，采集中重度污染耕地表层土壤样品，采样密度为 2～3 亩一个点位。项目所在地的玉米成熟期在每年的 9 月中下旬。按照钝化修复前的采样点位，2017 年度、2018 年度和 2019 年度玉米成熟期均采集玉米籽粒和对应的土壤样品，同时测定玉米产量。

根据玉米籽粒产量、镉铅含量，以及土壤有效态镉铅（$CaCl_2$）降低率的结果，并与《食品安全国家标准　食品中污染物限量》（GB 2762—2017）标准比较，综合评价镉、铅中重度污染耕地钝化+当地主栽/低积累玉米联合修复技术的效果。

3）植物吸取修复

①修复植物选择。

选择镉超积累植物伴矿景天作为受污染耕地的目标修复植物。伴矿景天是景天科景天属多年生草本植物，具有生长速率快、生物量大的特点，适用于镉中低污染耕地土壤的修复，也适合于项目所在地种植。

②育苗。

项目区主要采用伴矿景天枝条扦插的育苗技术。伴矿景天在高温（>35℃）、潮湿的环境下易腐烂、死亡，而在低温（<10℃）环境下则停止生长。项目所在地多年平均气温11℃，极端最高气温 31.7℃，最低气温-10℃，是典型的低纬度高原季风气候。就气候条件而言，项目所在地每年的 4—9 月是适宜伴矿景天露天生长的季节，而 4—5 月同时也是最佳的露天育苗季节。但根据项目进度需求，伴矿景天种苗须在每年的 4—5 月完成种植。因此，本项目采用大棚育苗技术来提供示范种植的种苗。

大棚育苗周期通常在每年的 11—12 月至翌年的 4—5 月。本项目实施过程中发现，在全 Cd 含量为 2.5 mg/kg、肥力高的壤质土壤中，伴矿景天扦插苗的生根数和分枝数较高，而未污染土壤并不利于伴矿景天的生长。选择直径为 3～7 mm 且扦插深度为 6 cm 的种苗，伴矿景天的生根数和分枝数较高。如果在露天条件下进行育苗，遮阴率为 70%左右的遮阴网环境下，伴矿景天的单株生物量和分枝数也会显著提高。一般来说，项目所在地 1 亩苗床可供 10～15 亩的田间示范种植面积。

③示范种植。

本项目伴矿景天田间示范种植时间建议为每年的 4—5 月，收获时间为当年的 9—10 月。每年种植一次，可连续种植，具体种植流程包括土地翻耕开沟、基肥施用、起垄覆膜、扦插移栽、田间管理。

伴矿景天连续吸取修复示范区（本节以下简称植物吸取修复示范区）田块使用机械进行土地的平整与翻耕，同时对田间的灌溉、排水沟渠等进行清淤与建设，以满足旱季用水和雨季排水的需求。选择施用普通复合肥（N∶$P_2O_5$∶$K_2O$ = 13∶5∶7 或其他比例）作为基肥，单季施用量为 40～60 kg/亩，具体以耕地土壤肥力进行适当调整。基肥施用后，沿基肥条施方向起垄，起垄高度 20～30 cm（根据当地田间积水情况可适当调整，淹水严重则增加垄高），垄底宽 80～90 cm，垄顶宽 60～70 cm，垄沟宽 30～40 cm（垄底宽+垄沟宽总和控制在 1.2 m 左右，过宽会降低土地利用率，过窄不利于起垄与种植）。起垄完成后，喷施杀虫剂，然后立即覆盖宽度为 1 m 的黑色地膜（注意：本阶段禁止喷施任何除草剂）。地膜覆盖完成后，随即开展伴矿景天种苗扦插移栽。每垄种植 3 行，行距控制在 15～20 cm，株距控制在 15～20 cm。根据土壤干湿状况进行地面灌溉。伴矿景天生长期间，主要开展除草、杀虫、追肥、水分管理等田间管理工作。植物吸取修复示范区的田间杂草主要通过人工拔除的方式进行控制，尽量避免使用除草剂进行直接喷洒治理，因为目前市场上还没有伴矿景天的专用除草剂。虽然本项目伴矿景天病虫害的发生率较低，但土壤中虫害仍存在，在移栽前一定要进行土壤的除虫工作。如果伴矿景天的长势较差，在扦插移栽 40～60 天后可进行追肥。追肥以氮肥为主，每亩追施 15～20 kg 的尿素。同时注意雨季的田间积水、渍水状况，避免淹水环境可能导致的伴矿景天根系腐烂及死亡。示范种植现场如图 6.2.1-2 所示。

图 6.2.1-2　镉、铅污染耕地植物吸取技术现场施工

④收获与处置。

植物吸取修复示范区的伴矿景天在 9—10 月生物量达到最大，此时收获伴矿景天的地上部，同时进行土壤样品的采集。伴矿景天收获后，均需从田间移走，否则伴矿景天腐烂后其吸收的镉会重新进入土壤，降低植物吸取修复效率。收获的伴矿景天一方面可作为种苗，继续扦插移栽以扩大植物修复面积。另一方面，由于伴矿景天收获季节处于当地旱季的开始，收获的伴矿景天可集中堆放、晾晒，晒干后使用专用焚烧设备进行安全处置；或者可使用压榨、烘干等装置加速伴矿景天的干燥过程。

（6）实施效果

低积累玉米品种筛选与验证：综合 2017—2019 年玉米籽粒产量、Cd 含量和 Pb 含量，以及玉米籽粒 Cd 和 Pb 富集系数等指标，最终确定诚信 1 号、诚信 5 号、龙生 16 号和强盛 103 等 4 个玉米品种具有高产和 Cd、Pb 稳定低积累的特征。与《食品安全国家标准 食品中污染物限量》（GB 2762—2017）的相应标准比较（Cd，0.1 mg/kg；Pb，0.2 mg/kg），上述 4 个玉米品种籽粒 Cd 含量和 Pb 含量连续 3 年达标，可作为项目区中低污染耕地推广种植的玉米品种。

钝化+当地主栽/低积累玉米联合修复：2017—2019 年度连续监测发现，实施钝化修复并未降低当地主栽玉米以及低积累玉米品种的产量。针对其中 191 亩的耕地进行钝化剂连续施用重点监测。结果表明，2017 年度和 2018 年度采用钝化—当地主栽玉米联合修复技术，累计施用海泡石 900 kg/亩+生石灰 150 kg/亩后玉米籽粒 Cd 和 Pb 含量未 100%达标（GB 2762—2017），土壤 0.1 mol/L $CaCl_2$ 提取态 Cd 含量降低率（63.7%）也未达到项目修复目标。2018 年玉米收获后，有针对性地将中度和重度污染耕地的钝化剂施用量分别提高到“海泡石 900 kg/亩+生石灰 300 kg/亩”和“海泡石 900 kg/亩+生石灰 450 kg/亩”，并于 2019 年度改为钝化-低积累玉米联合修复技术。低积累玉米籽粒 Cd 和 Pb 含量范围分别为 0.011～0.099 mg/kg 和 0.003～0.164 mg/kg，实现 100%达标；土壤 $CaCl_2$ 提取态 Cd 和 Pb 含量降低率分别为 71.2%～97.2%和 95.0%～99.9%，均达到土壤中 Cd、Pb 有效态含量降低 70%的项目修复目标。

植物吸取修复效果：连续吸取修复两季（2018 年、2019 年）后，土壤全量 Cd 均值从（2.58±0.69）mg/kg 降至（1.53±0.43）mg/kg，土壤全量 Pb 均值从（68.6±11.5）mg/kg 降至（62.9±10.7）mg/kg。植物修复区域采取的是起垄种植技术，植物修复技术无法覆盖垄间的面积。对耕地面积校正后，连续吸取修复两季后的土壤全量 Cd 和 Pb 修复效率分别为 29.9%和 5.99%，达到土壤全 Cd 降低 15%、全 Pb 降低 5%的项目修复目标。植物吸取修复示范区第一季和第二季的伴矿景天地上部生物量平均值分别为（1.95±1.02）$t/hm^2$ 和（0.91±0.83）$t/hm^2$，地上部 Cd 含量值则分别为（170±49）mg/kg 和（172±57）mg/kg，Pb 含量值则分别为（7.12±2.77）mg/kg 和（10.4±3.6）mg/kg。

（7）成本分析

项目所在地伴矿景天修复成本仅包括种植与田间管理费、耕作与农资用品费和租地费，不包括种苗购买及收获后伴矿景天的处置费。伴矿景天吸取修复技术合计 3 650 元/（亩·季），低积累玉米品种筛选与验证合计 2 100 元/（亩・年），钝化+当地主栽/低积累玉米联合修复技术合计 3 150 元/（亩・年）。

（8）长期管理措施

中重度污染耕地钝化+低积累玉米联合修复区域应加强后续的土壤和农产品持续监

测工作，探究该修复技术的稳定性与持效性。

（9）经验总结

①虽然超积累植物伴矿景天连续修复后，土壤全量 Cd 含量和 Pb 含量分别达到了下降 15%和 5%的项目设定目标，但土壤全量 Cd 和 Pb 仍超过农用地风险筛选值。针对伴矿景天连续修复后的中重度污染耕地，可考虑继续开展修复工作，或建议当地政府推广种植可安全生产的低积累玉米品种或其他经济植物。

②中重度污染耕地钝化+重金属低积累玉米联合修复区域应加强后续的土壤和农产品持续监测工作，探究该修复技术的稳定性与持效性。项目验收通过后，在缺少项目资金补贴的情况下，当地政府或农户可能难以继续推行钝化+低积累玉米联合修复技术，会影响受污染耕地的农作物安全生产模式的推广。

（10）技术推广工作建议

①结合当地经济落后与扶贫政策，以及镇政府、村委会或村民的需求，建议在修复后的受污染耕地上探索出可安全生产且经济效益好的种植结构调整技术，提高当地百姓的收入与参与项目的积极性。

②项目管理过程中，要依托当地的村委会，依靠当地农民自己的力量，保证项目的顺利实施。项目开展初期，一定要与当地政府、村委会和老百姓建立融洽的合作关系，良好关系的建立有利于项目的宣传和矛盾的解决。

③依据不同的修复技术，可采用不同的租地模式。如对于技术要求较高的植物吸取修复技术，采用“完全租用”的模式，可自主进行实施，保证修复技术按时、高效实施；而对于钝化修复，可采用“半租”的模式，请当地村民配合施用钝化剂后，由村民自主种植农作物。既不影响农民的农作物种植和经济收入，也可达到项目修复目标，同时降低了项目对该项技术实施的资金投入。

**专家点评**

该修复项目针对南方酸性土壤 Cd、Pb 复合污染耕地土壤，在结合土壤污染程度分类的基础上，分别采用原位钝化、低积累作物品种及植物吸取修复技术进行修复，并根据不同修复技术的评价效果和适用性进行了总结，具有较好的示范效果。项目明确了不同污染程度土壤适用的修复技术类别，做到污染土壤的分区管控；根据不同修复技术，给出了相应的技术参数，为修复技术的适用性评价提供了参考；结合农用地污染土壤的特点，明确了不同生长季节的修复技术实施情况，符合我国农用地土壤污染修复的国情与农情，具有较好的借鉴价值。建议进一步探索相关修复技术的适用性，如钝化对作物的适用性及长效性评价方法。

### 6.2.2 云南某有色金属采冶污染农用地土壤污染风险管控与修复项目

（1）项目基本信息

项目规模：共计修复 150 亩

实施周期：2017 年 6 月至 2020 年 11 月

项目经费： 526.77 万元

项目进展：完成项目验收

（2）区域自然环境概况

项目所在地地处云南低纬度高原，属亚热带山地季风类型气候，由于受地理位置和地形条件的影响，气候的垂直变化显著。寒、温、热三大气候差异并存，四季不甚分明，海拔高差悬殊，气候的垂直分布规律明显。年均日照数 1 968 h，年均气温 12℃，年均相对湿度 70%，年均降水量 1 600 mm，全年多为南风和西南风，年均风速 3.3 m/s，风力一般为 3～5 级。

（3）主要污染情况

1）污染成因

本项目临近某涉重园区。该园区早年以有色金属冶炼、采选为主要产业，在现行相关产业政策要求下，园区内涉重企业已关停或整改。由于历史原因，采选废水排放、冶炼企业烟气直排、冶炼废渣不规范等造成重金属不断向周边环境迁移扩散。

2）土壤类型及原种植农作物类型

项目所在地全区土壤主要为红壤、紫色土、水稻土等。红壤主要发育自白石灰岩、泥页岩及玄武岩，分布在海拔 1 300～1 800 m 的中半山区；紫红土发育自紫色砂页岩，在海拔 1 300～1 800 m 地带均有零星分布；石灰岩土含亚类、土属、土种各 1 个。紫色土在海拔 1 300～1 800 m 有零星分布；冲积土有 1 个亚类、2 个土属、8 个土种，主要分布在河流两岸及冲积扇的边缘地带；水稻土含 4 个亚类、6 个土属、14 个土种。

本项目所在区域土壤 pH 为 4.10～8.84，主要为碱性土壤（71.53%的土壤 pH 大于 7.5）。该区域耕地土壤有机质含量属于中等偏上水平，表层土壤有机质含量为 3.56～98.8 g/kg，平均含量为 36.6 g/kg；深层土壤有机质含量为 0.00～57.8 g/kg，平均含量为 19.1 g/kg。该区域耕地的土壤阳离子交换量整体较高，土壤阳离子交换量为 4.62～53.0 cmol/kg，平均值为 22.0 cmol/kg。

本项目区域水稻种植较少，主要种植作物为玉米、洋葱、蔬菜等。水田种植制度为一熟制，旱地主要种植制度以玉米—洋葱、小麦、蔬菜等。土地利用复种指数不高，常年生作物面积较小。

3）污染物含量

按照土壤污染状况，将项目区域分为中轻度污染区和重度污染区。对照《土壤环境质量 农用地土壤污染风险管控标准（试行）》（GB 15618—2018），中轻度污染区表层土壤中 Cu、Pb、Cd、As 等 4 种重（类）金属元素存在超筛选值的情况。其中 As、Cd 超标最为普遍，样本点位超标率均达 87.5%。As 含量 19.9～105 mg/kg，均值为 69.6 mg/kg；Cd 含量 0.02～2.70 mg/kg，均值为 1.58 mg/kg。

对照《土壤环境质量 农用地土壤污染风险管控标准（试行）》（GB 15618—2018），重度污染区域表层土壤中 Cu、Pb、Cd、As 等 4 种重（类）金属元素不同程度存在超管制值的情况。As、Cd 污染亦最为普遍，点位超标率均为 100%。As 含量 113～221 mg/kg，均值 155 mg/kg；Cd 含量 5.42～52.9 mg/kg，均值为 21.1mg/kg。

中轻度污染区以种植玉米为主。通过采样分析与评价，区域内的玉米超标率为 14.2%。重度污染区内玉米品种的超标率较高，达 27.2%。超标倍数均小于 2 倍。

4）修复面积

修复区域面积共计 150 亩，其中中轻度污染区面积为 100 亩，重度污染区面积为 50 亩。

（4）安全利用和修复目标

①农作物可食用部分不超过《食品安全国家标准 食品中污染物限量》（GB 2762—2017）标准值，达标率≥95%。

②实行分区治理，不同修复后土壤 Cd、As 有效态降低 10%或 20%。有效态 Cd 检测标准为《土壤 8 种有效态元素的测定 二乙烯三胺五乙酸浸提—电感耦合等离子体发射光谱法》（HJ 804—2016）；有效态 As 检测标准为《土壤质量 使用硝酸铵溶液提取土壤中微量元素》（ISO 19730：2008）。

（5）技术路线

本项目区域分为 100 亩中轻度污染区（大棚 4 亩、大田 96 亩）和 50 亩重度污染区（大棚 1.3 亩、大田 48.7 亩）。其中大棚区域主要进行低积累作物筛选和钝化剂验证，大田区域采用农艺调控措施和土壤重金属原位钝化技术对污染土壤进行修复及安全利用。治理修复技术路线图如图 6.2.2-1 所示，修复现场如图 6.2.2-2 所示。

1）钝化修复

本项目钝化修复技术具体操作如下：首先对示范区农田进行平整及杂草清除，并进行前期翻耕松土，为后续钝化做准备。前期准备完成后，调节土壤含水量至 20%～25%，然后将钝化剂分别按照设定比例撒播至土壤表面，并利用旋耕机对土层进行翻耕，以使钝化剂和土壤混合均匀，土壤与钝化剂充分接触反应，混合后养护 5 天，养护期间进行薄膜覆盖避免扬尘的同时可保持土壤含水率在 20%～25%。

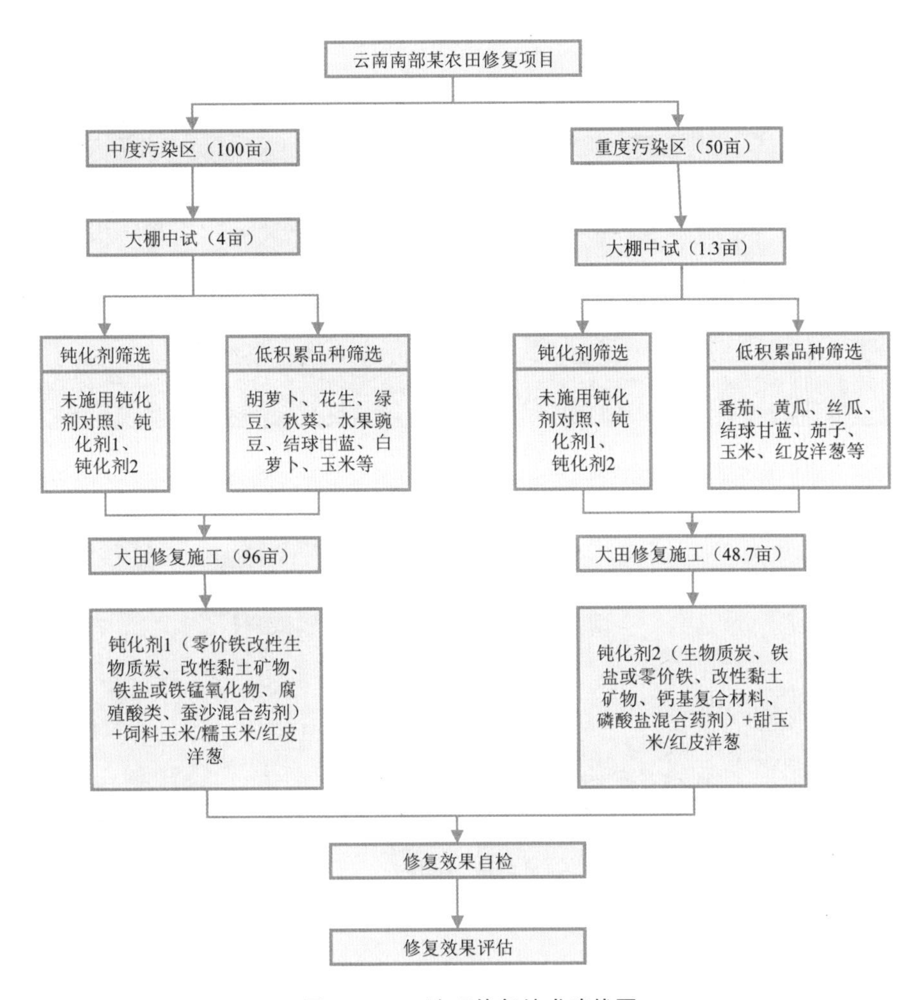


图 6.2.2-1 治理修复技术路线图

2）农艺调控

①低积累作物筛选。

本项目在文献支撑基础上，进行品种收集。考虑政府规划和项目实际工期情况，在中轻度污染区和重度污染区大田种植玉米、豌豆、洋葱等作物，筛选出低积累品种后，推广种植。具体包括以下流程：

a. 品种收集。根据作物的品种类型、环境适应性、产量、抗性等分类，初步筛出供品种清单，同时选 1～2 个已知的稳定低积累品种作为参照。

b. 大田初筛及验证。采用随机区组设计，每个品种至少设置 2～3 个重复，初筛每个品种可以种植 2～3 行。正常农艺及田间水肥管理，成熟后收集作物可食部分测定重金属污染物含量。从初筛中挑选达标品种进行验证，采用随机区组设计，采用小区种植，采用初筛相同的田间水分管理方式，成熟期测定产量和作物可食部分重金属污染物含量。

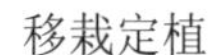

钝化剂分区撒施　　移栽定植

浇水灌溉　　移栽定植

图 6.2.2-2　现场工作情况

c. 确立清单。对作物可食部分重金属污染物含量结果进行统计分析，比较各品种的低积累特性和稳定性等，最后确定污染物稳定低积累、产量抗性合适的品种清单。应选择多种污染物均低积累的品种。

②水分管理。

本项目周边地表水作为项目区域内的主要灌溉水源。而根据 2017 年地表水基本断面检测数据，水质存在重金属砷超标。为避免在治理修复的同时引用受污染的灌溉水进行灌溉，在未受污染的河旁建设临时抽水—引水泵站，使用大功率抽水设备将清洁的河水抽至重度污染修复区现有灌溉水渠，中轻度污染区域新建一座蓄水池，从高位水池使用水泵抽水灌溉农用地，以满足项目农田具体实施区域范围及示范辐射区域的日常清洁灌溉用水需要。根据筛选的作物品种，对修复区农田土壤进行沟垄施工、开挖排水沟。种植期间采用传统地面灌溉，各农作物灌溉用水量参照《云南省用水定额》（DB53/T 168—2013）。

③田间管理。

项目农田施加重金属钝化剂与土壤充分旋耕搅拌混匀后，养护 3～5 天即可开沟起垄（作畦），在规范种植行条沟内播种或移栽农作物种苗，并进行清洁灌溉、中耕除草、科学施肥、叶面阻镉、病虫害防治等田间管理措施。

通过农艺调控措施，中轻度污染区域由一年种植一季，实现一年种植 2 季，提高了土地利用率及产出，重度污染区农作物产量也有所提高。综上，农艺调控措施提高了项目区域农作物产值及收益。

（6）实施效果

本项目田间实际污染土壤修复约 150 亩，修复深度 20 cm。项目实施后，实际农产品存在污染物的点位超标率低于 5%。联合修复技术实施后，土壤重金属修复达标率为 90%以上。

（7）成本分析

①100 亩中轻度污染土壤示范修复工程费用折合 26 220 元/亩，其中钝化修复工程单价约 4 060.6 元/（亩•年）（扣除人工费及机械费），农艺调控工程单价约 3 637.6 元/（亩•年）（扣除人工费及机械费）。

②50 亩重度污染土壤示范修复工程费用折合 27 690 元/亩，其中钝化修复工程单价约 5 200 元/（亩 • 年）（扣除人工费及机械费），农艺调控工程单价约 3 200 元/（亩 • 年）（扣除人工费及机械费）。

（8）长期管理措施

由于土壤环境是一个动态变化的系统，重金属污染耕地土壤采用“联合修复技术”实施田间土壤修复后，仍需对土壤重金属污染状况进行定期监测，重点强化安全利用类耕地土壤环境质量与农产品质量安全（农作物超标风险评估）的协同长期监测机制。一旦出现农产品超标情况，须采取应急处理，如实行专企专收、分类贮存和专用处理。

（9）经验总结

项目选定的环境友好型、有机-无机复合型钝化剂主要是有机质堆肥材料、生物质炭、改性黏土矿物等。中试大棚开展钝化剂筛选与低积累作物品种筛选同步验证试验，供试作物品种包括：7 个结球甘蓝品种、3 个黄瓜品种、2 个番茄品种、2 个丝瓜品种、10 个辣椒品种、13 个茄子品种、3 个水果型豌豆品种、3 个萝卜品种、4 个糯玉米品种和 5 个花椰菜品种。大面积田间修复示范工程选取低积累作物饲料玉米、洋葱、生育期短的鲜食甜玉米和水果型豌豆作为示范作物。

（10）技术推广工作建议

①对钝化药剂开展实验室筛选与田间中试的双重验证。在项目农用地修复示范区建设中试大棚（占地面积总计 3 600 m$^2$），控制气温、光照、水分（湿度）和气流等环境因素，

开展中试大棚土壤重金属钝化修复与低积累作物品种筛选同步验证试验。在相对可控条件下，采用“原位钝化修复+农艺调控”联合修复技术，筛选出对土壤重金属生物有效态含量具有显著钝化修复作用的有机—无机复合型钝化剂。本项目使用的钝化剂的钝化效率不够高，使用量较大。对于今后的项目开展，建议强化土壤重金属钝化药剂实验室筛选与田间中试的双重验证试验研究，开发田间钝化效率更高且修复后重金属结合形态更稳定的实用型、营养型钝化材料，以满足目前重金属污染农用地土壤修复工作和提升农业可持续生产能力的要求；降低田间修复成本的同时实现污染土壤安全利用技术应用，并充分考虑土壤重金属污染实际情况，趋利避害，从而构建耕地安全利用技术模式。

②多项技术联合修复与安全利用技术模式。农用地重金属污染土壤修复与安全利用是一项长期的土壤环境管理工作，单项的技术难以从根本上解决土壤重金属污染问题，需要多项成熟的联合修复技术集成，并持续开展多年的田间跟踪监测工作。本项目提供的“原位钝化修复+农艺调控”联合修复与安全利用技术模式具有一定的实践参考价值。

**专家点评**

项目针对我国南方因金属矿采冶造成的Cd、As复合污染农用地，在农用地土壤环境质量详查基础上，结合Cd、As污染程度进行了分区，在此基础上实施分区治理，采用钝化修复技术、农艺调控修复技术及低积累作物品种筛选与应用技术的单项或集成，分别以农作物籽粒达标率和土壤中重金属有效态降低率为目标进行了修复。项目基于农用地污染修复中的“无害化”修复目标，与我国农用地土壤污染修复的国情、农情相适应，具有一定参考价值。相关技术具有成本低、易实施和易推广等特点，对不同Cd、As复合污染农用地土壤的修复提供了借鉴。

### 6.2.3 湖南水稻降镉 VIP + 技术示范项目

（1）项目基本信息

实施周期：2016年

项目经费：4 000万元

项目进展：已完成项目验收

（2）主要污染情况

项目所在地为轻中度镉污染土壤，其土壤全镉含量为 0.3～1.5 mg/kg。项目区域土壤类型为酸性水稻土，土壤pH为4.5～6.5。

（3）安全利用和修复目标

开展风险管控，以实现粮食生产安全为主要目标，确保污染不威胁粮食生产安全、土壤环境质量向宜耕方面发展。

（4）技术路线

水稻降镉 VIP + 技术模式是将选种镉低积累水稻品种（Variety，V）、采用全生育期淹水灌溉（Irrigation，I）方式、施生石灰调节土壤酸碱度（pH，P），以及增施土壤钝化剂、喷施叶面阻控剂、深翻耕改土、科学施肥……（即“+”）等单项技术进行组装集成与中试示范，并于 2013 年年底总结形成。2016 年，湖南省农业农村厅在全省共建设了 26 个千亩水稻降镉 VIP + 技术模式标准化示范片。

所有示范区域均按照“统一规划方案、统一技术标准、统一技术指导、统一组织实施、统一评价考核”的原则，全部实施了镉低积累水稻品种种植、全生育期淹水灌溉、施用生石灰、增施土壤钝化剂、喷施叶面阻控剂、深翻耕改土等 6 项修复治理技术措施。

1）试验田划定

在每个示范片分别选择了 10 丘 1 ～ 2 亩的典型田块开展比对验证试验。将典型田块按“田”字形均匀分为 4 块，分布设置 4 个处理。其中一块为空白对照，采用当地主栽品种（非低镉品种），按照常规水肥进行日常管理；一块在空白对照基础上增施土壤钝化剂；一块在空白对照基础上增施叶面阻控剂；一块采用 VIP + 的所有技术措施，进行比对验证。

2）田间管理措施

每项措施的实施均严格按照技术规程进行，在早稻或一季稻移栽前 20 天一次性基施生石灰 200 kg/亩，施用石灰 10 天后全面施用土壤钝化剂；在每季水稻分蘖盛期和灌浆初期 2 个关键时期全面喷施叶面阻控剂；全面实施淹水灌溉；在早稻或一季稻施用生石灰前，按照相关技术规程全面实施深翻耕改土。

3）样品采集与分析测试

在实施前，在比对试验的每个小区、示范片每 10 亩设置 1 个点位，分别统一采集了基础土壤样品。在早稻收获时统一采集示范片点位和比对试验的稻谷，及比对试验的对应土壤样品。在晚稻收获时，统一采集示范片点位和比对试验的稻谷与土壤样品。

所有采集样品进行统一编码。土壤样品、稻谷样品均送至具有 CMA 资质的检测单位。检测分析方法按照《土壤质量　铜、锌的测定　火焰原子吸收分光光度法》（GB/T 17138—1997）和《食品卫生检验方法》（GB/T 5009—2003）系列标准执行。报告数据依据《土壤环境质量标准》（GB 15618—1995）和《食品安全国家标准　食品中污染物限量》（GB 2762—2012）进行分析评价。

（5）实施效果

经过本年度水稻降镉 VIP + 技术的实施，比对验证试验结果显示：早稻和晚稻籽粒镉含量显著降低，分别比对照降低了 69.4%和 54.5%；籽粒镉含量达标率大幅提高，早稻的达标率由 61.6%提高至 91.4%、晚稻由 52.9%提高至 83.0%。

采用水稻降镉 VIP＋ 技术模式，26 个示范片早稻和晚稻米镉达标率分别达到 84.9%和 81.6%，有 14 个千亩示范片的全年米镉达标率均超过 80%。示范片的结果还表明，采用水稻降镉 VIP＋ 技术模式，可使土壤全镉含量＜0.6 mg/kg 的酸性（pH 为 4.5～5.5）稻田、全镉＜0.9 mg/kg 的微酸性（pH 为 5.5～6.5）稻田和全镉含量＜1.5 mg/kg 的中性（pH 为 6.5～7.5）稻田基本实现双季稻安全生产。

（6）成本分析

除一般农业生产成本外，采用水稻降镉 VIP＋ 技术模式新增了如下生产成本：

①推广应用镉低积累水稻新品种较常规水稻品种每季每亩新增 10 元左右成本，全年共计 20 元/亩；

②采用全生育期淹水灌溉技术每季每亩新增劳动用工 1.5 个，全年共 450 元/亩；

③每亩每季施用生石灰 200 kg 需 120 元/亩、新增劳动用工 0.5 个需 75 元/亩，全年共 390 元/亩；

④早稻季施用“隆平 2 号”土壤钝化剂 1 次，计 300 kg/亩，需 300 元/亩；

⑤每亩每季喷施“降镉灵”叶面阻控剂 2 次、每次需 20 元/亩，每次新增劳动用工 0.25 个，需 37.5 元/亩，全年共计 230 元/亩；

⑥早稻季深翻耕改土较常规耕作新增 45 元/亩。

实施以上六项技术措施，共计新增成本 1 435 元/亩。

（7）长期管理措施

根据多年试验研究结果和实践经验，全年施用生石灰 400 kg/亩、土壤钝化剂 300 kg/亩和深翻耕改土 1 次后，可保持 2～3 年的持续降镉效果，但镉低积累水稻品种、全生育期淹水灌溉、喷施叶面阻控剂三项技术措施在每个生产季节均需要实施。

（8）项目实施经验

推广应用镉低积累水稻品种是水稻降镉 VIP＋ 技术模式的基础，采用全生育期淹水灌溉、施用生石灰是水稻降镉 VIP＋ 技术模式的关键，增施土壤钝化剂、喷施叶面阻控剂是中度镉污染稻田实现安全利用最有效的辅助措施，深翻耕改土仅适用于人为污染引起的镉污染稻田。

2017—2020 年，通过面上考察、现场调研、查阅台账、访问业主等方式，对可达标生产区（即轻中度污染区）推广应用水稻降镉 VIP＋ 技术模式中的各单项措施的实际到位（落地）率进行了系统的评估。在水稻降镉 VIP＋ 技术模式的各单项措施中，镉低积累水稻品种种植、施用生石灰、增施土壤钝化剂、喷施叶面阻控剂、深翻耕改土等五项措施的实际到位（落地）率均在 95%以上，只有全生育期淹水灌溉技术的实际到位（落地）率较低：

农户自己经营管理的稻田，其技术实际到位（落地）率不足 50%；企业或农民合作社等第三方承包治理的稻田的技术实际到位（落地）率，也只有 75%左右。全生育期淹水灌溉的技术到位（落地）率总体偏低，成为水稻降镉 VIP + 技术模式中最难落地的单项技术措施。究其原因，主要有如下四个方面：

一是关键时刻缺乏灌溉水源。虽然湖南的雨量充足、降水丰富，但降水季节分布不匀，季节性干旱，尤其是 7—10 月的夏秋季节性干旱严重，且各地干旱程度不一，部分地区尤其是丘陵农区在关键时期无水可灌。

二是农田水利基础设施损毁严重。目前，大部分农区的农田水利设施因年久失修、老化破损、泥沙淤积等原因，调蓄水资源的能力不断下降，已丧失了 35%～50%的排灌功能，即使有水可灌，也到不了田间；而在有些地方，田埂垮塌严重，跑水、漏水不断，即使有水，到了田间也关不住水。

三是农民种植习惯影响。农民习惯晒田。他们普遍认为不晒田会增加病虫害、易倒伏、减产，收割机难下田，即使能下田也会陷下去等。由于这些因素，部分农户不按照操作规程进行淹水灌溉，甚至有的农户在第三方管水人员灌水后又马上偷偷打开灌水口放水。

四是管理层面的问题。全生育期淹水灌溉的管理时间长、工作量大，企业或农民合作社等第三方承包治理单位中，有的安排的管水人员不足，有的现场工作人员工作不到位，严重影响了淹水灌溉的到位（落地）率。

（9）问题总结

通过考察、现场调研和实地评估，项目团队发现了水稻降镉 VIP + 技术模式存在的相关技术缺陷，并研究提出了改进措施。

一是长期淹水可能诱发土壤次生潜育化的风险。长期淹水使稻田土壤一直处于强还原的状态，极易诱发土壤次生潜育化的风险。可通过在农闲季节强化田间深沟排水、冬垡暴晒等措施来减轻或消除土壤次生潜育化的发生。

二是长期淹水增加了水稻机械收获的难度。长期淹水尤其是在成熟期持续淹水，可能使收获机械难以下田。可通过在水稻黄熟后排水晒田，或适当延迟晚稻季的收获期（晚稻季米镉超标的风险要远高于早稻季）等措施来降低机械收获的难度。

三是长期淹水可能会导致水稻减产。由于全生育期持续淹水大大延长了淹水时间，导致稻田长期处于高温高湿等环境条件下，可能会加重稻飞虱等病虫害的危害，从而造成水稻减产。可通过强化病虫害综合防治措施来减轻或消除其危害。

四是长期淹水措施不可应用于镉砷复合污染的稻田。长期淹水时，因土壤 pH 的提高，能在一定程度上增强土壤砷的活性，同时易使土壤中的 $As^{5+}$被还原成移动性、生物有效性和毒性更强的 $As^{3+}$，从而导致稻米砷的含量增加。

（10）技术推广工作建议

稻田全生育期淹水灌溉技术本是实现轻中度尤其是轻度污染稻田达标生产与安全利用最经济、最简便的技术措施，但由于种种原因，其成为水稻降镉 VIP+ 技术模式中最难落地的单项技术措施。为保证该技术的治理效果，应从下列四个方面做好技术落地的保障措施。

一是完善与优化技术方案，实行分类与精准施策。对湖区的低洼稻田和其他区域的深泥田，可强调自抽穗初期起至收获前 10 天必须实行淹水管理，其他生长季节可按农民原有习惯管水；其余稻田，在全面落实《镉污染稻田安全利用 田间水分管理技术规程》（HNZ 143—2017）的基础上，后期自然落水、排水时间可从原规定的“收割前 7 天”提早至“收割前 10 天”。

二是全面加强农田水利基本建设，确保关键时节有水可灌。第一，加强塘堰坝库等水源基础工程建设，修复提水、灌排、田埂等基本设施，尽快恢复、完善并配套现有农田水利工程设施，切实解决缺水和有水送不到田间等关键问题；第二，因地制宜地利用沟谷、低洼稻田等，兴建一批山塘、水坝等小型水利工程，增加水源保有量。

三是广泛组织宣传培训，提升基层应用人员的环保意识。加强宣传和培训力度，尤其是要强化基层农技人员和种植大户的培训，提升其对镉等重金属污染危害的认识，使其充分了解稻田长期淹水对降低稻米含量的效果与原理，提高其应用“淹水降镉”技术的积极性和主动性。

四是着力推进技术攻关，发挥科技第一生产力的作用。应用分子育种辅助手段，加强耐水淹、抗倒伏、抗病虫害等高产优质 Cd 低积累水稻新品种的选育工作；强化重金属污染灌溉水的去除净化等技术研发，构建“前端初级净化－中端生态净化－末端强化净化”的污染水源处理系统，确保灌溉水源和水质的安全。

**专家点评**

项目针对我国南方酸性红壤区大面积 Cd 污染稻田土壤，基于湖南 Cd 污染稻田的主要风险源（高积累品种、酸化土壤及水分管理措施），分别采用了镉低积累水稻品种、生育期淹水灌溉和施生石灰调节土壤酸碱度的方式进行了修复。项目治理的目标明确：降低稻米 Cd 超标率，控制 Cd 污染风险。项目不同组合技术中，对其中单一技术应用效果和技术的实用性进行了评价，如对淹水降 Cd 技术在实施过程中遇到的推广性价值、技术本身的局限性等进行了阐述，为稻田 Cd 污染的淹水降 Cd 技术应用提供了借鉴。项目充分结合实践，客观分析了淹水降 Cd 单项技术在实施层面的挑战（如长期淹水导致的水稻易染病性、不易收割等）。该项目技术总体具有低成本、易实施、易推广等特点，对南方酸性土壤区 Cd 污染稻田污染修复具有较好的参考价值。

### 6.2.4　广东某重金属污染农用地土壤植物吸取修复项目

（1）项目基本信息

实施周期：2016 年 4 月至 2019 年 3 月

项目经费：248 万元

项目进展：已完成项目验收

（2）区域自然环境概况

项目位于广东省中南部、珠江三角洲中北缘，北回归线从中南部穿过，属海洋性亚热带季风气候。气候以温暖多雨、光热充足、夏季长、霜期短为特征。全年平均气温 20～22℃，温差较小。一年中最热的月份是 7 月，月平均气温达 28.7℃；最冷月份为 1 月，月平均气温为 9～16℃。平均相对湿度 77%，市区年降水量约为 1 720 mm。

项目所在地土壤成土母质以堆积红土、红色岩系和砂页岩为主。受高温多雨气候影响，盐基物质强烈淋溶，铁铝氧化物累积，土壤类型多为赤红壤，质地黏重，且偏酸性。主要作物有水稻、甘蔗、蔬菜等。

（3）主要污染情况

1）污染成因

珠三角地区是中国农业经济较为发达的地区，农用地污染问题也日趋严重。本项目农用地污染由连续施用高重金属有机肥所致。

2）土壤类型及原种植农作物类型

项目区耕地为旱地，主要农作物为蔬菜；土壤类型为初育土，修复前土壤 pH 为 6.96～7.64（平均值 7.53），有机质含量为 32.1～36.7 g/kg，土壤阳离子交换量为 15.6～19.2 cmol/kg，速效磷为 56.4～62.7 mg/kg，速效钾为 98.7～105.7 mg/kg，水解氮为 72.4～85.2 mg/kg。

3）污染物含量

土壤 Cd、Hg、As、Pb 和 Cr 含量分别为 0.516～0.890 mg/kg、0.102～0.137 mg/kg、8.68～10.4 mg/kg、78.3～92.1 mg/kg 和 22～27 mg/kg，平均含量分别为 0.71 mg/kg、0.12 mg/kg、9.5 mg/kg、89 mg/kg 和 25 mg/kg。根据《土壤环境质量 农用地土壤污染风险管控标准（试行）》（GB 15618—2018），Cd 超标，点位超标率为 87%。

4）修复面积

本项目修复农用地面积共计 5 亩。

（4）安全利用和修复目标

修复技术示范区内耕作层土壤重金属达标；农作物基本不减产，农产品可食部分满足 GB 2762—2017 相关要求。

（5）技术路线

选择超积累植物（东南景天）间套种低积累玉米品种的技术模式进行边修复边生产。在受污染耕地连续进行两季植物修复，第一季种植东南景天进行植物吸取修复，第二季采用东南景天与玉米套种模式进行边修复边生产。主要利用东南景天的超积累能力吸取土壤中 Cd 等重金属。套种玉米符合食品、饲料标准的，可作为食品、饲料；不符合相关标准的则进行集中焚烧和安全填埋。确保在农产品质量安全的前提下，逐步降低土壤中重金属含量。

（6）实施效果

修复一季后，土壤全量 Cd、Hg、As、Pb 和 Cr 均值分别为 0.449 mg/kg、0.130 mg/kg、2.86 mg/kg、78.1 mg/kg 和 24.6 mg/kg；相比修复前，分别降低 36.8%、−7.4%、69.9%、12.4% 和 1.60%。修复两季后，土壤全量 Cd、Hg、As、Pb 和 Cr 均值分别为 0.412 mg/kg、0.102 mg/kg、2.76 mg/kg、91.3 mg/kg 和 28.4 mg/kg，分别降低 41.9%、15.7%、71.0%、−2.60%和 13.6%。玉米籽粒 Cd、As、Pb、Cr 含量分别为 0.003 mg/kg、0.002 mg/kg、0.003 mg/kg 和 0.627 mg/kg，Hg 含量低于检出限，符合食用卫生标准。

（7）成本分析

经测算，植物吸取技术的单位处理成本约为 18 245 元/亩，主要包括材料费、管理费、后处理费、业务费用等。

①材料费：东南景天苗 1 株 0.50 元，1 亩栽种 20 000 株，计 10 000 元/（亩・年）。

②管理费：包括人工栽种、犁田、水分管理等，约 1000 元/（亩・年）。

③后处理费：包括焚烧、固化等过程。茎叶单季干物质重量为 415 kg/亩，按危废处置价格 3 000 元/t 计算，约为 1 245 元/亩。

④业务费用：分析测试、田间管理、项目管理等为 6 000 元/亩。

（8）长期管理措施

①整田。试验田翻耕后反复多次耙匀（特别是进水口与附近土壤耙匀）、耙平，缩小试验田各小区土壤重金属含量的差异。

②小区吊牌。移栽前，对每个小区进行编码并用吊牌标注。

③移栽。移栽前 1～2 天施足基肥，然后用耙子把基肥耙入泥土中，以提高肥料利用率，再用耙子将小区整平。移栽规格按品种说明书执行。

④科学施肥。根据地力水平确定施肥量。

⑤精细管水。按常规的农作物栽培技术水分管理要求管水。要采取切实可行的措施，防止展示试验小区灌水时串灌和漫灌。

⑥防病除虫。综合应用农业防治、生物防治、物理防治和化学防治等措施，控制病虫害发生和危害。

（9）问题总结

需要对修复植物无害化以及资源化利用进行进一步研究，充分利用收获后的修复植物资源，以降低修复成本。

（10）技术推广工作建议

①农用地土壤重金属污染治理修复必须要与农业生产相结合；必须研发农民易接受、政府能承受的技术模式。

②菜地土壤重金属污染治理修复要以蔬菜安全为核心，在确保农业安全生产的前提下进行逐步修复；在治理修复受污染耕地时必须确保不带来二次污染风险，同时确保菜地地力水平不下降。

③菜地土壤重金属污染治理修复既要考虑当季蔬菜达标，也需要考虑长效性和稳定性；确保通过治理和修复，一段时间内该菜地能生长出合格的农产品。

**专家点评**

项目针对南方农用地Cd中轻度污染土壤，采用植物吸取移除与超积累植物间套作修复技术，为农用地重金属污染土壤边安全利用边移除修复提供了参考。项目适用于旱地中轻度重金属（Cd）污染土壤的边安全生产边修复。技术应用前应关注超积累植物的重金属超积累特征及其与主栽作物Cd吸收影响间的耦合效果。针对超积累植物对重金属移除率下降的问题，可考虑进行辅助技术进行组合。

### 6.2.5　广西某铅锌矿废水污染农用地土壤污染风险管控与修复项目

（1）项目基本信息

项目规模：共计修复287亩。其中，重度污染区20亩、中度污染区212亩、轻度污染区55亩

实施周期：2013年5月至2020年12月

项目经费：1 200万元

项目进展：完成项目验收

（2）主要污染情况

1）污染成因

项目所在地主要污染源为上游铅锌矿生产废水及其尾砂库渗滤废水。该铅锌矿的矿业活动于20世纪50年代开始大规模开采，初期未对尾矿库和开采活动产生的废水进行有效处理，废水直接排入下游，通过灌溉致使下游农用地土壤受到严重污染。目前，该铅锌矿

已关停，其尾矿库也得到有效治理。土壤的最大污染源已经得到了有效控制，为下游的污染治理提供了良好条件。

2）土壤类型及原种植农作物类型

项目所在地主要分布有红壤、石灰土和水稻土。其中红壤主要是黄红壤亚类，成土母质为砂页岩；石灰土主要是棕色石灰土亚类，成土母质为石灰岩；水稻土包括三个亚类，分别为矿毒水稻土、盐渍性水稻土和潴育水稻土，分别受到铅锌矿、石灰性矿以及洪积物的干扰。

粮食作物以水稻种植为主，实行一年两熟制，种植时间分别在5—6月和8—9月。经济作物以金桔、砂糖桔、夏橙、沙田柚、淮山、茨菰、香芋、板栗和柿子等为主。

3）污染物浓度

参照《土壤环境质量标准》（GB 15618—1995）二级标准，As和Cr的单项污染指数小于1；Pb、Cu、Zn和Cd的单项污染指数均大于1，分别为2.19、1.55、4.80和7.70，且Pb、Cu、Zn和Cd的超标率也较高，分别达到49.6%、54.3%、65.7%和73.3%。

参照《全国土壤污染状况调查农产品样品采集与分析测试技术规定》的有关要求，结果显示：28个谷物样品中水稻籽粒样品存在As、Pb和Cd超标，超标率分别为14.3%、85.7%和64.3%，综合因子点位超标率达85.7%；玉米籽粒样品Pb和Cd含量全部超标，综合因子点位超标率达100%。

4）修复面积

修复面积287亩，其中重度污染区20亩、中度污染区212亩和轻度污染区55亩。

（3）安全利用和修复目标

本项目按照类似项目的实际修复效果和项目区实际污染状况来确定土壤修复目标。

①轻度污染区（55亩）：通过植物吸取修复技术使得造成土壤污染的镉含量年降低8%以上；或经过三年修复，70%区域土壤Cd含量满足《土壤环境质量标准》（GB 15618—1995）二级标准（pH＜6.5的土壤，镉含量0.3 mg/kg）。

②中度污染区（212亩）：采用低积累农作物的农艺调控措施，并配合钝化修复技术，通过三年修复，使土壤中超标重金属Cd、Pb的有效态含量降低30%以上[Cd、Pb有效态分析方法参照《土壤质量　有效态铅和镉的测定　原子吸收法》（GB/T 23739—2009）]。

③重度污染区（20亩）：拟种植砷、镉超积累植物，减少污染物向周边农用地扩散。土壤As、Cd含量年降低8%以上，Pb含量逐年降低；土壤Pb有效态含量降低30%以上（Pb有效态分析方法参照GB/T 23739—2009）。

本项目按照类似项目的实际修复效果和项目区实际污染状况来确定农作物质量目标。中度污染区（212亩）：参照《食品安全国家标准　食品中污染物限量》（GB 2762—2012）的限值，通过种植低积累农作物，并配合钝化修复技术，3年修复后实现玉米、金桔可食部分的铅、镉、砷含量达标率为 90%。

（4）技术路线

针对当地污染物及污染程度，根据技术比选分析出适合项目的修复技术，按照与当地种植习惯相吻合、实现受污染农用地修复效益最大化的原则，设计最优的技术及技术组合（见图 6.2.5-1）。针对项目不同区域受污染的土壤，项目按照以下原则设计修复技术：

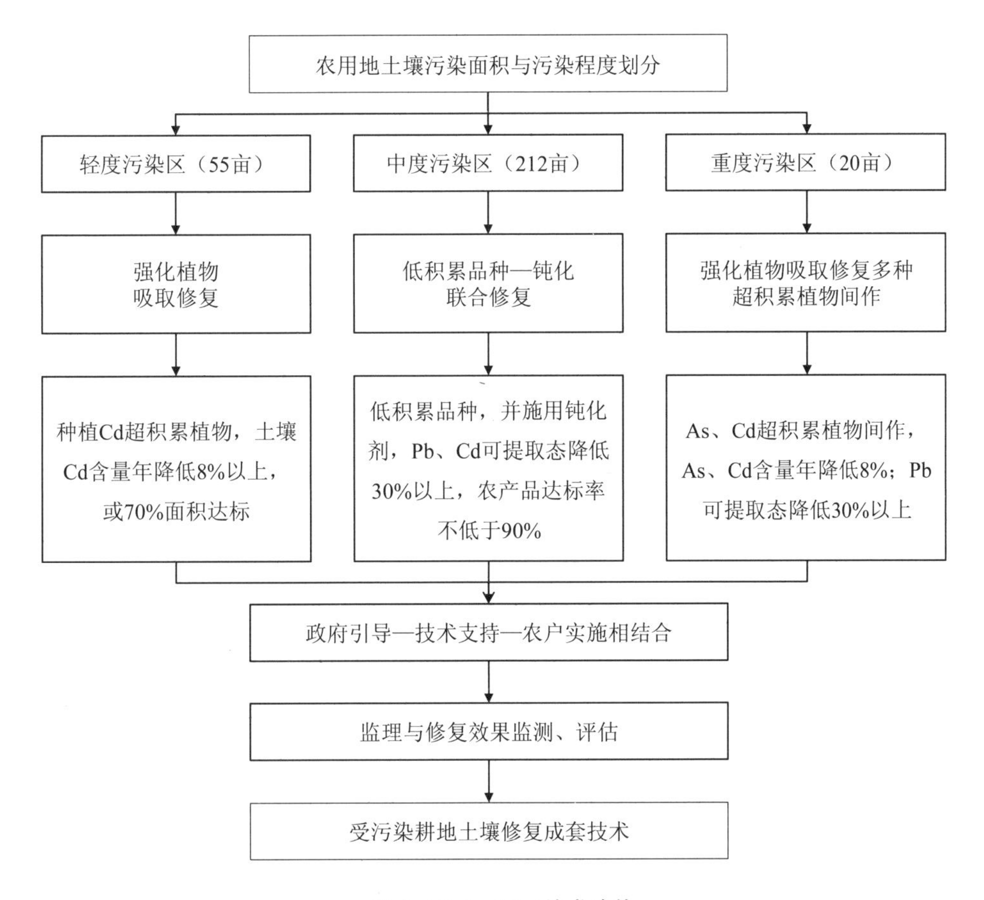


图 6.2.5-1　项目技术路线

①能够进行农业种植的区域，采用边生产边修复方式，利用钝化修复、植物吸取和农艺调控等技术，实现污染地区的农业安全生产。

②修复技术的选择尽量与当地的农业种植习惯相吻合，以利于推广应用。

（5）实施效果

通过开展项目实施过程中的土壤、农产品、超积累植物、农业投入品、灌溉水和修复剂等样品的采集和测试，测试指标均达到修复目标值要求，施工过程未对周边环境造成二次污染。

（6）成本分析

不同修复技术的修复成本不同。经核算，在本项目中，轻度污染区和重度污染区总面积为 75 亩，采用的植物吸取修复技术的直接成本为 2.21 万元/亩，每年的费用约为 0.74 万元/亩，其中活化剂每年的费用约为 0.20 万元/亩；中度污染区采用的钝化+低积累品种联合技术的直接成本约为 1.61 万元/亩，每年的费用约为 0.54 万元/亩，其中钝化剂每年的费用为 0.24 万元/亩。

（7）经验总结

①项目实施期间，在农产品成熟期，开展土壤样品与农产品协同采样。同时，土壤样品的采集最好以田块为单位，可为精准设计农用地土壤风险管控与修复方案打下基础。

②项目实施区域必须切断污染源。以本项目为例，污染源已关停，同时在矿区实施植被恢复，减少甚至杜绝矿山废水向下游排放，保证项目区农田灌溉水达标，解决了农用地修复中灌溉用水质量的问题。

③为充实技术力量，选派土壤修复专业的高校教师、科研人员到地方挂职，为项目的实施提供了科学指导，有力推动了项目的实施，提升了地方技术人力资源。

（8）技术推广工作建议

本项目示范了“治本”的植物吸取技术和“治标”的钝化修复+农艺调控组合技术，针对不同重金属污染程度的农用地，针对性地采取相应的修复技术，为农用地污染土壤的治理与修复提供以下工作建议：

1）植物吸取强化修复技术

根据项目实际实施情况，在重金属轻度污染区，推荐采用植物吸取修复技术，通过种植重金属超积累植物，辅以活化剂，有效降低土壤重金属含量。在重金属重度复合污染土壤上，选用植物吸取间作修复技术，通过间作形式同时种植砷超积累植物蜈蚣草和镉修复植物籽粒苋或八宝景天，同时施用砷、镉活化剂，实现砷、镉复合污染土壤的修复，减少土壤中高浓度重金属向周边扩散的风险，有效防控重金属的污染风险。植物吸取强化修复技术的关键是选取合适的修复植物和活化剂种类，即针对修复植物的特点和当地气候，做到科学种植，同时科学确定施用活化剂的品种、施用时间和施用量，在提高污染土壤的修复效率的同时，不会因增施活化剂而增加重金属扩散的风险。不过，由于涉及前期的育苗成本和后期的收获物的安全处置成本，导致修复成本偏高，修复时间长于安全利用类技术。对植物吸取修复的效果评估方法也需进一步完善。

2）钝化+低积累品种组合技术

一般在重金属轻度污染区，采用农艺调控措施基本上能实现农产品的安全生产，但是在中度污染区很难保证；因此，推荐采用钝化+低积累品种组合技术，通过种植当地常见低积累作物品种，辅以钝化剂，有效降低重金属有效态含量，使作物实现安全生产。该技术适合大面积污染土壤修复，适合面广，适应性强，在推广应用时应和当地的农业种植结构结合，不轻易改变其种植结构；钝化修复应考虑兼顾提高农产品品质和产量，这样更容易受到政府和农户的欢迎。选用钝化修复技术的关键是钝化剂的类型、施撒时间和施撒量，要依据受污染农用地的土壤类型、重金属污染种类和污染程度等正确选择钝化材料，精准把握钝化剂用量，避免施用过多造成土壤板结、作物减产或产生二次污染。

**专家点评**

项目针对南方 Cd/Pb/As 复合污染农用地土壤，在调查数据基础上进行重金属污染程度的分类，基于土壤污染程度分别采用不同技术，以实现污染土壤的安全生产。项目中涉及的钝化修复技术、农艺调控措施与植物吸取技术分别对应了农用地污染土壤修复中的无害化与减量化修复目标，项目目标明确，可考核性较好。项目中涉及的修复技术与当地种植习惯相吻合，技术成本低，易实施和推广。

### 6.2.6　贵州某汞污染农用地土壤污染风险管控与修复项目

（1）项目基本信息

项目规模：修复耕地总面积 222 亩

实施周期：2018 年 9 月至 2022 年 12 月

项目经费：1 606 万元

项目进展：已完成阶段修复效果评估

（2）主要污染情况

1）污染成因

贵州省位于环太平洋汞矿矿化带，是我国主要的汞工业基地。项目所在地成矿地质条件良好，矿藏丰富，是典型的汞矿资源富集区域。长期的矿产资源开发为国家和地方经济社会发展做出重要历史性贡献的同时，也造成了区域性汞污染问题。大气汞干湿沉降与地表尾矿渣等各种污染源的汞挥发等不确定性因素，加剧了区域汞污染成因的复杂性。汞矿的开采、冶炼，汞化工生产过程中产生的大量含汞矿渣、有害气体和粉尘、飘尘等，经自然沉降、水土迁移等途径进入土壤，富集于土壤表层，造成土壤汞的浓度升高。

项目所在区域土壤污染具有流域性分布的特点。从空间分布来看，土壤污染主要集中在尾矿库或汞渣下游的流域沿岸。项目所在地位于汞矿区下游河流汇合点。周边流域的汞矿冶炼过程中产生的含汞废水及炼汞废渣、尾矿库流出的渗滤液沿河流入下游。长期的淤泥沉积已经达到一定的厚度且底泥汞含量超标。总的来说，上游汞矿冶炼过程中产生的含汞废水及炼汞废渣、尾矿库流出的渗滤液，在地表径流等外营力的长期作用下，导致项目所在区域农用地土壤汞超标。

2）土壤类型及原种植农作物类型

项目区耕地为水田与旱地轮作，主要农作物为水稻、油菜。土壤类型为潜育性水稻土，修复前土壤 pH 为 5.34～9.54，有机质含量为 7.8～38.3 g/kg，速效磷 24.45 mg/kg，速效钾 130.98 mg/kg，水解氮 152.59 mg/kg。

3）污染物含量

土壤中 Hg 含量为 0.40～42.70 mg/kg，平均含量为 9.73±6.07 mg/kg。参照《土壤环境质量 农用地土壤污染风险管控标准（试行）》（GB 15618—2018），0.31%的点位低于筛选值，19.72%的点位介于筛选值和管控值之间，79.97%的点位超管控值，总体超标率为 99.69%。

4）修复面积

本项目修复耕地面积共计 222 亩，主要采用“Hg 低积累品种+有机肥钝化技术”。

（3）安全利用和修复目标

针对中低汞污染水平的食用性农作物种植区域，在周边没有土法炼汞等人为活动产生大气汞排放及其他不可抗因素影响下，实现以下指标：

①农作物可食用部分总汞平均含量满足《食品安全国家标准 食品中污染物限量》（GB 2762—2017）要求（采样密度按 2 亩 1 个样品计，最大含量水平为 0.02 mg/kg）；

②在没有自然灾害等不可抗因素影响下，保证农作物的产量，平均减产率低于 10%（与治理前的同等条件相比）；

③污染治理措施不造成二次污染。

（4）技术路线

本项目以风险管控为主线，以受污染土壤安全利用、实现农产品安全生产为核心目标，以保障人民群众健康安全为最高宗旨，遵循“一地一策”的思路，制订了汞污染耕地农艺调控+辅助技术的总体技术路线。

“农艺调控+辅助技术”的技术方案：农艺调控措施包括种植汞低积累的油菜品种和水稻品种，以及调节水肥管理。辅助技术主要采用不同类型的钝化材料，配合农艺调控措施，实现农作物食用部位汞含量达标并提高农产品品质；同时，在作物收获后，对富汞作物废料进行回收利用，通过作物吸取逐渐减少土壤汞含量。

（5）实施效果

2018—2020 年，经过两年的田间试验，筛选出汞低积累的油菜品种福油 508 和宁杂 11 号。其低积累特征见表 6.2.6-1。

表 6.2.6-1　汞低积累油菜品种特性

| 品种名 | 品种审定编号 | 土壤 pH | 土壤汞含量/（mg/kg） | 籽粒汞含量/（μg/kg） | 理论产量/（kg/亩） |
|---|---|---|---|---|---|
| 福油 508 | 国审油 2010014 | 6.5＜pH≤7.5 | 18.3 | ＜10 | 172～187 |
| 宁杂 11 号 | 国审油 2007007 | 6.5＜pH≤7.5 | 19.3 | ＜10 | 166～186 |

经过两年的田间试验，筛选出汞低积累的水稻品种隆两优黄莉占和晶两优华占。其低积累特征见表 6.2.6-2。

表 6.2.6-2　汞低积累水稻品种特性

| 品种名 | 品种审定编号 | 土壤 pH | 土壤汞含量/（mg/kg） | 籽粒汞含量/（μg/kg） | 理论产量/（kg/亩） |
|---|---|---|---|---|---|
| 隆两优黄莉占 | 国审稻 20176002 | 6.5＜pH≤7.5 | 17.0 | ＜20 | 616～663 |
| 晶两优华占 | 国审稻 20176071 | 6.5＜pH≤7.5 | 21.4 | ＜20 | 578～657 |

严格管控类汞污染耕地(土壤总汞平均含量 24.85～26.66 mg/kg)，采用汞低积累作物+猪粪炭有机肥钝化技术处理。未施用猪粪炭有机肥的对照处理中，福油 508 籽粒总汞含量为（27.65±1.38）μg/kg，施用猪粪炭有机肥 1 500 kg/亩的福油 508 籽粒总汞含量为（10.11±0.51）μg/kg。经连续两年猪粪炭有机肥处理，晶两优华占精米总汞平均含量由第一年的（39.14±1.17）μg/kg 降到第二年的（14.49±6.57）μg/kg。由此可见，连续两年的猪粪炭有机肥处理后，油菜和水稻可食部位的总汞含量均能达到项目修复目标（籽粒总汞平均含量低于 GB 2762—2017 规定的限值）。对于汞污染农用地（89.3%的点位的表层土壤汞含量超过严格管控类），采用“Hg 低积累品种+有机肥钝化技术”，采样密度按 2 亩 1 个样品计，油菜籽粒和稻米中汞含量小于 0.02 mg/kg 的比例达到 90%以上。

通过对不同品种油菜和水稻的田间测产，汞低积累油菜品种福油 508 的产量范围为 180～216 kg/亩，与对照或常年本地油菜栽培品种相当，未见减产现象，如图 6.2.6-1 所示。同样，低汞积累水稻品种晶两优华占的产量平均为 652 kg/亩，与当地常年推广种植的品种相当，且该品种抗病性较强，稻米品质较好，如图 6.2.6-2、图 6.2.6-3 所示。推广种植该品种，也可促进农民增收。

图 6.2.6-1　油菜田间生长情况

图 6.2.6-2　水稻田间生长情况

图 6.2.6-3　专家现场进行水稻产量测定

（6）成本分析

汞低积累作物品种筛选费用为 250～300 元/种。在后续推广应用时，只需要通过乡镇农技站将汞低积累品种推荐给农户，农户将常规品种替换为汞低积累品种进行种植即可，不产生额外成本。

本项目采用的钝化剂为猪粪制成的生物质炭有机肥，该有机肥市场价格为 800～900 元/t，该技术田间试验时的成本为 1 600～2 200 元/亩，主要包含材料费和施工费。该技术在推广应用时，施工费不需计入，农户仅需要购买猪粪炭有机肥，将猪粪炭有机肥作为基肥在种植农作物之前进行施用，不仅可以保障农产品安全生产，还可以起到肥料的功效，减少常规肥料的用量。综上，该技术推广应用成本主要是用于购买猪粪炭有机肥的材料费，为 1 000～1 200 元/亩。

（7）长期管理措施

在长期管理措施监测方面，项目所在地已建立农产品质量安全检测制度，及时掌握农产品质量和土壤质量状况。计划每年开展农产品质量抽样检测，重点监测是安全利用类耕地产出的可食用农产品质量制定超标农产品应急处置预案，对超标农产品采取管制或销毁等必要措施。建立安全利用类土壤环境质量以及农产品风险预警系统，以市农业农村局为责任主体，市生态环境局监督实施，督促各区县农业农村部门定期对本辖区内安全利用类耕地进行定期监测，依据监测结果及时调整工作。设置安全利用类耕地监测点，每两年取土壤及农产品样品监测 1 次，检测指标包括土壤基本理化性质、重金属等。

（8）经验总结

在技术应用模式方面：本项目证实了尽管油菜籽粒中的总汞含量超过稻米汞食用安全限值 10 倍，但其榨出的菜籽油中总汞含量低于检出限，在油菜安全生产的同时也契合了当地发展以油菜花为主题的生态旅游产业需求，提高了汞污染耕地安全利用的经济附加值，真正打造出我国山区耕地土壤污染“生态旅游—生态扶贫”一体化的新模式。

（9）技术推广工作建议

本项目采用了汞低积累品种+猪粪炭有机肥钝化技术，实现了不同汞污染程度农用地的安全利用。根据项目实施结果，参考《土壤环境质量 农用地土壤污染风险管控标准（试行）》（GB 15618—2018）中对汞规定的风险筛选值与风险管制值，对于汞低积累油菜种植，无论土壤总汞含量是低于风险筛选值或是处于风险筛选值与风险管制值之间，或高于风险管控值，种植的油菜籽粒榨出的食用油中的总汞含量远低于汞的食品安全限值；但对于汞低积累水稻种植，当土壤总汞含量介于风险筛选值与风险管制值间，精米总汞平均含量为 0.013～0.017mg/kg；当土壤总汞含量大于风险管制值而小于 9 mg/kg，精米总汞平均含量为 0.016～0.019 mg/kg；当土壤总汞含量大于 9 mg/kg，精米总汞平均含量为 19.1～29.6 μg/kg。表明精米总汞含量与土壤总汞含量有很强的正相关性，土壤总汞含量越高，精米总汞含量就越高，实现汞污染土壤安全利用的难度就越大。

对于总汞含量处于风险筛选值和风险管控值之间的受污染耕地，在保留传统水—旱轮作的耕作方式下，要实现其安全利用，对于油菜种植，只需要推广种植本项目筛选到的汞低积累油菜品种，就能够有效保障安全生产，实现汞污染农用地安全利用；而对于水稻种植，除了推广种植本项目筛选到的汞低积累水稻品种，还需要结合猪粪炭有机肥钝化技术，才能使稻米总汞含量低于食品安全限值。因此，针对该技术的后期推广建议如下。

1）汞低积累作物品种

针对筛选并确定出水稻、油菜粮油作物，推广建议如下：

①将该成果由生态环境部门移交给农业农村部门，农业农村局印发给各区县农业部门进行推广种植。

②水稻、油菜汞低积累品种清单已经在项目实施地推广 350 亩，后期可以向周边主要产粮大县、重金属汞污染及汞矿区推广种植。

③根据土壤环境质量类别划分结果，可在安全利用类耕地大面积推广种植水稻正面清单。

④农业农村部门牵头，率先在农业生产公司、农村合作社、种植大户等农业种植主体推广正面清单。

2）汞污染治理修复技术

针对猪粪炭有机肥钝化技术显著降低水稻、油菜总汞含量，从汞治理修复、经济实用性、生态环境效应以及社会效益等方面，推广建议如下：

①由农业农村部门组织有土壤污染治理修复需求的人员进行集中学习，将猪粪炭有机肥钝化技术运用于农用地土壤重金属污染治理中。

②猪粪炭有机肥钝化技术可以增加土壤养分。国家提倡施用猪粪炭有机肥代替化肥，已达到减肥增效的目的，有机肥通过处理，可以在保障肥效的基础上对重金属有钝化作用，可以降低土壤重金属的危害，保障粮食质量安全，该技术可以通过农业农村部门畜禽养殖与土肥站联合协作。有畜禽养殖部门将畜禽养殖粪污无害化处理，制成猪粪炭有机肥钝化剂，土肥站出台有机肥代替化肥政策，严格管控化肥施用量。

3）推广“大生态+大旅游”的汞污染农用地治理修复与生态旅游扶贫有机融合的新模式

因地制宜发展生态旅游业，在部分地区规模化、规范化、科学化种植油菜，吸引大批游客前来观赏油菜花，享受田园生活，实现了汞污染治理修复与生态观光旅游相结合的模式。针对汞污染农用地生态治理修复与旅游观光扶贫新模式的推广建议如下：

①采用产—研—农相结合的方式进行，向农户分发农业生产过程中的一切需要品，收获农产品归农户所有，与高校和科研院所保持密切联系，鼓励高校与科研机构进驻土壤污染防治项目。

②聘请当地贫困户从事示范项目区的农业生产活动与基地管理，对于积极配合施工人员给予相应奖励。

**专家点评**

项目针对贵州 Hg 污染农用地特点，在土壤 Hg 污染环境质量调查与分类基础上，以农产品可食部位 Hg 含量降低为目标，分别针对轻度、中度 Hg 污染土壤采用农艺调控修复、农艺调控+钝化修复技术，为 Hg 污染土壤的修复提供了借鉴。Hg 作为变价金属和可长距离迁移重金属，其在土壤中的环境风险受多因子控制。本项目采用低 Hg 积累品种作物，结合 Hg 土壤钝化修复技术，与 Hg 污染农用地土壤的边安全生产边修复相吻合，具有较好参考价值。

### 6.2.7　江西某冶炼废水污染农用地土壤污染风险管控与修复项目

（1）项目基本信息

项目规模：共计修复 1 365 亩

实施周期：2019 年 3 月至 2020 年 11 月

项目经费：1 763.6 万元

项目进展：已完成两年连续跟踪监测

（2）主要污染情况

1）污染成因

该项目区域的污染成因主要是上游历史私人土法金属冶炼以及煤矿开采，私人土法金属冶炼过程中产生的废水通过地表水进入下游的项目区内，上游水库底泥 As、Cd 含量超过周边背景水平；通过对项目区 Cd 分布规律的分析，发现项目区土壤 Cd 含量随着离煤矿区域距离的增大而降低，由此推测煤矿开采可能是 Cd 污染的主要来源。

2）土壤类型及原种植农作物类型

项目所在地全区土壤主要为红壤。本项目流域土壤 pH 值为 5.12～6.56，主要为酸性土壤（73.7%的土壤 pH 介于 5.5～6.5）。区域耕地土壤有机质含量约为 56.6 g/kg，土壤有机质含量主要属于＞40g/kg 级，土壤有机质含量整体较高。区域土壤容重约 1.03 g/cm$^3$，氨氮 12.6 mg/kg，速效钾 98 mg/kg，有效磷 11.0 mg/kg。

本项目区域主要种植制度为稻油轮作，夏季种植单季水稻，冬季种植油菜。

3）污染物含量

本项目农用地表层土壤中存在不同程度的 As 和 Cd 超标，土壤 As 含量为 14.3～86.09 mg/kg；土壤 Cd 含量为 0.26～1.36 mg/kg，有效态 Cd 含量为 0.11～0.67 mg/kg，有效态 Cd 占比 53.39%。参照《土壤环境质量　农用地土壤污染风险管控标准（试行）》（GB 15618—2018）筛选值，As 和 Cd 超标率分别为 80.6%和 94.03%。

2017 年项目区内农作物水稻籽粒中 Cd 含量为 0.052 1～2.27 mg/kg，平均值为 0.77 mg/kg，超标率为 88.4%；农作物水稻籽粒中 As 含量为 0.079 4～0.355 mg/kg，平均值为 0.173 mg/kg，超标率为 26.2%。

2018 年项目区农作物水稻籽粒中重金属 Cd 含量为 0.292～2.85 mg/kg，平均值为 1.46 mg/kg，超标率为 100%；As 含量为 0.016 1～0.308 mg/kg，平均值为 0.129 mg/kg，超标率为 10.7%。

4）修复面积

修复区域面积共计 1 365 亩，其中轻度 Cd 污染区面积为 1 226.1 亩，中度 Cd 污染区面积为 138.9 亩，As、Cd 复合污染面积约 146 亩。

（3）安全利用和修复目标

①治理修复后第一年农作物可食用部分不超过《食品安全国家标准　食品中污染物限量》（GB 2762—2017），达标率≥95%；连续跟踪监测两年，达标率满足≥80%。

②修复后土壤中有效态 Cd 含量降低 40%以上，有效态 Cd 检测采用 0.1 mol/L $CaCl_2$ 浸提、原子吸收光谱法测定。

③治理期间不影响农作物的正常耕作，并且农作物不减产。

（4）技术路线

本项目区域为 1 365 亩中轻度 Cd 污染区，其中 146 亩为 As、Cd 复合污染区。在项目区选择 4 亩 Cd 污染耕地进行小区试验，小区试验主要进行低积累品种验证、叶面阻隔剂和钝化剂效果验证；在大田区域采用综合农艺调控措施及钝化修复技术对污染土壤进行修复及安全利用，如图 6.2.7-1 所示。

（5）实施效果

本项目田间实际污染土壤修复工程量约 1 365 亩，修复深度 20 cm。现场施工情况如图 6.2.7-2 所示。项目实施后，修复后第一季（2019 年），项目区域内农作物水稻籽粒中镉含量为 0.040 7～0.698 mg/kg，平均值为 0.168 mg/kg，砷含量为 0.025～0.300 mg/kg，平均值为 0.15 mg/kg，按《食品安全国家标准　食品中污染物限量》（GB 2762—2017）标准评价，镉达标率为 91.86%，砷达标率为 98.81%；修复后第二季（2020 年），项目区域内农作物水稻籽粒中镉含量为 0.054～0.54 mg/kg，平均值为 0.13 mg/kg，砷含量为 0.045～0.10 mg/kg，平均值为 0.10 mg/kg，镉达标率为 83.9%，砷达标率 100%。

修复后，2019 年农产品产量超出未修复区 5.32%，修复后 2020 年农产品产量超出未修复区 11.3%（由于采用的理论测产，所以增幅相对于实际测产较大），土壤修复对农产品产量有一定的增产作用。

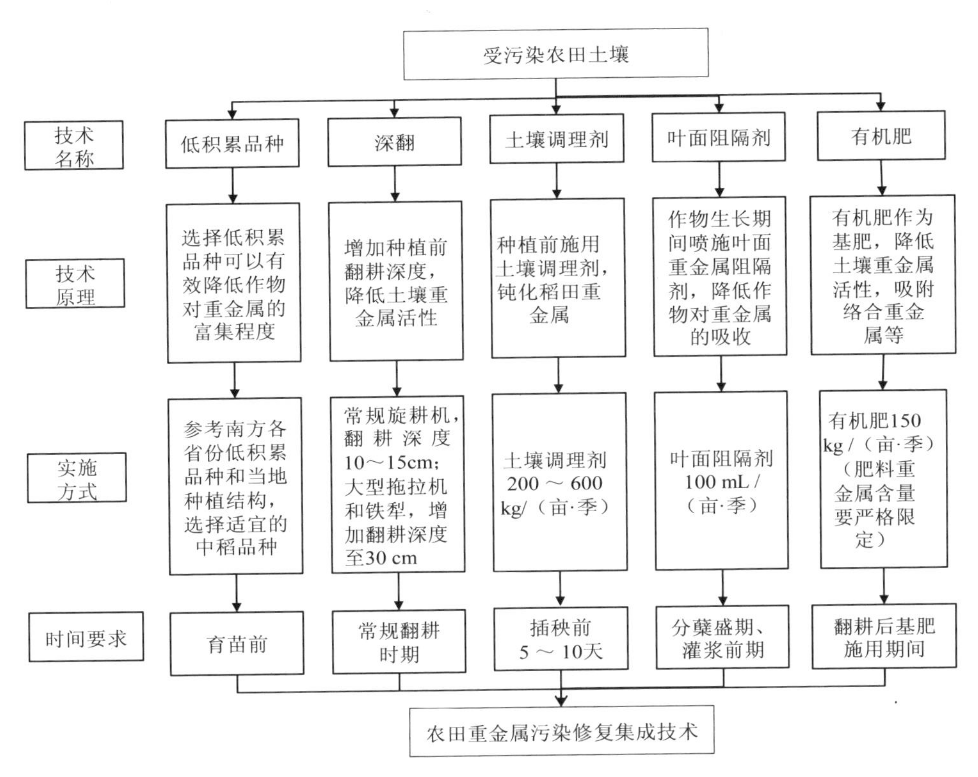


图 6.2.7-1　修复技术路线图

小区建设

材料施撒

有机肥撒施

叶面阻控

图 6.2.7-2　现场施工情况

修复后第一季（2019年），土壤中Cd有效含量较修复前（2018年）降低24.44%，第二季（2020年）较修复前降低17.78%。

（6）成本分析

项目总投资费用为 1 763.6 万元。其中，钝化修复工程费用共 1 008 万元，单价 3 692.3 元/（亩·年）；农艺调控工程费用共 65.73 万元（扣除人工费及机械费），单价 485.1 元/（亩·年）。

（7）长期管理措施

加强长期监测，对项目区进行定点长期动态监测，包括监测农投品（有机肥、化肥等），了解农业投入品对污染物的影响；监测外界环境输入（灌溉水、降雨等），识别是否存在新的外来污染源，判定其可能对土壤 pH 产生的影响；监测土壤 pH、有效态 Cd 含量、农产品 Cd 含量，掌握三者动态变化关系。当地农业农村、生态环境部门根据监测数据，动态调整种植结构，提供农业技术推广和土壤污染防治技术支持，以期满足当地粮食安全生产。

（8）经验总结

在组织实施过程中，由政府主导和监管，专业技术单位组织实施，当地农村专业合作社积极参与，形成政府主导、企业承包、农村合作社实施的新型合作模式。

在技术选择过程中，要采取分类分级的技术模式和途径，依据前期调查结果，划分详细的污染等级，因地制宜地制定修复策略。

本项目形成了相应的安全利用技术体系，轻微污染农用地采用农艺协同降控技术模式，轻度污染农用地采用钝化修复模式，中度镉污染农用地采用土壤调理剂+农艺措施联合降控技术模式。

（9）技术推广工作建议

加强农用地土壤环境监测体系，做好土壤环境质量分类，针对不同的类别，采取相应的受污染耕地安全利用技术体系：轻微污染农用地采用农艺协同降控技术模式，轻度污染农用地采用钝化修复模式，中度镉污染农用地采用土壤调理剂+农艺措施联合降控技术模式。

由于农用地修复项目涉及专业性较强，单靠政府或者农民无法单独完成，因此需要构建政府主导、企业承包、农村专业合作社组织实施的新型合作模式。

**专家点评**

项目针对南方酸性土壤，水稻—油菜轮作条件下的 Cd、As 复合污染土壤修复，针对不同程度污染进行分类分区，在此基础上采用不同修复技术，包括农艺协同修复技术、钝化修复技术及钝化修复与农艺措施联合修复技术。项目中 Cd、As 复合污染农用地的修复对基于 pH 驱动的重金属降活修复技术提出了挑战。基于此，本项目针对不同污染程度，采取农艺调控措施与钝化修复技术相结合的方法，具有较好的适用性。

# 第七章　建设用地土壤污染风险管控与修复案例

## 7.1　化工类污染地块风险管控与修复案例

### 7.1.1　江苏某溶剂厂地块治理修复项目

（1）项目基本信息

项目类型：化工类污染地块

实施周期：2016 年 10 月至 2018 年 12 月

项目经费：2.6 亿元

项目进展：已完成效果评估

（2）主要污染情况

①地块情况：地块原为某溶剂厂原址北区用地，曾用于生产增塑剂、二苯醚、氢化三联苯等。2007 年，溶剂厂搬迁，原企业用地由市土地储备中心收储。

②敏感受体及治理必要性：地块周边有敏感用地，且该厂建厂时间较早，长期从事化工生产活动，废水、废渣处置不当，造成土壤和地下水污染，威胁人居环境健康，因此需要对地块土壤和地下水进行修复。

③土层及水文地质条件：场地−20 m 以上浅土层主要由黏性土及砂性土组成，勘探深度范围内地下水主要为孔隙潜水、微承压水。其中潜水主要赋存于填土层，微承压水主要赋存于粉质黏土、粉质黏土夹薄层粉土、粉土层中。

④污染物含量：地块土壤中存在的污染物主要为苯、氯苯和石油类。其中，石油类污染最重，最高含量达 17 300 mg/kg，超标 81.8 倍。地下水中主要污染物邻苯二甲酸二（2-乙基己基）酯、苯、挥发酚、氯化物最高含量分别达 0.105 mg/L、5.31 mg/L、8 380 mg/L、61 200 mg/L。

⑤风险评估结果：通过计算本地块土壤和地下水环境风险，可知土壤和地下水中污染物含量均超出可接受风险水平，需要对该地块采取治理修复措施。

⑥修复工程量：土壤污染面积约 1.8 万 $m^2$，土方量约 27.1 万 $m^3$，污染深度达 18 m；

受污染地下水修复量为 5 192 m³。

（3）修复目标

该地块开展调查与风险评估相对较早（2015 年），业主单位按照相对保守的修复标准组织开展治理修复，国家相关标准出台后，及时对修复目标进行调整。

土壤修复目标值：按照《土壤环境质量　建设用地土壤污染风险管控标准（试行）》（GB 36600—2018）中第一类用地土壤标准，修复目标值为：苯≤1 mg/kg、氯苯≤68 mg/kg、石油烃（$C_{10}$-$C_{40}$）≤826 mg/kg。

地下水修复目标值：根据地下水风险评估结果和国外有关标准值，计算确定修复目标值。其中，浅层地下水中苯、氯苯、1,4-二氯苯、苯酚和石油烃（$C_{10}$-$C_{40}$）的修复目标值分别为 0.89 mg/L、5.96 mg/L、0.24 mg/L、565 mg/L 和 102 mg/L。微承压地下水中对应污染物修复目标值分别为 7.8 mg/L、50 mg/L、1.88 mg/L、775 mg/L 和 102 mg/L。

（4）治理修复技术路线

地块土壤和地下水治理修复技术路线如图 7.1.1-1 所示。根据污染物种类和污染深度，将污染区分为 A 区和 B 区两个治理修复单元。A 区土壤中主要污染物为苯、氯苯和石油类等，污染较深；B 区主要污染物为石油类污染物，污染较浅。

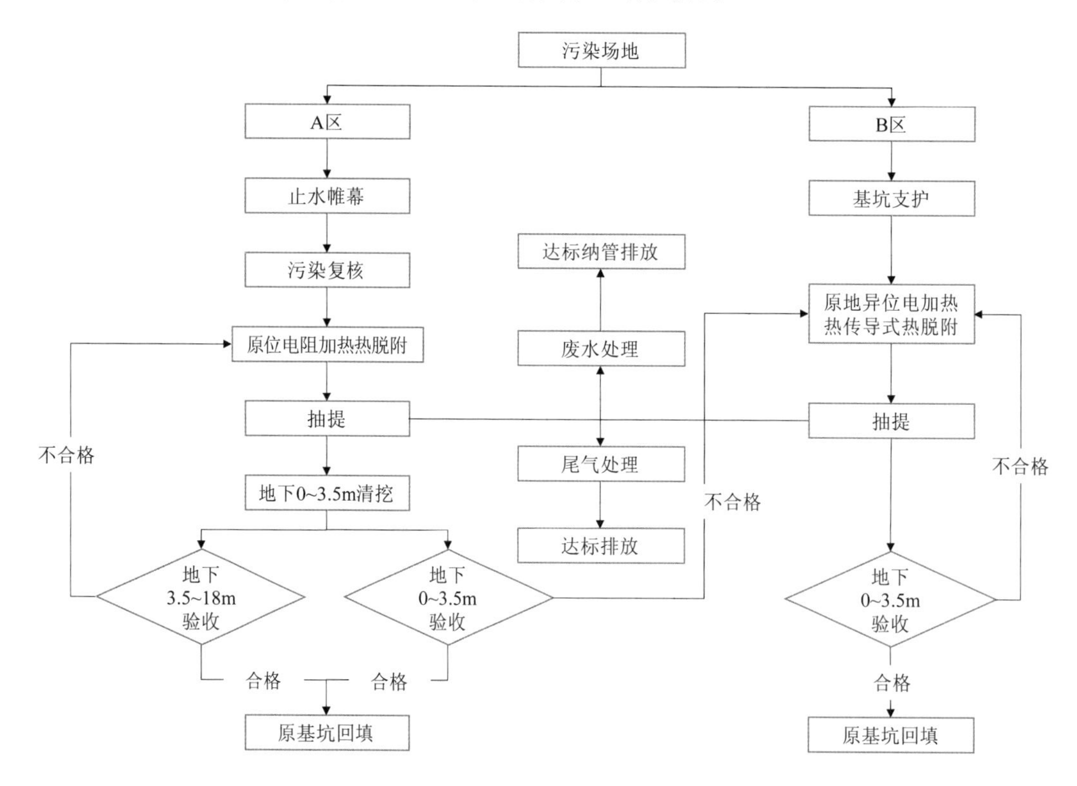


图 7.1.1-1　地块土壤和地下水治理修复技术路线

对 A 区、B 区污染土壤与地下水，分别采用原位电阻加热热脱附和原地异位电导热脱附进行治理修复。治理过程产生的废水，经废水处理系统处理达标后纳管排放；治理过程产生的废气，经尾气处理系统处理后达标排放。

1）原位电阻加热热脱附处置

A 区采用原位电阻加热热脱附技术。该技术是将电流通入地下，利用水和土壤自身导电生热，最终可以加热至水的沸点，通过共沸、挥发和汽提等机理，使污染物进入气相，并通过抽提系统转移至地面，在地面进行收集处理。整个系统分为四大部分：加热系统、抽提系统、水处理系统和尾气处理系统。加热系统包括电极和电力分配系统，负责将电能输入到地下，气化地下水污染物；抽提系统将地下产生的气体抽出地面，经冷凝后，将废水和废气分离；废水进入水处理系统，经过处理达到纳管标准后排入市政管网；废气经过活性炭纤维吸附后，达标排放，活性炭纤维采用的是蒸汽再生，可以循环使用；再生脱附的有机污染物经冷凝后收集，作为危废送有资质单位处置。（技术介绍详见本书 3.2.5 节原位热脱附）

2）原地异位电导加热热脱附处置

B 区采用原地异位电导加热热脱附技术。将污染土壤开挖制堆，采用电加热器对污染土壤加热，使其中的有机污染物脱附，通过抽提集中收集处理。达标处置污染土壤约 7 000 $m^3$。异位热脱附堆、温控和供电系统如图 7.1.1-2 和图 7.1.1-3 所示。

图 7.1.1-2　异位热脱附堆

图 7.1.1-3　温控和供电系统

3）二次污染控制措施

在开挖处置的 B 区，为控制污染土壤开挖、制堆及热脱附过程的异味，采取建设钢结构大棚的方式。在场地重点污染区域内搭建配备尾气吸附系统的钢结构大棚，过程散逸气体经尾气吸附系统吸附后达标外排。钢结构大棚、配套尾气处理系统如图 7.1.1-4、图 7.1.1-5 所示。

图 7.1.1-4　钢结构大棚

图 7.1.1-5　大棚配套尾气处理系统

A 区地表采用 3 层覆盖的方式对场地表面进行密封，运行过程中采用负压运行，将加热过程中散逸的有机气体集中收集，并通过活性炭纤维吸附系统，吸附后达标排放。场地覆盖及负压抽提管线如图 7.1.1-6、图 7.1.1-7 所示。

图 7.1.1-6　场地覆 HDPE 膜加混凝土覆盖

图 7.1.1-7　负压抽提管线

（5）实施效果

在第三方治理修复效果评估阶段，A 区共采集土壤样品 751 个，经分析测试，各土壤样品污染物含量总体上符合确定的修复目标值；共采集地下水样品 140 个，经分析测试及综合残余风险评估，各地下水水样污染物含量总体上符合确定的修复目标值。B 区共采集土壤样品 53 个，经分析测试，土壤修复后总石油烃残余含量符合确定的修复目标值。

（6）成本分析

本项目总投资为 2.6 亿元。其中，土壤原位热脱附建设及管理投资为 1.8 亿元，地下水治理费用为 5 000 万元。

（7）长期管理措施

土壤治理修复工程竣工后，在场地周边设置 6 口地下水长期监测井，每月定期送检地下水水样，并形成地下水监测报告。

（8）经验总结

①根据国家最新法律法规标准要求，及时调整治理修复技术路线。根据国家陆续出台的相关污染地块管理法律法规及政策标准，结合地块具体情况，修复施工单位对修复技术方案先后进行了2次优化调整，且调整后技术方案均经专家会评审并报环境主管部门备案。如为控制二次污染，减少环境风险，“将原方案A区地下0～3.5 m污染土壤先清挖后，再进行地下3.5～18 m原位热脱附方案，优化为地下0～18 m全部原位热脱附（其中地下0～3.5 m热脱附目的是去除异味），防止挖掘转运过程中产生二次污染，待异味去除后再送水泥窑处置”。

②强化二次污染控制。在B区重点污染区域内搭建配备尾气吸附系统的钢结构大棚，过程散逸气体经尾气吸附系统吸附后达标外排。A区地表采用3层覆盖方式对地块表面进行密封，运行过程中采用负压运行，将加热过程散逸的有机气体集中收集，并通过活性炭纤维吸附系统吸附后达标排放。同时，治理过程中随时查验覆盖层完整性（避免大面积覆盖层出现开裂现象），并灵活调整抽提系统真空度，避免污染蒸气外泄。

③建立部门联动监管机制。早在2011年，就成立了由分管副市长牵头，土地储备中心、环保局、财政局、审计局、安监局等部门联合协作的市土地储备污染土壤治理领导、协调和工作小组，所有涉及市政府储备土地的污染土壤相关事宜，均由该小组共同决议和执行，初步形成了部门联动监管机制。

④关注信息公开与舆情应对。为进一步保障地块周边老百姓的人体健康安全，在该地块修复效果评估完成前，推迟了原计划于2017年年底交付的位于该地块边界的拆迁安置房，承担了这批居民由于未能按时拿房的“安家费”，并定期组织居民们到修复工程现场参观和了解修复工程的意义。

**专家点评**

该案例是国内较早采用原位热脱附技术同步修复污染土壤和地下水的修复案例。针对不同修复区域污染特征，分别采用原位电阻加热热脱附和原地异位电导加热方式进行治理修复。项目实施期间，初步建立部门联动监管机制，高度关注敏感受体，结合地块具体情况，及时优化调整技术方案。案例对于复杂污染地块土壤和地下水修复工程实施具有很好的借鉴意义。

### 7.1.2　重庆某化工厂暂不开发利用地块风险管控项目

（1）项目基本信息

项目类型：化工类污染地块

实施周期：2004年2月至2020年12月

项目经费：约 3.4 亿元

项目进展：已完成风险管控效果评估

（2）主要污染情况

①地块情况：该化工厂原址位于重庆市，项目占地面积 380 亩。该厂于 1957 年投产，主要产品为红矾钠和铬酸酐，生产规模为 0.4 万～2 万 t/a，2008 年整体搬迁进入工业园。

②敏感受体及治理必要性：地块规划用途为居住、文化娱乐用地及公共绿地。由于地块内残留有大量铬渣及六价铬污染土壤，且六价铬易溶于水，对人体健康及嘉陵江水环境安全构成威胁，亟须开展风险管控或治理修复。

③土层及水文地质条件：场地内人工杂填土、砂土和卵石为透水层，砂岩为弱透水层，粉质黏土和泥岩为隔水层，场地基岩相对隔水层埋深 1.10～33.80 m。场地内地下水包括第四系孔隙水和基岩裂隙水。

④污染物含量：污染土壤中总铬含量最高达到 81 200 mg/kg，六价铬最高含量达到 1 770 mg/kg。

⑤风险评估结果：通过人体健康和重金属浸出风险评估，该地块风险不可接受。综合考虑修复资金需求、地块开发计划等因素，本地块未获取建设工程规划许可证，按暂不开发利用污染地块实施风险管控。

⑥修复工程量：该污染场地环境风险定量评估报告设定的六价铬修复目标值为 34.8 mg/kg。六价铬含量在 34.8～200 mg/kg 的污染土壤方量为 128.72 万 $m^3$，六价铬含量在 200～1 000 mg/kg 的污染土壤方量为 117.18 万 $m^3$，六价铬含量在 1 000 mg/kg 以上的污染土壤方量为 2.26 万 $m^3$，总计污染土壤量 248.16 万 $m^3$；场区地表以上被污染的建筑废物约 1.34 万 $m^3$。

（3）地块风险管控目标

防止铬渣及含铬废渣、土壤中铬污染物扩散，避免对人体健康及周边水体环境安全造成危害。地块内含铬渗滤液经处理后，达到《污水综合排放标准》（总铬＜1.5 mg/L，六价铬＜0.5 mg/L）。化工厂入嘉陵江排污口监测断面水质达到《地表水环境质量标准》（GB 3838—2002）Ⅲ类标准以上。

（4）地块风险管控技术路线

为有效管控地块环境风险，本项目技术路线为清除铬渣及含铬废渣，建设截污堤与含铬渗滤液收集体系，渗滤液经污水处理站处理后，实行达标排放；设置围栏、标识牌等，防止人员进入地块（图 7.1.2-1、图 7.1.2-2）。通过这些措施，有效保障人体健康及嘉陵江地表水环境安全。

（5）实施效果

一是渗滤液外排水质达标。区环境监测站每年不定期对该污染地块污水排放口水质开展监督性监测。结果显示，废水排放能够稳定达到《污水综合排放标准》（总铬＜1.5 mg/L，六价铬<0.5 mg/L）。

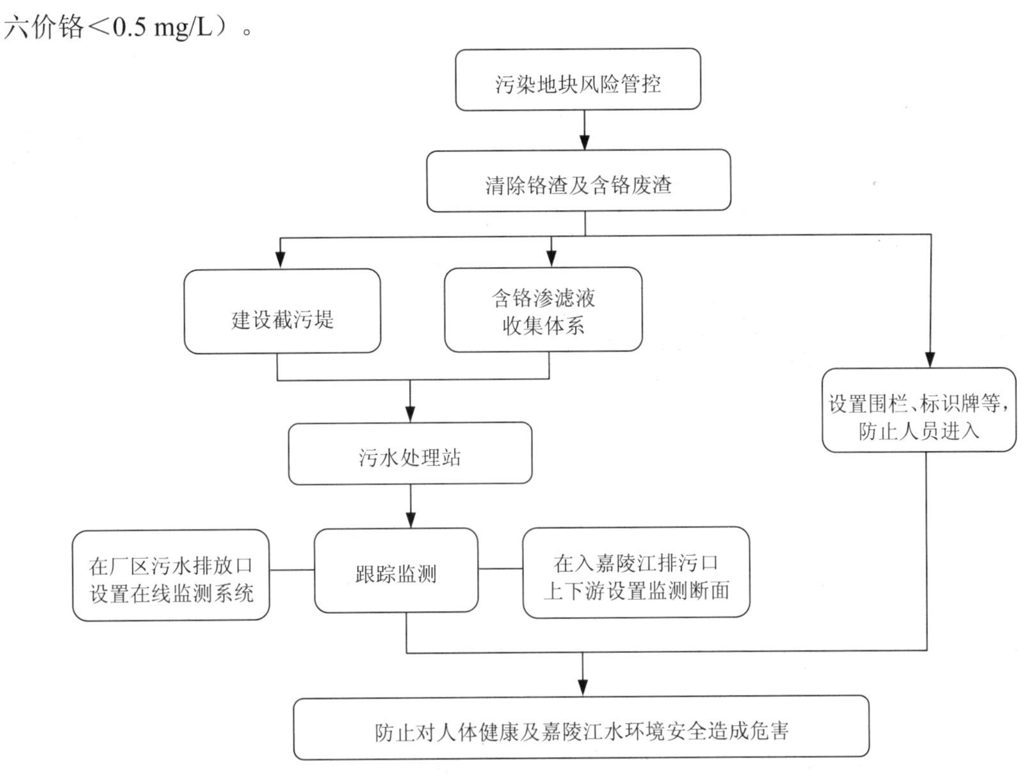


图 7.1.2-1 地块环境风险管控技术路线

二是入江断面水质达标。区环境监测站在该污染地块废水入嘉陵江排污口上游 50 m 和下游 100 m 处断面开展监测。结果显示，水质符合《地表水环境质量标准》（GB 3838—2002）Ⅱ类标准限值（断面水质实际要求为Ⅲ类）。

（6）成本分析

项目总投资 33 889.21 万元。其中铬渣及含铬固体废物处理处置总投资为 26 330 万元（包括累计运往水泥厂和钢铁厂综合利用处置的铬渣和含铬固废共计 71.32 万 t，解毒处置酸泥及含铬杂填土 23.41 万 t，清洗解毒处置 7 500 t 铬污染设备，拆除和解毒处理构建筑物 110 栋）。

该项目工程措施总投资 7 559.21 万元，污水处理站年运行费用 800 万元。

（7）经验总结

①运用系统方法控制污染地块环境风险。通过切断污染源与暴露途径、防止人员进入等系统手段，保障人体健康及嘉陵江水体环境安全。首先，对地块内约 90 万 t 铬渣及含铬废渣进行安全处理处置。其次，通过建设截污堤、含铬渗滤液收集处理系统等，将渗滤液收集后，经污水处理站处理合格后达标排放，避免含铬渗滤液对地表水体及地下水造成污染。同时，通过设置围栏和标识牌，限制人员进入，避免对人体健康造成危害。

风险管控指示牌

风险管控区围挡

防渗堤

污水处理站

渗滤液收集池

污水处理排放口监测点

图 7.1.2-2　现场照片

②建立跟踪监测制度是实施风险管控的重要环节。该化工厂在污水处理站排放口设置在线监测系统，实时监测排放口水质。区环境监测站在该污染地块内废水排放口和入嘉陵江排污口开展水质监督性监测，检验污染地块风险管控措施是否达到要求。发现不能满足风险管控目标要求时，及时调整有关管控措施。

③实施风险管控可降低污染地块环境管理成本。据测算，本地块若实施治理修复，需处置含铬受污染土壤约 249.5 万 $m^3$，总投资约 11.97 亿元（含铬渣处置费 2.67 亿元），但通过实施风险管控措施，可有效降低污染地块风险管控成本。实施风险管控后，地下水铬含量呈现降低趋势（废水总铬浓度由 2012 年的 800 mg/L 下降至 2017 年的 460 mg/L），后期若需再实施治理修复，也可降低修复成本。

**专家点评**

该案例为我国西南地区典型铬化工污染地块，地块暂不开发利用，因而采取风险管控措施。项目对污染源进行移除，同时进行污染阻隔，利用原企业的废水处理系统对污染地下水进行处理后达标排放，并同步开展制度控制。相比一次性彻底治理修复所需的巨额资金，实施上述风险管控措施可以以相对较低的投入保障人体健康和生态环境安全，具有很好的借鉴意义。

## 7.2　农药类污染地块修复案例

### 7.2.1　浙江某农化企业地块治理修复项目

（1）项目基本信息

项目类型：农药化工类污染地块

实施周期：2012 年 9 月至 2018 年 1 月

项目经费：约 2.6 亿元

项目进展：完成效果评估，地块已开发利用

（2）主要污染情况

①地块情况：地块曾主要生产农药产品酰胺类除草剂、有机磷杀虫剂、拟除虫菊酯杀虫剂、杀菌剂、杀螨剂、卫生用药和化工中间体、塑料包装材料等。该地块内企业于 2009 年完成拆迁。

②敏感受体及治理必要性：随着城市主城区扩大，该区域及周边逐步实施“退二进三”，

污染土壤必然会对周边居民人体健康构成威胁，治理修复工作迫在眉睫。场地所处的区域在2008年以后开展了大范围的拆迁与建设，在2013年首次系统地开展了地下水调查。该厂建设时间早，长期从事农药生产活动，造成土壤和地下水污染，因此需要对地块土壤和地下水进行修复。

③土层及水文地质条件：场地−15 m以内土层主要由黏土及粉土组成，勘探深度范围内地下水主要为松散孔隙型潜水，主要分布在填土、粉土中，填土、粉土透水性较强，地下水水位埋深较浅。

④污染物含量：地块土壤中存在的污染物主要为苯系物、氯代烃、多环芳烃、砷、农药类、苯胺、4-氯二甲醚、邻苯二甲酸二（2-乙基己基）酯。

其中，挥发性有机污染物为苯（最高含量1 399 mg/kg）、甲苯（最高含量25 100 mg/kg）、间二甲苯（最高含量1 680 mg/kg）等。

半挥发性有机污染物为4-氯二苯醚（最高含量1.82 mg/kg）、苯胺（最高含量92.95 mg/kg）、苯并[*b*]荧蒽（最高含量15.08 mg/kg）等。

持久性有机氯农药为滴滴滴（最高含量1 060 mg/kg）、$\alpha$-六六六（最高含量6.06 mg/kg）、$\beta$-六六六（最高含量28.53 mg/kg）等。

此外，地块还存在砷污染（最高含量251.11 mg/kg）和恶臭问题。

⑤风险评估结果：该地块于2011年启动调查评估工作，风险评估主要参考当时正在征求意见的污染地块风险评估技术导则，并结合国外建立的较成熟风险评估体系、数据库及软件，经计算，地块土壤中污染物健康风险超出人体健康可接受水平，需要对该地块采取治理修复措施。

⑥修复工程量：本地块内修复区面积为4.28万$m^2$，修复土方量为20.5万$m^3$，实际治理过程中最终处置污染土壤24.6万$m^3$。

（3）治理修复目标

该地块规划为居住用地、道路、公共交通枢纽、绿地等。2011年修复方案编制时，以保障人体健康和环境安全为目标，在综合风险计算结果和参考国内外相关标准的基础上，确定了地块污染土壤修复目标值。

（4）治理修复技术路线

考虑施工周期、工程成本、施工风险等因素，并从场地特征、需治理污染物、技术指标、环境影响等方面进行评估，确定采用气相抽提（SVE）技术处理挥发性有机污染物（VOCs）及存在刺激性气味的土壤，采用热脱附技术与水泥窑协同处置技术处置持久性有机氯农药与半挥发性有机污染物（SVOCs）污染土壤，采用固化/稳定化技术处理As污染土壤。

考虑到污染区域内规划有城市道路，需要在道路底下挖掘一定深度的土壤，并铺设水、电、燃气管线等设施，影响到原位修复的可行性和安全性，因此决定采用异位修复方式处置污染土壤。其中：①挥发性有机物（VOCs）污染土壤采用气相抽提（SVE）技术处置；②VOCs+As 复合污染土壤采用 SVE+固化/稳定化技术处置；③含有机氯农药（OCP）污染土壤采用热脱附技术（TDU）处置与水泥窑协同处置，如图 7.2.1-1 所示。

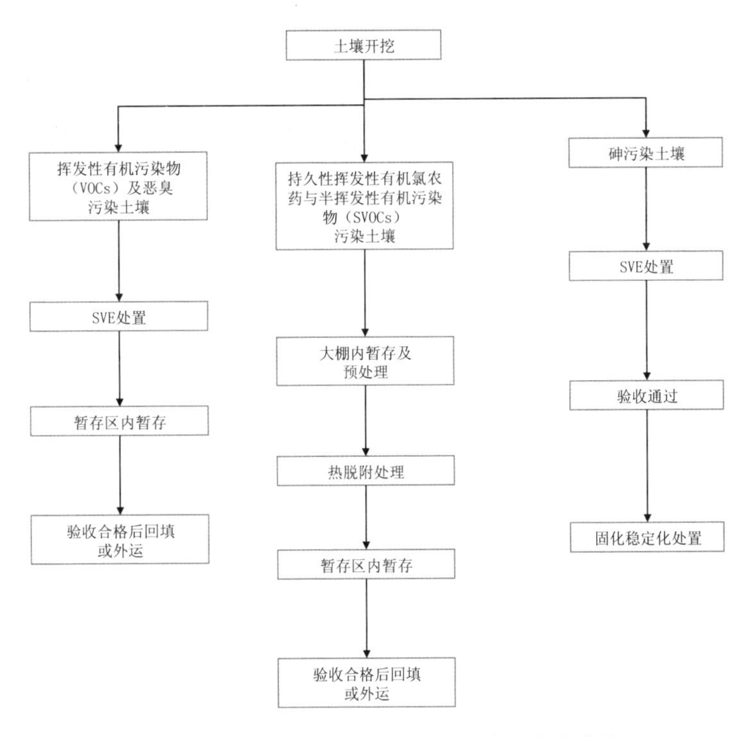


图 7.2.1-1　地块土壤污染治理与修复技术路线

1）气相抽提技术处置

土壤挥发性污染物采用原地异位气相抽提（SVE）技术进行处理。污染土壤清挖运输至土壤 SVE 处置区进行处置，处置工艺包括抽提处置系统安装调试、污染土壤预处理、处置单位铺设、气相抽提处置运行、处置后土壤自检、自检合格土壤验收。SVE 抽提管道及处置系统如图 7.2.1-2 和图 7.2.1-3 所示，共计处置污染土壤 123 824 $m^3$。

2）固化/稳定化处置

对 VOCs+As 复合污染土壤，在污染物 VOCs 经 SVE 处置达标后，As 采用原地异位固化/稳定化处置技术进行修复处置。共计处置污染土壤 6 940 $m^3$。

图 7.2.1-2　SVE 抽提管道安装

图 7.2.1-3　SVE 处置系统运行

3）热脱附处置

对本地块受有机氯农药（OCP）、多环芳烃（PAHs）等有机物污染的土壤，采用间接热脱附技术进行处置。根据项目整体施工进度，先后投入 2 套间接热脱附设备（图 7.2.1-4、图 7.2.1-5），并配建 3 座污染土壤预处理暂存大棚。第 1 套热脱附设备于 2012 年 12 月投产，第 2 套热脱附设备于 2014 年 11 月投产，共计处置污染土壤 62 700 $m^3$。

图 7.2.1-4　第 1 套热脱附设备

图 7.2.1-5　第 2 套热脱附设备

4）水泥窑协同处置

随着项目施工进度的进一步推进，现场原有热脱附设备处置能力不能满足整个项目的施工进度要求，同时考虑污染土壤中含有较多挥发性物质，会对周围居民生活造成一定影响。为加快项目后期污染土壤的处置进度，必须找到异地合规处置污染土壤的方法，而水泥窑协同处置污染土壤具有处置能力强、效率高、处置彻底的特点，最终选定水泥窑处置后期原定热脱附处理的污染土壤。处置污染土壤运往水泥窑的污染土壤全部采用吨袋、雨布、薄膜等包装后运输，所有包装物、雨水、作业场地周边清理表土、污泥等最终均作焚烧处置，增加污染物的重量换算为污染土壤重量，如图 7.2.1-6、图 7.2.1-7 所示，共计处置污染土壤 59 292.8 $m^3$。

图 7.2.1-6 吨袋封口暂存

图 7.2.1-7 吨袋土壤装车

5）地下水原位氧化注射

项目主要采用两种原位氧化注射技术。在 4-氯甲苯和苯等为主要污染物的地下水修复区域，使用类芬顿试剂原位氧化技术能够有效降解目标污染物。采用药剂配比为一水柠檬酸：七水硫酸亚铁：双氧水（35%）=1：4：200（质量比），双氧水浓度为 17.5%，硫酸亚铁注入浓度为 0.15 mol/L。

在氯仿等为主要污染物的地下水修复区域，采用碱活化过硫酸钠原位注射氧化技术进行处理，药剂主要使用过硫酸钠和氢氧化钠。氢氧化钠溶液用以调节土壤 pH，注射浓度在 10～40 g/L。浓度为 100～200 g/L 的过硫酸钠作为氧化剂。

原位注射设备和注射过程如图 7.2.1-8、图 7.2.1-9 所示。

图 7.2.1-8 原位注射设备

图 7.2.1-9 原位注射过程

注射施工的同时持续进行地下水抽提工作，现场布设 61 口大口径降水井进行抽水，一方面增加地下水流动，增强药剂扩散；另一方面通过抽提将污染物抽出，降低地下水中污染物总量，缩短修复时间。抽出的地下水经原有水处理设备处理达标后排放。

6）施工异味控制

由于本场地土壤长期受多种有机物污染，地下异味比较严重，有些区域甚至产生严重的恶臭气体；在土壤开挖、暂存、治理过程中同样也会有异味散发。为了在施工过程中有效控制异味，减少异味影响，在咨询国内外专家和同行的基础上，结合现场施工实际，采取了多种现场异味控制手段，如图 7.2.1-10～图 7.2.1-15 所示。

图 7.2.1-10　现场固定式除臭雾炮

图 7.2.1-11　除臭喷雾幕墙

图 7.2.1-12　污染土壤暂存大棚

图 7.2.1-13　污染土壤暂存大棚

图 7.2.1-14　膜结构充气大棚

图 7.2.1-15　充气大棚内土方开挖

（5）实施效果

地块内修复基坑清挖完成后，累计采集 252 个基坑底部和侧壁土壤样品，样品中污染物含量均低于修复目标值；对部分基坑开展了环境空气（臭气浓度）采样监测，根据监测结果，基坑内监测点臭气浓度低于《恶臭污染物排放标准》（GB 14554—1993）中厂界标准值的二级标准限值（20）。

对该地块气相抽提和热脱附修复后的土壤进行了 20 个批次验收采样，采集土壤样品 352 个，采样点样品中污染物含量均低于修复目标值。修复过程中，部分土壤修复方式变更为水泥窑协同处置。

经治理修复后，该地块达到了修复目标要求。

（6）成本分析

本项目完成治理修复，最终耗资约 2.6 亿元。其中，土壤热脱附、气相抽提和固化/稳定化修复等投资为 1.92 亿元，二次污染防治费用为 6 830 万元。

（7）长期管理措施

①充分考虑污染地块的环境风险，合理确定土地用途。对规划为绿地、商业和服务设施用地的应避免用于敏感用途。若需进行其他开发建设，需对相应地块重新进行调查评估，不满足用地要求的不得进行开发利用。禁止地块范围内地下水的开采利用。

②在地块范围内拟建设建筑区域，建筑物结构应强化底部及侧面防渗、内部增压通风，以起到防止污染物蒸气入侵建筑室内空气的效果，切断最主要的潜在风险暴露途径，进一步提高地块利用的安全性。

③在地块范围内选择点位进行后期跟踪监测，了解地下水、土壤气、建筑室内空气质量及特征污染物指标，以确定场地污染物的衰减趋势，确保风险处于可接受水平；若污染物水平出现反弹，则应采取必要的修复措施，保证地块的安全利用。

（8）经验总结

①根据实际情况及时调整修复技术路线。本项目根据修复过程实际情况，结合区域未来开发利用方式，修复施工单位对修复技术方案先后进行了 3 次优化调整，包括：a. 对规划道路周边区域由原位修复污染土壤变更为异位修复；b. 对现场新增污染土方量制订不同的修复路线；c. 为加快施工进度和减少对周围居民生活造成影响，将部分后期原位热脱附土壤调整为水泥窑协同处置。

②建设修复大棚，切实降低恶臭频次。由于该地块有机污染物嗅阈值很低，加之距离居民区较近（最近的直线距离约 70 m），施工期间特别是重污染区开挖后，周边群众对恶臭的投诉直线上升，最高峰超过 200 起/天。为此，业主单位和施工单位在当地有关部门的协调下，决定建设修复大棚。由于国内缺乏相关经验，施工单位边设计边施工，通过在未硬化地面上架设型钢地梁，解决了大棚结构安全性问题；通过设置 8 台抽风加 16 套活性

炭吸附设备，实现了每两小时将大棚内 30 万 $m^3$ 空气换气一次，将无组织恶臭排放改变为有组织治理；通过制订和落实严格的施工轮班和安全防护，确保了施工期间工人健康得到保障，排除火灾隐患。自大棚建成后，该修复工程恶臭发生频次从整日都有下降到恶劣天气条件下偶有发生，周边居民日均投诉量在较短时间内下降到个位数。

③加强沟通解释，取得居民理解支持。项目实施期间，面对周边居民信访投诉，市、区两级生态环境部门高度重视，积极研究对策、主动与居民代表沟通。一方面，多次召集业主单位同居民代表的协商会，讲清项目实施的意义，逐步让老百姓明白：这是在给土地消毒，而不是在制造污染；认真听取居民合理诉求，第一时间督促业主单位采取措施整改。另一方面，市、区两级生态环境部门承诺，只要有信访投诉，第一时间出动、第一时间到场解决。施工期间，市、区生态环境部门多次在凌晨两三点到场协调解决问题。通过面对面耐心沟通解释和工程措施跟进，有效化解群众不满，逐步取得信任和理解，切实保障了项目顺利实施。

④注重后期开发与土壤污染治理相结合。充分考虑污染地块的环境风险，合理确定土地用途。对规划为绿地、商业和服务设施用地的应避免用于敏感用途。在场地范围内拟建设建筑区域，提出了建筑物结构强化建筑物底部及侧面防渗、内部增压通风的要求，切断最主要的潜在风险暴露途径，进一步提高地块利用的安全性。

**专家点评**

该案例场地为典型的农药生产场地，生产历史长，污染物种类多，同时存在恶臭扰民等问题。项目根据修复过程实际情况，结合区域未来开发利用方式，对修复技术方案先后进行了 3 次优化调整，采取以热处理技术为主、多种技术相结合的方式完成了修复。针对修复中的恶臭问题，采取膜结构充气大棚、除臭雾炮、除臭喷雾幕墙等措施，有效减少恶臭。项目高度重视与周边群众的信息沟通解释，为项目顺利实施提供了保障。

### 7.2.2 江苏某农化企业地块治理修复项目

（1）项目基本信息

项目类型：农药化工类污染地块

实施周期：2018 年 8 月至 2022 年 12 月

项目经费：1.8 亿元

项目进展：土壤修复工程已完成效果评估

（2）主要污染情况

①地块情况：该化工厂成立于 1979 年，总占地面积 257 亩，生产多种农药，主要产品草甘膦的生产能力达 2.5 万 t/年。该厂生产运营了 29 年，2008 年关闭后即开始搬迁至异

地，2009 年拆迁完毕。

②敏感受体及治理必要性：2016 年 4 月，地块环境调查结果表明退役厂区的土壤和地下水都存在污染，经风险评估确认需要进行修复治理。

③土层及水文地质条件：按土的成因和物理力学性质，场地勘探深度范围内土层可以分为 4 层，自上而下描述见表 7.2.2-1。

表 7.2.2-1　场地土质特征简表

| 土层编号 | 土层名称 | 平均埋深/m | 平均层厚/m | 颜色 | 状态或密实度 | 其他描述 |
|---|---|---|---|---|---|---|
| ① | 素填土 | 4.44 | 4.44 | 杂色 | 稍密 | 主要组成成分为黏性土，含碎石子等，局部含较多建筑垃圾，层底混有淤泥质土 |
| ② | 淤泥质粉质黏土 | 11.50 | 7.06 | 灰色 | 软塑 | 含腐殖质，局部夹有薄层粉土，切面稍有光泽，干强度及韧性中等，无摇振反应 |
| ③ | 粉砂 | 14.74 | 3.24 | 灰色 | 稍密 | 饱和，主要由长石、石英及云母等矿物组成 |
| ④ | 粉砂 | 未钻穿 | 未钻穿 | 灰色 | 稍密～中密 | 饱和，主要由长石、石英及云母等矿物组成 |

④污染物含量：土壤检测中总计检出 95 种污染物，检出率为 72%。超过筛选值的污染物有 38 种。地下水污染物共计检出 62 种，超标及超过筛选值污染物有 25 种。

⑤风险评估结果：通过计算本地块土壤和地下水环境风险，可知土壤和地下水中污染物均超出可接受风险水平，需要对该地块进行治理修复。

⑥修复工程量：土壤总修复土方量 222 835 $m^3$；地下水超标面积为 16 781 $m^2$，目标污染物为 *N*,*N*-二乙基乙胺（三乙胺）和苯。

（3）治理修复目标

为方便后续修复工程管理，对于重金属和多环芳烃类污染物，按照建议分层修复目标执行，即 2 m 以上的执行 0～2 m 的建议修复目标值，2 m 以下的不设置目标值；对于其他污染物，按照 4 m 以上的执行 0～2 m 的建议修复目标值，4 m 以下的执行 4～6 m 的建议修复目标值。对于地块内的建筑物用地，采用建筑物用地土壤修复目标，其他绿地采用绿地土壤修复目标值，具体土壤修复目标见表 7.2.2-2。

表 7.2.2-2　地块污染土壤修复目标　单位：mg/kg

| 编号 | 目标污染物 | 建筑物用地修复目标值 | | 绿地修复目标值 | |
|---|---|---|---|---|---|
| | | 0～2 m | 4～6 m | 0～2 m | 4～6 m |
| 1 | 砷（无机） | 20 | — | 20 | — |
| 2 | 汞（无机） | 4.92 | — | 4.92 | — |
| 3 | 镉 | 7.22 | — | 7.22 | — |
| 4 | 镍 | 90.5 | — | 90.5 | — |
| 5 | *N*,*N*-二乙基乙胺（三乙胺） | 35.36 | 120 | 35.4 | 120 |
| 6 | *α*-六六六 | 0.08 | 14.37 | 0.08 | 86.52 |
| 7 | *β*-六六六 | 0.27 | 67.08 | 0.27 | — |
| 8 | *δ*-六六六 | 0.29 | — | 0.29 | — |
| 9 | 2,2-二氯丙烷 | 0.96 | 1.36 | 0.96 | 1.36 |
| 10 | 1,2-二氯丙烷 | 0.1 | 5 | 0.59 | 5 |
| 11 | 氯仿 | 0.22 | 0.22 | 0.22 | 0.22 |
| 12 | 甲苯 | 120 | — | 120 | — |
| 13 | 苯 | 0.12 | 0.17 | 0.69 | 1.03 |
| 14 | 四氯乙烯 | 1.37 | 1.92 | 4.38 | 6.42 |
| 15 | 氯苯 | 44.53 | 73.16 | 44.5 | 73.16 |
| 16 | 对二甲苯 | 76.25 | 110.83 | 76.3 | 110.83 |
| 17 | 1,3-二氯苯 | 4.19 | 5.97 | 4.19 | 5.97 |
| 18 | 1,4-二氯苯 | 0.78 | 1.1 | 4.48 | 6.71 |
| 19 | 萘 | 4.7 | 6.86 | 26 | 41.73 |
| 20 | 六氯苯 | 0.22 | — | 0.29 | — |
| 21 | 苯并[*a*]蒽 | 0.64 | — | 0.64 | — |
| 22 | 苯并[*b*]荧蒽 | 0.64 | — | 0.64 | — |
| 23 | 苯并[*k*]荧蒽 | 6.24 | — | 6.34 | — |
| 24 | 苯并[*a*]芘 | 0.2 | — | 0.2 | — |
| 25 | 茚并[1,2,3-*cd*]芘 | 0.64 | — | 0.64 | — |
| 26 | 二苯并[*a*,*h*]蒽 | 0.06 | — | 0.06 | — |
| 27 | 铅 | 400 | — | 400 | — |

表 7.2.2-2 所列土壤修复目标在不同的情形下有不同的用途。

①进行异位修复时，0～2 m 的修复目标值作为场地土壤清理目标值，用于确定场地土壤清理范围；如修复后的土壤回到原场地，则作为该污染土壤的修复目标值；如修复后的

土壤不回到原场地，则需根据该土壤的利用方式进行风险评估，确定其修复目标。

②建筑物用地和绿地修复目标值的适用区块见表 7.2.2-3。

表 7.2.2-3　土壤修复目标值适用区块

| 序号 | 用地类别 | 适用区块 |
|---|---|---|
| 1 | 建筑物用地 | 规划休闲园 |
| 2 | 绿地 | 其他所有区块 |

③如重金属污染土壤采取固化/稳定化修复技术，上述修复目标值不可作为固化/稳定化处理的重金属污染土壤修复目标值。固化/稳定化修复技术不是将重金属从土壤中去除，而是改变重金属形态以降低其在环境中的迁移性和扩散性，因此一般采用修复后土壤浸出液中重金属浓度大小来判断修复效果，即以土壤浸出液中重金属浓度作为固化/稳定化修复土壤的修复目标。土壤浸出测试选用《固体废物　浸出毒性浸出方法　硫酸硝酸法》（HJ/T 299—2007）。

修复后土壤可进行资源化利用，利用过程中可能会受到雨水或地下水淋溶，且场地地下水与附近河水存在水力联系。考虑到：①场地南部边界为运粮河洪水调蓄区，执行《地表水环境质量标准》（GB 3838—2002）中Ⅳ类标准；②场地内存在人工湖区为娱乐用水区。所以建议以《地表水环境质量标准》（GB 3838—2002）中Ⅳ类水质标准作为土壤浸出液目标值。Ⅳ类水质标准适用于一般工业用水及人体非直接接触的娱乐用水区。采用该类修复目标的重金属为 Hg、As 和 Cd，具体标准见表 7.2.2-4。

表 7.2.2-4　重金属污染土壤固化/稳定化修复目标

| 目标污染物 | 浸出浓度/（mg/L） |
|---|---|
| Hg | ≤0.001 |
| Cd | ≤0.005 |
| As | ≤0.1 |

本场地地下水不能饮用，对于修复过程中产生的地下水或场地原位地下水，进行清理或修复时按照建议修复目标值执行，目标值如下：

a. 污染地下水处理后纳管排放应达到《污水排入城镇下水道水质标准》（GB/T 31962—2015）的 B 级标准，纳入污水管网排放至污水处理厂进行处理；

b. 处理的地下水中目标污染物应满足表 7.2.2-5 中所示修复目标值。

表 7.2.2-5　地下水中关注污染物修复目标值

| 编号 | 目标污染物 | 修复目标值/（μg/L） |
| --- | --- | --- |
| 1 | *N,N*-二乙基乙胺（三乙胺） | 21 596 |
| 2 | 苯 | 41 |

（4）治理修复技术路线

本场地土壤修复技术路线如下：

对 VOCs 与其他污染物的复合污染、六六六或与其他污染物的复合污染和重度污染土壤采用水泥窑协同处置技术；为保证修复工期，部分污染土壤采用热脱附技术进行修复。对重金属污染土壤进行异位稳定化处理，对 VOCs 污染土壤采用异位化学热升温解吸技术，对 PAHs 污染的土壤采用阻隔技术进行风险管控。在土壤修复的同时，采用地下水抽出处理技术修复污染地下水，抽提到地面的污水采用化学氧化工艺处理达标。

1）异位热脱附

为保证工期，针对六六六或与其他污染物的复合污染、重度污染土壤，可采用异位热脱附技术进行修复。

本项目中，异位热脱附处理污染土壤的主要工艺参数见表 7.2.2-6。

表 7.2.2-6　异位热脱附处理主要技术参数

| 项目 | 主要技术参数 |
| --- | --- |
| 设备处理能力 | ≥30 $m^3/h$ |
| 热脱附处理阶段 | 污染土壤前处理阶段、污染土壤热脱附阶段、净化土壤后处理阶段、尾气处理阶段、监测与控制阶段 |
| 土壤进料粒径限值 | ≤50 mm |
| 处置土壤含水率限值 | 15%～20% |
| 系统工作温度 | 350～450℃，实际修复施工时可调节 |
| 污染土停留时间 | 15～20 min，实际修复施工时可调节 |
| 尾气燃烧净化系统温度 | ＞1 100℃ |
| 尾气在燃烧净化系统的停留时间 | ≥2 s |

2）异位化学升温

本项目中，结合该地块土壤修复技术方案，并综合考虑工期及施工条件，异位化学升温技术拟定工程量为 101 128 $m^3$。适用污染类型与规模见表 7.2.2-7。

表 7.2.2-7　异位化学升温技术适用污染类型与规模

| 序号 | 污染类型 | 修复技术 | 土方量/$m^3$ |
| --- | --- | --- | --- |
| 1 | VOCs 污染 | 异位化学升温 | 94 588 |
| 2 | VOCs、重金属复合污染 | 异位化学升温+异位稳定化 | 1 708 |
| 3 | VOCs、PAHs 复合污染 | 异位化学升温+异位阻隔处置 | 4 832 |
| 合计 | — | — | 101 128 |

异位化学升温技术的主要原理是通过向土壤中掺混发热剂，并充分混合接触，利用化学反应释放热量使土壤升温。随着温度的升高，污染物蒸汽压呈指数上升，加速污染土壤中污染物挥发。

本项目利用生石灰作为修复药剂进行修复处理，异位化学升温处理污染土壤的主要技术参数见表 7.2.2-8。

表 7.2.2-8　异位化学升温处理主要技术参数

| 项目 | 主要技术参数 |
| --- | --- |
| 修复地点 | 化学升温处置大棚 |
| 大棚组成 | 密闭大棚、抽气系统、尾气处理系统、监测系统和控制系统 |
| 土壤预处理要求 | ≤50 mm |
| 修复能力 | 500～600 $m^3/d$ |
| 修复药剂 | 生石灰 |

3）异位稳定化

本项目中，异位稳定化技术处置污染土壤工程量为 23 610 $m^3$。适用污染类型和规模见表 7.2.2-9。

表 7.2.2-9　异位稳定化技术适用污染类型与规模

| 序号 | 污染类型 | 修复技术 | 土方量/$m^3$ |
| --- | --- | --- | --- |
| 1 | VOCs、重金属复合污染 | 异位化学升温+异位稳定化 | 1 708 |
| 2 | 重金属污染 | 异位稳定化 | 15 446 |
| 3 | 重金属、PAHs 复合污染 | 异位稳定化+异位阻隔处置 | 6 456 |
| 合计 | — | — | 23 610 |

土壤重金属固化/稳定化修复技术指运用物理或化学的方法将土壤中有毒重金属固定起来，或者将重金属转化成化学性质不活泼的形态，阻止其在环境中的迁移、扩散等，从

而降低重金属毒害程度的修复技术。

异位稳定化修复技术主要参数设计见表 7.2.2-10。

表 7.2.2-10　异位稳定化处理主要技术参数

| 项目 | 主要技术参数 |
|---|---|
| 修复地点 | 异位稳定化处置区 |
| 土壤预处理粒径要求 | <50 mm（95%土壤） |
| 修复能力 | 可达 2 000 $m^3$/天 |
| 修复药剂 | SP-MOC 型高效修复剂（含砷污染土壤）<br>MOC 型高效修复剂（不含砷污染土壤） |

4）异位阻隔

本项目中，异位阻隔处置技术工程量为 33 448 $m^3$。适用污染类型与规模见表 7.2.2-11。

表 7.2.2-11　异位阻隔处置技术适用污染类型与规模

| 序号 | 污染类型 | 修复技术 | 土方量/$m^3$ |
|---|---|---|---|
| 1 | VOCs、PAHs 复合污染 | 异位化学升温+异位阻隔处置 | 4 832 |
| 2 | 重金属、PAHs 复合污染 | 异位稳定化+异位阻隔处置 | 6 456 |
| 3 | PAHs 污染 | 异位阻隔处置 | 22 160 |
| 总计 | — | — | 33 448 |

本项目针对 PAHs 污染土壤进行异位阻隔，主要技术参数见表 7.2.2-12。

表 7.2.2-12　异位阻隔处置主要技术参数

| 项目 | 主要技术参数 |
|---|---|
| 修复土方量 | 33 448 $m^3$ |
| 阻隔区域 | 开挖修复后的基坑/休闲园区域 |
| 防渗系统 | 天然材料防渗衬层、人工材料防渗衬层 |
| 天然防渗衬层材料 | 黏性土 |
| 天然防渗衬层厚度 | ≥300 mm |
| 天然防渗衬层饱和渗透系数 | $<10^{-7}$ cm/s |
| 人工防渗衬层材料 | 高密度聚乙烯（HDPE）土工膜 |
| 绿化用土覆盖厚度 | 根据相关规划和要求确定 |

5）地下水

本项目场地中污染地下水采用抽出处理技术进行修复，地下水污染区域总修复面积为16 781 $m^2$。

6）二次污染控制措施

修复过程中可能产生挥发性有机物和异味、扬尘及施工机械排放废气等问题，为控制二次污染，采用前处理大棚、雾炮、防尘网等技术措施进行二次污染防治，如图 7.2.2-1 所示。

前处理大棚

废气收集处理系统

雾炮

防尘网

图 7.2.2-1　施工过程中二次污染防控措施

（5）实施效果

经第三方修复效果评估单位的过程评估，修复后的土壤达到修复目标值，修复后的地下水还在效果评估监测中。

（6）成本分析

本项目总投资为 1.8 亿元，其中土壤 1.44 亿元、地下水 0.36 亿元。

（7）长期管理措施

土壤治理修复工程竣工后，计划在场地设置地下水长期监测井，每季度定期送检地下水样品，并形成地下水监测报告。

（8）经验总结

①及时调整修复治理技术路线。该项目根据国家陆续出台的相关污染地块管理法律法规及政策标准，结合地块具体情况，修复施工单位对修复技术方案先后进行了 2 次优化调整，并经专家会评审后报生态环境主管部门备案。一是“按照国家规定，所有运出地块的土壤都要做固废属性鉴定，且周边水泥窑协同处置能力饱和，故通过论证，将原方案中的水泥窑协同处置技术，优化为异位热脱附技术，防止挖掘转运过程中产生二次污染”；二是变更地下水效果评估方法和时间，根据 2019 年 6 月发布的《污染地块地下水修复和风险管控技术导则》（HJ 25.6—2019），增加了地下水监测期，对监测点位的位置也有明确的要求。

②强化二次污染控制。地块部分区块污染较重，开挖过程中有异味产生，督促施工单位强化异味管控手段，并制订相应的应急措施。业主、施工单位、监理单位形成联动小组，对二次污染防治情况进行监督。

③关注信息公开与舆情应对。场地周边有小区，民众对土壤修复类工程认识不深，有所担心，业主和施工单位积极回应民众关切，耐心讲解，争取理解。

**专家点评**

该案例为我国长三角典型农药化工类污染地块，历史复杂，涉及有机氯农药、多环芳烃、挥发性有机物和重金属复合污染。项目针对不同土壤污染类型及程度，采用不同的修复技术。对重度有机污染土壤、含有机氯农药污染土壤和有机—重金属复合污染土壤，采用水泥窑协同处置技术或异位热脱附技术，最大限度地解决农药污染地块土壤的异味问题。对轻度 VOCs 污染土壤和轻度多环芳烃污染土壤，因地制宜地采用了化学热升温解吸和阻隔填埋技术，并采取了有效的二次污染防控措施。

### 7.2.3 湖南某农化企业地块治理修复项目

（1）项目基本信息

项目类型：农药化工类污染地块

实施周期：2017 年 7 月至 2020 年 6 月

项目经费：1.52 亿元

项目进展：已完成一阶段受污染土壤修复工程

（2）主要污染情况

①地块情况：地块为某化工厂原址西厂区用地。该企业西厂区占地 14.5 万 $m^2$，曾是我国从事滴滴涕、六六六加工制造最早、生产规模最大的厂家之一。该企业始建于 1950

年，从20世纪50年代中期到80年代中期，主要生产有机氯农药、有机磷农药、有机氮农药等农药产品。20世纪90年代后逐渐转为精细化工生产，产品包括脑复康、氨苄青霉素等。2013年，当地某国有企业收储该地块，对其进行污染治理和开发利用。

②敏感受体及治理必要性：该地块未来用地规划为居住用地和公建用地，周边存在居民区、商铺、湘江、学校等环境敏感保护目标；该厂建厂时间早，长期从事化工生产活动，土壤和地下水残留污染物对人体健康及周边水体环境安全构成较大威胁，亟须开展土壤和地下水治理修复工作。

③土层及水文地质条件：场地地层自上而下分别是填土层和粉质黏土层，填土层平均厚度约2.1 m，粉质黏土层平均厚度约4.4 m，基岩揭露深度平均约6.5 m。该场地地下水可能以裂隙水为主，部分区域有上层滞水，上层滞水补给主要来自降雨。场地平缓地带地下水埋深较浅，浅层地下水主要分布在填土层，水位埋深0.3～2.2 m，平均埋深1.14 m，填土层以下的粉质黏土层可作为相对隔水层。

④污染物含量：根据调查结果，该地块土壤重金属污染物为砷、镉，有机污染物为$\alpha$-六六六、$\beta$-六六六、$\gamma$-六六六、滴滴滴、滴滴伊、滴滴涕、1,2,3-三氯丙烷和苯；地下水中污染物主要为砷、镉、镍、六六六、1,2-二氯乙烷、氯苯和苯。根据《场地土壤环境风险评价筛选值》（DB11/T 811—2011）、美国及荷兰等国家相关土壤标准，以及《地下水质量标准》（GB/T 14848—1993）（III类）和《生活饮用水卫生标准》（GB 5749—2006）进行评价，土壤和地下水中各污染物的最高含量和超标倍数分别见表7.2.3-1和表7.2.3-2。

表7.2.3-1　土壤中各污染物最大含量及超标倍数情况

| 序号 | 污染物 | 最大值/（mg/kg） | 超标倍数/倍 |
|---|---|---|---|
| 1 | 砷（无机） | 30 200 | 1 510 |
| 2 | 镉 | 526 | 65.75 |
| 3 | 苯 | 28.2 | 44.06 |
| 4 | 1,2,3-三氯丙烷 | 1.85 | 37 |
| 5 | 滴滴滴 | 131 | 65.5 |
| 6 | 滴滴伊 | 69 | 69 |
| 7 | 滴滴涕 | 197 | 197 |
| 8 | $\alpha$-六六六 | 3 640 | 18 200 |
| 9 | $\beta$-六六六 | 574 | 2 870 |
| 10 | $\gamma$-六六六 | 234 | 780 |

表 7.2.3-2 地下水中各污染物最大浓度及超标倍数情况

| 序号 | 污染物 | 最大值/（mg/L） | 超标倍数/倍 |
|---|---|---|---|
| 1 | 砷 | 0.129 | 2.5 |
| 2 | 镉 | 0.107 | 11 |
| 3 | 镍 | 0.086 | 4.3 |
| 4 | 六六六（总量） | 0.479 | 95 |
| 5 | 1,2-二氯乙烷 | 0.210 | 7 |
| 6 | 氯苯 | 9.62 | 32 |
| 7 | 苯 | 14.4 | 1 440 |

⑤风险评估结果：通过计算本地块土壤和地下水环境风险，可知该地块土壤污染以重（类）金属（砷、镉）和有机污染物（六六六和滴滴涕）为主，地下水污染物以六六六和苯系物为主，因此，需要对该地块土壤和地下水采取治理修复措施。

⑥修复工程量：污染土壤面积 7.6 万 $m^2$，修复土方量为 19.1 万 $m^3$，最大深度达 8 m；地下水污染面积为 13.5 万 $m^2$，修复量为 16.3 万 $m^3$。

（3）治理修复目标

综合场地污染特点、场地所在地的经济环境及场地周边的土壤背景值，对于重金属污染，以湖南省地方标准《重金属污染场地土壤修复标准》（DB43/T 1165—2016）标准值作为修复目标值；对于苯、氯代烃、氯农药，以北京市地方标准《场地土壤环境风险评价筛选值》（DB11/T 811—2011）筛选值作为修复目标值。依据《重金属污染场地土壤修复标准》（DB43/T 1165—2016）标准要求，西厂区土壤重金属污染物修复目标分层验收，0～0.5 m 土壤采用表 7.2.3-3 所列目标值，即砷（无机）50 mg/kg、镉 7 mg/kg；＞0.5 m 土壤采用浸出浓度低于标准值的方法，浸出浓度执行《地表水环境质量标准》（GB 3838—2002）III 类标准，即砷 0.05 mg/L、镉 0.005 mg/L，浸出方法按《固体废物 浸出毒性浸出方法 水平振荡法》（HJ 557—2010）执行。VOCs 及 SVOCs 类污染土壤修复后进行总量验收。地下水修复目标值参考《地下水质量标准》（GB/T 14848—1993）（Ⅳ类）和《生活饮用水卫生标准》（GB 5749—2006）。土壤和地下水污染物的修复目标值分别见表 7.2.3-3 和表 7.2.3-4。

表 7.2.3-3 土壤污染物修复目标值

| 序号 | 污染物 | 修复目标值/（mg/kg） | |
|---|---|---|---|
| | | 0～0.5 m 土壤 | ＞0.5 m 土壤 |
| 1 | 砷（无机） | 50 | 0.05① |

| 序号 | 污染物 | 修复目标值/（mg/kg） | |
|---|---|---|---|
| | | 0～0.5 m 土壤 | >0.5 m 土壤 |
| 2 | 镉 | 7 | 0.005① |
| 3 | 苯 | 0.64 | 0.64 |
| 4 | 1,2,3-三氯丙烷 | 0.05 | 0.05 |
| 5 | 滴滴滴 | 2 | 2 |
| 6 | 滴滴伊 | 1 | 1 |
| 7 | 滴滴涕 | 1 | 1 |
| 8 | α-六六六 | 0.2 | 0.2 |
| 9 | β-六六六 | 0.2 | 0.2 |
| 10 | γ-六六六 | 0.3 | 0.3 |

注：①重金属采用浸出浓度验收，执行《地表水环境质量标准》（GB 3838—2002）III类标准。浸出方法按《固体废物　浸出毒性浸出方法　水平振荡法》（HJ 557—2010）执行。

表 7.2.3-4　污染地下水修复目标值

| 序号 | 污染物 | 修复目标值/（μg/L） |
|---|---|---|
| 1 | 砷 | 50 |
| 2 | 镉 | 10 |
| 3 | 镍 | 100 |
| 4 | 六六六（总量） | 5 |
| 5 | 1,2-二氯乙烷 | 30 |
| 6 | 氯苯 | 300 |
| 7 | 苯 | 10 |

（4）治理修复技术路线

根据场地土壤和地下水污染物类型及特性，分类设计相应的技术处理模式：①重金属+SVOCs 复合污染、重金属+SVOCs+VOCs 复合污染，先采用热脱附工艺去除土壤中的有机污染物，再采用固化/稳定化工艺对重金属进行处理；②重金属污染土壤采用固化/稳定化工艺处理；③SVOCs、SVOCs+VOCs 复合污染土壤采用热脱附工艺处理；④VOCs 污染土壤采用常温解吸工艺处理；⑤重金属+VOCs 复合污染，先采用常温解吸工艺去除土壤中 VOCs，再采用固化/稳定化工艺对重金属进行处理；⑥污染地下水采用抽出处理技术，抽出地下水包括开挖区基坑范围内的基坑降水和基坑范围外的抽出地下水两部分，抽出地下水处理达标后排放。技术路线如图 7.2.3-1 所示。

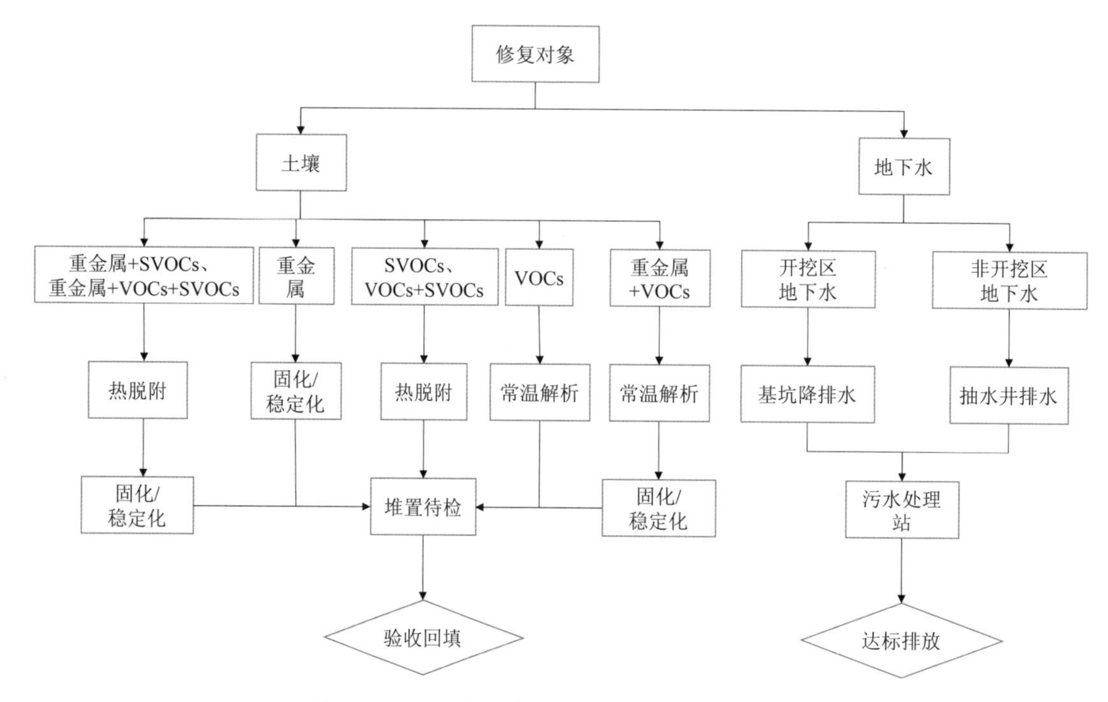


图 7.2.3-1　地块土壤和地下水治理修复技术路线

1）异位热脱附技术

本项目中需要进行热脱附修复的污染土壤主要包括以下4类：半挥发性有机物污染土壤（2.2万 $m^3$）、重金属+半挥发性有机物复合污染土壤（3.6万 $m^3$）、挥发性有机物+半挥发性有机物复合污染土壤（0.2万 $m^3$）、重金属+挥发性有机物+半挥发性有机物复合污染土壤（1.9万 $m^3$），修复工程量约为7.9万 $m^3$。

2）固化/稳定化技术

本场地采用原地异位固化/稳定化技术对重金属污染土壤进行处理。本项目中需要进行固化/稳定化修复的污染土壤主要包括以下 4 类：重金属污染土壤（8.6 万 $m^3$）、重金属+半挥发性有机物复合污染土壤（3.6 万 $m^3$）、重金属+挥发性有机物复合污染土壤（0.4 万 $m^3$）、重金属+挥发性有机物+半挥发性有机物复合污染土壤（1.9 万 $m^3$），修复工程量约为 14.5 万 $m^3$。

3）常温解吸工艺

常温解吸技术示意如图 7.2.3-2 所示。本项目中需要进行常温解吸修复的污染土壤主要包括以下 2 类：挥发性有机物污染土壤（1.9 万 $m^3$）、重金属+挥发性有机物复合污染土壤（0.4 万 $m^3$），修复工程量约为 2.3 万 $m^3$。

4）抽出处理技术

针对本项目浅层污染地下水，采用抽出—处理工艺将受污染浅层地下水抽至地面，经地面污水管网收集后，输送至污水处理系统处理达标后排放。

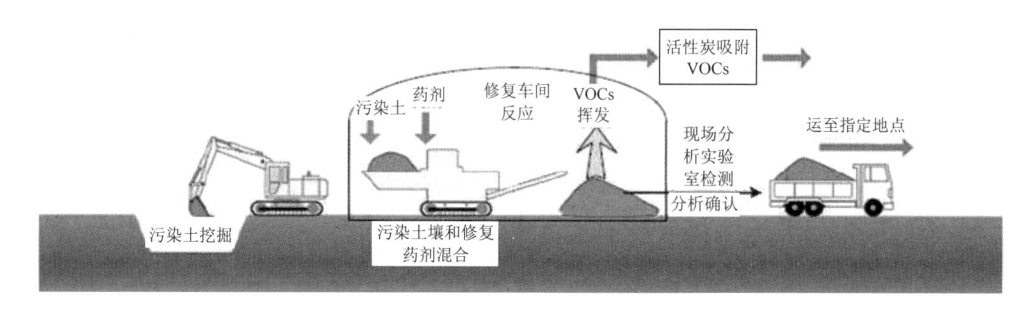


图 7.2.3-2　常温解吸技术示意图

5）污水处理工艺

进入污水处理站进行处理的污水包括污染地面地下水、机械车辆清洗废水及渣块清洗废水等，地面地下水主要是场内清挖区和非清挖区所抽排浅层地下水。本项目将浅层污染地下水及清洗废水等集中收集处理，满足《污水综合排放标准》（GB 8978—1996）后排入市政管网。本项目采用“重金属去除+沉淀+芬顿+沉淀+活性炭吸附”的工艺对现场污水进行处置。本地块浅层污染地下水总修复方量为 16.33 万 $m^3$，清洗废水量约 80 $m^3$/d，因此配备处理能力为 40 $m^3$/h 的污水处理站进行废水处置。

本场地修复过程中设备和设施使用情况如图 7.2.3-3 所示。

图 7.2.3-3　修复现场设备情况

（从左到右、从上往下依次为：热脱附、回转窑加热、尾气处理、污水处理）

（5）实施效果

地块清挖区域内基坑底部及侧壁、原位修复区域，以及地下水中目标污染物含量均低于修复目标值，修复后土壤和地下水符合规划用地标准要求。其中，合同范围内 2.1 万 $m^3$（4.2 万 t）高风险 POPs（六六六和滴滴涕）污染土壤热脱附处理工程的修复和验收工作已完成，各有机污染物浓度达到各类污染物修复目标值的要求，所有土壤已处置达标。

（6）成本分析

该治理修复工程总投资为 1.52 亿元。其中，重金属污染土壤治理修复费用为 3 214 万元，有机污染土壤治理修复费用为 2 855 万元，重金属与有机复合污染土壤治理修复费用为 5 961 万元。

（7）经验总结

①做好前期技术咨询。加大地块调查及风险评估资金投入，分阶段开展初步调查及详细调查。注重小试以及对地块周边情况的分析，进行多方案技术论证比选，筛选出适合本地块的治理修复技术。

②加强监督管理。工程监理、环境监理驻场监督，建设单位设专人进行全过程管理，加强施工过程的监管，保证质量；生态环境主管部门定期检查。施工阶段，项目参加方定期开会，对施工进度、质量等情况及时分析，合理优化施工工序及工艺参数，保证施工进度，如针对湖南地区雨水较多，土壤含水量高、黏度大等实际情况，采取降低热脱附单位时间进土量并严格控制回转窑温度等措施，确保受污染土壤达到修复目标。

③强化污染防治与公众参与。在配备尾气处理设施的密闭车间内进行污染土壤治理修复，定期对热脱附设备、车间尾气排放口进行有组织监测，对周边环境进行无组织监测。施工期间，定期或不定期对场内进行洒水降尘，对开挖区域喷洒气味抑制剂，阻隔异味散发。同时，多次邀请当地知名的环保志愿者及周边居民对项目现场进行实地考察，了解治理修复项目具体实施情况。

**专家点评**

该案例为南方典型农药及精细化工厂污染地块，历史年代久，污染类型复杂，土壤污染物以重（类）金属（砷、镉）和农药（六六六和滴滴涕）为主，地下水污染物以六六六和苯系物为主；土壤为典型的黏性土。案例针对不同土壤污染类型采用不同的修复技术及组合：有机氯农药采用异位热脱附，重金属采用固化/稳定化，挥发性有机物采用化学常温解吸，污染地下水采用抽出处理。该案例对有机—重金属复合污染的农药化工类污染地块修复具有借鉴意义。

### 7.2.4　广西某砒霜厂地块治理修复项目

（1）项目基本信息

项目类型：农药类污染地块

实施周期：2016 年 9 月至 2018 年 12 月

项目经费：约 3 100 万元

项目进展：已完工验收

（2）主要污染情况

①地块情况：本项目涉及的 6 个砒霜厂分布在 5 个乡镇。这些砒霜厂建于 1990 年，利用土法工艺炼制砒霜，由于设备简陋、工艺落后，于 1993 年被政策性强制关停。

②敏感受体及治理必要性：砒霜厂关停后，地块内废弃物、废弃构筑物以及受污染土壤缺乏防护措施，对周边土壤、地表水体及居民产生风险隐患。经前期调查与风险评估，地块需开展治理修复。

③土层及水文地质条件：该地块地处云贵高原向广西盆地过渡斜坡脚上，地势是北西高、南东低。项目所在地低洼处土壤主要为红壤，土体厚、土质黏，而场地所在地势较高的山上岩土层主要为强风化灰岩，岩芯破碎，呈团块、碎块状，局部夹杂较多黏性土。地下水主要以潜水或上层滞水形式存在，其富水性一般弱～中，且受季节和气候的影响显著。

④污染物含量：

砒霜厂 A：砷、汞的最高含量分别为 15 157 mg/kg、103 mg/kg，超标倍数分别为 377.9 倍、67.7 倍。

砒霜厂 B：砷、镉、汞、锌的最高含量分别为 7 890 mg/kg、14.03 mg/kg、83.5 mg/kg、3 190 mg/kg，超标倍数分别为 196.3 倍、13.0 倍、54. 7 倍、5.4 倍。

砒霜厂 C：镉、砷、锑、铅、汞、锌的最高含量分别为 34.4 mg/kg、24 230 mg/kg、138 mg/kg、669 mg/kg、49.3 mg/kg、3 789 mg/kg，超标倍数分别为 33.4 倍、604.8 倍、0.7 倍、0.3 倍、31.9 倍、6.6 倍。

砒霜厂 D：砷、镉的最高含量分别为 5 496 mg/kg、25.3 mg/kg，超标倍数分别为 136.4 倍、24.3 倍。

砒霜厂 E：砷、锌、镉、汞、锑、铅的最高含量分别为 181 693 mg/kg、8 478 mg/kg、132 mg/kg、130 mg/kg、4 597 mg/kg、8 062 mg/kg，超标倍数分别为 4 541.3 倍、16.0 倍、131.0 倍、85. 7 倍、55.1 倍、15.1 倍。

砒霜厂 F：砷、锑、镉、汞、锌的最高含量分别为 164 000 mg/kg、325 mg/kg、25.1 mg/kg、28.4 mg/kg、833 mg/kg，超标倍数分别为 4 099.3 倍、3.0 倍、24.1 倍、17.9 倍、0.7 倍。

⑤风险评估结果：通过计算本地块土壤和地下水环境风险，土壤和地下水中污染物均

超出可接受风险水平，需要对该地块采取治理修复措施。

⑥修复工程量：经前期调查，本项目 6 个地块共遗留废弃物 5 162.87 $m^3$，其中高风险污染物共 3 798.67 $m^3$、中风险污染物共 990.04 $m^3$、低风险污染物共 410.16 $m^3$；不同程度污染土壤约 39 151.26 $m^3$，其中高浸出风险污染土壤 4 367.93 $m^3$。

（3）治理修复目标

根据风险评估结果，结合对照点土壤样品监测情况以及场地在未来用作林地等因素，本项目针对污染土壤及废弃物的治理与修复目标如下：

①场地内的高风险污染物必须清挖干净，消除其环境风险；

②经过处置后的高浸出风险污染土壤及中风险污染物，水平振荡法浸出浓度须达到《地表水环境质量标准》（GB 3838—2002）Ⅲ类标准限值要求。水平振荡法浸出锑浓度需达到《地表水环境质量标准》（GB 3838—2002）Ⅲ类水标准限值要求。

（4）治理修复技术路线

综合考虑污染程度，风险管控目标、成本、周期、效果和工程条件等因素，采用“原址阻隔填埋”措施，对地块遗留高风险污染物的废弃物（部分）、废弃构筑物进行集中刚性填埋处置，对地块中风险污染物、高浸出风险污染土壤进行稳定化处置后安全阻隔填埋，并采取封场生态绿化，对低浸出风险污染土壤采取原位阻隔措施，控制地块污染土壤对周边环境的污染，降低重金属污染风险。

1）项目一

该厂的主要污染物为高风险污染物、中风险污染物、高浸出风险污染土壤、低风险污染物、低浸出风险污染土壤，对各类污染物的处理方式为：

①高风险污染物采用刚性填埋的方式进行处置；

②中风险污染物和高浸出风险污染土壤采用异位固化/稳定化后原址填埋的方式进行处置；

③低风险污染物和低浸出风险污染土壤采用原址阻隔的方式进行处置。

高风险污染物处置流程为：机械开挖→人工清底→装箱→转运→吊装→回填。高风险污染物的处置需要修建刚性填埋场，刚性填埋场由两层 400 mm 厚的钢筋混凝土箱子组成，两侧之间间隔 500 mm，由碎石填充。高风险污染物填埋前，还需要进行 HDPE 膜焊接，具体修建过程为：爆破开挖→基础清底→下底板垫层施工→上底板及上返→下底板垫层→下底板及上返→墙体修建→HDPE 膜焊接→顶板及下返。

中风险污染物和高浸出风险污染土壤处置流程为：中转场修建→雨棚修建→机械开挖→人工清底→转运→预处理→固化/稳定化→填埋。中风险污染物和高浸出风险污染土壤的处置需要修建柔性填埋场，柔性填埋场由两布一膜包裹。

项目完工后平面布置如图 7.2.4-1 所示。固化/稳定化药剂搅拌及固化/稳定化处理后土壤填埋如图 7.2.4-2 和图 7.2.4-3 所示。

图 7.2.4-1 某砒霜厂完工后平面布置

图 7.2.4-2 固化/稳定化药剂搅拌

图 7.2.4-3 固化/稳定化处理后土壤填埋

低风险污染物和低浸出风险污染土壤处置主要采用 300 mm 厚黏土和 200 mm 厚种植土覆盖，阻止雨水直接冲刷污染土。

2）项目二

高风险污染物的遗留废弃物、废弃构筑物（含烟囱爆破产生废弃构筑物部分）进行刚性填埋场集中处理。刚性填埋也是阻隔填埋的一种，其原理是将污染土壤或经过治理后的土壤置于防渗阻隔填埋场内，或通过敷设阻隔层阻断土壤中污染物迁移扩散的途径，使污染土壤与四周环境隔离，避免污染物与人体接触和随降水或地下水迁移进而对人体和周围环境造成危害。按其实施方式，可以分为原位阻隔覆盖和异位阻隔填埋。

本项目通过建设刚性填埋场，将高风险污染物进行阻隔填埋。刚性填埋场建设及封场如图 7.2.4-4、图 7.2.4-5 所示。

3）二次污染控制措施

项目施工过程中及时进行喷雾降尘处理，同时对施工过程中产生的废水进行收集处理，如图 7.2.4-6、图 7.2.4-7 所示。对场地内易产生扬尘的污染土壤和药剂等进行苫盖，防止大风天气土壤和药剂飞扬产生扬尘污染，如图 7.2.4-8、图 7.2.4-9 所示。

图 7.2.4-4　刚性填埋场建设

图 7.2.4-5　刚性填埋封场

图 7.2.4-6　施工作业面洒水

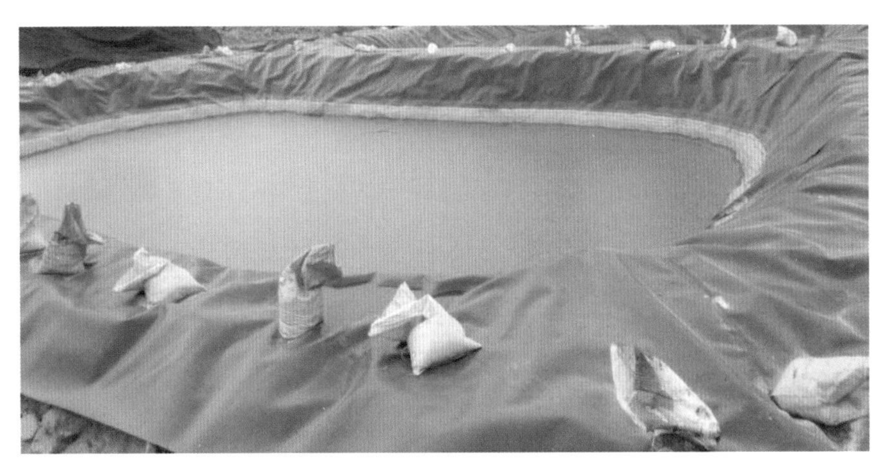

图 7.2.4-7　废水收集处理构筑物

图 7.2.4-8　场内堆土的苫盖

图 7.2.4-9　大气监测

（5）实施效果

地块内高风险污染物填埋场建设处置符合《危险废物填埋污染控制标准》（GB 18598—2019）刚性填埋标准。稳定化处置的污染土壤浸出均低于重金属浸出目标。

（6）成本分析

该项目实际实施费用约为 3 101.48 万元，包括前期费用 288.27 万元、工程费用 2 253.59 万元、其他费用 389.37 万元、不可预见费用 170.25 万元。

（7）长期管理措施

制订三年长期监测计划。在每个砒霜厂原位阻隔填埋区上下游及刚性填埋场区域分别布置监测井，并在每个地块设置两个土壤监测点，实现长期对水—土环境安全的全面监控。

（8）经验总结

①加大前期技术投入。注重前期调查、风险评估、小试以及对地块周边情况分析，进行多方案技术论证比选，筛选出适合本地块的治理修复技术。

②科学识别地块风险。创新性地提出浸出风险评估模型，以地块周边地表水体为敏感受体，计算地块的污染风险。同时对地块进行人体健康风险评估和浸出风险评估，并采取不同的措施：对高于人体健康风险可接受水平的污染土壤，主要采取以切断暴露途径为目的的阻隔覆盖措施；对高于浸出风险可接受水平的污染土壤，主要采取稳定化措施，降低污染物浸出水平。

③创新技术模式。提出高风险污染物原址刚性填埋技术路线，有效控制高风险污染物风险，降低高风险污染物处置成本，避免高风险污染物外运二次污染风险。

④严格监管。除工程监理、环境监理外，建设单位领导小组组织相关技术支撑单位成立施工监管小组，并印发施工监管办法，加强施工过程的监管，保证施工质量。

**专家点评**

本案例为无机农药砒霜生产地块，原生产工艺落后，单体规模较小，但涉及企业较多且分散分布。项目风险管控目标较全面，不仅关注人体健康，而且考虑了对周边地表水、地下水等敏感受体的影响。项目针对不同风险的污染介质，分别采取了原位刚性填埋、固化/稳定化+柔性填埋或黏性土覆盖等风险管控措施，并且针对渗漏风险制订了长期监测计划。项目对该类型区域零星分布小企业地块的治理修复具有较好的参考价值。

## 7.3 制药类污染地块修复案例

### 7.3.1 辽宁某制药企业地块治理修复项目

（1）项目基本信息

项目类型：制药类污染地块

实施周期：2016 年 9 月至 2020 年 11 月

项目经费：9 165 万元

项目进展：已完成效果评估

（2）主要污染情况

①地块情况：该地块前身为某制药总厂，1949 年投产，主要生产抗生素类、维生素类等 400 多种化学原料药、医药中间体和制剂产品；北厂区面积约 12 万 $m^2$，于 1951 年 5 月开始生产滴滴涕（DDT），生产地点在北厂区的 2 车间，占地面积约 6 000 $m^2$，1962 年 12 月停止生产，原 DDT 生产设备早已拆除，后改为黄连素生产车间。根据城市整体规划，

2015 年 4 月停产搬迁至开发区；2016 年，区政府根据市政建设需要，在厂区北侧和西侧分别修建一条市政道路，目前地块面积约 11.4 万 $m^2$。

②敏感受体及治理必要性：该地块已改为居住用地，周边也已规划为居住用地和办公用地，由于该厂建厂时间早，又曾生产过 POPs 类农药，废水、废渣处置不当，造成土壤和地下水污染，威胁人居环境健康，因此需要对地块土壤和地下水进行修复。

③土层及水文地质条件：场地位于河流冲积平原北侧，地形较平坦，场地整平标高约 50.5 m。场地地基土主要由杂填土和黏性土组成。在该场地内的第一层粉质黏土中遇见少量地下水，地下水的类型属第四系上层滞水，稳定水位埋深 3.9～4.8 m，其补给来源主要为大气降水，其年变幅随季节变化。

④污染物含量：土壤中主要污染物包括重金属（砷、铜、镍等）、挥发性有机污染物（苯、氯仿）、半挥发性有机污染物（多环芳烃、苯胺）、总石油烃（$<C_{16}$）和持久性有机污染物（滴滴涕、$\beta$-六六六）。采用《场地土壤环境风险评价筛选值》（DB11/T 811—2011）和《展览会用地土壤环境质量评价标准（暂行）》（HJ/T 350—2007）中的住宅用地土壤筛选值进行评价，重金属铜最高含量为 10 550 mg/kg，超标 16.6 倍；苯并[a]芘最高含量为 45.4 mg/kg，超标 150.3 倍；滴滴涕最高含量为 143 mg/kg，超标 142 倍。

采用《地下水质量标准》（GB/T 14848—2017）Ⅲ类标准对地下水进行评价，铅最高浓度为 0.02 mg/L，超标 1 倍；镍最高浓度为 0.05 mg/L，超标 1.5 倍。

⑤风险评估结果：通过人体健康风险评估和重金属浸出风险评估，该地块土壤污染风险不可接受；在不开采地下水情况下，地块地下水风险可接受。

⑥修复工程量：居住用地区域污染土方量 8.46 万 $m^3$，原有修路时挖掘的污染土壤（暂存区）约 0.4 万 $m^3$；市政用地区域污染土方量 0.82 万 $m^3$，总计约 9.68 万 $m^3$，最大污染深度为 7 m。

（3）治理修复目标

根据地块具体规划用途，分别按照住宅用地、工业/商服用地标准进行治理修复。根据《场地土壤环境风险评价筛选值》（DB11/T 811—2011）筛选值和风险计算值，综合确定土壤修复目标值，见表 7.3.1-1。

**表 7.3.1-1　地块土壤修复目标值**

| 序号 | 污染物种类 | 住宅用地土壤修复目标/（mg/kg） | 工业/商服用地土壤修复目标/（mg/kg） |
|---|---|---|---|
| 1 | 砷 | 20 | 80 |
| 2 | 铜 | 600 | 6 600 |
| 3 | 锌 | 3 500 | 10 000 |

| 序号 | 污染物种类 | 住宅用地土壤修复目标/（mg/kg） | 工业/商服用地土壤修复目标/（mg/kg） |
|---|---|---|---|
| 4 | 镍 | 131 | 258 |
| 5 | 铅 | 400 | 800 |
| 6 | 汞 | 4.9 | 48 |
| 7 | 苯 | 0.64 | 1.4 |
| 8 | 氯仿 | 0.2 | 0.5 |
| 9 | 苯并[*a*]蒽 | 4.6 | 13.4 |
| 10 | 苯并[*a*]芘 | 0.46 | 1.34 |
| 11 | 苯并[*b*]荧蒽 | 4.6 | 13.4 |
| 12 | 二苯并[*a*,*h*]蒽 | 0.46 | 1.34 |
| 13 | 茚并[1,2,3-*cd*]芘 | 4.6 | 13.5 |
| 14 | 滴滴涕 | 1.7 | 5.9 |
| 15 | 滴滴滴 | 2 | 6.2 |
| 16 | 滴滴伊 | 1.4 | 4.4 |
| 17 | $\beta$-六六六 | 0.26 | 0.79 |
| 18 | 石油烃（$<C_{16}$） | 230 | 620 |

（4）治理修复技术路线

本场地污染土壤处置分为三种方式：①异地直接利用：主要是居住用地区域清挖出的超过居住用地标准但不超过工业用地标准（不包含 DDT 污染土壤）的污染土壤，共计 2.53 万 $m^3$，再利用场地确定为新厂区。②原地异位处理：主要为场地中单一重金属污染土壤（Ni 含量超过工业用地标准的污染土壤）进行稳定化处理后，作为生活垃圾填埋场覆土。③异地处理：主要是要进行化学氧化和热脱附的有机物污染土壤，处理工作区域设在新厂区，包括 7 000 $m^2$ 的车间、3 500 $m^2$ 的周转区域和 1 万 $m^2$ 的暂存区域；多环芳烃、滴滴涕、总石油烃等有机物含量较低的污染土壤，采用化学氧化修复技术；其他有机、复合污染或化学氧化技术难以处理的污染土壤，采用热脱附技术进行处理。治理修复技术路线如图 7.3.1-1 所示。

1）稳定化

稳定化的主要工艺包括污染土壤预处理、污染土壤与药剂混合搅拌、处置后土壤的堆置与养护、处理后土壤检测达标送往生活垃圾填埋场。

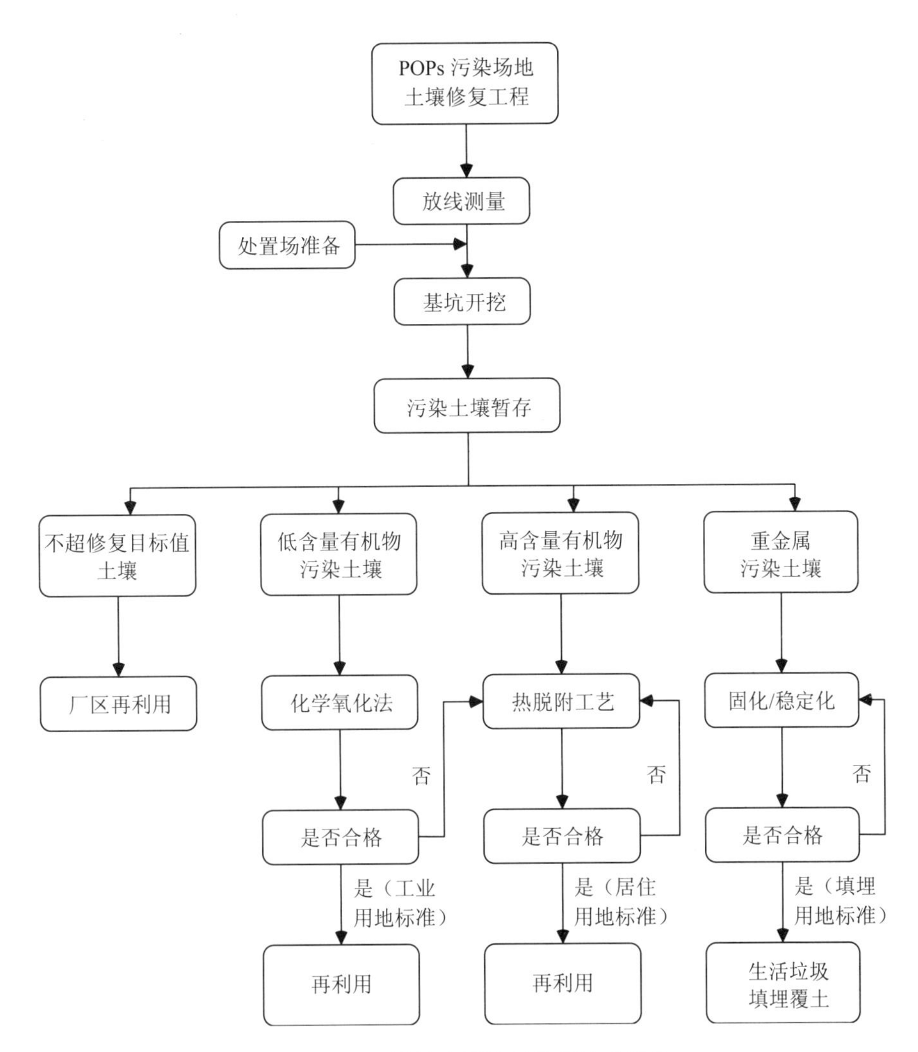


图 7.3.1-1　地块土壤治理修复技术路线

稳定化工程主要参数如下：

①处理规模：40～50 $m^3/h$。

②药剂名称：土壤重金属稳定剂、水泥、粉煤灰。

③药剂型号：稳定剂（BC-10SH）、水泥（32.5 号）、粉煤灰（二级灰）。

④投加比例：稳定剂投加量 5 $g/m^3$、水泥投加量 50 $kg/m^3$、粉煤灰投加量 50 $kg/m^3$。

⑤反应时间：采用 ALLU 斗进行预混拌后，再用搅拌机混拌大于 3 次，反应 1 min。

⑥稳定时间：稳定时间 2～3 天。

2）热脱附处理

污染土壤热脱附修复采用的是加拿大一家科技公司开发的介于直接热脱附和间接热脱附之间的设备系统，结合本项目的主要污染物种类及污染物含量值，采用综合热脱附处理技术，集成间接热脱附和直接热脱附技术于一体。

①预处理单元设备。

预处理单元设备包括进料设备、筛分设备、预加热设备，筛分主要是去除大石块和垃圾杂物，使土壤满足进热脱附设备的条件，预加热主要是对土壤进行初步加热。

②热脱附单元设备。

热脱附单元是使土壤中污染物挥发出来，从而实现土壤中污染物达到修复目标值的作用。热脱附单元主要包括燃烧室（温度＞1 100℃，停留时间不少于 2 s）、热脱附室（热脱附温度 500℃，停留时间 20 min）。

③烟气处理单元设备。

烟气处理单元设备主要包括多管式旋流除尘器、热氧化器、热交换器、布袋除尘器、烟囱、烟气监测设备。

烟气从热脱附主体中挥发出来，进入多管式旋流除尘器以初步分离所有的解吸气中的粉尘。收集的粉尘被直接送回处理单元，确保没有污染物从系统溢出。初步除尘后的脱附气通过热氧化器（因为级联脱附单元结构紧凑，脱附气相对流量小，热氧化器可以和级联脱附单元安装在同一撬体内），热氧化器通过二级燃烧器工作使其温度超过 1 100℃，烟气在热氧化器内部停留时间为 2 s，平均去除率可达到 99.9%。

热氧化器的排气主要是通过一个多程空冷器（温降约 950℃）处理之后，烟气中抽出一股气流送给预加热单元用于预处理，剩下的气体排气流向一个脉冲清洁布袋除尘器，布袋内安装数百条独立的袋式过滤器以移除 $PM_{2.5}$ 粉尘。利用车载空压缩机，脉冲喷嘴自动清理滤布，能做到长期稳定运行，过滤下来的粉尘被送入冷却加湿系统，系统的烟气排气符合排放标准。设备配备连续排放监测，被记录在操作系统内。

④出料单元设备。

出料设备主要包括搅拌机、皮带运输机。

经过热脱附主体之后的土壤进入泥土搅拌器中进行加湿处理，处理之后土壤通过皮带运输机运输到堆放区域。

3）化学氧化处理

化学氧化处理部分效果不理想，该部分土壤调整为异位热脱附处理。

4）二次污染控制措施

①污染土壤运出工地，需将土壤密封装车，运输人员要有安全防护措施。

②若运输途中发生大量泄漏，必须立刻通知清运现场负责人、寻求支援，并在道路上设立隔离标志，同时尽快使用备用工具以防止二次污染扩散。

③遇有大风天气，不得进行土方挖掘、转运以及其他可能产生扬尘污染的施工。

项目施工场地如图 7.3.1-2 所示。

密闭大棚（2018 年 12 月）

热脱附设备（2018 年 12 月）

密闭大棚（2020 年 8 月）

热脱附设备（2020 年 8 月）

场地地面硬化情况（2018 年 12 月设备撤除后拍摄）

场地地面硬化情况（2018 年 12 月设备撤除后拍摄）

场地地面硬化情况（2020 年 10 月设备撤除后拍摄）

场地地面硬化情况（2020 年 10 月设备撤除后拍摄）

图 7.3.1-2 施工场地设置

（5）实施效果

本项目已完成原位清挖和固化/稳定化效果评估。结果表明，清挖后基坑和固化/稳定化处理后土壤验收检测数据最大值均低于修复目标值。污染土壤异位化学氧化、热脱附处理在某厂区进行。效果评估结果表明，污染物含量均低于修复目标值。

（6）成本分析

该项目工程费用总计 9 165 万元，修复工程中涉及的成本包括场地前期清理、场地准备、设备组装、土壤挖掘运输、污染土壤修复处理、修复过程废水处理、受污染地下水治理以及施工过程中环保措施费用。另外，本项目的成本还包括竣工验收阶段和修复过程中的监理工程成本，其中监理费用包括施工准备阶段、施工阶段、竣工验收阶段及质量保修阶段所涉及的环境监理项目及施工监理范围内的全部费用。

（7）经验总结

①修复与开发相结合，原厂址经过清挖达标后，投入居住类房地产开发；污染土壤运至新厂区异地处置，部分不超过工业用地土壤筛选值的土壤直接用于工厂的建设使用，节约了修复成本。

②制订修复方案时，有机污染较轻的部分土壤初拟采取化学氧化处理，后根据施工效果，及时调整了修复措施，保证了污染土壤修复效果。

**专家点评**

该案例地块生产历史悠久，产品种类众多，污染物种类多。本项目修复与开发相结合，针对不同污染程度及修复标准的土壤，采取不同情形的再利用，部分土壤作为建设用土、填埋场覆土等进行资源化利用，有效节约了修复成本。

## 7.4 焦化类污染地块修复案例

### 7.4.1 山西某焦化企业地块治理修复项目

（1）项目基本信息

项目类型：焦化类污染地块

实施周期：2016 年 9 月至 2020 年 8 月

项目经费：3 247.71 万元

项目进展：已完成修复效果评估

（2）主要污染情况

①地块情况：该焦化厂于 1997 年建成投产，2013 年停产，2014 年拆除，主要利用原煤生产焦炭、煤气，同时副产焦油、硫膏、粗苯等，主要工序包括洗煤、炼焦、熄焦、冷鼓、蒸氨、脱硫、硫铵、洗苯等，占地面积约 250 亩。

②敏感受体及治理必要性：地块周边分布有居住小区、农村集聚区、农田和池塘，地块扰动易使挥发性有机污染物逸散，对周边居民造成影响；地下水埋深较浅，污染物易随地下水迁移造成下游地下水和农田污染。地块拟规划为消防、警用训练场地和营地。

③土层及水文地质条件。

第（1）层：杂填土（$Q_4^{ml}$）

褐黄，湿，松散～稍密。大孔发育，含云母片、氧化铁，夹工业废渣、砖块等。本层厚度为 1.0～4.8 m，层底埋深 1.0～4.8 m。

第（2）-1 层：粉土（$Q_4^{2ml}$）

褐黄～褐灰色，稍湿，松散～稍密。含云母片、氧化铁，夹粉质黏土薄层透镜体。本层厚度为 1.3～5.3 m，层底埋深 4.5～6.8 m。

第（2）-2 层：粉质黏土（$Q_4^{2al}$）

褐黄色，稍湿，可塑，含云母，局部夹粉土薄层透镜体。本层厚度为 2.6～4.0 m，层底埋深 7.2～8.8 m。

第（2）-3 层：细砂（$Q_4^{2al}$）

褐黄色，饱和，局部夹粉土薄层透镜体。本层厚度为 0.5～2.0 m，层底埋深 8.0～14.2 m。

第（3）-1 层：粉土（$Q_3^{al}$）

褐黄色，湿，中密。含云母片、氧化铁。局部夹中粗砂、粉质黏土薄层透镜体。本层厚度 4.0～6.3 m，层底埋深 12.1～17.6 m。

第（3）-2 层：粉质黏土（$Q_3^{al}$）

褐黄色，湿，可塑，含云母，局部夹粉土薄层透镜体。本层厚度为 4.2～5.5 m。该层钻探未穿透。

场地地下水类型为孔隙潜水，勘察期间测得场地地下水静止水位埋深为现地面下 3.5～4.7 m，高程为 773.0～778.0 m，第（3）-2 层粉质黏土（$Q_4^{2al}$）为相对隔水层，渗透系数为 $2.31\times10^{-6}$ cm/s，平均埋深为 12.5 m。主要含水层为中粗砂层，其渗透系数为 $1.18\times10^{-4}$cm/s，含水层平均厚度为 8.0 m。本场地内地下水的径流方向为由西南向东北。经调查，该市地下水位年变化幅度为 1.0 m。

④污染物含量：经检测，该场地土壤中主要污染物为苯并[*a*]芘、茚并[1,2,3-*cd*]芘、二苯并[*a,h*]蒽等有机物；地下水中主要污染物为氰化物、苊、苯。场地土壤和地下水污染物含量见表 7.4.1-1、表 7.4.1-2。

表 7.4.1-1 场地土壤污染物含量

| 序号 | 污染物种类 | 最高含量/（mg/kg） |
|---|---|---|
| 1 | 石油烃（<$C_{16}$） | 7 270 |
| 2 | 苯 | 109 |
| 3 | 二甲苯 | 93.4 |
| 4 | 萘 | 6 380 |
| 5 | 苊 | 474 |
| 6 | 芴 | 1 470 |
| 7 | 菲 | 799 |
| 8 | 蒽 | 342 |
| 9 | 荧蒽 | 444 |
| 10 | 芘 | 453 |
| 11 | 苯并[*a*]蒽 | 221 |
| 12 | 䓛 | 219 |
| 13 | 苯并[*b*]荧蒽 | 201 |
| 14 | 苯并[*k*]荧蒽 | 59.8 |
| 15 | 苯并[*a*]芘 | 190 |
| 16 | 茚并[1,2,3-*cd*]芘 | 135 |
| 17 | 二苯并[*a,h*]蒽 | 33 |

| 序号 | 污染物种类 | 最高含量/（mg/kg） |
|---|---|---|
| 18 | 苯并[*g,h,i*]苝 | 143 |
| 19 | 2-甲基萘 | 1 890 |
| 20 | 二苯并呋喃 | 4 090 |
| 21 | 咔唑 | 122 |

表 7.4.1-2 场地地下水污染物浓度

| 序号 | 污染物种类 | 最高浓度/（mg/L） |
|---|---|---|
| 1 | 氰化物 | 5.19 |
| 2 | 苯 | 0.21 |
| 3 | 苊 | 0.006 |

⑤风险评估结果：通过计算本地块土壤和地下水环境风险，可知土壤和地下水中污染物均超出可接受风险水平。该场地土壤中石油烃、苯、二甲苯、萘、苊、芴、菲、苯并[*a*]蒽、䓛、苯并[*b*]荧蒽、苯并[*k*]荧蒽、苯并[*a*]芘、茚并[1,2,3-*cd*]芘、二苯并[*a,h*]蒽、2-甲基萘、二苯并呋喃和咔唑 17 种污染物超出可接受风险水平，地下水中的苯和氰化物 2 种污染物超出可接受风险水平。因此，需要对该地块采取治理修复措施。

⑥修复工程量：规划用地范围内需修复的土壤为 8.2 万 $m^3$，最大深度 22 m；需修复的地下水面积为 2.8 万 $m^2$，修复治理费用预计为 7 531.67 万元。由于资金紧缺，采用分期修复方式，先行修复规划用地内的部分污染土壤和地下水，对其他污染土壤和地下水进行风险管控，目前在一期和二期分界处对地下水采取止水帷幕阻隔措施。一期一标段修复面积为 1.35 万 $m^2$，方量约 4.3 万 $m^3$，二标段地下水修复面积 1.9 万 $m^2$。

（3）治理修复目标

本项目风险评估较早，按照当时确定的标准进行治理修复。根据《场地土壤环境风险评价筛选值》（DB11/T 811—2011）、《地下水水质标准》（DZ/T 0290—2015）及风险评估结果，确定土壤、地下水污染物修复目标值。

表 7.4.1-3 场地土壤污染物修复目标值

| 序号 | 污染物种类 | 修复目标值/（mg/kg） | 修复目标来源 |
|---|---|---|---|
| 1 | 石油烃（<$C_{16}$） | 230 | DB11/T 811—2011 |
|  | 石油烃（>$C_{16}$） | 10 000 | DB11/T 811—2011 |

| 序号 | 污染物种类 | 修复目标值/（mg/kg） | 修复目标来源 |
|---|---|---|---|
| 2 | 苯 | 0.64 | DB11/T 811—2011 |
| 3 | 二甲苯 | 74 | DB11/T 811—2011 |
| 4 | 萘 | 50 | DB11/T 811—2011 |
| 5 | 苊 | 1 220 | 计算值 |
| 6 | 芴 | 810 | 计算值 |
| 7 | 菲 | 585 | 计算值 |
| 8 | 苯并[*a*]蒽 | 1.65 | 计算值 |
| 9 | 䓛 | 156 | 计算值 |
| 10 | 苯并[*b*]荧蒽 | 1.66 | 计算值 |
| 11 | 苯并[*k*]荧蒽 | 15.8 | 计算值 |
| 12 | 苯并[*a*]芘 | 0.2 | 计算值 |
| 13 | 茚并[1,2,3-*cd*]芘 | 1.66 | 计算值 |
| 14 | 二苯并[*a,h*]蒽 | 0.166 | 计算值 |
| 15 | 2-甲基萘 | 81 | 计算值 |
| 16 | 二苯并呋喃 | 26.8 | 计算值 |
| 17 | 咔唑 | 58.9 | 计算值 |

**表 7.4.1-4　场地地下水污染物修复目标值**

| 序号 | 污染物种类 | 修复目标值/（μg/L） | 地下水水质标准（Ⅳ类） | 修复目标来源 |
|---|---|---|---|---|
| 1 | 苯 | 153 | 120 | 计算值 |
| 2 | 氰化物 | 1 030 | 100 | 计算值 |

（4）治理修复技术路线

本项目一标段污染土壤和地下水采用“水泥窑协同处置+原位化学氧化”修复技术：对半挥发性有机污染区域，将土壤挖出并进行筛分，筛分后的建筑垃圾运往填埋场处置，污染土壤送至水泥厂协同处置，危险废物交有资质的公司进行处置；对挥发性有机物污染土壤及地下水污染区域，采用原位氧化技术进行修复，根据污染深度建设注入井，并结合地下水循环井技术强化药剂的扩散效果和影响范围。技术路线如图 7.4.1-1 所示。

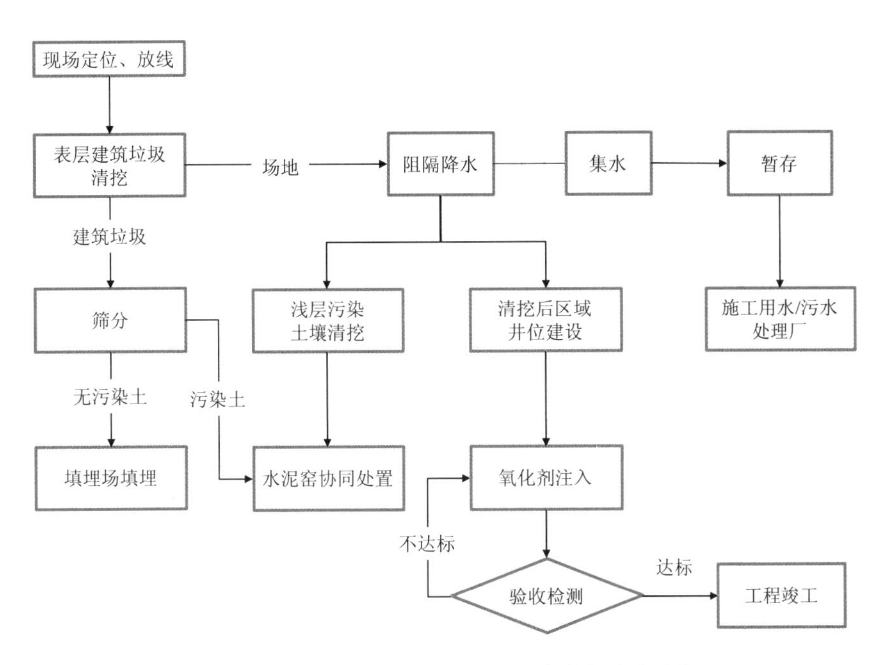


图 7.4.1-1 一标段地块土壤和地下水修复技术路线

二标段污染地下水采用原位化学氧化技术，修复药剂为二氧化氯消毒剂，技术路线如图 7.4.1-2 所示。

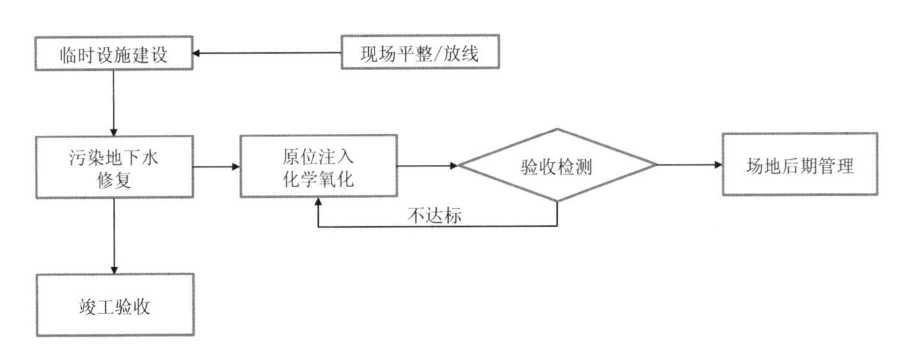


图 7.4.1-2 二标段地块地下水修复技术路线

1）水泥窑协同处置

本项目需进行水泥窑协同处置的土壤为多环芳烃污染土壤及混合污染土壤。实际清挖土方量为 4 895 $m^3$，最大清挖深度为 6 m。

2）土壤和地下水原位化学氧化

项目采用原位化学氧化技术的苯系物等污染土原位修复总方量为 41 760 $m^3$（重叠区只进行 1 次计算），修复深度为 0～22 m，该修复区域含污染土及污染地下水。

（5）实施效果

根据第三方样品检测报告，清挖完成后的基坑底部及侧壁土壤样品、修复后土壤样品、建筑垃圾样品及疑似二次污染区土壤样品的污染物含量均满足修复方案要求的修复目标值，现场修复工作完成。场地修复范围内污染土壤通过土壤清挖并采用异位处置的方式，达到了削减污染源的目的，降低了环境中敏感受体受到污染暴露的可能性。

（6）成本分析

该项目总投资费用约为 3 247.71 万元（包括监理费用 52.95 万元，效果评估费用 77.50 万元）。其中，一标段约 2 179.9 万元，污染土壤水泥窑协同处置直接成本约为 520 元/$m^3$，地下水原位修复直接成本为 300 元/$m^3$；二标段投资费用约 607.0 万元，地下水原位修复直接成本为 130.3 元/$m^3$。

（7）长期管理措施

采用分期修复方式，先行修复规划用地内的部分污染土壤和地下水，对其他污染土壤和地下水进行风险管控，目前在一期和二期分界处对地下水采取止水帷幕阻隔措施。

（8）经验总结

①修复施工前精细复勘，合理优化修复方案。本项目前期调查的污染物垂向分布数据间隔为 1.5 m；为精确了解污染物分布和地层状态，在复勘时引入半透膜气体连续监测系统（MIP），实时、连续探测污染物的分布状态。MIP 是利用装载在直推式钻机上的实时、半定量污染物检测设备和装在钻杆最前端、加热到指定温度的探头，通过高温及浓度梯度，促使挥发性有机物从土壤扩散到探头的半透膜内部，经气相色谱快速分析得到近似连续的污染物纵向分布，为设计修复系统的井深、注入井和抽出井井段位置和长度提供基础，使药剂在更精确的污染区域注入和扩散，有利于提高修复效率，降低修复成本，减少修复时间。

②引进地下水循环井技术，提高施工效率。污染区域同时存在土壤和地下水污染，污染面积和污染深度较大，存在化学氧化药剂注入后难以均匀扩散的问题。本项目首次从德国引进地下水循环井技术并在国内应用，通过在同一井内的不同深度进行抽注水操作，使地下水同时产生水平和垂直循环流场。与原方案仅采用化学氧化修复技术相比，注入井及监测井由近千座减少到不到 100 座，极大地减少了建井的工作量。

③采用“修复列车”模式，优化修复技术组合。通过地块调查结果分析，将不同污染介质（土壤或地下水）和不同污染物种类（半挥发性、挥发性或氰化物）综合考虑后进行分类，然后采用“修复列车”（指在同一个地块内不同的污染区域或在同一个区域内的不同阶段采用不同的修复技术）的概念对每一类污染采用最适宜的修复技术：在单独的地下水污染区域采用原位化学氧化技术；在复杂的土壤和地下水污染区域采用组合修复技术；在重度污染区域以地下水循环井系统为主，周边区域配合采用原位化学氧化技术。通过整

体优化，构成一套兼顾修复效果、工期要求、经济可行的技术路线。

**专家点评**

该案例针对焦化类污染地块土水复合污染、多环芳烃污染为主、污染深度较大等特点，通过开展进场复测工作、针对性制订修复策略，将修复与风险管控策略有机结合，制订了一套兼顾修复效果和技术经济可行性的技术路线。复勘时采用现场快速高分辨污染探测技术MIP，为修复设计提供了数据支撑。采用的地下水循环井技术加强了地下水局部循环，减少了建井量。采用“修复列车”的概念对每一类污染物采用最适宜的修复技术，通过整体优化，实现对修复效果、工期要求、修复成本的兼顾。

### 7.4.2 云南某焦化企业地块治理修复项目

（1）项目基本信息

项目类型：焦化有机类污染地块

实施周期：2017 年 8 月至 2020 年 12 月

项目经费：约 4 563 万元

项目进展：已完成效果评估

（2）主要污染情况

①地块情况：该地块为某焦化制气有限公司原址场地，该公司始建于 1983 年，主要产品有焦炭、煤气、煤焦油、粗苯、硫酸铵、黄血盐钠、硫黄等。1986 年 1#焦炉建成投产，规模为年产焦炭 30 万 t，日产煤气 20 万 $m^3$。随着城市煤气改扩建项目的建成并投入生产，为确保城市煤气需求量的稳定供应，该公司于 1992 年、2007 年、2008 年先后完成 2#、3#、4#焦炉的建成投产，并配套建有干熄焦装置 2 套、煤化工深加工装置 2 套。截至 2015 年，焦炭设计产能为 130 万 t/年，城市煤气供气能力为 2.76 亿 $m^3$/年，化工产品深加工能力 20 万 t/a。公司于 2016 年 11 月停产，原址转型建设产业园。

②敏感受体及治理必要性：该公司距离主城区 20 km，属于中国三级阶梯地势的第二级阶梯，东西两面环山，周边无敏感用地。该厂建厂时间早，长期从事焦化生产活动，由于设备跑冒滴漏和废水、废渣处置不当等，造成土壤和地下水污染，因此需要对地块土壤和地下水进行修复。

③土层及水文地质条件：场地主要为填土层、红黏土层和基岩层，红黏土层渗透系数小。根据含水层介质、地下水赋存空间类型的不同，结合场区钻孔揭露地层岩性情况，场区地下水类型主要为第四系孔隙水（上层滞水）、碳酸盐岩类岩溶水和碎屑岩类裂

隙水。

④污染物含量：调查结果显示，地块内土壤污染状况按照《土壤环境质量 建设用地土壤污染风险管控标准（试行）》（GB 36600—2018）评价，场地土壤中石油烃、苯、萘、二氢苊、苯并[*a*]蒽、苯并[*b*]荧蒽、苯并[*a*]芘、茚并[1,2,3-*cd*]芘、二苯并[*a*,*h*]蒽、苯并[*g*,*h*,*i*]苝含量出现超筛选值情况。其中石油烃最大检出含量为 20 700 mg/kg，苯最大检出含量为 1 270 mg/kg，苯并[*a*]蒽最大检出含量为 454 mg/kg。

⑤风险评估结果：通过计算，可知本地块土壤中污染物含量超出可接受风险水平。因此，需要对该地块土壤采取治理修复措施。场地范围内地下水中几种污染物致癌风险值小于 $10^{-6}$，非致癌危害商小于 1，处于人体健康风险可接受水平。由于部分地下水污染点位水质超过Ⅲ类水，为防止对下游厂界外地下水造成污染影响，在厂边界处进行监测管控。

⑥修复工程量：土壤污染面积约 14 037 $m^2$，土方量约 86 935 $m^3$，污染深度达 18 m。

（3）治理修复目标

土壤修复目标值：本项目将《土壤环境质量 建设用地土壤污染风险管控标准（试行）》（GB 36600—2018）第二类用地筛选值作为地块污染土壤修复目标值。

**表 7.4.2-1 土壤修复目标值**　　单位：mg/kg

| 序号 | 污染物 | 土壤修复目标值 |
|---|---|---|
| 1 | 石油烃 | 4 500 |
| 2 | 苯 | 4 |
| 3 | 萘 | 70 |
| 4 | 二氢苊 | 50 |
| 5 | 苯并[*a*]蒽 | 15 |
| 6 | 苯并[*b*]荧蒽 | 15 |
| 7 | 苯并[*a*]芘 | 1.5 |
| 8 | 茚并[1,2,3-*cd*]芘 | 15 |
| 9 | 二苯并[*a*,*h*]蒽 | 1.5 |
| 10 | 苯并[*g*,*h*,*i*]苝 | 40 |

（4）治理修复技术路线

该地块总体风险管控及修复方案分为土壤修复和地下水监测两个部分，土壤使用异位热解吸、原位风险管控、原位化学氧化等管控和修复技术，地下水主要通过长期监测方式进行风险管控。技术路线如图 7.4.2-1 所示。

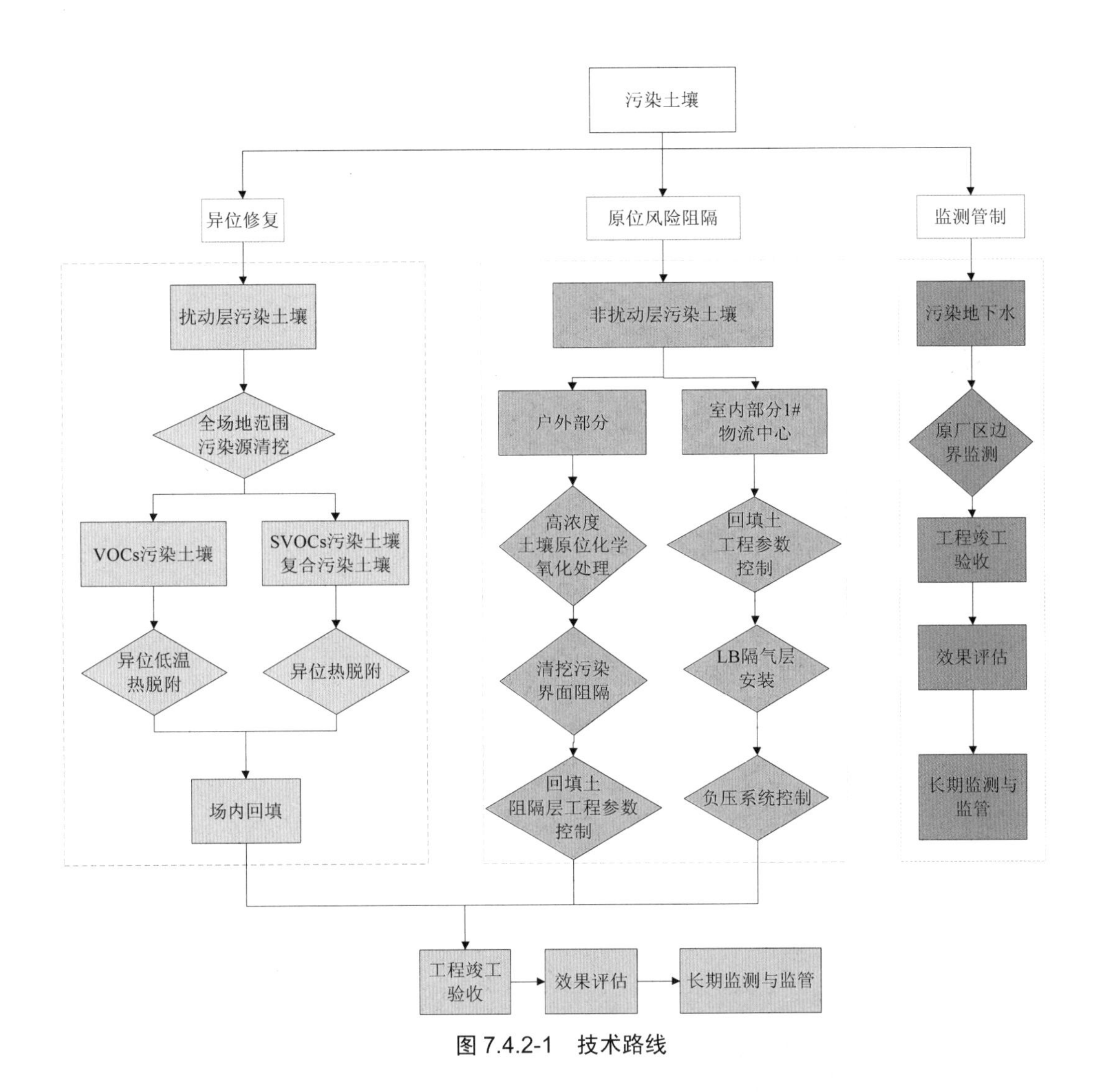


图 7.4.2-1　技术路线

1）异位热解吸技术

采用异位热解吸技术对异位修复深度范围内（酒店建筑范围内 0～2 m 深度；物流中心 1#楼范围内 0～2 m 深度；室外范围内 0～3 m 深度）所有污染土壤进行修复治理。其中，对 SVOCs 污染土壤或复合污染土壤采用原地异位高温热解吸处理，对仅有苯污染的土壤采用原地异位低温热解吸处理，工艺原理如图 7.4.2-2 所示。

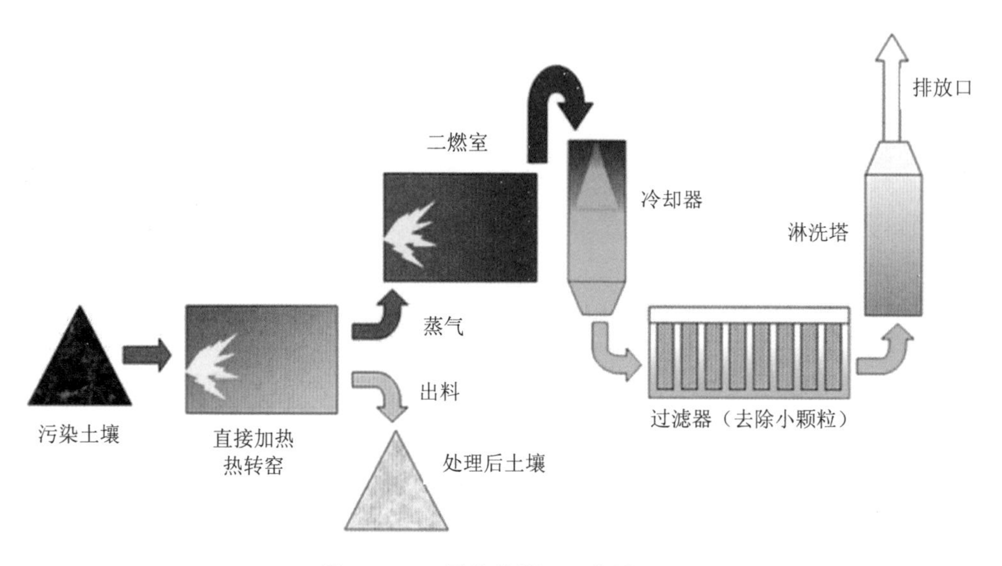


图 7.4.2-2 异位热解吸工艺原理

异位热解吸工艺由进料系统、热解吸系统和尾气处理系统组成（图 7.4.2-3）。

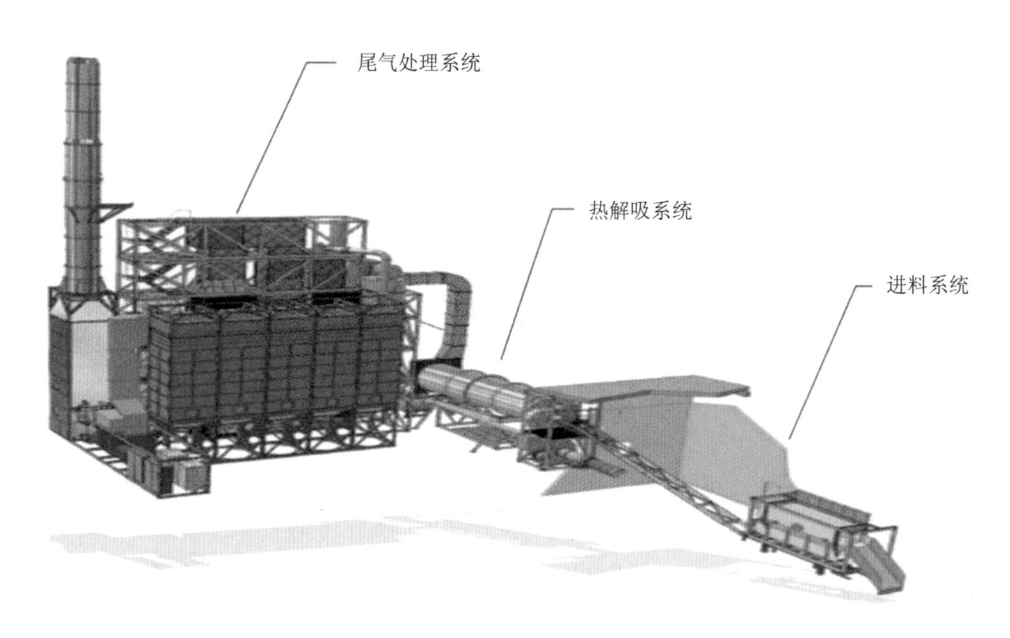


图 7.4.2-3 异位热解吸系统组成示意

2）原位化学氧化技术

采用原位化学氧化技术对部分点位 3～6 m 深度层土壤进行修复，工程量共计 1 238 $m^3$。施工流程如图 7.4.2-4 所示。

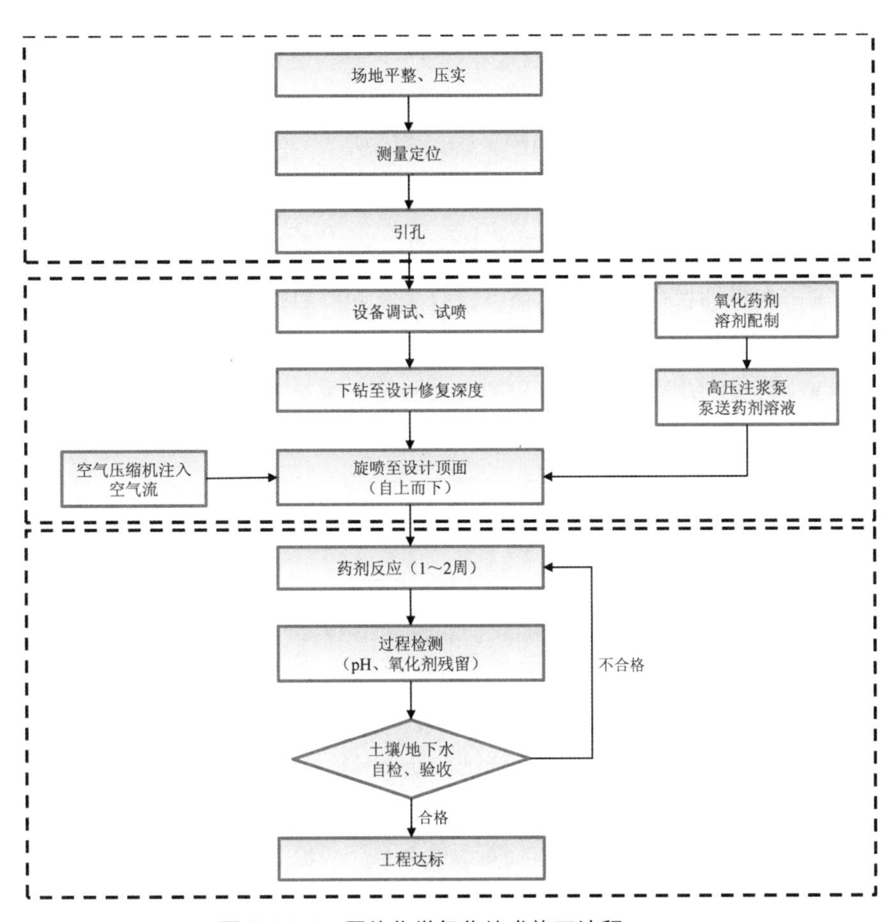


图 7.4.2-4　原位化学氧化技术施工流程

3）原位阻隔风险管控

①室外区域工程管控方案。

室外区域工程管控主要分为两个步骤：异位热解吸清挖为定深度清挖，清挖至目标深度后的界面仍存在污染。

首先，将风险评估计算确定的部分包气带深度内的苯污染浓度较高点土壤原位化学氧化处理至苯含量低于 40 mg/kg。其次，在该类污染区域表面安装 A 型工程阻隔层，阻隔层由压实黏土层及土工膜层两部分组成。清挖后污染界面需进行压实平整，表面无尖锐突起。采用两布一膜组成的复合土工膜（包含 1.5 mm HDPE 膜、双层 400 g/m$^2$ 长丝无纺针刺非织土工布）覆盖阻隔。阻隔层渗透系数要小于 $10^{-7}$ cm/s，阻隔材料要具有极高的抗腐蚀性、抗老化性，具有强抵抗紫外线能力，延展性达到 600%，拉伸强度不小于 30 N/mm，使用寿命 50 年以上，无毒无害。HDPE 膜应确保阻隔系统连续、均匀、无渗漏。

②室内区域工程管控方案。

室内环境通过阻隔土壤气的工程措施进行管控，措施主要分为两部分：一是土壤气隔气膜安装；二是土壤气导气层安装。

隔气膜是气体防渗建筑材料中的喷涂型薄膜实现土壤气收集与阻隔。隔气膜在环境温度下单层喷涂，可在大部分条件下迅速固化，形成一个没有任何接缝的、完整密闭的薄膜。

导气层是建筑物下方通过安装负压系统形成阻隔。在膜下层设置土壤气导流层，通过维持导流层负压，将可能在隔气膜下方聚集的污染土壤气导流，进一步降低侵入室内风险。

该系统由水平铺设在地下的土壤气体收集管和出口在高空的排气管组成，能疏导土壤中的有机物气体以防止其进入建筑物，并同时具有被动减少土壤中挥发性有机物的功能。为避免 VOCs 污染物从建筑物底部和侧墙或回填土壤层渗入，隔气膜应铺设于建筑物地基底板与导气层间（图 7.4.2-5）。膜铺设厚度不小于 1.5 mm。

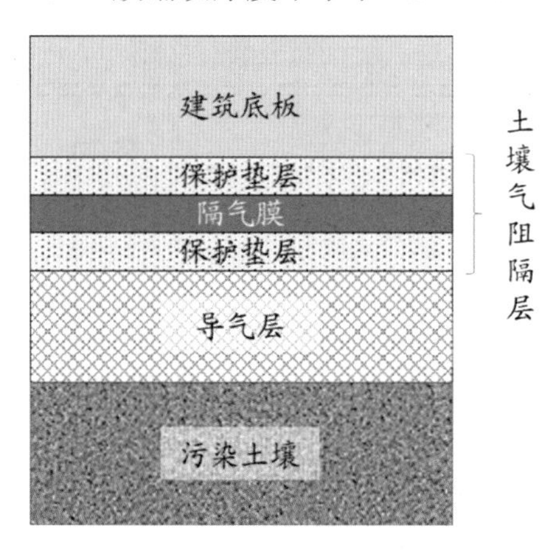


图 7.4.2-5 隔气膜与气体导排系统

（5）实施效果

针对异位热解吸修复后土壤，分 4 个批次进行采样，4 个批次样品均一次性达到修复目标值。针对原位化学氧化修复后土壤，一次采样，一次性达到修复目标值。针对原位阻隔风险管控，柔性阻隔层性能、隔气层性能、压实黏土层均达到设计要求，环境空气检测结果显示污染物管控效果达到目标要求。

（6）成本分析

1）资金使用情况

本项目资金支出包括场地环境调查及风险评估、修复方案编制、修复工程施工、工程监理和环境监理、修复效果评估等各阶段，相关费用共计约为 4 562.8 万元。其中，前期费用 333.3 万元，修复工程费用 4 000 万元，其他费用 229.5 万元。

2）成本构成

本项目污染地块风险管控和土壤修复工艺包括异位热解吸工艺、原位化学氧化工艺、原位阻隔风险管控。本项目修复工程中涉及的成本包括场地前期清理、场地准备、设备安装、土壤挖掘运输、污染土壤异位热解吸、原位化学氧化、原位阻隔风险、修复过程废水处理以及施工过程中环保措施的费用。

（7）长期管理措施

根据《污染地块风险管控与土壤修复效果评估技术导则（试行）》（HJ 25.5—2018）和《污染地块地下水修复和风险管控技术导则》（HJ 25.6—2019）中对污染地块土壤及地下水风险管控的要求，应采用长期环境监测、制度控制或二者结合使用的方式，进行后期环境监管。

（8）经验总结

该土壤修复工程被列为云南省省级试点项目，在项目施工完成并通过验收后，核算出的有机污染红壤异位热解吸处理总投资和处理成本、风险阻隔总投资和单位成本，可为公司其余地块治理修复技术选用提供成本计算依据，形成的工艺控制参数可望为省内焦化、有机污染、红壤的修复技术提供参考，发挥试点项目的示范作用。

**专家点评**

该案例结合地块开发扰动层次情况，综合采用了异位热解吸、原位风险管控、原位化学氧化等修复技术，并通过长期监测对地下水进行风险管控，以保障地块安全再利用。项目通过开展现场中试，优化改进设备工艺，适应地区土壤特性；同时紧密结合地块分区域规划，按环境敏感性应用阻隔管控技术；针对性布设原位阻隔风险管控系统，实现污染土壤修复治理的精细化和精准化。项目建立了较为完备可靠的工艺控制参数，可为同行业类似污染地块的治理提供技术指标和经济成本参考。

## 7.5　钢铁类污染地块修复案例

### 7.5.1　湖北某钢铁企业地块治理修复项目

（1）项目基本信息

项目类型：钢铁类污染地块

实施周期：2017 年 3 月至 2019 年 12 月

项目经费：约 7 429 万元

项目进展：已完成效果评估

（2）主要污染情况

①场地情况：该项目地块厂区面积约 70.14 $hm^2$。该厂建于 1958 年，基于对国家产业政策的践行，企业大力推进结构调整、特钢升级，进行钢厂搬迁，于 2015 年正式关停。

②敏感受体及治理必要性：厂区规划为文教用地（公共管理与公共服务用地），土壤受到不同程度的重金属、有机物污染；地下水中污染物为苯和氰化物；部分生产车间设备表面受到多环芳烃的污染，墙体、地坪表面受到重金属的污染；污染物带来的健康风险超出了可接受风险水平，对人体健康造成威胁。为保护当地生态环境和长江中下游流域水体环境，保护人体健康，消除环境风险，对厂区污染土壤和地下水进行综合治理与修复是十分必要的。该项目也符合《土壤污染防治行动计划》、《湖北省土壤污染防治行动计划工作方案》和《长江经济带生态环境保护规划》的要求。

③污染物含量：前期详细调查严格按照场地环境调查技术导则要求，布设了 30 口地下水监测井、260 个土壤点位，抽查样品 1 290 个，采集数据 2.4 万个。地块中土壤共有 24 种污染物超标，分别为钴、镍、铜、锌、砷、镉、铅、汞、苯、乙苯、萘、菲、荧蒽、芘、苯并[*a*]蒽、䓛、苯并[*b*]荧蒽、苯并[*k*]荧蒽、苯并[*a*]芘、茚并[1,2,3-*cd*]芘、二苯并[*a,h*]蒽、石油烃（$<C_{16}$）、石油烃（$>C_{16}$）、氰化物。地块中土壤污染物浓度超标点位主要分布在污水处理站、煤气焦化、焦化车间、煤场、烧结厂、炼钢厂、轧钢厂等区域。

④风险评估结果：通过人体健康风险评估和重金属浸出风险评估，该地块中污染物的风险不可接受，需采取治理修复措施。

⑤修复工程量：根据场地详细调查报告、风险评估报告以及厂区污染场地治理修复实施方案（第一阶段），确定场地一期项目的工作范围：占地面积约 545 亩，主要是对厂区炼钢、炼铁和轧钢区域污染土壤和地下水以及厂区内的地表水和固废进行修复治理。其中，原地异位修复治理污染范围工程量为 90 261 $m^3$，开挖范围工程量为 87 304 $m^3$，风险管控范围面积为 14 365 $m^2$；地下水污染面积 42 371 $m^2$，污染地下水体积为 1 907 $m^3$；地表堆存的固体废物总方量约 3 770 $m^3$，包括 770 $m^3$ 危险废物和 3 000 $m^3$ 超标废渣；场地焦化车间循环水池内残留污水总方量约为 510 $m^3$。

（3）治理修复与风险管控目标

按照敏感用地标准进行治理修复。对于该地块无机污染土壤，采用固化/稳定化技术进行修复治理，达标后回填到原场地，修复后的土壤中重金属和氰化物的浸出浓度应低于《地下水质量标准》（GB/T 14848—2017）中的Ⅳ类限值。该地块中污染地下水和循环水池残留污水经处理后排入市政污水管网，应满足《污水综合排放标准》（GB 8978—1996）三级标准。地块土壤和地下水修复目标值见表 7.5.1-1、表 7.5.1-2。

**表 7.5.1-1　地块土壤修复目标值**　　单位：mg/kg

| 污染物 | 土壤修复目标值 | 污染物 | 土壤修复目标值 |
|---|---|---|---|
| 砷（无机） | 40 | 菲 | 5 |
| 镉 | 19 | 荧蒽 | 50 |

| 污染物 | 土壤修复目标值 | 污染物 | 土壤修复目标值 |
|---|---|---|---|
| 钴 | 40 | 芘 | 50 |
| 镍 | 131 | 苯并[*a*]蒽 | 5.2 |
| 锌 | 4 970 | 䓛 | 61.8 |
| 铜 | 663 | 苯并[*b*]荧蒽 | 5.2 |
| 铅 | 400 | 苯并[*k*]荧蒽 | 52 |
| 汞 | 15 | 苯并[*a*]芘 | 0.52 |
| 氰化物 | 1 505 | 茚并[1,2,3-*cd*]芘 | 5.2 |
| 苯 | 0.92 | 二苯并[*a,h*]蒽 | 0.52 |
| 乙苯 | 6.9 | 石油烃（<$C_{16}$） | 826 |
| 萘 | 23 | 石油烃（>$C_{16}$） | 877 |

**表 7.5.1-2　地下水修复目标值**　　单位：mg/L

| 污染物 | 修复目标值 |
|---|---|
| 氰化物 | 0.05 |

（4）治理修复与风险管控技术路线

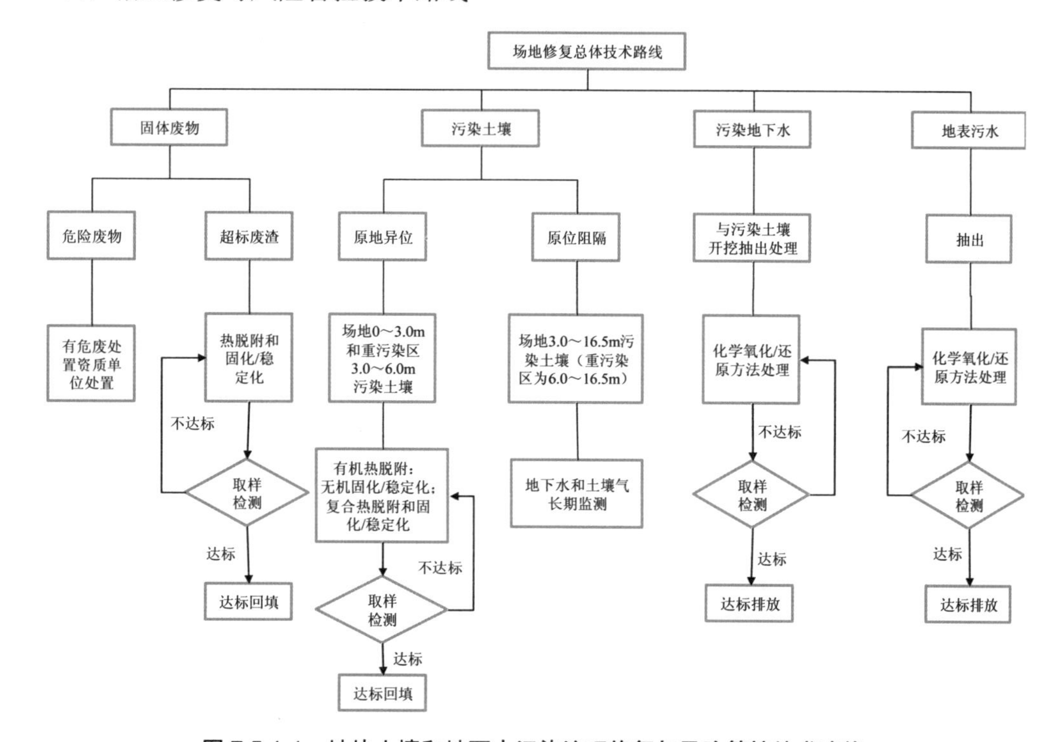


**图 7.5.1-1　地块土壤和地下水污染治理修复与风险管控技术路线**

1）上层有机重污染土壤异位热脱附处理

项目对现场内有机污染土壤采用异位热脱附处理技术，该技术将污染土壤经过预处理后全部送入回转窑中，在回转窑中与高温烟气进行长时间、高效率的直接热交换，通过物理升温的原理，将土壤中的有机污染物全部蒸发出来，从而达到大幅减少或消除土壤中有机污染物的目的，实现有机污染土壤的修复。污染物进入烟气后，随烟气一同进入后续的尾气处理装置，完成对尾气的收集处理，并达标排放。异位热脱附车间如图 7.5.1-2 所示。

图 7.5.1-2 异位热脱附车间现场

整个系统分为四大部分：预处理系统、加热系统、传输系统和尾气尾水处理系统。预处理系统包括破碎机、筛分机、药剂拌、ALLU 斗和除铁器，负责将污染土壤破碎到目标粒径之下，将污染土壤的含水率控制在目标含水率之下并除去土壤中的铁质；加热系统包括回转窑和燃烧器，负责持续产生高温烟气，并将其与土壤充分对流换热，使土壤能够加热到目标温度，实现土壤中有机污染物的去除；传输系统包括各级的传输带、进料器和烟气、污水管道，负责整个处理过程中固液气三相物质的传送运输；尾气、尾水处理系统包括除尘器、喷淋塔、活性炭罐及一体化污水处理设备，负责整个脱附过程中产生的尾气、尾水的收集处理及达标排放。该工艺共达标处置污染土壤 4.6 万 $m^3$。

2）重金属污染土壤固化/稳定化处理

针对该场地多种重金属污染特点，通过对金属污染土壤的系统检测、实验室小试、中试与现场放大处置，形成完善了“小试—中试放大施工—各环节严格检验”的固化/稳定化工艺技术，研发了适用于重金属钴、镍、铜、锌、砷、镉、汞和无机氟化物复合污染的固化/稳定化药剂。

针对场地内含量较高的无机氰化物及重金属砷污染物，在已有钝化药剂配方中加入了一定比例的磷酸盐及铁系药剂，可将土壤中无机氰化物及砷的酸浸有效态含量减少43%～57%以满足场地的修复目标值。该工艺共计修复重金属污染土壤 5.9 万 $m^3$。污染土壤筛分以及固化/稳定化药剂搅拌如图 7.5.1-3 和图 7.5.1-4 所示。

图 7.5.1-3　污染土壤筛分

图 7.5.1-4　固化/稳定化药剂搅拌

3）下层重污染土壤原位阻隔管控

土壤阻隔系统主要由 HDPE 膜、黏土等阻隔材料组成，如图 7.5.1-5 所示。阻隔区内及地下水流向的上游及下游分别设置 7 口监测井，并定期取样检测，评价阻隔区内的安全风险性能。地下水监测井如图 7.5.1-6 所示。

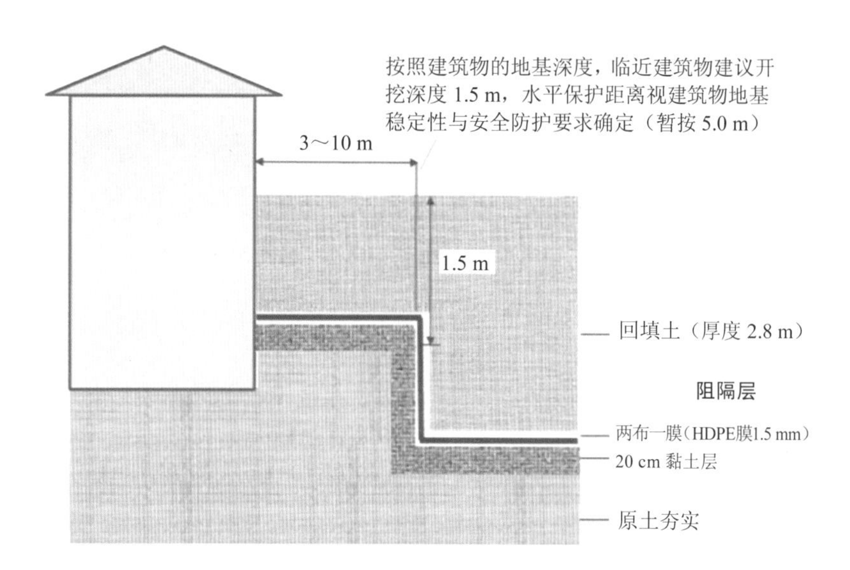


图 7.5.1-5　地块原位阻隔系统设计

图 7.5.1-6　地下水监测井

4）地下水及废水处理

该项目地下水污染以有机污染物苯及无机污染物氰化物为主要目标污染物，废水为热脱附处理后的系统尾水，目标污染物为多环芳香烃。综合考虑地下水与废水的污染物均可氧化的特点，故现场采用“絮凝沉淀—高级氧化—砂滤—炭滤”的组合工艺，对污染地下水及废水进行了统一处理。水处理设备如图 7.5.1-7 所示。该项目共处理污水 2 417 $m^3$。

图 7.5.1-7　水处理设备

5）二次污染防控

该项目二次污染防控主要体现在两个方面，即暂存区土壤的苫盖及开挖作业区的扬尘控制。

在该项目中，选用了现场两处废弃车间作为修复后的土壤暂存区。为防止污染土壤修复后仍存在超标风险、进而对暂存区内土壤环境造成污染的现象发生，在施工过程中，将堆砌好的待检土壤用 HDPE 膜进行苫盖，并在暂存区底部铺设 HDPE 膜，防止待检土壤可能导致的二次污染（图 7.5.1-8）。

图 7.5.1-8 待检区土壤的加膜苫盖

在土壤开挖的施工工程中，为防止扬尘造成的污染，特在施工作业区采取每日定时的洒水降尘措施（图 7.5.1-9）。

图 7.5.1-9 施工现场机车洒水作业

（5）成本分析

自 2017 年启动至今，该污染场地治理修复项目（第一阶段）累计费用约 7 429 万元。其中，该项目直接工程施工成本 6 706 万元，项目初查、详查、风险评估、实施方案、项目建议书、可研、环评、工程监理、环境监理、验收评估、招标代理等项目建设其他成本约 723 万元。经核算，热脱附修复技术成本 850 元/$m^3$，固化/稳定化修复技术成本 240 元/$m^3$，一般固废（废渣）处理成本 3 000 元/$m^3$。

（6）经验总结

①场地遗址公园建设规划与污染场地修复的统一，发展大型工业遗址场地修复管理模式。根据厂区遗址公园建设中保留建筑物的要求，实现遗址建筑物与修复工艺工程选址、功能建筑物建设的有机结合。一是充分利用场地内现存保留建筑物，因地制宜，对可以利

用的旧址厂房进行改造利用，建设满足功能需求的预处理车间、待检区域、修复车间、处理水池等；二是针对开挖污染基坑与保留建筑物的交叉范围，在充分论证的基础上，预留遗址建筑的保护距离，采用阻隔技术进行有效风险管控。

②立足于场地规划建设，实现风险管控技术与治理修复技术的统一，达到治理有效性与经济性的结合。对于污染土壤的治理修复，按照技术方案，主要采用了原地异位修复技术（热脱附技术与固化/稳定化技术）；而对于 3 m 以下污染土壤、保留建筑物交叉区域，以及行道树区域，则采用风险管控技术进行治理。充分考虑了该项目第一阶段的污染特点，进行综合系统的修复，实现了污染治理有效性与经济性的有效结合，积累了可靠的修复治理经验。

③创建了固化/稳定化药剂研发与专用药剂复配技术体系。针对该场地的多种重金属污染特点，通过对金属污染土壤的系统检测、实验室小试、中试与现场放大处置，开发了针对不同种类重金属污染的特效修复药剂；通过集成创新与复配开发，研制了针对多种重金属污染的复配药剂；结合项目的实际修复过程，形成完善了“小试—中试放大施工—各环节严格检验”的固化/稳定化工艺技术体系。

④依托该示范项目，构建了创新技术研发应用平台。该项目在实施过程中受到了各级领导的高度重视。依托该项目，建设产学研用示范链条和现场技术应用的试验田，并以平台建设为基础，开展了不同修复技术的研发，为探索氧化还原、微生物修复等多种技术组合提供了保证。

**专家点评**

该案例作为典型的钢铁类污染地块，污染物种类多、污染程度较重、污染土方量大，整体修复难度较大。项目整体遵循“合理规划—管控为主—有限修复”模式，以土地未来规划用途为基础，结合土壤和地下水污染特征以及场地水文地质条件，采取适合于分类、分层、分区、分期的多种修复与管控技术有效组合，以实现污染物浓度减少或毒性降低或者完全无害化的修复目标。项目将遗址公园建设与污染场地修复工程有机结合，对大型工业遗址场地的修复管理模式进行了有益探索。

### 7.5.2 重庆某钢铁企业地块治理修复项目

（1）项目基本信息

项目类型：钢铁类污染地块

实施周期：2017 年 4 月至 2018 年 10 月

项目经费：9 300 万元

项目进展：已完成效果评估

（2）主要污染情况

①地块情况：该地块占地面积约 573 亩，原为某钢铁（集团）有限责任公司煤料、废渣、生铁、设备和钢材等的堆放地。此外，场地内还包括溶解乙炔厂、铸铁车间、机车检修厂等其他生产单位或车间。2011 年，该钢铁企业实施环保搬迁，老厂区全部停产，老厂区转让并进行土地储备。

②敏感受体及治理必要性：受让公司拟对该地块进行公园绿化、居住、市政、商业金融、教育等综合用地性质开发。由于该地块生产历史较长，长期从事废铁的熔炼加工等，废水、废渣处置不当，造成土壤和地下水污染，威胁人居环境健康，因此需要对地块土壤和地下水进行修复。

③土层及水文地质条件：场地 10～16.5 m 以下为基岩层，基岩层以上包括杂填土层和粉质黏土层。区域地下水主要有碳酸盐岩裂隙溶洞水、碎屑岩裂隙孔隙水和基岩裂隙水三大类。所在区域水文地质条件简单，含水微弱，无统一地下水位。

④污染物含量：土壤中 Cu、As、Zn、Cr、Pb、Ni、Cd、Hg、Sb、Ti 10 种重金属，氰化物、总石油烃、苯、二甲苯及 7 种多环芳烃（苯并[*a*]蒽、䓛、苯并[*b*]荧蒽、苯并[*k*]荧蒽、苯并[*a*]芘、茚并[1,2,3-*cd*]芘、二苯并[*a,h*]蒽）含量均超过《展览会用地土壤环境质量评价标准（暂行）》（HJ/T 350—2007）标准限值；地表土堆、山体采样 35 个，其中存在 10 种重金属超标；积水坑采集底泥样品 21 个，其中重金属（Zn、Cu、Pb、Cd）、苯、苯并[*a*]芘和苯并[*b*]荧蒽含量均超过标准限值；积水坑侧壁样品采集 107 个，其中 9 种重金属（Cu、As、Zn、Cr、Pb、Ni、Cd、Hg、Sb）存在超标情况；地下水布设 9 个监测点，其中存在总石油烃、1,2-二氯乙烷、氯仿（三氯甲烷）、锑超标情况。As、Cu、Ni、Sb、Pb、Hg 含量最大值分别为 341 mg/kg、4 070 mg/kg、415 mg/kg、155 mg/kg、1 580 mg/kg、34.7 mg/kg；苯、二甲苯的含量最大值分别为 1.92 mg/kg 和 6.58 mg/kg；苯并[*a*]蒽、䓛、苯并[*b*]荧蒽、苯并[*a*]芘、茚并[1,2,3-*cd*]芘、二苯并[*a,h*]蒽的含量最大值分别为 33.4 mg/kg、69.9 mg/kg、100 mg/kg、70.9 mg/kg、57.1 mg/kg、25.9 mg/kg。

⑤风险评估结果：地块土壤中 As、Ni、Cu、Hg、Sb、Cd、Cr、Pb、苯、苯并[*a*]蒽、苯并[*a*]芘、苯并[*b*]荧蒽、苯并[*k*]荧蒽、䓛、茚并[1,2,3-*cd*]芘、二苯并[*a,h*]蒽、总石油烃等的致癌风险或非致癌风险均超过可接受健康风险水平。地块地下水中 1,2-二氯乙烷、氯仿、总石油烃超过人体可接受健康风险水平。

⑥修复工程量：污染土壤总方量约为 22 万 $m^3$。

（3）治理修复目标

土壤修复目标值见表 7.5.2-1。

表 7.5.2-1 土壤污染修复目标

| 污染物种类 | 修复目标值/（mg/kg） | 浸出浓度限值/（mg/L） |
|---|---|---|
| As | 58.9 | 0.3 |
| Cu | 2 776.3 | 40 |
| Ni | 100.9 | / |
| Sb | 53.2 | 0.05 |
| Pb | 331 | 0.25 |
| Hg | 4.9 | 0.5 |
| 苯并[*a*]芘 | 0.3 | / |
| 苯并[*a*]蒽 | 0.9 | / |
| 苯并[*b*]荧蒽 | 0.9 | / |
| 䓛 | 51.5 | / |
| 茚并[1,2,3-*cd*]芘 | 0.9 | / |
| 二苯并[*a,h*]蒽 | 0.33 | / |
| 苯 | 0.2 | / |
| 二甲苯 | 5 | / |
| 总石油烃 | 1 000 | / |
| 氰化物 | 0.9 | / |

地下水修复目标值：地下水随基坑抽出水统一进行处理，尾水排放执行《污水综合排放标准》（GB 8978—1996）一级标准。

（4）治理修复技术路线

对该场地重金属污染土壤采用固化/稳定化技术，低浓度有机污染土壤采用原地异位化学氧化技术，高浓度有机污染土壤和复合污染土壤采用水泥窑协同处置，如图 7.5.2-1 所示。筛分设备如图 7.5.2-2 所示。

1）原地异位固化/稳定化

重金属污染土壤修复方量为 77 392 $m^3$。利用稳定化药剂进行原地异位稳定化后运往生活垃圾填埋场安全填埋处置。处置工艺路线如图 7.5.2-3 所示。

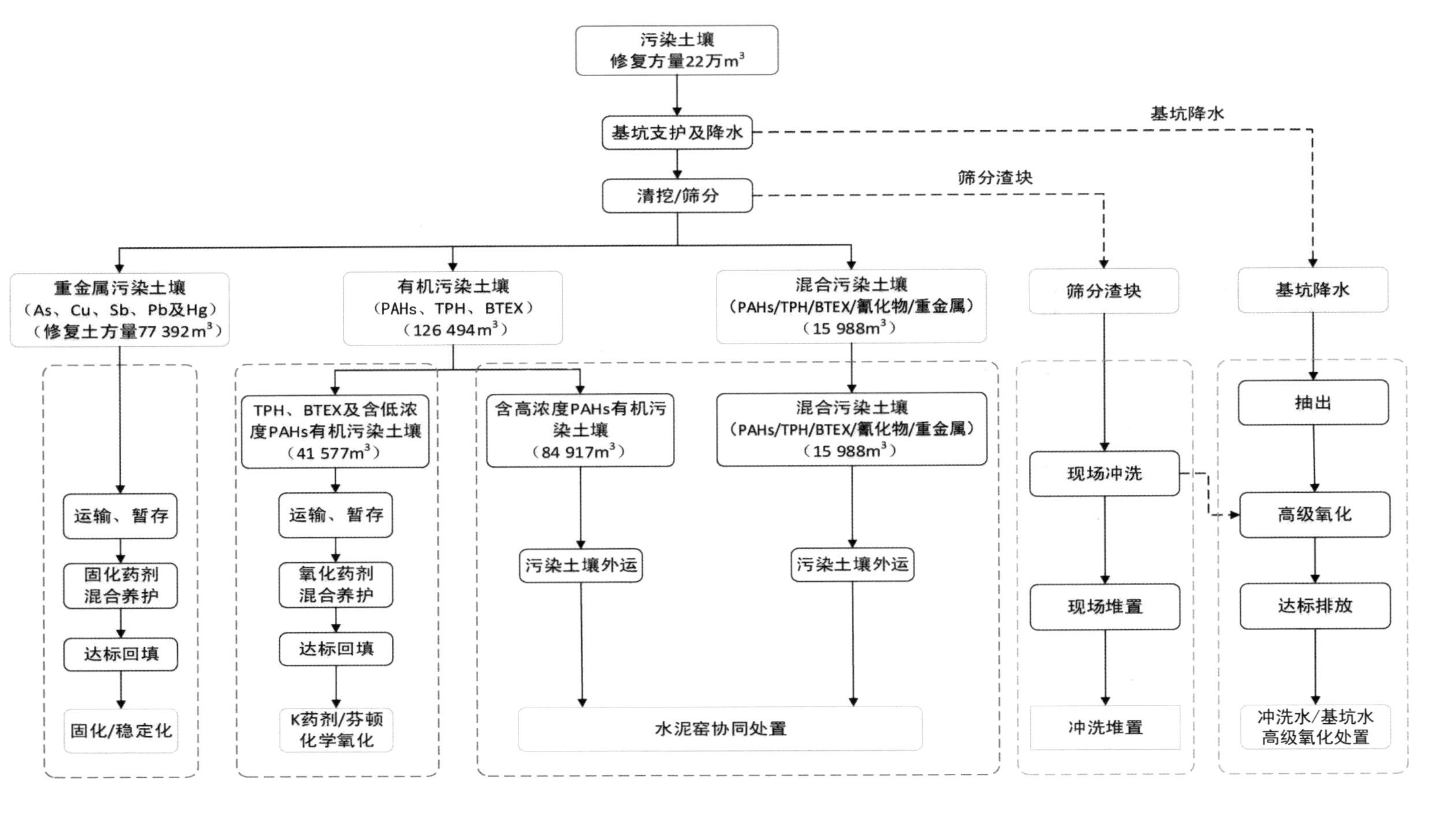


图 7.5.2-1　地块土壤和地下水治理修复技术路线

图 7.5.2-2　筛分设备

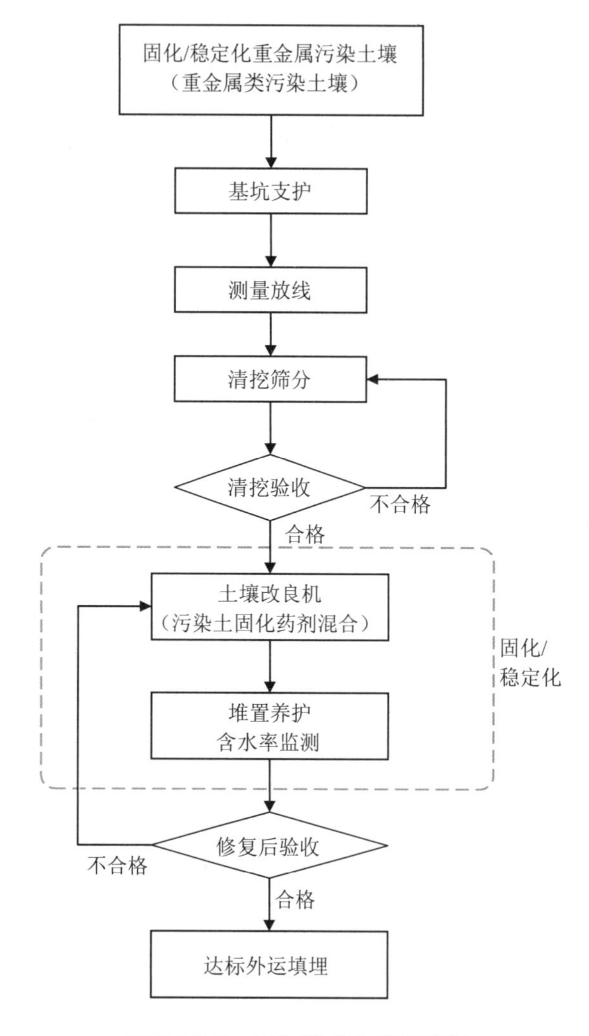


图 7.5.2-3　固化/稳定化施工流程

2）原地异位化学氧化

该场地针对低浓度有机污染土壤采用化学氧化修复技术，总工程量为 4.15 万 $m^3$，采用 K 药剂化学氧化修复。其中，E 区处置量 0.94 万 $m^3$，F 区、G 区 1.3 万 $m^3$，A 区 1.0 万 $m^3$，其余二区 0.93 万 $m^3$。处置工艺路线如图 7.5.2-4 所示。

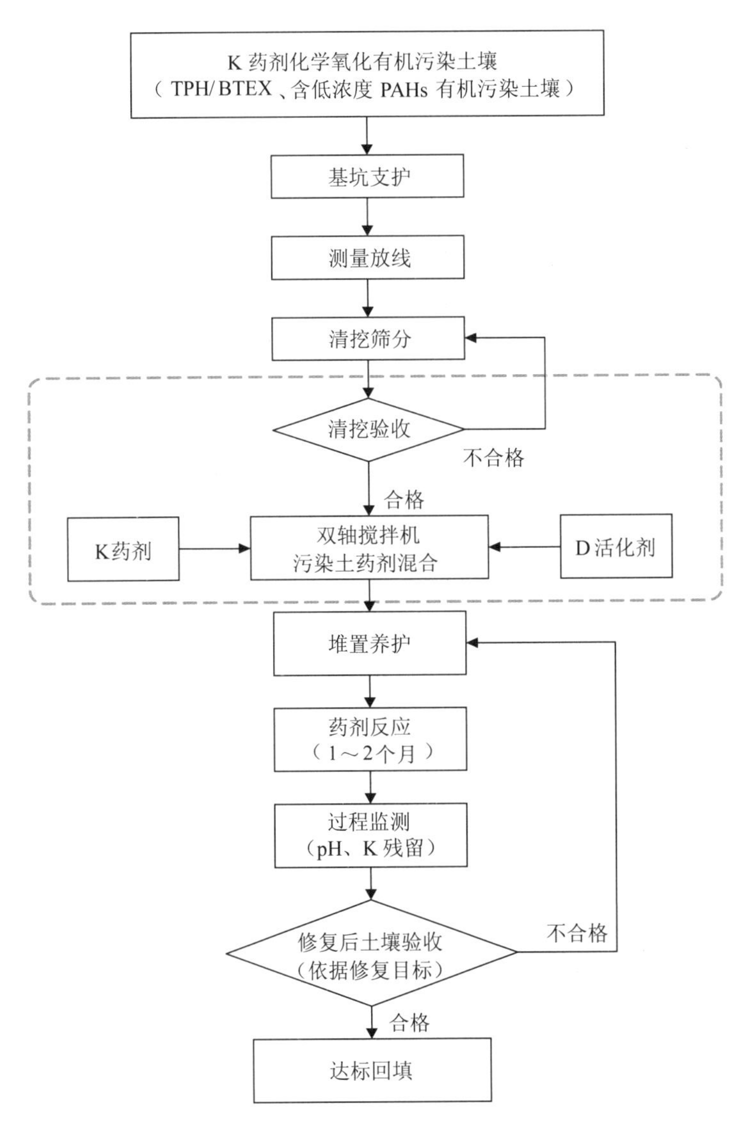


图 7.5.2-4 化学氧化施工流程

3）水泥窑协同处置

地块中重度有机污染土壤、含氰化物土壤全部运至水泥窑厂进行异位水泥窑协同处置，共计约 10.1 万 $m^3$。其中，E 区处置量最大，为 4.9 万 $m^3$，F 区 1.6 万 $m^3$，A 区 2.8 万 $m^3$，其余区 0.7 万 $m^3$。处置工艺路线如图 7.5.2-5 所示。

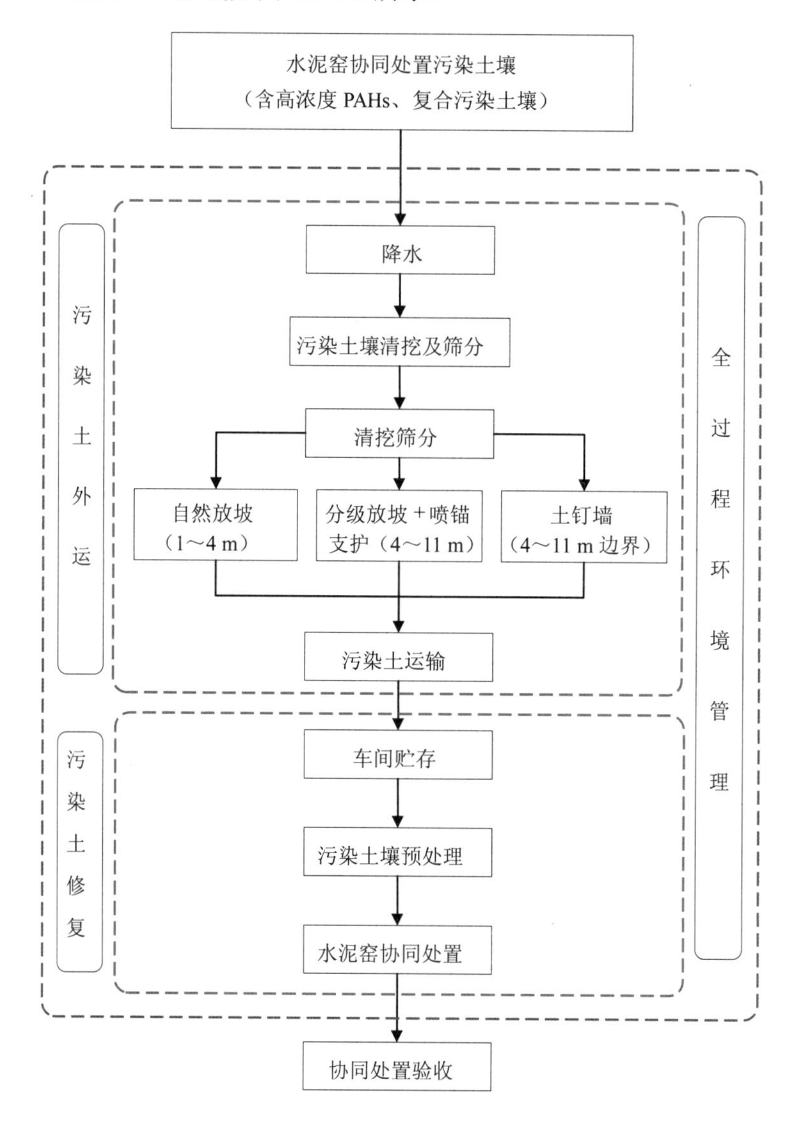


图 7.5.2-5　水泥窑协同处置工程实施流程

4）污水处理工艺

抽出地下水与基坑降水经污水处理站处理，尾水排放执行《污水综合排放标准》（GB 8978—1996）一级标准。污水处理工艺流程如图 7.5.2-6 所示。污水处理站如图 7.5.2-7 所示。

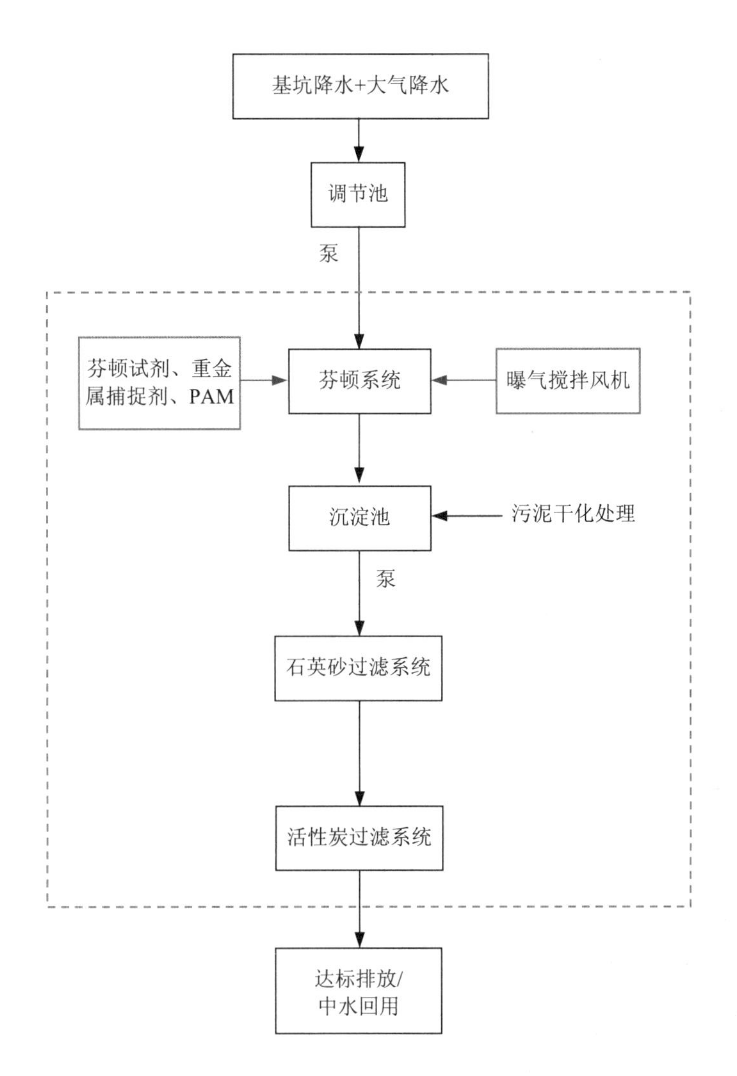


图 7.5.2-6　污水处理工艺流程

图 7.5.2-7　污水处理站

5）二次污染控制措施

制定环境管理方案。大气污染控制措施包括喷洒有机物挥发抑制剂、运输车辆覆盖、洒水、覆盖防尘网等。水污染控制措施包括修建雨污分流截流沟、污水处理站，采用调节—芬顿处理—絮凝沉淀—石英砂滤—活性炭吸附工艺处理，达到《污水综合排放标准》一级标准后排放。噪声控制措施包括实时监测管理、噪声设备加隔音屏障等。固废集中收集处置。暂存待检区防渗建设如图 7.5.2-8 所示。

1. 两布一膜铺设

2. 两布一膜整平

3. 防渗膜焊接

4. 混凝土基础浇筑

图 7.5.2-8 暂存待检区防渗建设

（5）实施效果

经第三方治理修复效果评估，共采集、检测 1 541 个土壤和筛上物样品，其中包含 936 个清挖后的基坑土壤样品，95 个固化/稳定化处理后的样品，130 个化学氧化处理后的土壤样品，39 个放坡和清洁土壤样品，209 个影响区土壤样品，132 个筛上物样品。另采集、检测 3 个地下水样品。最终，所有样品检测结果均能够满足项目验收评估标准。

（6）成本分析

本项目总投资约 9 300 万元。

（7）经验总结

①加强后期管理。将固化/稳定化处置后的污染土壤运送至填埋场进行填埋处理。

②施工过程中加强安全防护。施工过程中注意基坑支护及边坡防护。

**专家点评**

项目结合地块污染特征，分污染类型和污染程度，针对性选择治理与修复工艺，如重金属污染土壤采用固化/稳定化修复技术，低浓度有机污染土壤采用原地异位化学氧化技术，而高浓度有机污染土壤和复合污染土壤则采用水泥窑协同处置技术，最终实现污染土壤的安全处置或治理修复，保障了地块的再开发利用进程。

## 7.6 石油开采、加工类污染地块修复案例

### 7.6.1 甘肃某石化公司自来水管线周边土壤和地下水污染修复项目

（1）项目基本信息

项目类型：石油类污染地块

实施周期：2014 年 4 月至 2020 年 12 月

项目经费：约 1.0 亿元

项目进展：已完成土壤污染修复，正在开展地下水长期监测工作

（2）主要污染情况

①地块情况：由于石化公司石油化工厂早期渣油泄漏事件、常减压装置火灾事故、长期生产过程中跑冒滴漏等原因，该市供水管沟所在区域的土壤及地下水受到了苯和总石油烃污染。项目南邻石化公司石油化工厂芳烃抽提装置和乙烯球罐区，西起铁路，东至中管架以东 200 m，长约 1 000 m，总面积约 4.95 万 $m^2$。

②敏感受体及治理必要性：项目位于供水企业所在区域，其土壤与地下水环境质量安全关乎市民的饮用水健康安全。此外，项目西侧毗邻黄河，距黄河大约 200 m，还应保障周边地表水体的环境质量安全。因此需要对地块内污染的土壤和地下水进行修复。

③土层及水文地质条件：该场地所在区域地层结构分为 4 层：a. 杂填土：分布全场。层面埋深 0.00～3.60 m。b. 粉质黏土：分布于场地内南侧，层面埋深 1.20～3.60 m。c. 卵石层：分布全场。层面埋深厚 3.30～5.10 m。d. 泥质砂岩：分布全场。层面埋深 6.20～8.70 m。场地地下水位标高在 1 537.41～1 540.69 m，埋深为 1.5～2.5 m，水力坡度在 5‰左右。调查场地第四系含水层渗透系数为 75.40 m/d，给水度为 0.17。

④污染物含量：项目结合场地的实际情况，参考国内类似项目的治理经验，场区详细调查阶段共布设采样点 70 个。根据检测结果，土壤中总石油烃的最大检出含量达 62 490 mg/kg；地下水中总石油烃最大检出浓度为 980.2 mg/L，苯最大检出浓度为 728 mg/L，乙苯最大检出浓度为 4.89 mg/L。

⑤风险评估结果：通过计算本地块土壤和地下水环境风险，可知土壤和地下水中污染物均超出可接受风险水平。因此，需要对该地块采取治理修复措施。

⑥修复工程量：土壤轻度污染面积约 63 564.7 $m^2$，重度污染面积约 8 038.7 $m^2$，土方量约 123 439.8 $m^3$，最大污染深度达 4.5 m。

（3）治理修复目标

土壤修复目标值：场地中的特征污染物为苯和总石油烃。基于人体健康风险，计算了相应的风险控制值，分别为苯 5 mg/kg、总石油烃 5 000 mg/kg。考虑到自流沟的环境敏感性，根据专家评审意见，土壤中苯应达到清洁土标准，即未检出；总石油烃修复目标值为 500 mg/kg。

地下水修复目标值：将地下水位控制在−3.5 m 以下，地下水不再与自流沟接触，彻底切断污染物向自流沟的传输途径。地下水修复目标值为苯 0.1 mg/L、乙苯 3 mg/L。总石油烃修复目标值为 5 mg/L。

（4）治理修复技术路线

统筹考虑污染源阻隔、污染区域治理两个方面，在污染场地设立阻隔墙、开展污染土壤及地下水修复工程，并增设污水收集系统、加强罐区防渗，从源头做好地下水污染管控。修复方案设计思路如图 7.6.1-1 所示。

1）污染场地设立阻隔墙

为有效消除污染场地对自来水管沟可能造成的污染，以穿越走廊区的两条自流沟为保护核心，设置地下环形阻隔墙，防渗墙总长度约1 485 m，对地下环形阻隔墙内的污染土壤和地下含水层实施清除和原位修复，达到使自流沟周边环境恢复安全的目的。

2）场地土壤及地下水修复

对防渗墙内自流沟底板以上（深度小于 3.5 m）的可开挖土壤，采用异位安全填埋技术进行处理，并置换洁净土壤，污染土壤置换规模约 15.31 万 $m^3$。对自来水管沟底部标高以下的地下水，采用氧化分解、微生物、自然衰减监测等技术进行修复。

①环形阻隔墙内降水：环形阻隔墙建设完毕后，利用阻隔墙内的 20 口抽水井实施降水工程，将地下水位降至 3.5 m 以下，确保地下水不接触自流沟。抽出的污染地下水经现场预处理后外送至污水处理厂处置，达标后排放。

②阻隔墙内土壤（包括污染部分与非污染部分）：将环形阻隔墙内土壤全部挖出（包括污染土壤与非污染土壤，挖到卵石层），平均深度按 3.5 m 计算，采用安全填埋技术进行处

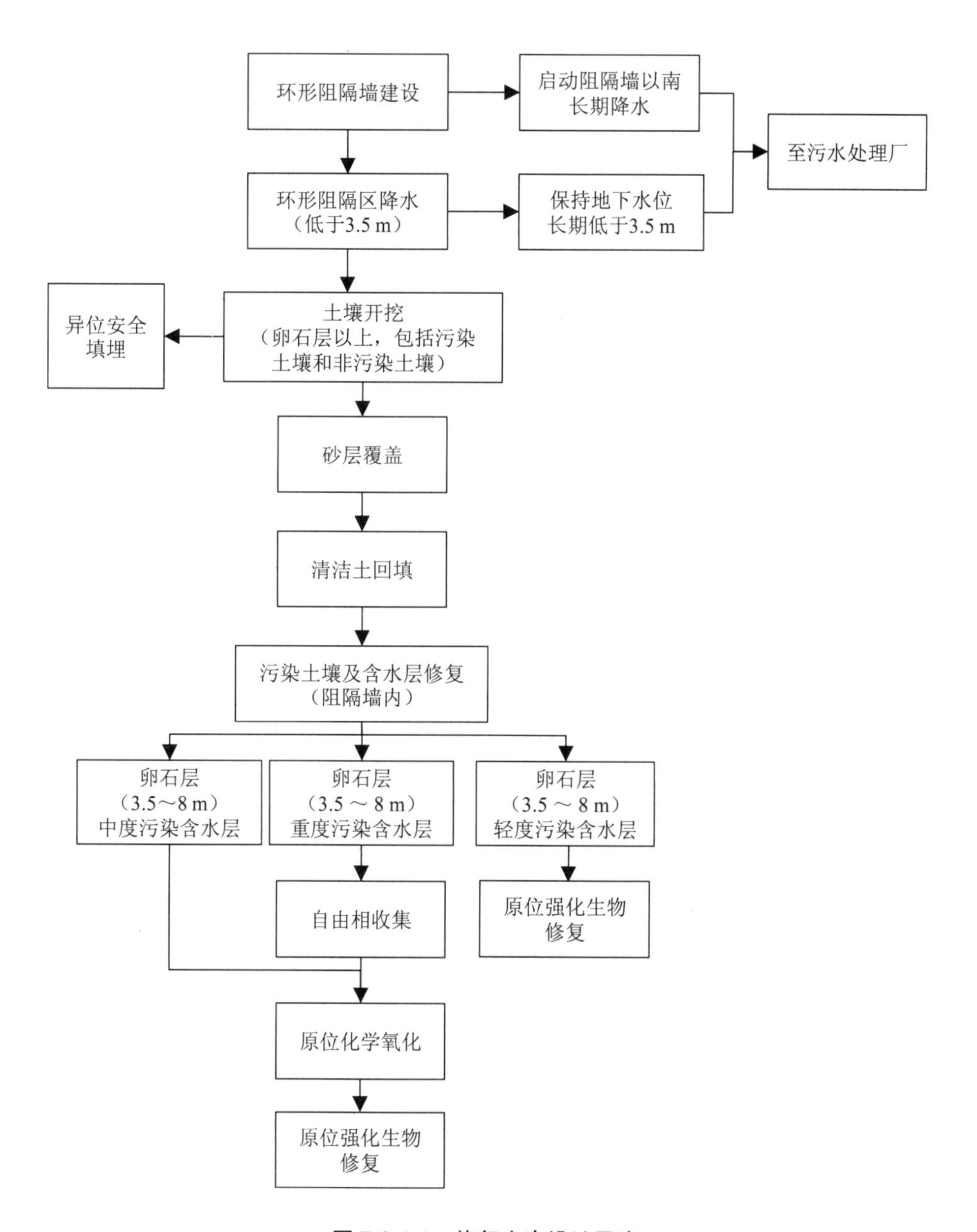


图 7.6.1-1 修复方案设计思路

置。为保证自流沟的安全，同时采用“边挖边回填”的方式进行污染土清挖，必要时采用支护措施，确保自流沟的绝对安全。对场地内存在的 35 kV 高压线塔周围土壤，按照《电力设施保护条例》第十二条的规定，高压线塔 5 m 范围内的土壤不得开挖或添加化学物品，因此对高压线塔下部分污染土采用风险控制方式进行处置，采用土钉墙喷锚阻隔的方式，将塔架下污染土壤封闭起来，达到隔绝其环境风险的目的。另外，场地内的西管架周围 5 m 安全距离范围内不可开挖，进行原位修复。污染土壤开挖完成后，再回填清洁土壤。

③对 3.5～8 m 含水层（卵砾石层）污染。

a. 重度污染区：由于地下含水层受到长期污染，有石油烃等物质的自由相存在。如果直接进行化学氧化修复，成本会很高，且修复效果也不理想。因此，对于 3.5～8 m 重度污染含水层，首先对自由相污染物进行清除。自由相污染物清除完毕后，采用原位化学氧化技术对含水层进行修复，短时间内去除含水层中大部分污染物。原位化学氧化修复的效率在 90%～95%，即对于苯浓度为 2 mg/L 以上的地下水仍无法保证全部达标，因此在化学氧化后投加缓释氧药剂，进行原位强化生物修复，最终达到修复目标值。

b. 中度污染区：对于 3.5～8 m 中度污染含水层，直接采用原位化学氧化联合原位强化生物修复技术进行修复。

c. 轻度污染区：对于 3.5～8 m 轻度污染含水层，将通过向含水层中投加缓释氧药剂，采用原位强化生物修复技术进行修复。

3）增设污水收集系统及罐区防渗

在环形防渗墙内设置地下水聚集和抽排措施，排水进入乙烯厂区集水池后，通过污水泵提升、经石化厂西罐区污水处理单元汇入化工污水处理装置进行达标处理。为从源头做好地下污染管控，对场地内 106 罐区、西罐区、常压罐区等部分区域进行防渗处理，处理总面积约 16 604 $m^2$。

（5）实施效果

经第三方治理修复效果评估，得出结论如下：地块内污染土壤全部挖出、回填至危废填埋场，购置检测结果符合修复目标要求的洁净土回填基坑。地下水仍在开展长期监测和自然衰减趋势分析工作。

（6）成本分析

本项目总投资约 1.0 亿元；其中，工程费用为 7 218.85 万元，工程建设其他费用 1 860.72 万元，预备费用及其他约为 895.57 万元。

（7）长期管理措施

土壤治理修复工程竣工后，在场地周边设置 6 口地下水长期监测井，每月定期取样、送检地下水样，并形成地下水监测报告。

为了评价原位修复工艺对污染区域的修复效果，需要对所涉及区域内的地下水水质进行持续监测。以环形阻隔墙内的 20 口抽水井作为水质观测井，监控修复后水质。修复工程实施后的 2 年内地下水监测频率为每月 1 次，第 3—5 年每季度监测 1 次，5 年以后每半年 1 次。通常监测自然衰减以不超过 20 年为原则，监测期限应依据污染物衰减模型，规划适当的监测期限。在达到修复标准后继续监测 1～2 年，以确认污染物浓度无反弹情形。

（8）经验总结

①高质量地开展场地调查评估。调查评估工作主要包括自流沟周边地下水和土壤污染范围及程度调查、地质勘查及环境风险评价，结合水文地质钻探，获得岩性、场地水文地质结构、水文地质参数、地下水动态变化规律、地下水均衡状态等场地特征，摸清了污染场地水文地质条件、地下水流场变化情况和污染程度及区域，形成了详实的土壤调查评估报告及场地水文地质勘查报告，科学合理地确定了污染物的修复目标和修复范围，为场地修复工程的设计和实施提供了基础与支持。

②科学合理地制订修复方案。在完成污染场地调查评估的基础上，提出了“以保护输水管沟为目标，设置区域阻隔墙，土壤异位修复+地下水原位修复组合工艺”的修复路线。先后对方案进行了两次专家审查，提出了建设性意见和建议，为项目最终确定修复目标、修复范围、工艺路线提供了有力的技术支撑，为修复工程的设计和实施提供了坚实的技术支持。

③严格监管项目施工过程。本项目工程内容庞杂、实施难度较大，为科学合理地推进项目实施，建设单位将项目施工分为三个标段（标段一为场地土壤及地下水修复，标段二为污染场地设立阻隔墙，标段三为增设污水收集系统及罐区防渗），并分别委托了工程监理、环境监理，强化施工过程监管，保证施工质量。

**专家点评**

该案例地块土壤与地下水环境质量关乎群众饮用水安全及周边地表水环境质量。为快速、高效解决地块污染问题，项目同时考虑污染源阻隔、污染区域治理两个方面，在污染地块设立阻隔墙，采取土壤异位修复、地下水原位修复的治理模式，并增设污水收集系统、加强罐区防渗，从源头做好地下水污染管控。该项目是风险管控与治理修复相结合、原位与异位修复技术相结合进行土水共治的典型案例，对于石油化工类复杂污染地块土壤和地下水修复工程的实施具有很好的借鉴意义。

### 7.6.2 广东某油制气厂地块治理修复项目

（1）项目基本信息

项目类型：石油加工类污染地块

实施周期：2017 年 5 月至 2019 年 4 月

项目经费：3.53 亿元

项目进展：已完成效果评估

（2）主要污染情况

①地块情况：该油制气厂于 1991 年建成投产，主要是通过重油裂解生产煤气，厂区可分为煤气分厂、热电分厂、配套设施区和铁路区 4 个部分。该企业占地面积约 32 万 $m^2$，2009 年停产关闭。

②敏感受体及治理必要性：地块内仍残存有较多的石油类污染物，对人体健康构成较大威胁。该地块拟规划为住宅用地，因此对该地块的治理修复工作刻不容缓。

③土层及水文地质条件：场地−16 m 以上主要由粉质黏土、砂质黏土组成，黏土层以下存在基岩风化层。污染区域内的地下水主要赋存于填土层和基岩风化层。

④污染物含量：根据前期检测结果，该地块主要污染物为苯、萘、苯并[*a*]芘、石油烃（$<C_{16}$），最高含量分别为 860 mg/kg、6 180 mg/kg、244 mg/kg、16 310 mg/kg；除此之外，甲苯、苯并[*a*]蒽等 23 种污染物在土壤中也有不同程度的超标。地下水中苯、萘、苯并[*a*]芘最高含量分别为 30 mg/L、21.4 mg/L、0.006 mg/L。

依据《北京市场地土壤环境风险评价筛选值》（DB11/T 811—2011）进行评价，土壤中苯、萘、苯并[*a*]芘、石油烃（$<C_{16}$）的最大超标倍数分别为 1 342.75 倍、122.6 倍、1 219 倍、69.9 倍。

依据《地下水质量标准》（GB/T 14848—1993）的Ⅲ类水标准进行评价，地下水中苯、萘、苯并[*a*]芘的最大超标倍数分别为 3 000 倍、214 倍、119 倍。

⑤风险评估结果：通过健康风险评估，该地块土壤中的多环芳烃、苯系物、总石油烃和地下水中的苯、萘、石油烃（$C_6$-$C_{12}$）风险不可接受，亟须对该地块采取治理修复措施。

⑥修复工程量：本地块污染土壤修复量为 36.1 万 $m^3$，最大深度为 24 m；污染地下水修复量为 4.1 万 $m^3$。

（3）治理修复目标

按照住宅用地标准进行治理修复，土壤有机物及氰化物修复目标值参考《北京市场地土壤环境风险评价筛选值》（DB11/T 811—2011）中住宅用地标准；地下水修复目标值综合参考《地下水质量标准》（GB/T 14848—1993）Ⅲ类水标准、《生活饮用水卫生标准》（GB 5749—2006），选择更为严格的标准限值作为修复目标值。土壤修复目标值见表 7.6.2-1，地下水修复目标值见表 7.6.2-2。

**表 7.6.2-1　土壤修复目标值**　　单位：mg/kg

| 分层深度 | 序号 | 污染物种类 | 修复目标值 |
|---|---|---|---|
| 0～8 m | 单环芳烃类 | | |
| | 1 | 苯 | 0.64 |

<table>
<tr><th>分层深度</th><th>序号</th><th>污染物种类</th><th>修复目标值</th></tr>
<tr><td rowspan="19">0～8 m</td><td>2</td><td>甲苯</td><td>850</td></tr>
<tr><td>3</td><td>间&对-二甲苯</td><td rowspan="2">二甲苯（总）：74</td></tr>
<tr><td>4</td><td>邻-二甲苯</td></tr>
<tr><td colspan="3">多环芳烃类</td></tr>
<tr><td>5</td><td>萘</td><td>50</td></tr>
<tr><td>6</td><td>2-甲基萘</td><td>51</td></tr>
<tr><td>7</td><td>菲</td><td>366.44</td></tr>
<tr><td>8</td><td>苯并[a]蒽</td><td>0.64</td></tr>
<tr><td>9</td><td>䓛</td><td>61.59</td></tr>
<tr><td>10</td><td>7,12-二甲基苯并[a]蒽</td><td>0.002</td></tr>
<tr><td>11</td><td>苯并[b]荧蒽</td><td>0.64</td></tr>
<tr><td>12</td><td>苯并[k]荧蒽</td><td>6.25</td></tr>
<tr><td>13</td><td>苯并[a]芘</td><td>0.2</td></tr>
<tr><td>14</td><td>二苯并[a,h]蒽</td><td>0.064</td></tr>
<tr><td>15</td><td>茚并[1,2,3-cd]芘</td><td>0.64</td></tr>
<tr><td colspan="3">苯胺类和联苯胺类</td></tr>
<tr><td>16</td><td>二苯并呋喃</td><td>15.45</td></tr>
<tr><td colspan="3">总石油烃</td></tr>
<tr><td>17</td><td>总石油烃（$C_6$–$C_{16}$）</td><td>245.39</td></tr>
<tr><td rowspan="8">8～16 m</td><td colspan="3">单环芳烃类</td></tr>
<tr><td>18</td><td>苯</td><td>3.64</td></tr>
<tr><td>19</td><td>间&对-二甲苯</td><td>409.88</td></tr>
<tr><td>20</td><td>1,2,4-三甲基苯</td><td>48.33</td></tr>
<tr><td colspan="3">多环芳烃类</td></tr>
<tr><td>21</td><td>萘</td><td>50</td></tr>
<tr><td colspan="3">总石油烃</td></tr>
<tr><td>22</td><td>总石油烃（$C_6$–$C_{16}$）</td><td>14 169.9</td></tr>
<tr><td rowspan="4">16～24 m</td><td colspan="3">单环芳烃类</td></tr>
<tr><td>23</td><td>苯</td><td>7.26</td></tr>
<tr><td colspan="3">多环芳烃类</td></tr>
<tr><td>24</td><td>萘</td><td>50</td></tr>
</table>

表 7.6.2-2　地下水修复目标值　　单位：mg/L

| 深度 | 序号 | 污染物种类 | 修复目标值 |
| --- | --- | --- | --- |
| 浅层地下水 | 1 | 苯 | 0.26 |
| | 2 | 萘 | 0.27 |
| 下层地下水 | 3 | 苯 | 3.84 |
| | 4 | 萘 | 1.12 |
| | 5 | 总石油烃（$C_6$–$C_{12}$） | 65 |

（4）治理修复技术路线

根据土壤和地下水污染物种类、污染程度、分布特点等，建设单位将治理修复工程分成 2 个标段分别委托实施。

标段一：对浅层及下层部分地下水修复与土壤修复重合的区域，采取地下水抽提与原位热脱附处理一并进行。标段一地块土壤和地下水污染治理修复技术路线如图 7.6.2-1 所示。标段一的修复面积 2 869 $m^2$，土壤中污染物含量超过修复目标值的最大深度为 16 m，污染土壤总方量为 28 888 $m^3$。土壤不同深度中的关注污染物共有 9 种，分别为苯、甲苯、间&对-二甲苯、邻-二甲苯、萘、苯并[*a*]蒽、苯并[*b*]荧蒽、苯并[*a*]芘、二苯并[*a,h*]蒽。地下水总体可分为浅层地下水和下层地下水两层，其主要的关注污染物为苯和萘，修复方量共 977.5 $m^3$。

标段二：对土壤和地下水的污染交叠分布、情况较为复杂区域，根据污染特点和修复深度等，分别采用异位常温解吸、异位热脱附、原位化学氧化和抽出技术对污染土壤和地下水进行修复处理。标段二地块土壤和地下水污染治理修复技术路线如图 7.6.2-2 所示。标段二所涉及的污染土壤和污染地下水，具体包括污染区域现状表层至地下 24 m 土层范围内污染土壤约 332 343 $m^3$，目标污染物主要为多环芳烃、苯系物、总石油烃等；浅层地下水约 7 711.5 $m^3$，关注污染物为苯、萘；下层地下水约 31 832.5 $m^3$，关注污染物为苯、萘、石油烃（$C_6$–$C_{12}$），污染地下水总计 39 544 $m^3$。

（5）实施效果

经第三方治理修复效果评估，得出结论如下。

标段一：污染土壤经原位热脱附修复、污染地下水经抽出处理修复后，监测指标均在修复目标值以下，修复达到预期工程目标，修复效果良好，可满足后续住宅用地开发要求。

标段二：场地内污染土壤已全部运至场外某石场填土涂泥场消纳处理；场地内污染地下水经抽出处理达标后回用于热脱附尾气冷却降温用水、后期原位化学氧化修复过程中的药剂配制用水；场地内原位化学氧化区域土壤及地下水经治理后达到修复目标值；场地修复范围内以及污染土壤及地下水处置过程中未发现明显的二次污染，修复效果良好，可满足后续住宅用地开发要求。

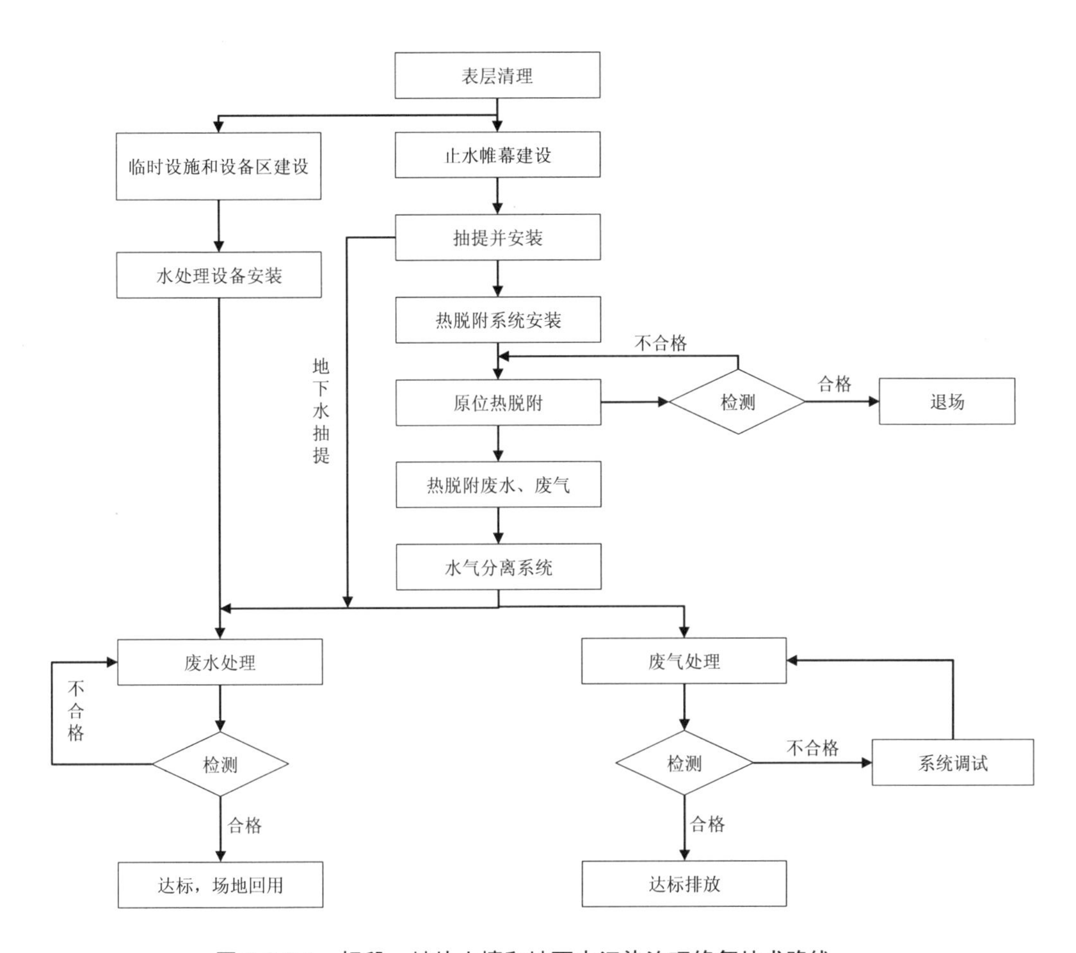


图 7.6.2-1　标段一地块土壤和地下水污染治理修复技术路线

（6）成本分析

该项目治理修复投资费用为 3.53 亿元；其中，土壤异位化学热升温解吸、异位热脱附、原位化学氧化和原位热脱附修复费用总计为 3.23 亿元，土壤污染治理修复综合成本约为 894 元/m$^3$，地下水修复费用共 1 235 万元。

（7）经验总结

①分层进行治理修复。该地块土壤及地下水修复工程的体量较大，污染情况较为复杂，因此在地块调查与风险评估过程中，创新性地提出污染分层设定修复目标值理念（分为 4 层，0～−8 m 以内的土壤作为表层，地块−8～−16 m 土层为冲积层和残积层，−16～−24 m 主要为基岩全风化层，−24～−32 m 主要为基岩强风化层），即根据地块土壤与地下水污染程度及风险水平、未来规划用途和水文地质条件，并考虑不同区域开发利用方式、暴露途径等，分别计算各层污染物健康风险及相应风险控制值，不搞“一刀切”，避免过度修复。

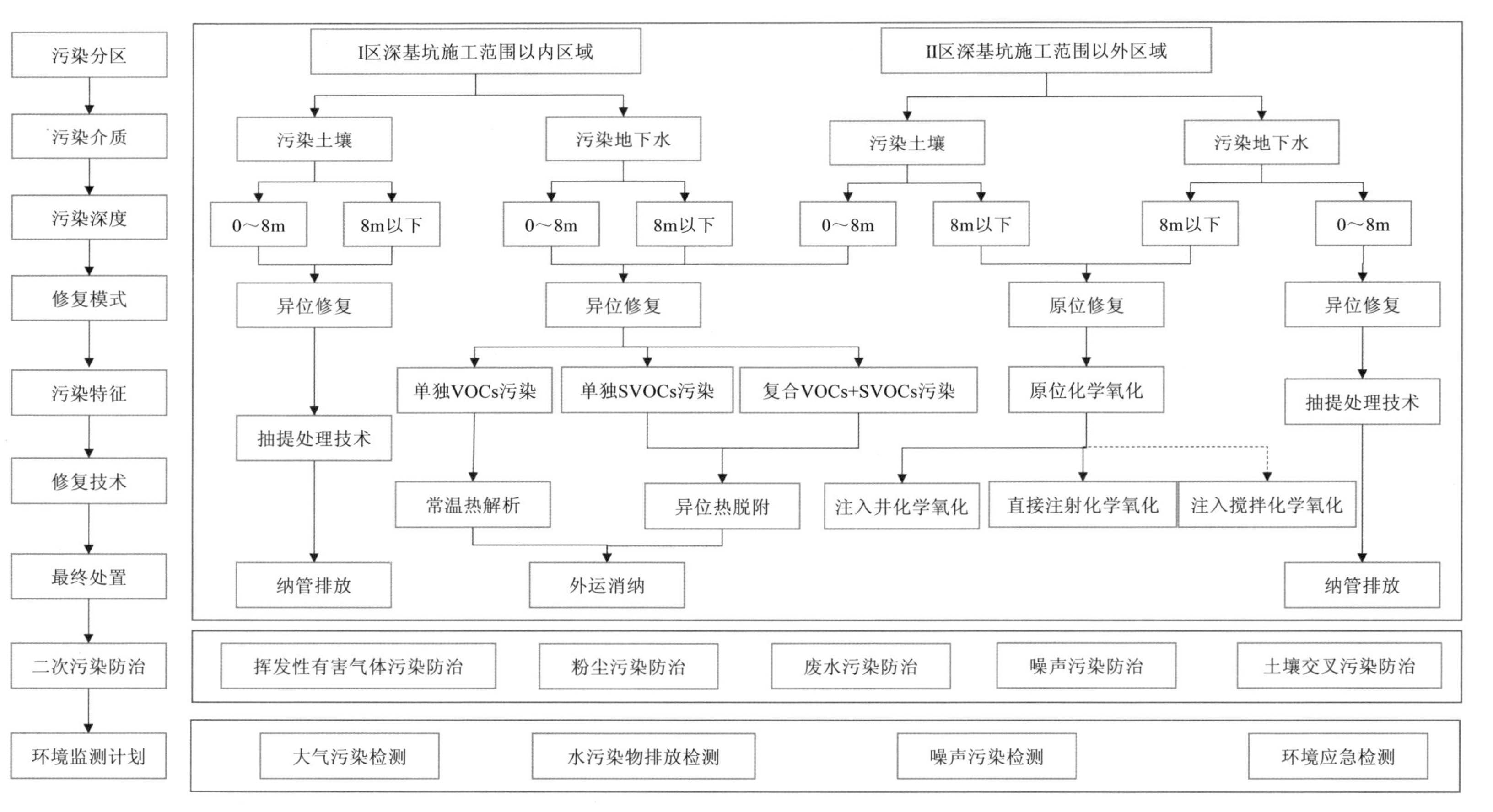


图 7.6.2-2 标段二地块土壤和地下水污染治理修复技术路线

②因地制宜地确定修复技术路线。结合地块利用规划、风险评估结果、污染区域分布、污染物程度及理化特性、水文地质条件、项目工期与成本等因素，确定多种技术联动修复路线。对于需要建设两层地下室（深度小于 8 m）区域，对土壤修复深度大于 8 m 以上的，原则上采用异位修复工艺。对于无地下室建设规划的区域，土壤修复深度大于 8 m 以上的，原则上采用原位修复工艺。

③严格防治二次污染。开工前制订施工过程中二次污染防范措施和应急预案，对施工过程中易产生二次污染的环节进行严格管控，尤其是加强场界挥发性气体、粉尘和噪声监测，杜绝二次污染风险。

**专家点评**

该案例为我国珠三角地区典型石油加工类污染地块，土壤和地下水中污染种类复杂、超标严重，且最大污染深度达 24 m。项目根据土壤与地下水污染程度及风险水平、未来规划用途、水文地质条件，考虑不同区域开发利用方式、暴露途径等，提出不同层次土壤与地下水风险控制值，避免过度修复；同时紧密结合后续建设，对需建地下室区域相应深度的土壤采取异位修复，对无地下室建设规划的区域则采取原位修复工艺，较好地控制了修复成本。该案例对于后续开发建设方案明确的地块修复工程实施具有较好的借鉴意义。

## 7.7　电镀类污染地块修复案例

### 7.7.1　广东某电镀工业园区地块治理修复项目

（1）项目基本信息

项目类型：电镀类污染地块

实施周期：2017 年 12 月至 2018 年 6 月

项目经费：1 911 万元

项目进展：已完成效果评估

（2）主要污染情况

①地块情况：该电镀工业区地块规划用地面积为 43.6 亩（约 29 100 $m^2$）。场地东面和南面与某化工企业相邻，西面紧邻的是农田，北面是已经建成并投入使用的某工业园，南面为某电镀厂。该场地于 2013 年底完成搬迁工作。

②敏感受体及治理必要性：地块内仍残存有较多的（含铬）废渣、碱渣、电镀污泥、含氰废水等污染物，对人体健康等构成较大威胁。该地块拟规划为文旅用地，亟须开展治理修复。

③土层及水文地质条件：整个场地被填土层、冲积土层所覆盖。填土层主要为河沙、石渣垫层以及建筑垃圾等的混合物，冲积层质地为流塑，颜色为灰色或黑色，有淤泥味，中间夹杂部分砂层。场地东西向地质剖面及南北向地质剖面如图 7.7.1-1 和图 7.7.1-2 所示。

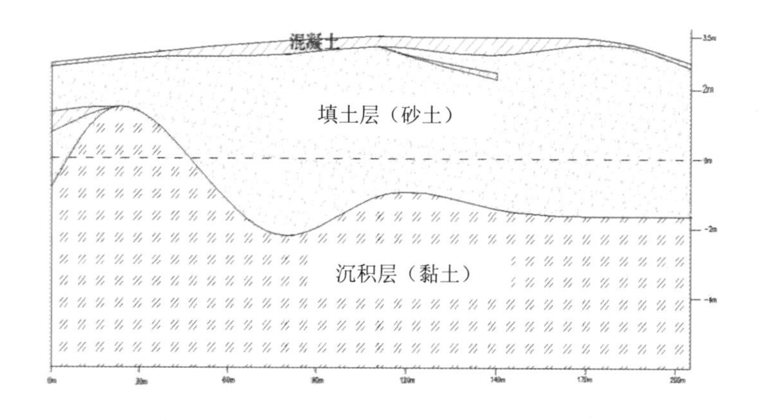


图 7.7.1-1　场地东西向地质剖面

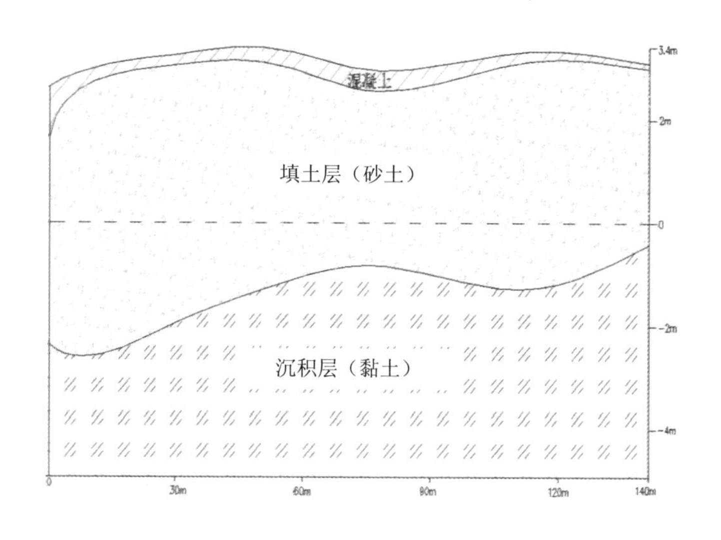


图 7.7.1-2　场地南北向地质剖面

④污染物含量：根据前期调查检测结果，在场地内共钻取土壤取样点 40 个，单点最大调查深度为 10 m。采集 198 个土壤样品进行实验室检测，检测指标包括银、砷、镉、铬、铜、镍、铅、锌、汞和六价铬 10 种重（类）金属以及总氰化物、挥发性有机物、半挥发性有机物、总石油烃和多氯联苯等。

共安装 13 口地下水监测井，用于调查浅层潜水水质。采集 13 个地下水样品进行实验室检测，检测指标包括 pH、硫酸盐、氯化物、挥发性酚、高锰酸盐指数、氨氮、硝酸盐、亚硝酸盐氮、石油类、氰化物、氟化物、碘化物、砷、汞、硒、镉、六价铬、铁、锰、镍、铜、锌、钼、钴、铍、钡、铅和银共28项指标。此外，对地块中12口地下水监测井重新进行了监测项目补充调查采样，增加半挥发性有机物和挥发性有机物等140项监测指标。本次场地调查还采集了3个场地残留物样品、3个底泥样品送往实验室进行检测分析。

根据检测结果分析土壤和地下水污染程度情况如下：

在送检的196个调查场地土壤样品中，铬、铜、镍和锌4种重金属在部分土壤样品中含量超过《土壤重金属风险评价筛选值 珠江三角洲》（DB44/T 1415—2014）列出的工业用地风险筛选值，其中土壤样品中超过铬风险筛选值（1 000 mg/kg）的样品有1个，超标0.4倍；超过铜风险筛选值（500 mg/kg）的样品有29个，最大超标3.5倍；超过镍风险筛选值（200 mg/kg）的样品有54个，最大超标8.6倍；超过锌风险筛选值（700 mg/kg）的样品有16个，最大超标9.7倍。这些土壤样品主要来自电镀车间、化学品及危险废物贮放和贮存地点、排污管沿线和污水处理厂。

在场地所采集的12个地下水样品中，重金属铁、锰、镍、锌和钴的含量不同程度地超过风险筛选值，最大超标倍数分别为310倍、30.6倍、475倍、6.3倍和3.0倍。另外氟化物、硫酸盐、高锰酸盐指数、氨氮和亚硝酸盐氮也不同程度地超过风险筛选值，最大超标倍数分别为11.3倍、7.3倍、28.4倍、188倍和3.5倍。有机污染物如苯、1,3,5-三甲基苯、氯乙烯、顺-1,2-二氯乙烯、1,2-二氯乙烷、三氯乙烯、溴二氯甲烷和苯酚等8项也不同程度地超过风险筛选值，最大超标倍数分别为3.1倍、0.4倍、131倍、397倍、0.5倍、27.1倍、10.7倍和3.3倍。

⑤风险评估结果：基于场地未来作为工业用地，人体健康风险评估结果表明场地土壤镍最高致癌风险值为$9.65\times10^{-6}$、非致癌危害商最高为6.5，分别高于我国设定的致癌风险值可接受水平（$10^{-6}$）和非致癌危害商值（小于1）的水平，存在不可接受人体健康风险。而其他超过风险筛选值污染物的致癌风险值和非致癌危害商值小于上述水平。

在作为工业用地、不饮用地下水的情况下，场地地下水样品中氯乙烯和三氯乙烯最高致癌风险值分别为$1.65\times10^{-5}$和$9.43\times10^{-6}$，而三氯乙烯的非致癌危害商最高为16.6，分别高于我国设定的致癌风险值可接受水平（$10^{-6}$）和非致癌危害商值小于1的水平，人体健康风险不可接受。

⑥修复工程量：对场地深度为0～3 m的污染土壤进行异位固化/稳定化修复，此部分为10 080 $m^3$；对场地深度3～5.2 m的污染土壤进行原位固化/稳定化修复，该部分为7 392 $m^3$；总修复土方量为17 472 $m^3$。地下水有机氯风险控制的厂房面积为13 220 $m^2$。

（3）治理修复目标

修复后土壤中镍的浸出浓度满足《地下水质量标准》（GB/T 14848—2017）Ⅳ类标准，即浸出液中镍浓度≤0.1 mg/L；采取环氧地坪阻隔工程措施后，室内空气应满足《工作场所有害因素职业接触限值　化学有害因素》（GBZ 2.1—2007）要求，即氯乙烯、三氯乙烯的时间加权平均容许浓度分别小于等于 10 mg/m$^3$、30 mg/m$^3$。

（4）治理修复技术路线

本项目施工技术路线如图 7.7.1-3 所示。项目分污水处理厂区土壤修复和工业厂房有机氯风险控制两大部分，其中土壤修复分为原位修复、异位修复。场地修复前期准备工作包括施工准备、项目部组建、场地内垃圾清理、施工围挡建设、施工道路建设、水电铺设、办公生活区建设、机械及材料进场等。土壤修复的前期工作有污水处理厂地下及地上构筑物的拆除、混凝土道路及基坑内部凿除、原基坑安全防护、场地清理等；场地清理完毕后首先开展异位修复，随后开展原位修复工作。修复完成后组织自检，自检合格后组织第三方检测，检测合格后完成场地平整和恢复的工作。地下水有机氯风险控制工程的前期工作包含场地清理、整平，剥除地表、墙表的危险废物层，妥善处置，然后进入工程实施阶段。实施完毕后自检，自检合格组织第三方检测，验收合格后完成场地的恢复工作。

（5）实施效果

针对本项目修复区域（污水处理厂区）地上及地下建构筑物进行了拆除工作，并对池内污泥、污水和整个厂区内表层固体废物进行了安全清理处置工作，基本清除了场地内的污染物，从源头上切断了污染源。

本项目的修复目标完成情况如下：

①对进行修复治理及自检合格后的场地污染区域进行土壤采样监测，结果显示修复区域所有样品监测结果均达到修复目标值要求。

②效果评估监测单位于 2018 年 5 月 7 日、5 月 8 日和 5 月 14 日对修复后土壤进行采样检测，共采集了 100 个土壤样品（含 17 个平行样品），根据 95%置信上限评估方法，所有样品监测结果均符合修复目标值的要求。污染土壤经异位结合原位固化/稳定化技术处理后，土壤目标污染物的含量符合修复目标值的要求，表明场地相关区域内的污染土壤已完成修复治理。

③效果评估监测单位于 2018 年 4 月 25—28 日、5 月 3—5 日、5 月 7—10 日、6 月 13 日对修复后的厂房室内空气进行采样检测，共采集了 258 个样品，所有样品监测结果均符合修复目标值的要求。厂房经环氧树脂地坪阻隔工程处理后，室内空气目标污染物的含量符合修复目标值的要求，表明厂房相关区域经环氧树脂地坪阻隔工程处理后，能够对地下水中有机氯暴露风险进行有效隔绝，实现了修复目标。

修复期间产生的固体废物是造成土壤及地下水污染的主要污染源和可能存在潜在二次污染的污染源，是在修复前和修复过程中需要解决的突出问题。

这些固体废物主要包括构筑物拆迁过程中的建筑垃圾、危险废物（废污泥及与废渣长期接触的地面、墙面）、生活垃圾。针对突出污染问题采取如下措施解决：

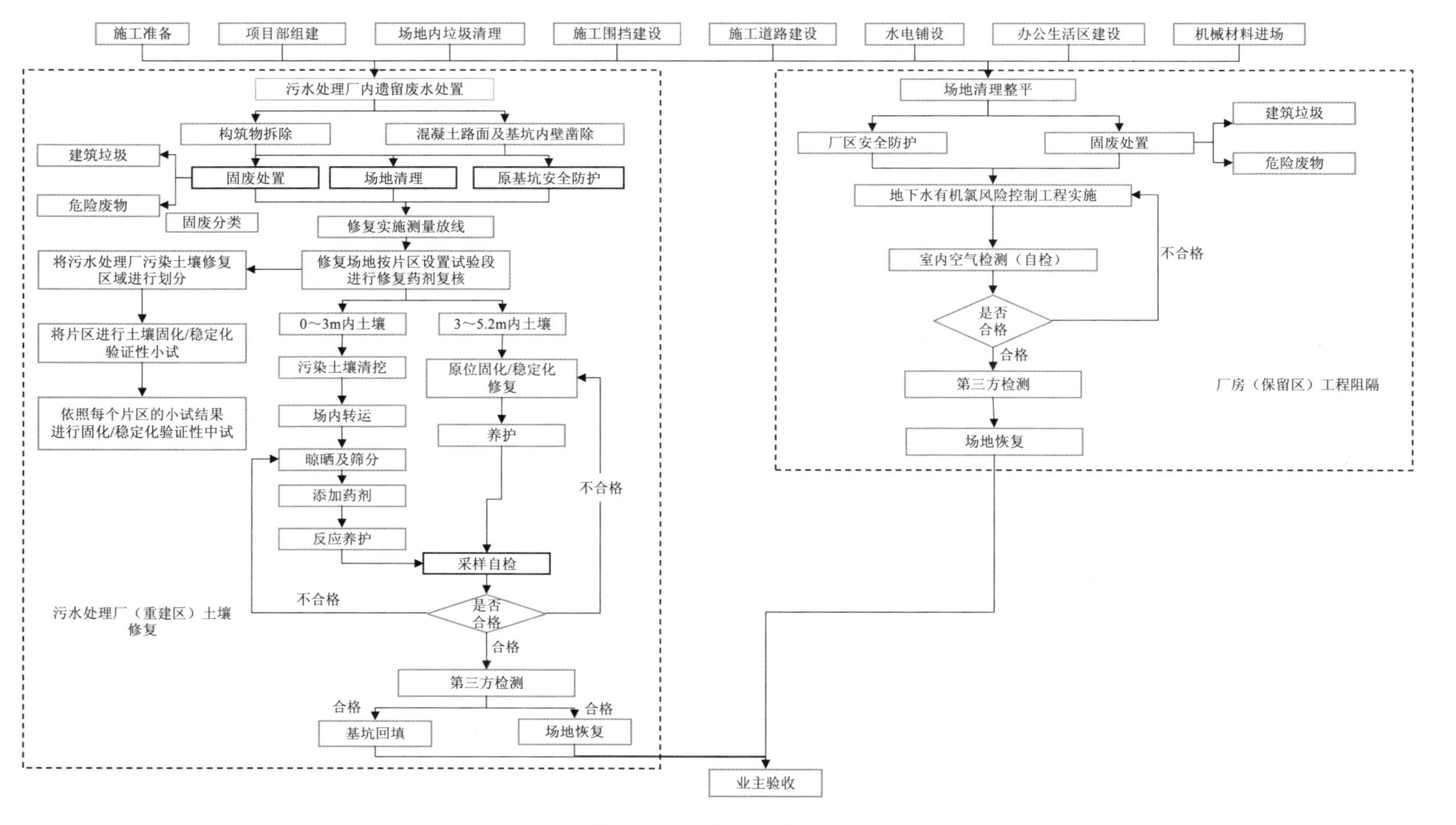


图 7.7.1-3　修复技术路线

①建筑垃圾：主要在拆除过程中产生，一般包括碎砖、碎石、废混凝土砂石、废钢及其他建筑垃圾等，废钢等可利用资源交相应的资源回收单位处理，不可利用的建筑垃圾按照项目所在地的有关规定进行清运，交由垃圾填埋场处置。

②与废渣长期接触的地面、墙面：本项目厂内部分墙面和地面长期与危险废物接触，铲除墙面及地面表皮再进行后续施工，该部分进行检验判别，属于《危险废物名录》（2016）中 HW17（336-055-17）和 HW17（336-062-17）的，已由专业机构安全转移处置。

③生活垃圾：交由市政环卫部门清运。

（6）成本分析

项目总费用为 1 911 万元，其中前期调查和方案、施工图设计费用为 261 万元，修复工程费用为 1 497 万元，项目监理和验收费用为 153 万元。

（7）长期管理措施

后期管控措施包括场地示范工程的宣传展示方案、地块再利用模式设计、地块长期环境监测方案等；并联合环保部门加强监督管理，明确土地未来使用权人在后期使用项目地块过程中落实风险管控措施。

具体措施包括：

①修复区域的有关工程资料，包括原位和异位修复区的位置、拐点坐标、深度以及效果评估的信息等资料与竣工图纸，以及修复区域后期管理要求等，应齐全完备，长期存档，并提交相关管理部门。土地流转时有关单位应做好修复工程资料与管理要求的交接工作。

②后期场地再开发利用，应做好人员保洁与必要防护等。开挖施工期间，基坑渗/排水应按环境管理要求，经预处理合格后排放。如施工计划发生不利调整，施工方应采取相应有效措施以降低其环境风险。

③对修复区域地下水进行长期监测，监测数据定期报生态环境部门。监测结果达标则认为其修复效果为长期稳定达标，可向生态环境行政主管部门上报并结束监测工作。

④如重新出现污染物超标的情况，场地责任单位应负责采取有效措施保障环境安全。如因修复工程治理未彻底等引起的效果反弹，可由场地责任单位责成修复施工单位采取有效处理措施进行处理，必要时应对超标位置的污染土壤或地下水重新治理修复至合格。

（8）经验总结

①为加快推进项目前期工作，进一步理顺政策依据，建设单位参考国家、其他省市的试行办法和征求意见稿制定本地的政策文件，经过与各相关职能部门多次沟通，综合相关意见形成土壤污染治理修复工作指南（试行）、土壤污染治理项目实施管理细则等政策文

件。结合市级政府关于中央重金属污染防治重点区域示范资金的使用管理办法，明确土壤污染治理修复工程属于环境治理类项目，构建了土壤污染修复专项资金项目的管理流程与规范，简化了可行性研究和立项等流程，有效节省了审批流程的时间。

②关于深基坑施工进行审批问题，在缺乏相关管理规范的情况下，为保证项目的科学性和合规性，建设单位积极探索和论证修复技术的适用性。采用原位+异位相结合的修复方式，对深度在 3 m 以内的污染土壤采取异位修复技术，对深度大于 3 m 的污染土壤采取原位修复技术，有效规避了深基坑施工带来的安全风险。

③为强化项目全过程监管，保证各阶段相关成果的有效性和可信度，同时考虑各类从业单位技术方面的专业性和单一性，本项目从场地调查与风险评估及修复方案设计、修复工程施工、工程监理到修复效果评估全过程均采用政府公开招标采购的方式，委托不同承担单位作为不同阶段的责任单位，有效地避免了同一单位包揽多阶段任务可能出现的技术漏洞和监管风险。

④项目各阶段工作均形成完整的成果报告，并由主管部门邀请业内专家对成果报告进行严格会审，针对项目成果的科学性、有效性、可操作性等出具专业意见，并提出进一步完善建议，保证项目实施过程的严谨性。

⑤为保护项目修复成果，并充分考虑项目地块开发利用过程中的环境风险，项目提出切实可行的后期管控措施，包括场地示范工程的宣传展示方案、地块再利用模式设计、地块长期环境监测方案等；并联合环保部门加强监督管理，明确土地未来使用权人在后期使用项目地块过程中落实风险管控措施。目前，相关后期管控措施的设计缺乏必要的政策文件依据和技术规范指导，存在一定的局限性。

## 专家点评

该案例地块主要污染物为重金属镍，同时地块内仍残存有较多的（含铬）废渣、碱渣、电镀污泥等固体废物。该项目设置的修复目标较全面，不仅考虑了土壤固化/稳定化后镍的浸出浓度，还设置了采取环氧地坪阻隔工程措施后室内空气的限值。项目针对修复期间产生的固体废物进行了分类处置，同时针对地块后续开发利用过程中可能存在的环境风险，提出了切实可行的后期管控措施，包括工程的宣传展示方案、地块再利用模式设计、地块长期环境监测方案等。该案例对于土壤固化/稳定化修复治理的后期管理具有较好的借鉴意义。

## 7.8 有色金属采选、冶炼类污染地块风险管控与修复案例

### 7.8.1 云南某冶炼废渣堆场风险管控项目

（1）项目基本信息

项目类型：有色金属采选、冶炼类污染地块

实施周期：2019 年 6 月至 2020 年 10 月

项目经费：643 万元

项目进展：已完成效果评估

（2）主要污染情况

①地块情况：项目渣场位于某冶炼聚集区，占地面积 1.73 万 $m^2$，渣场废渣系历史上多个生产过程中累积形成，渣场附近的所有鼓风炉炼铅企业均已关停，责任主体很难确定。

②敏感受体及治理必要性：项目所在地属珠江水系南盘江流域的重要补水区。本工程在有效实现污染源管控的同时，也会减少重金属向地表水的迁移，避免水质恶化演变，实施废渣场风险管控对保障区域水环境和农业灌溉用水安全意义重大。

③污染物含量：根据 XRF 金属扫描仪检测结果，一类重金属元素中砷、铅、铬及汞均有不同程度检出，其中砷含量为 2 408.41～9 320.90 mg/kg，铅含量为 441.03～14 998.29 mg/kg，铬含量为 162.64～744.46 mg/kg；二类重金属中锌含量检出较高，为 19 681.37～28 141.71 mg/kg，其次是铜，含量为 1 576.129～2 866.83 mg/kg。渣堆的废渣主要成分是 $Fe_2O_3$、$SiO_2$、CaO、$Al_2O_3$ 及 MgO 等，五种成分含量合计总量在 93%以上。

④风险评估结果：渣堆总共选取 90 个样品进行毒性浸出铅、砷、汞、镉、铬、铜、锌等分析，共有 11 个样品毒性浸出超标，且均是铅浸出毒性超标。对照《危险废物鉴别技术规范》（HJ 298—2019），该堆废渣不具备危险废物浸出毒性。

随机抽取了 20 个样品，按照 GB 5086 规定的方法对部分重点关注重金属指标进行了浸出试验。根据 GB 8978—1996 最高允许排放浓度，所检测的 3 个样品出现锌超标，4 个铅超标，1 个出现镉超标，1 个样品 pH 超标，共计 6 个样品超标，其余样品 pH、铜、铬、砷、汞指标未超标，根据《一般工业固体废物贮存、处置场污染控制标准》（GB 18599—2001），可认定该渣堆应为一般工业固体废物 II 类。

对渣堆周边 2 个农田土壤进行检测，根据《土壤环境质量 农用地土壤污染风险管控标准（试行）》（GB 15618—2018）分析：土壤中铜、铅、锌、镉、砷、汞均有不同程度超标；其中，镉、砷、汞、铅和铜的超标率为 100%，超筛选值范围分别为 13.97～70.45 倍、21.46～32.26 倍、3.71～17.31 倍、2.20～9.71 倍和 0.10～0.58 倍；锌超标率为 50%，

超标 6.0 倍。表明渣堆周边农田土壤已经受到了不同程度的重金属复合污染。

采集了 13 个渣堆底部土壤进行检测，土壤 pH 为 5.45～7.52，根据《土壤环境质量 建设用地土壤污染风险管控标准（试行）》（GB 36600—2018）分析：砷超标最严重，超筛选值 0.13～6.18 倍，超标率为 46.15%，超管制值 0.70～2.08 倍，超标率为 15.38%；其次是铅元素，超筛选值 0.11～4.20 倍，超标率为 23.08%，超管制值 0.66 倍，超标率为 7.69%。分析表明，渣堆周边及底部土壤已经受到了不同程度的污染，且表现为多种重金属的复合污染，重点污染物为砷和铅。

⑤修复工程量：项目选定渣场占地 1.73 万 $m^2$，渣堆体积共 167 048.16 $m^3$，渣堆平均堆积密度为 3.01 $g/cm^3$，渣堆重量为 50.32 万 t。

（3）治理修复目标

通过实施冶炼废渣堆场原位封场及风险防控措施，示范性开展所在地区冶炼废渣堆场的风险防控治理，使示范区域内遗留的含重金属废渣得到有效、合理处置，促进堆场区生态环境逐步恢复。初步建立所在地区冶炼废渣环境风险防控体系，降低废渣造成的区域环境污染，保障周边人居环境健康安全。到 2020 年 12 月底，完成冶炼废渣示范工程建设任务，实现如下具体目标：

①完成示范点渣堆约 1.73 万 $m^2$，废渣量约 50 万 t 的冶炼渣渣场的原位风险防控治理示范工程；

②示范点内散堆冶炼渣集中清理率为 100%；

③示范场地内冶炼渣规范围挡覆盖率为 100%；

④示范场地场外雨水导排率为 100%；

⑤示范场地植被覆盖率≥60%；

⑥示范堆场内渗滤液收集率≥95%。

（4）治理修复技术比选与特点

1）原位处置与异位处置技术比选

目前国内外含重金属废渣处置及风险控制技术主要包括资源化利用、原位处置与异位处理处置等方式。对比分析表明，在资源化处置技术应用覆盖范围及处置能力有限的情况下，原位处置技术在很多方面存在优势。

**表 7.8.1-1　原位处置与异位处置技术综合比较**

| 内容 | 异位处置 | 原位处置 | 资源化利用 |
|---|---|---|---|
| 选址问题 | 需要新选场址 | 不需要选址 | 不需要选址 |
| 搬迁 | 存在搬迁风险 | 无搬迁风险 | 存在搬迁风险 |

| 内容 | 异位处置 | 原位处置 | 资源化利用 |
| --- | --- | --- | --- |
| 投资 | 新场址的建设、污染物搬迁、场址的修复，投资较大 | 原场址的就地处置，投资少 | 依托设施改造或新建处理设施、污染物搬迁、场址的修复，投资较大 |
| 时效性 | 选址完成后需要不同部门审查、评审和行政审批，时间长 | 进行现场详细调查，提出治理方案，就地处置，时间短 | 需要不同部门审查、评审和行政审批，时间长 |
| 处理处置能力 | 因选址、建设周期及资金等限制，处置规模有限 | 主要限于堆场自身条件，处置能力相对较大 | 因设施建设、设备能力及资金等限制，处置规模有限 |

通过比选分析，结合废渣属性及堆存点初步勘察情况，推荐采取原位安全封场治理技术进行废渣示范性治理，有效防控废渣风险，保障周边环境安全，促进地区风险防控工作的开展，实现全区域冶炼废渣风险防控的最终目标。

2）原位安全封场治理技术特点

原位安全封场治理技术优势包括：①不用进行新填埋区的选址；②不存在清理运输过程的风险；③总投资小，性价比较高；④处置时间短；⑤未来便于实现废渣资源的二次回收。

拦渣挡墙建设项目区内废渣堆存呈阶梯状，存在发生滑坡的隐患。此外，废矿渣比较疏松，渣中大量重金属元素和携带重金属元素的渣粒将顺着山势而下，对周边土壤和水体环境造成污染。为保证渣体的稳定性，建设拦渣挡墙削坡减方和修拦渣墙的方式对渣堆进行固定、拦截渣体。根据场区地形，拦渣坝沿废渣堆场边缘等高线布置，拦渣坝为不透水坝。挡渣墙设计断面如图 7.8.1-1 所示。

根据渣场实际情况测算，拦渣坝总长 206 m，为避免废渣堆场的背水面废渣堆场及山体上的巨砾、石块翻坝后直砸坝面，也为尽可能减少废渣及山体泥沙对坝面的长期侵蚀，拦渣坝顶面宽度 0.4 m，临空坡比 1∶0.4，背坡垂直，基础逆坡 1∶0.1，高度 2 m，基础埋深 0.6～1.0 m，均为浆砌片石结构。拦渣坝采用 10 m 分缝，缝宽 2 cm。墙外侧及墙顶面采用同标号砂浆勾缝，挡渣墙身设置伸缩缝。

直线破裂面是指边坡破坏时其破裂面近似平面，断面近似直线。为了简化计算，这类边坡稳定性分析采用直线破裂面法。能形成直线破裂面的土类包括均质砂性土坡，透水的砂、砾、碎石土、尾矿、矿石等。矿渣的自然休止角为 30°～35°，取最不利工况 30°，封场边坡综合坡比 18°。

边坡稳定性计算：

$$F_{s}=\frac{W\cos\alpha\cdot\tan\phi}{W\sin\alpha}=\frac{\tan\phi}{\tan\alpha}=\frac{\tan 30^{\circ}}{\tan 18^{\circ}}=1.78$$

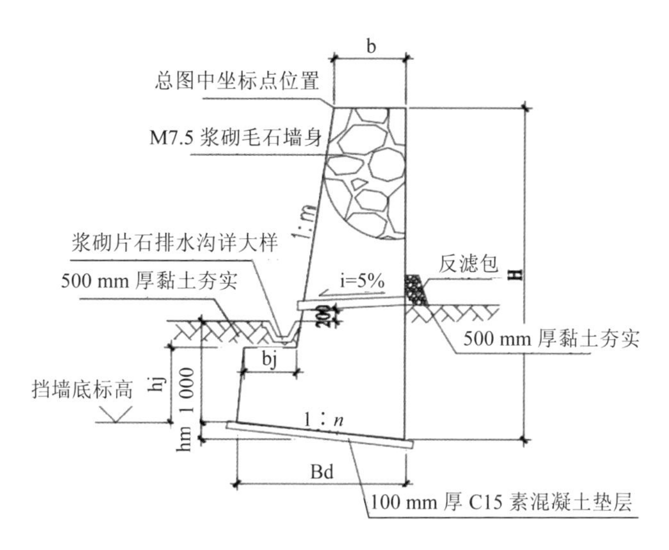


图 7.8.1-1 挡渣墙设计断面示意图

为了保证土坡的稳定性，安全系数 $F_s$ 值一般不小于 1.25。从上式中可以看出，$F_s$ 大于 1.25，表明矿渣堆也是安全的。

挡渣墙的验算情况如下：墙身高 3.000 m，埋深 1 m，墙顶宽 0.400 m，面坡倾斜坡度 1∶0.400，背坡倾斜坡度 1∶0.000。采用 1 个扩展墙趾台阶：墙趾台阶 b1=0.600 m，墙趾台阶 h1=0.400 m，墙趾台阶面坡坡度 1∶0.000，墙底倾斜坡率 0.100∶1。求得地基土层水平向：滑移验算满足 Kc2 = 1.421＞1.300，整体稳定验算满足最小安全系数=1.988≥1.250。平面法边坡稳定性分析如图 7.8.1-2 所示。

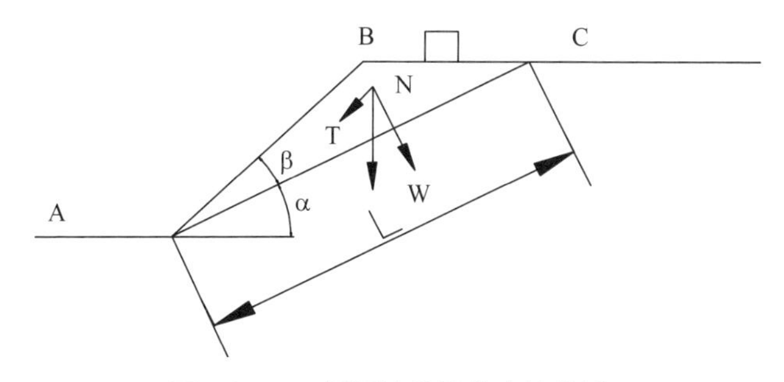


图 7.8.1-2 平面法边坡稳定性分析

零散废渣集中清理：对渣堆边缘处堆渣较薄的区域及堆体整形产生的废渣实施集中清运，统一清送渣堆的中间处的平台区域，尽量实现废渣的集中堆存。通过计算，废渣挖方量约为 2.4 万 $m^3$。

堆体整治：根据《一般工业固体废物贮存、处置场污染控制标准》（GB 18559—2001）的规定，堆体关闭或封场时，表面坡度一般不超过 33%。标高每升高 3～5 m，需建造一个台阶。台阶应有不小于 1 m 的宽度、2%～3%的坡度和能经受暴雨冲刷的强度。本渣堆封场边坡坡度为 33%，标高每升高 5 m，设置一个宽度为 1 m 的台阶，堆体顶部坡度不小于 5%。堆体整形断面如图 7.8.1-3 所示。

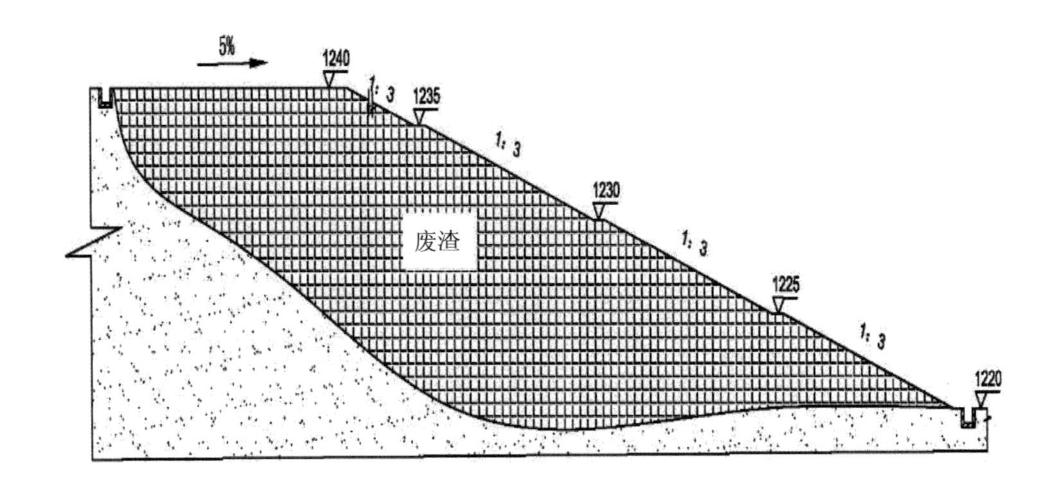


图 7.8.1-3　堆体整形断面示意图

堆场区表层防渗系统构建：按照《一般工业固体废物贮存、处置场污染控制标准》（GB 18559—2001）的要求，Ⅱ类场地封场覆盖时表面应覆土两层，第一层为阻隔层，覆土 20～45 cm 厚的黏土，并压实，防止雨水渗入固体废物堆体内；第二层为覆盖层，覆天然土壤，以利植物生长。采用高密度聚乙烯（HDPE）土工膜防渗层对该渣场进行防渗处理。防渗工程拟一次性施工，总防渗面积为 23 579 $m^2$。顶部覆盖结构包括 300 mm 压实黏土、1.0 mm 双光面 HDPE 土工膜、6.0 mm 土工复合排水网、300 mm 种植土。边坡覆盖结构包括 300 mm 压实黏土、1.0 mm 双糙面 HDPE 土工膜、6.0 mm 土工复合排水网、300 mm 种植土。平面、边坡防渗层及其衔接如图 7.8.1-4～图 7.8.1-6 所示。场地水平导排盲沟施工如图 7.8.1-7 所示，渗滤液导排盲沟设计如图 7.8.1-8 所示。项目总防渗面积为 23 579 $m^2$；膜下覆盖土方量为 7 074 $m^3$，土工复合排水网面积为 23 579 $m^2$。现场所需压实黏土与种植土在工程实施过程中就近取土。取土过程中注意对周围环境的保护。

渗沥液收集与导排系统：为了避免渣堆内渗沥液对周边环境造成更严重的污染，通过在渣堆坡脚设置渗沥液盲沟进行收集，并送至调节池进行储存，最终由渣场运营单位定期对渗沥液进行抽排外运至已建成的渗滤液处理系统进行处理。

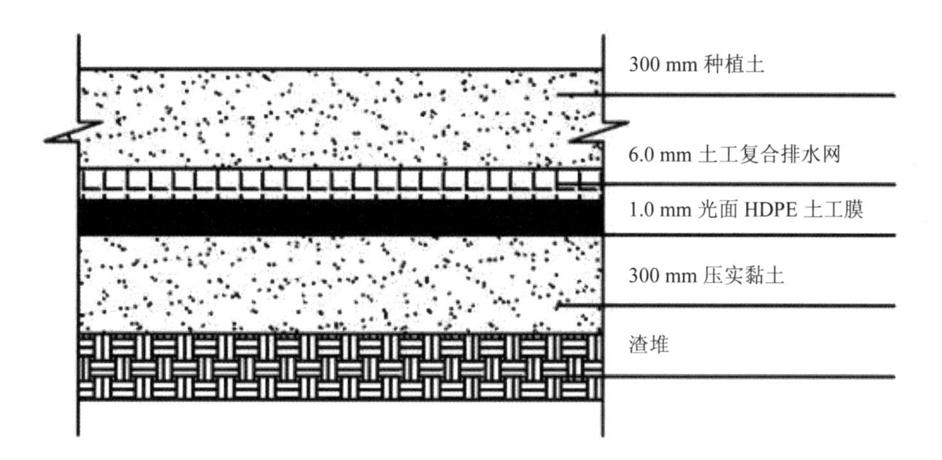


图 7.8.1-4　防渗层铺设示意图

渣场渗沥液产生量参考《生活垃圾卫生填埋场岩土工程技术规范》（CJJ 176—2012）修正的浸出系数法计算，产生量为 9 $m^3/d$，本项目调节池考虑 3 天的渗沥液储存量，且安全系数取 1.2，调节池容积数经四舍五入后取整为 30 $m^3$；钢混结构、玻璃钢内衬防腐，并设置混凝土池盖。

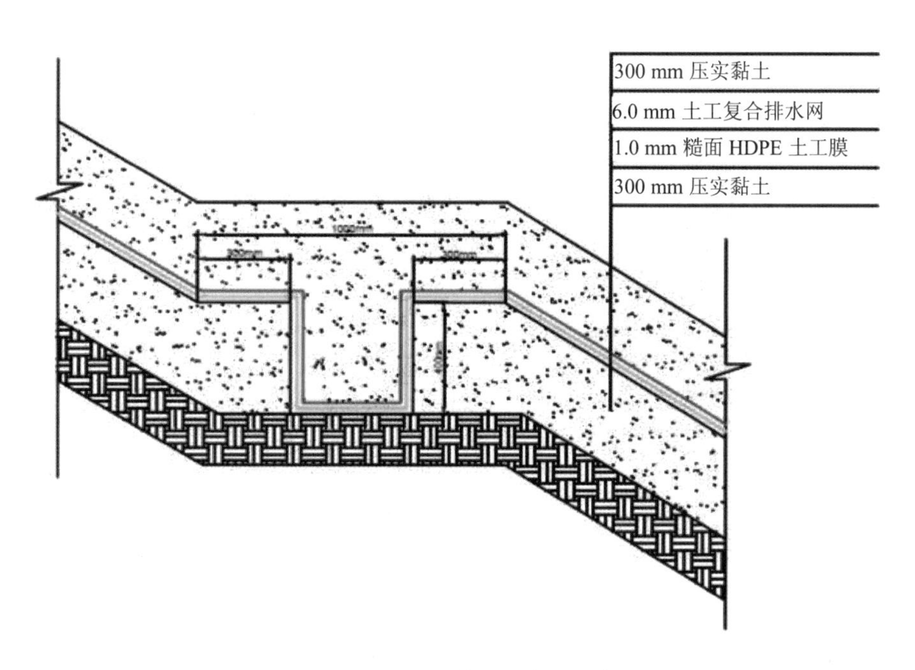


图 7.8.1-5　锚固沟断面示意图

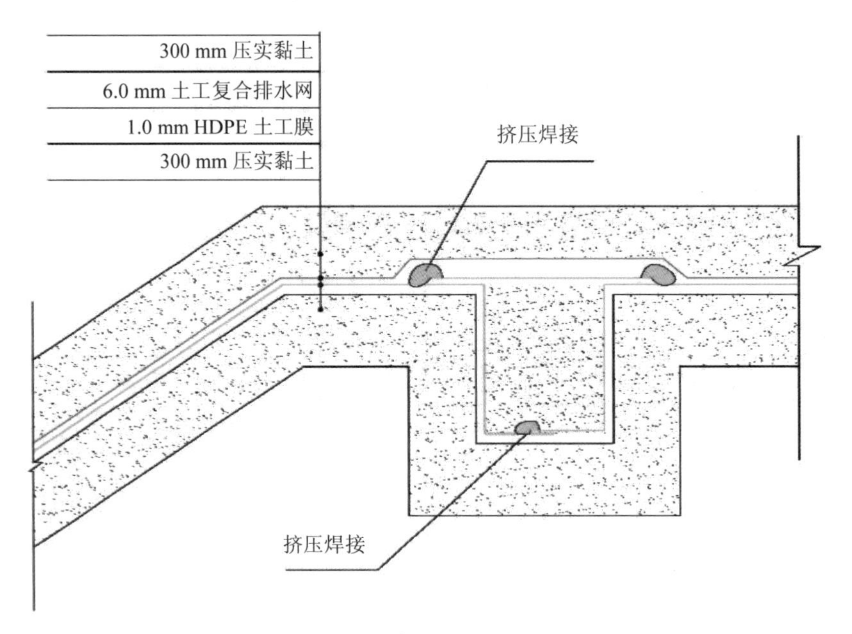


图 7.8.1-6 边坡及平面防渗层衔接

图 7.8.1-7 场地水平导排盲沟施工现场

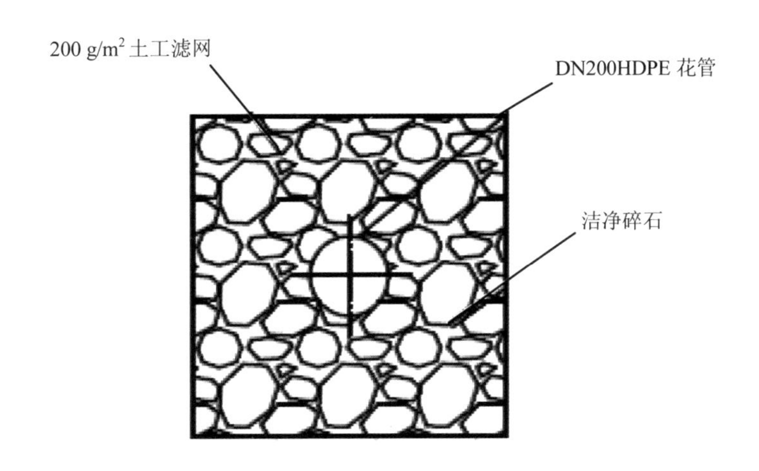


图 7.8.1-8　渗滤液导排盲沟大样图

鉴于渣场就在项目附近，运输距离较短，且该渣场已经建成运行，配套渗滤液处理系统已经建设完成，具备处理处置能力，因此方案确定对示范点内收集的渗滤液由罐车转运至渣场进行处理。渣场的渗滤液采用石灰法一段处理—铁盐—石灰法二段处理的处理工艺。

地表水控制系统：为减少雨水等的渗漏，实现清污分流，在渣场周边建设截洪沟。堆存区外围构建截洪沟，排洪沟设计坡降 $i>1\%$，排洪沟净过水断面为 0.6 m×0.6 m（宽×高），排洪沟内边墙采用 M7.5 浆砌块石衬砌 30 cm，沟底采用 M7.5 浆砌块石衬砌，并采用 M10 砂浆抹面 2 cm 防渗，排洪沟为三面光。截洪沟平面布置及平断面如图 7.8.1-9、图 7.8.1-10 所示。截洪沟全长共计 609 m。

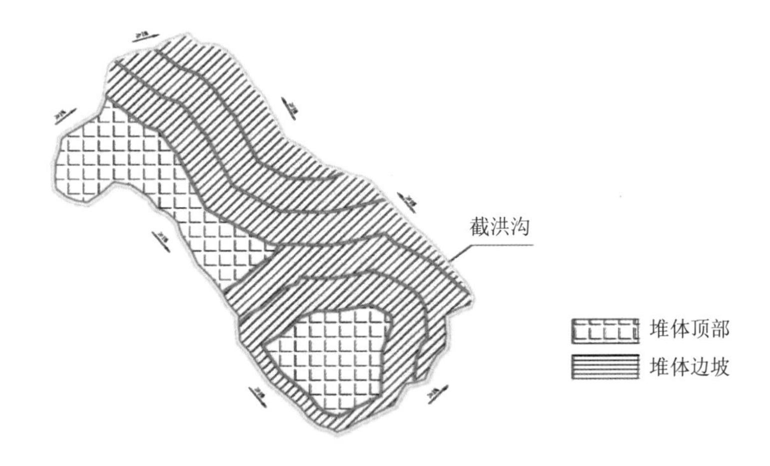


图 7.8.1-9　截洪沟平面布置示意图

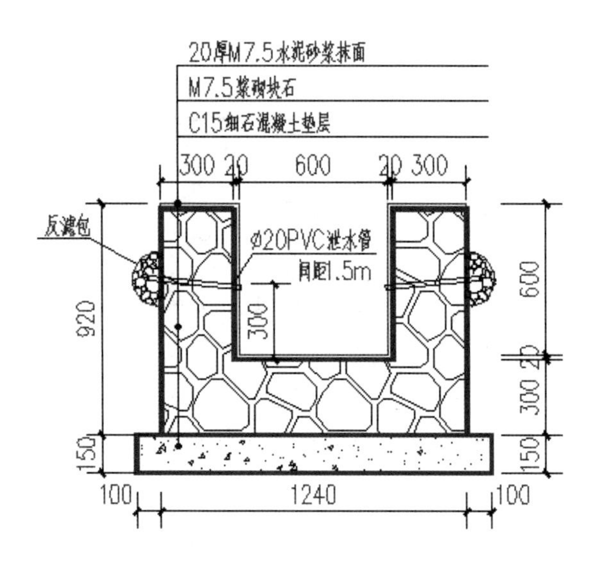


图 7.8.1-10　截洪沟平断面示意图

地表水控制其他要求包括：①应定期对地表水系统设施进行全面检查。对地表水定期进行监测。②大雨和暴雨期间，应有专人巡查排水系统的排水情况，发现设施损坏或堵塞应及时组织人员处理。

运行维护与动态监测：为了维护封场后的渣场安全，必须进行封场后的维护。封场后的维护主要包括场地位置的连续视察与维护、基础设施的不定期维护以及渣场周边环境的连续监测。具体内容如下：

制订并开展持续监测填埋场的方案，基础设施维护范围主要包括地表水排放设施和渗滤液收集设施。及时维护渣场区的基础设施，消除污染隐患，避免造成污染。在渣场封场后，对渗滤液进行监测，监测的指标主要是一类重金属污染物。

公用及辅助工程：主要包括：①道路设置，充分依托原有入场道路，开展相应施工运输；②水电配备，依托某公司水电基础设施。

（5）实施效果

①完成示范点渣堆约 1.73 万 $m^2$，废渣量约 50 万 t 的冶炼渣渣场的原位风险防控治理示范工程；

②示范点内散堆冶炼渣集中清理率为 100%；

③示范场地内冶炼渣规范围挡覆盖率为 100%；

④示范场地场外雨水导排率为 100%；

⑤示范场地植被覆盖率≥60%；

⑥示范堆场内渗滤液收集率≥95%。

6 项考核目标达评估标准，故项目风险防控达到预期效果，可继续开展运行与维护。

（6）成本分析

该项目资金支出包含场地地勘、施工图设计、原位风险管控工程、效果评估、监理等各个阶段，相关费用共计约 643 万元，其中原位管控工程约 516 万元。

（7）经验总结

本项目采用的是渣堆原位管控的技术，该技术的优点有：

①不用进行新填埋区的选址。安全填埋场的选址条件比较严格，要考虑地质条件、防止水体污染、远离市区等多种因素。结合项目所在地为喀斯特地形地貌较为典型区域，选址极为困难。另外安全填埋处置费用较高，加之废渣体量巨大，安全填埋处置所需经费惊人，不切合地区经济发展状况。

②强化管控清理运输过程的风险。废渣在挖运过程中会产生一些刺激性气味，废渣运输沿途的洒落、产生的扬尘都会不同程度地对环境造成二次污染，会加大二次污染防治的难度，而且经济费用高。

③总投资小，性价比较高。采用废渣原位风险防控技术处理废渣的单价为 12.56 元/t，与其他处理方式对比费用较低。

④处置时间短。原位风险防控技术所涉及的工程内容可操作性强，技术可靠成熟，施工进度比较快，施工周期较短。

⑤未来便于实现废渣资源的二次回收。由于原有冶炼工艺及冶炼技术比较落后，废渣中各种有价金属的含量在未来尚有资源化回收的可能，是潜在二次资源，在当前资源紧缺的大环境下，未来各种有价金属回收将会产生较好的经济效益。

**专家点评**

该案例利用原位安全封场治理技术对冶炼废渣地块进行原位风险管控。对于废渣的处置，原位安全封场治理技术作为风险管控技术，其适用范围广，可操作性强，施工进度较快，施工周期较短，但应强化后期管理，严防处置场所的二次污染。

## 7.8.2　内蒙古某铬盐企业历史铬渣堆场污染土壤及地下水修复项目

（1）项目基本信息

项目类型：有色金属采选、冶炼类污染地块

实施周期：2017 年 3 月至 2020 年 9 月

项目经费：3 857 万元

项目进展：已完成修复效果评估

（2）主要污染情况

①地块情况：该铬盐公司始建于 1966 年，1998 年由自治区轻工厅下放为地方国有企业，2005 年 4 月由某矿业开发有限责任公司投资人收购了全部股权，成为私营独资企业。公司主要产业为采矿、铬盐化工、发电及冶炼、玻璃纤维制品、包装五大支柱产业。主要产品有重铬酸钠、铬酸酐、铬粉、铬绿、甲萘醌等，以铬盐生产的副产品芒硝为主要原料，年产硫化碱 6 000 t。2007 年关闭三条旧生产线，2013 年底因资金严重短缺被迫停产至今。

②敏感受体及治理必要性：长期的铬产品加工致使周边区域土壤和地下水中重金属铬含量超标，对居民的身体健康和所在地区的生态环境可能造成不利影响。厂区内铬渣堆场因废渣长期堆放，不仅占用土地，而且由于堆存时间较长，地质情况复杂，防渗覆盖不全面，导致污染物扩散，致使堆场及其下游地下水受到污染，因此对该污染场地的治理刻不容缓。

③土层及水文地质条件。

地层岩性：第四系上更新统（$Q_3$），为砾石、砂砾石夹泥质粉砂，具有水平节理，厚度在 3.5～15.2 m。第四系上更新统吉兰泰组（$Q_3^j$），上部地层为厚度大于 301 m 的湖积层，岩性为黏土、粉砂及砂质黏土，下部为砂砾石和砂土组成的洪积层，厚度 64 m：第四系全新统（$Q_4$），包括：湖积层（$Q_4^l$），岩性为淤泥、砂质黏土和砂土等；湖沼堆积层（$Q_4^{fl}$），岩性亦为淤泥、砂质黏土和砂土等，厚 27 m；冲积层（$Q_4^{al}$），岩性为细砂、粉砂、砂土和砂砾石等，厚度大于 20 m；冲洪积层（$Q_4^{apl}$），岩性为碎石、砂砾石等，厚度 6～15 m；风积层（$Q_4^{eol}$），由细砂组成，厚度在 2～20 m。

地下水类型：第四系全新统一上更新统孔隙潜水和承压水。第四系全新统一上更新统孔隙潜水埋藏较浅，水位埋藏 1～2 m，单井涌水量最大为 40～80 $m^3/h$，多数单井涌水量在 10 $m^3/h$ 左右，分布广泛；第四系上更新统承压水主要分布在黄河冲湖积平原地区，而且分布不均匀。本区地下水总体流向为自东南向西北。本区域黄河水补给地下水。在潜水层下受稳定淤泥或黏性土层封隔，分布有承压水。

④污染物含量。

a. 土壤样品实验室分析因子包括重（类）金属类（总铬、铅、镍、铜、锌、镉、砷、汞）8 种、六价铬、氟化物、总石油烃、VOCs、SVOCs、多氯联苯。调查场地内共 90 个监测点位不同深度样品中，检出污染物共 25 种，包括重金属 8 种、六价铬、氟化物、总石油烃 1 种、挥发性有机物 6 种以及半挥发性有机物 8 种。检出污染物中重金属总铬、镍、砷超标；六价铬超标；氟化物、总石油烃、挥发性有机物（萘、乙苯、二甲苯、对-一并基甲苯、1,3,5-三甲基苯、1,2,4-三甲基苯）有检出但均未超标，多氯联苯未检出。

b. 土壤重金属因子包括总铬、铅、镍、铜、锌、镉、砷、汞 8 种和六价铬。超标因子为总铬、镍、砷和六价铬 4 种。各监测点位结果中，污染区域主要分布于场地原 1#铬渣堆场、原 3#铬渣堆场、渗坑、废弃旧车间区域，少量超标点位位于原 2#铬渣堆场、无钙原料堆区域和污水处理站区域。污染深度大部分分布于场地 0～4.5 m 深度范围内，局部污染深度至 14.5 m。距离 S7 点位 2 m 处，取样至砂层之后的粉质黏土层，检测数据显示未超标。

⑤风险评估结果：基于非敏感用地方式下，土壤中铬、镍、砷、六价铬等关注污染物分别高于我国设定的致癌风险值可接受水平（$10^{-6}$）或非致癌危害商值（小于 1）的水平，对使用人群存在健康隐患。镍、砷、六价铬风险超过致癌风险下限（$10^{-6}$）或非致癌危害商下限。该场地风险不可接受，需采取治理修复措施。

⑥修复工程量：针对一期工程范围内的重度污染土壤进行修复治理，修复方量为 7 894 $m^3$（约 1.5 万 t），经修复治理验收合格后的土壤转运至一般工业固废填埋场进行填埋处置。施工内容包括污染土壤挖掘、运输、筛分、破碎、湿法解毒无害化处理等相关工程，以及完成日处理 400 t 的湿法解毒生产线改造、完善和质保。

（3）治理修复目标

根据该场地的实际情况，污染土壤经过湿法解毒、还原稳定化处置后运至第二类一般工业固体废物填埋场进行安全填埋，浸出液满足《一般工业固体废物贮存、处置场污染控制标准》（GB 18599—2001）进场要求[《铬渣污染治理环境保护技术规范》（HJ/T 301—2007）中最终处置为一般工业固体废物填埋场，则按照 HJ/T 299—2007 制备浸出液]，浸出总铬、六价铬浓度的控制指标限值见表 7.8.2-1，且 pH 在 6～9。

表 7.8.2-1　进入一般工业固体废物填埋场的污染控制指标限值

| 序号 | 成分 | 浸出液浓度限值/（mg/L） |
| --- | --- | --- |
| 1 | 总铬 | 9 |
| 2 | 六价铬 | 0.53 |

经过处理后的含铬废水中六价铬以及总铬浓度分别不大于 0.5 mg/L 以及 1.5 mg/L。达到国家《污水综合排放标准》（GB 8978—1996）中第一类污染物排放标准。

表 7.8.2-2　含铬废水修复目标值

| 含铬废水处理指标 | 六价铬浓度/（mg/L） | 总铬含量/（mg/L） |
| --- | --- | --- |
| 《污水综合排放标准》（GB 8978—1996） | 0.5 | 1.5 |
| 含铬废水处理后 | ≤0.5 | ≤1.5 |

污染建筑物经过湿法解毒等处置后运至第二类一般工业固体废物填埋场进行安全填埋，浸出液满足《一般工业固体废物贮存、处置场污染控制标准》（GB 18599—2001）进场要求，浸出总铬、六价铬浓度的控制指标限值见表 7.8.2-3，且 pH 在 6～9。

表 7.8.2-3　进入一般工业固体废物填埋场的污染控制指标限值

| 序号 | 成分 | 浸出液浓度限值/（mg/L） |
| --- | --- | --- |
| 1 | 总铬 | 9 |
| 2 | 六价铬 | 3 |

污染土壤、建筑物经过解毒处置和化学还原稳定化处置后，其浸出液满足《一般工业固体废物贮存、处置场污染控制标准》（GB 18599—2001）进场要求，浸出总铬和六价铬浓度分别不超过 9 mg/L 及 3 mg/L。

经过处理后的地下水中六价铬和总铬浓度分别不大于 0.5 mg/L 和 1.5 mg/L。

（4）治理修复技术路线

通过改造湿法处置生产线，利用湿法解毒工艺对铬污染土壤进行处置。技术路线如图 7.8.2-1 所示。

（5）实施效果

修复效果评估单位分 5 批次共采集样品 62 个，采样时间分别为 2020 年 4 月 29 日、6 月 28 日、8 月 17 日、9 月 11 日和 9 月 13 日。经分析检测和评估，得出结论如下：

湿法解毒处置污染土壤及建筑垃圾能够达到既定的修复目标值，且全部转运至第 II 类一般工业固体废物填埋场进行填埋处置。

施工单位在修复过程中严格落实各项环境保护措施，施工过程中未造成二次污染及安全生产事故。

（6）成本分析

本项目除企业自筹投资（利用原企业场地及设备等）外，土壤修复治理与湿法解毒设备改造费用为 1 798.30 万元。其中污染土壤治理直接成本为 1 340.85 万元，为本项目最主要的成本支出；设备安装与改造费用为 442.45 万元。经核算，本项目土壤治理综合成本为 991.28 元/t。

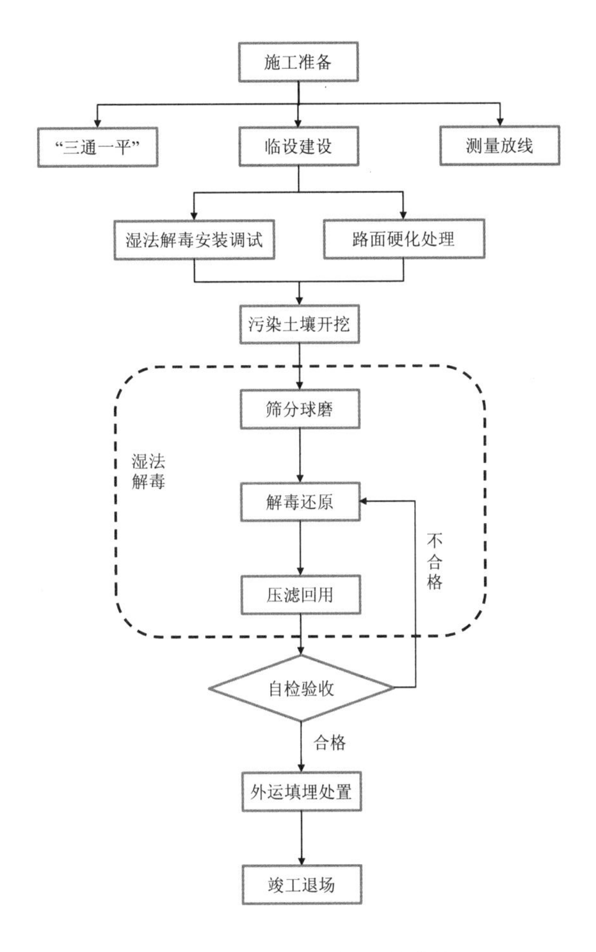


图 7.8.2-1　一期工程修复技术路线

（7）经验总结

本场地污染较严重，需治理范围大，修复资金需求量大。修复工程分多期实施，同时利用场地内现有厂房、配套基础设施、原湿法处置生产线和原废水处置生产线，对现有设备进行改造后作为修复设备再利用，有效降低了修复工程资金投入。项目按照分期实施的原则推进，符合项目的实际情况，可达到缩短建设周期、节约资金、提高资金使用效率和有效控制环境污染的目的。

**专家点评**

该案例利用化学还原（湿法解毒）和填埋技术对六价铬污染土壤进行修复。对六价铬污染土壤，化学还原是常用的修复技术。项目对原有设备进行改造后作为修复设备再利用，有效降低了修复工程资金投入。

### 7.8.3 甘肃某历史遗留含铬土壤污染治理修复项目

（1）项目基本信息

项目类型：有色金属采选、冶炼类污染地块（六价铬污染地块）

实施周期：2017 年 4 月至 2020 年 11 月

项目经费：1.48 亿元

项目进展：已完成修复效果评估

（2）主要污染情况

①地块情况：地块原为某铬盐化工厂用地，由于破产和被收购前的原厂采用目前已被明令淘汰的有钙焙烧铬盐生产工艺，铬渣产生量大，生产 1 t 产品排放铬渣高达 2～2.5 t，多年粗放的生产产生了约 16 万 t 的历史遗留铬渣，再加上原厂历史生产过程中的跑、冒、滴、漏和铬渣堆场雨水淋溶给生产厂区及周围土壤造成了铬污染，高毒性六价铬含量超标上千倍，造成严重的环境污染，原铬渣堆场为污染源。建设单位于 2009 年委托某公司对已破产的该铬盐化工厂的 16 万 t 历史遗留铬渣进行无害化处理。

②敏感受体及治理必要性：地块周边有农用地和铁路穿过，历史遗留污染土壤中含有高浓度剧毒六价铬，六价铬随自然降水溶解、浸出、流入地表水，污染范围逐渐扩大，严重威胁着当地环境安全，因此需要对地块土壤进行修复。

③土层及水文地质条件：场地钻探深度范围内（103.1 m）无稳定地下水面，仅项目区外以南低洼的排洪沟及其周边区域有少量浅层滞水赋存。项目区南侧水渠处，含水层厚度 3.80～4.40 m，地下水位埋深为 0.76～0.85 m，该处地下水沿水渠的走向呈带状分布，属弱富水性含水层。地下水的补给主要来源于水渠的渗漏和大气降水的入渗，地下水由北西向南东方向径流，水力坡度较小。地区浅层以第四系松散岩类孔隙含水层及基岩裂隙含水层为主，最大厚度 4.40 m，深层为三叠系泥质砂岩的中风化层，为相对隔水层，厚度大，最大厚度大于 2 000 m。

④污染物含量：地块土壤污染状况参考《土壤环境质量　建设用地土壤污染风险管控标准（试行）》（GB 36600—2018）进行评价，土壤中存在的污染物主要为六价铬。土壤污染调查共采集 866 份土壤样品，最大调查深度 11 m，土壤六价铬含量为 3.3～13 125.0 mg/kg。

⑤风险评估结果：通过计算本地块土壤环境风险，可知土壤中六价铬的致癌风险为 $6.65\times10^{-4}$，超过可接受水平（$10^{-6}$），六价铬的非致癌危害指数为 $1.89\times10^{2}$，超过可接受水平（1）。因此，需要对该地块采取治理修复措施。

⑥修复工程量：需处理含铬土壤 27.6 万 $m^3$，其中重度污染土壤约 7.9 万 $m^3$，中度污染土壤约 19.7 万 $m^3$；实际完成约 30.74 万 $m^3$。

（3）治理修复目标

土壤修复目标值：通过风险评估结果，确定修复目标值为土壤六价铬含量≤60 mg/kg；固化/稳定化后的回填土中六价铬含量小于 60 mg/kg；总铬和六价铬浸出浓度分别小于 1.5 mg/L 和 0.5 mg/L。

（4）治理修复技术路线

本项目的目标是处理含铬土壤 27.6 万 $m^3$，其中重度污染土壤约 7.9 万 $m^3$，中度污染土壤约 19.7 万 $m^3$。

土壤处理工艺有以下两种：对重度污染土壤采用“异位淋洗+湿法解毒+固化/稳定化”工艺；对中轻度污染土壤采用“化学还原+固化/稳定化”工艺。

废水采用化学还原沉淀技术进行处理，处理达标后循环回用。

地块污染土壤治理与修复技术路线如图 7.8.3-1 所示。

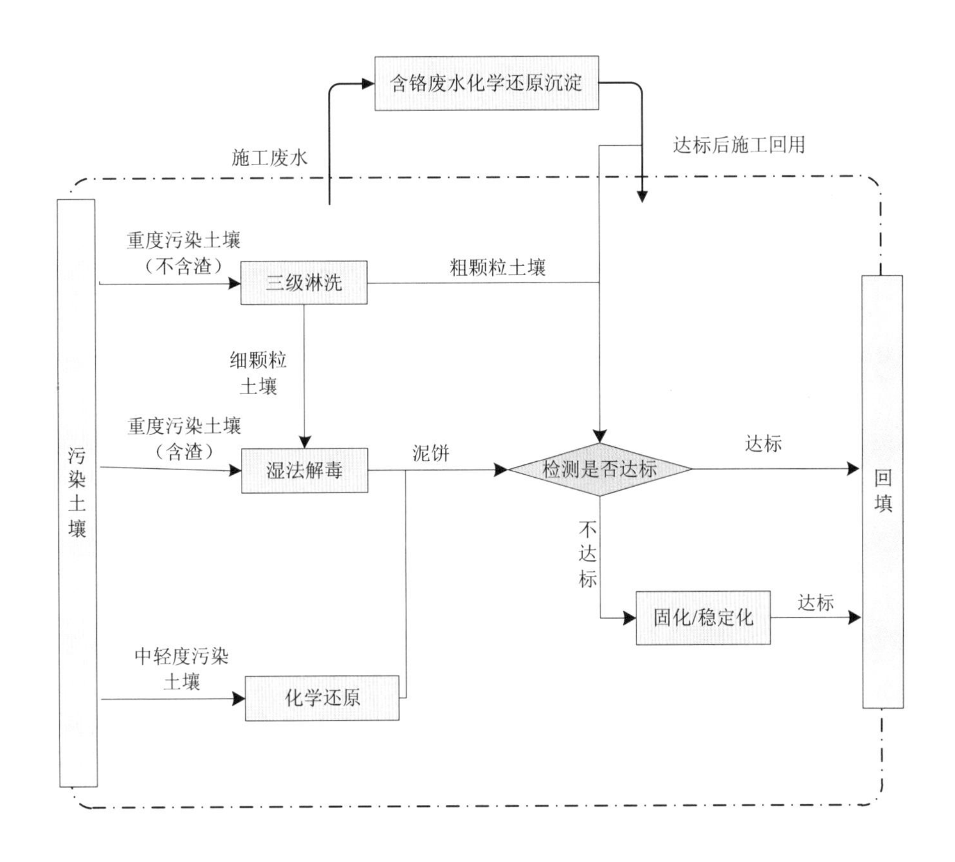


图 7.8.3-1　地块污染土壤治理与修复技术路线

1）重度污染土壤“三级淋洗+湿法解毒+固化/稳定化”组合技术

该污染场地对重度污染土壤采用“三级淋洗+湿法解毒+固化/稳定化”组合技术进行

修复。土壤淋洗技术是采用物理或化学手段将污染土壤中的有机和无机污染物进行分离、隔离、浓缩或进行无害处理的过程。淋洗液可以是水或化学溶液，也可以是其他能够取得较好淋洗效果的流体。湿法解毒技术是将含硫酸的硫酸亚铁溶液和污染土壤在反应池中混合，调节 pH，六价铬在酸性条件下被硫酸亚铁还原，之后将 pH 中和至≥6，中和后浆液通过离心机进行固液分离，经分离后的水可进行回用。固化/稳定化是指向污染土壤中添加还原稳定药剂和固化剂，以降低废物毒性和减少污染物自废物到生物圈的迁移率。基本技术原理是利用还原稳定剂将土壤中毒性大、迁移性强的 Cr（Ⅵ）转换成 Cr（Ⅲ），再利用固化剂将土壤中 Cr（Ⅲ）固定在土壤中，将土壤中各种重金属的浸出浓度降低到验收标准内，达到保护人体健康、修复自然环境的目的。

重度污染土壤处置工艺流程见图 7.8.3-2，淋洗工艺流程见图 7.8.3-3，湿法解毒工艺流程见图 7.8.3-4，固化/稳定化工艺流程见图 7.8.3-5。重度污染土壤处置设备及现场见图 7.8.3-6～图 7.8.3-8。

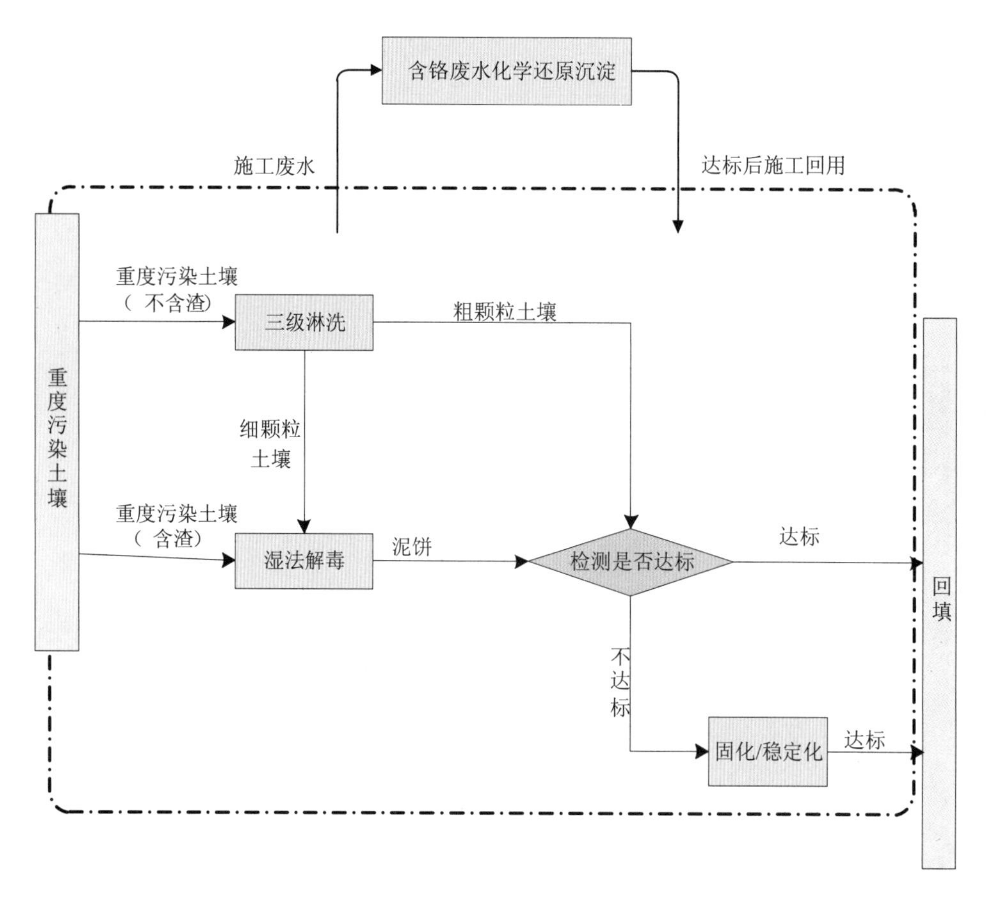


图 7.8.3-2　重度污染土壤处置工艺流程

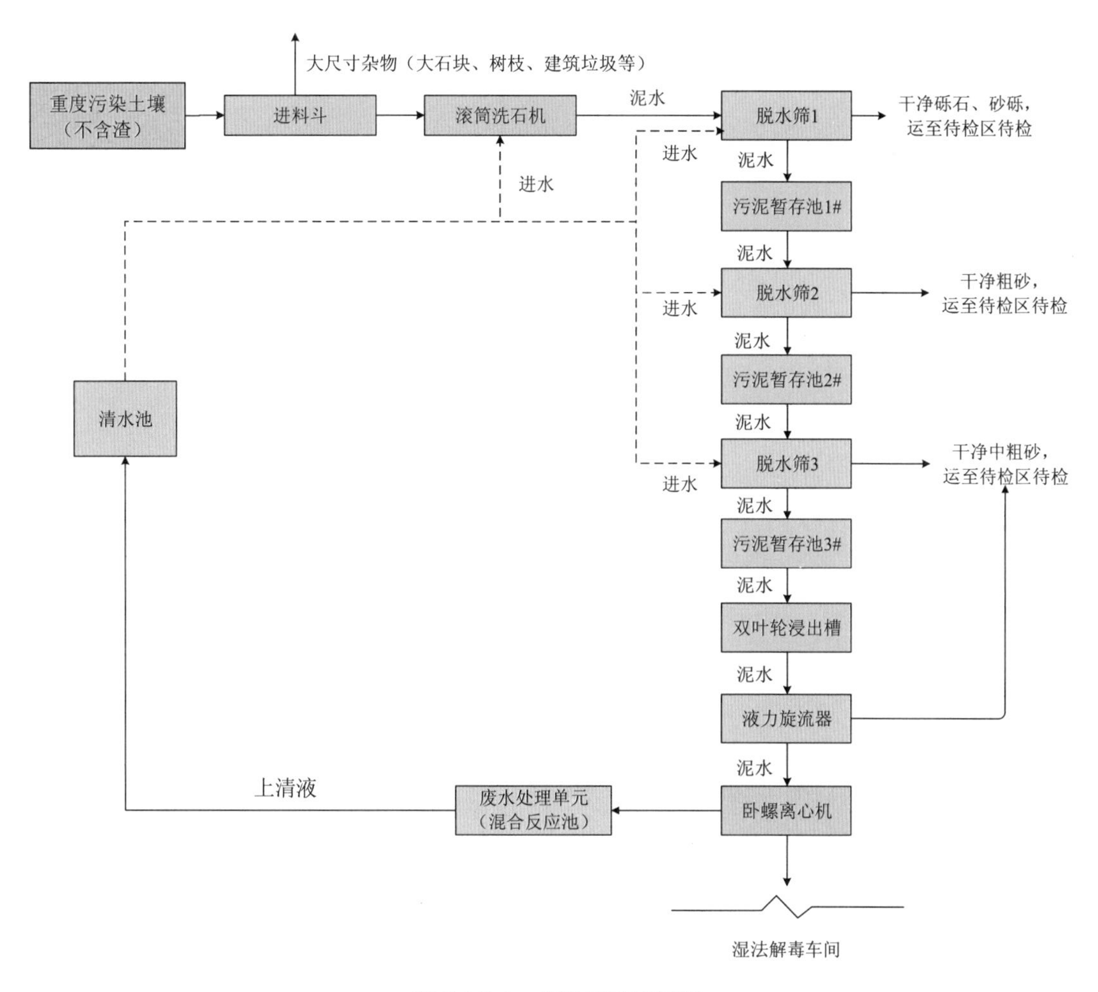


图 7.8.3-3　淋洗工艺流程图

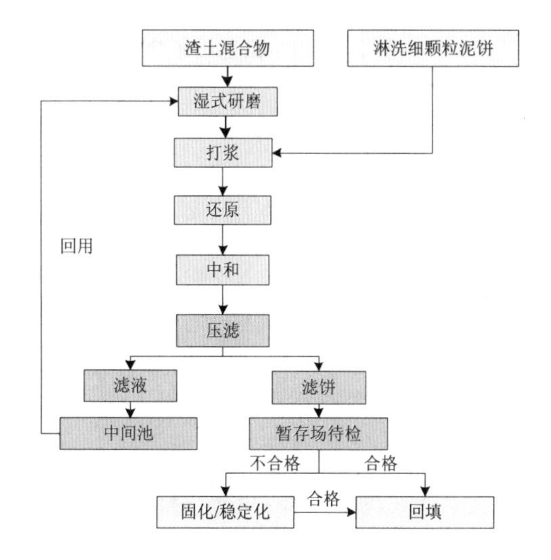


图 7.8.3-4　湿法解毒工艺流程

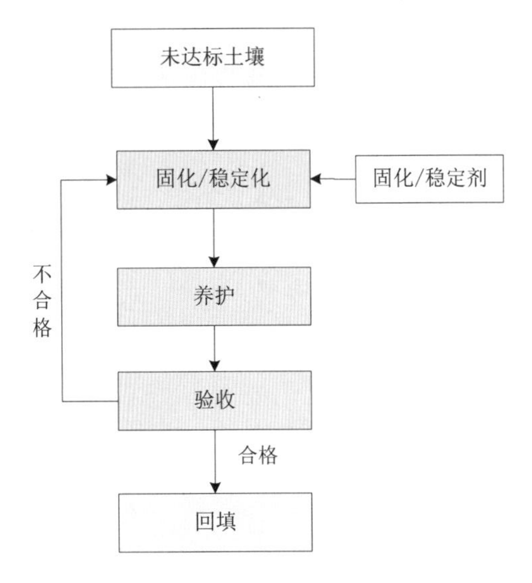


图 7.8.3-5　未达标土壤固化/稳定化工艺流程

图 7.8.3-6　工艺设备全景

图 7.8.3-7　湿法解毒处理

图 7.8.3-8 淋洗处理

2）中轻度污染土壤化学还原技术

中轻度污染土壤处置工艺流程如图 7.8.3-9 所示。

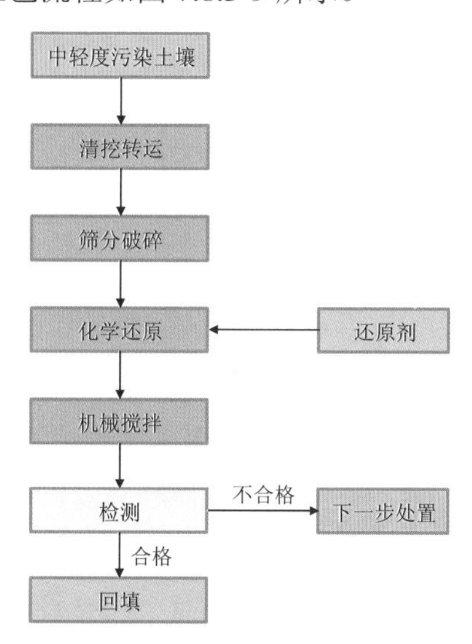


图 7.8.3-9 中轻度污染土壤处置工艺流程

化学还原技术是指向污染土壤添加还原剂，通过还原作用使土壤中的污染物转化为无毒或相对毒性较小物质的过程，达到保护人体健康、修复自然环境的目的。化学还原处理现场如图 7.8.3-10 所示。

针对本项目污染土壤存在的六价铬，化学还原处置采用还原剂与污染土壤中的六价铬反应，将其还原成低毒、稳定的三价铬，通过改变 Cr 在土壤中的存在形态，降低其在环境中的迁移能力和生物可利用性。

常用于铬污染土壤治理的还原剂有以下几种：①还原态硫化合物，如硫化铁、亚硫酸钠、焦亚硫酸钠和连二亚硫酸钠；②铁，如零价铁、溶解态二价铁离子或含铁矿物（磁铁矿、黑云母）；③各种有机物，如土壤有机质组分。

图 7.8.3-10 化学还原处理

常用还原剂的主要反应原理为：

$$S_2O_4^{2-} + 2CrO_4^{2-} + 8H^+ \longrightarrow 2Cr^{3+} + 2SO_4^{2-} + 4H_2O$$

$$3Fe^{2+} + CrO_4^{2-} + 8H^+ \longrightarrow 3Fe^{3+} + Cr^{3+} + 4H_2O$$

$$2CrO_4^{2-} + 3CaS_5 + 10H^+ \longrightarrow 2Cr(OH)_3 + 15S + 3Ca^{2+} + 2H_2O$$

在上述原理基础上，结合本场地污染现状，通过药剂复配、还原剂用量、体系 pH 控制等方面，优化工艺参数和条件。

（5）实施效果

①项目第三方检测单位对该历史遗留含铬土壤污染治理项目基坑清挖过程开展采样检测工作，修复后土壤布点采样共采集 604 个基坑样品，包括侧壁采样数量 387 个，底部采样数量 217 个。基坑清挖过程中对不合格样品进行了二次清挖，二次清挖效果合格，无超标点位。最终基坑底部及侧壁土壤清挖效果达标，符合设计及实施方案要求。

②2017 年 9 月至 2019 年 12 月，第三方检测单位对已修复土壤开展取样检测工作，共计采集修复后土壤样品 749 个，包括 45 个固化/稳定化土壤样品、45 个淋洗土壤样品、466 个化学还原土壤样品和 186 个湿法解毒土壤样品、7 个湿法解毒底泥样品。土壤修复过程中对不合格样品进行了固化/稳定化修复处置，处置效果合格，无超标点位。最终修复后土壤治理效果达标，符合修复技术方案要求。

③2019 年 9 月，第三方检测机构对该历史遗留含铬土壤污染治理工程开展平行取样检测工作，取样 364 个，未有超标样品，场地土壤修复效果达标。

④2020 年 7 月 17 日、2020 年 8 月 9 日效果评估单位分两批开展整体修复效果评估工作，共布设土壤检测点位 41 个，取样 138 个，平行样 15 个，未有超标样品，场地修复效果达标。

（6）成本分析

本项目总投资为 1.48 亿元，包括工程费用约 13 217 万元、工程建设其他费用约 1 427 万元、修复后风险管控效果评估检测费和咨询费约为 152 万元。

（7）经验总结

1）项目管理制度完善，规范施工

在项目质量、进度、资金等方面建立各项管理制度，并严格实施。

严格遵守施工方案。为确保污染土壤修复质量，严格按照处置工艺实施，建立了五级检测制度（施工单位自检、建设单位跟踪检测、验收单位全过程检测、有资质第三方比对检测、管理部门抽检、监理部门委托第三方有资单位进行检测）、台账管理制度（污染土壤处置台账、药剂使用台账、处理系统运行台账）、监理制度（二次污染防治措施监督落实、检查项目台账记录、污染边界范围确认、采样旁站、审核土壤检测结果、工程量计量）。

施工进度保障制度。为保证项目如期完成，施工单位严格按照工程进度计划实施，建立了完善的项目管理团队，配备了各专业的管理人员，优化施工部署，采取倒排工期、挂图作战，保证施工有序进行。

资金管理制度。项目成立之初，与项目主管单位确定了项目专项资金管理办法，并委托第三方审计机构进行过程跟踪审计。项目实施过程中，各级财政部门、财政部专员办、审计署特派办、生态环境厅规财处多次对项目资金进行抽查审计。

二次污染防控制度。建设、监理、施工单位每周进行一次施工现场大检查，每天进行现场施工和安全例行检查，随时到现场开展问题处理和对接工作。每周召开一次监理例会，总结上周施工进度，部署下周的施工计划，同时解决施工过程中发生的各类问题。经过加强现场管理，从开工到完成评估未发生一起安全环保事故。

2）实事求是，因地制宜，科学调整

发现问题及时咨询解决。施工过程中存在渠道渗水、天然排洪沟渗水等问题，对项目实施造成阻碍，经设计单位补充方案并聘请专家评审，报主管单位审批后实施，保证了项目的顺利进行。

适当增加处置设备。因污染土壤的特殊性，脱水设备磨损率高，设备维护时间超预期，为不耽误项目进度，增加一台板框压滤机，提高了处置效率。

严格落实二次污染防控和风险管控措施。在施工过程中严格落实了项目环评及批复文件中要求的扬尘、废水、噪声等污染防治措施。升级改造了原有现场雨水收集系统，加强了应急管理。

3）分级分类处理

该项目是典型六价铬污染场地的修复治理，采取的方式也是典型“重度污染土壤与固废粉碎后湿法解毒+中轻度污染土壤化学还原+固化填埋”分级分类处理方式，从甘肃、青海等多个六价铬污染治理项目来看，此种治理方式基本成为成熟的处理方式。

存在问题：①添加硫酸盐过多，导致土壤盐渍化严重，固化堆场长期淋溶会释放出高浓度硫酸盐浸出液，给周边建筑物和设备设施带来极大安全隐患。②项目结束后设备遗弃在现场，设备占了项目投资的很大比例，因此对于此部分设备如何重复使用、尽量减少浪费，建议统筹考虑。

**专家点评**

该案例利用化学还原和固化/稳定化的联合技术，对不同程度的六价铬污染土壤进行修复。对于六价铬的治理，化学还原和固化/稳定化相结合的方式是较为成熟的处理方式，应关注处理效果的长效性。项目实施过程发现了硫酸盐导致土壤盐渍化等问题，对类似项目具有借鉴意义。

### 7.8.4 广东某历史遗留矿山生态恢复项目

（1）项目基本信息

项目类型：有色金属采选、冶炼类污染地块

实施周期：2018 年 3 月至 2018 年 10 月

项目经费：2 548 万元

项目进展：已完成效果评估

（2）主要污染情况

①地块情况：广东省某历史遗留矿山生态恢复治理工程（一期）红线范围面积为 191 974.54 $m^2$（投影面积）。该历史遗留民采区采矿场、排土场等占地面积大；地表形变范围大，程度较严重；对土壤环境质量影响大；矿区及外围存在大量水土流失，占用大量土地资源并出现土地荒漠化现象；民采区水土流失区对土地资源影响程度为中等破坏较严重，尤其原有采矿场和排土场水土流失区对土地资源影响程度大，破坏严重。

②敏感受体及治理必要性：该金属矿经过 50 多年的规模开采，加上 20 世纪八九十年代大量的民采民选活动，对矿区及周边地质环境造成严重破坏，矿山地质环境问题突出，严重影响了矿山生产与发展。

③土层及水文地质条件：矿区出露的地层主要为寒武系、泥盆系、石炭系、侏罗系及第四系。根据区域地下水赋存条件，含水层水理性质和水力特征，矿区地下水可分为松散岩类孔隙水、碳酸盐岩类裂隙溶洞水和基岩裂隙水三种类型。

④污染物含量：根据勘探报告得出拟整治场区工程地质条件较为复杂，勘查场地岩土

体可划分为松散松软土类、层状碎屑岩类两个工程地质岩类，共 5 个工程地质岩组。拟整治场区地质环境已造成严重破坏，主要包括崩塌、滑坡、含水层破坏、地形地貌景观破坏、土地资源破坏等。

调查发现勘查区存在小型滑坡（11 处）、微型崩塌（6 个），勘查区全部地层原岩土体及浸出液 pH 超标，其中岩土体超标 2.5～5.48 倍，岩土体浸出液超标 1.44～6.44 倍。勘查区场地地形起伏较大，地貌属中低丘陵顶部，地形陡峭。在钻孔深度控制范围内，未发现岩溶、活动断裂、泥石流、地面沉降等不良地质作用和地质灾害，勘查场地稳定性中等。土壤主要受到铜、铅、锌及镉等重金属污染。

⑤修复工程量：该历史遗留矿山生态恢复整治工程（一期）生态恢复面积为 25 万 $m^2$。

（3）治理修复目标

本次生态恢复治理必须达到以下几个方面的要求。

①地形地貌效果：因地制宜地采用合理的生态治理方案对边坡进行稳定与治理；保持地形地貌的稳定性与景观性，就近取土覆土，挖高填低，适当修整，提高边坡整体稳定性，以消除滑坡或泥石流地质灾害隐患；

②水土保持效果：采取必要的截排水措施，合理排洪与分流，截排水措施实现与现有清污分流措施相衔接，控制区域水土流失，大幅减少地表径流量，土壤平均侵蚀模数降低。

③植被恢复效果：建立免维护、不退化的植被系统，植被覆盖率达到 90%以上（植物覆盖面积与治理面积之比），实现与周围环境相协调的自然生态景观；治理区内土壤中要形成微生物群落，植物要体现生物多样性，乔灌草多品种互生共长，形成多层植被群落系统，植物品种达到 7 种以上；实现土壤熟化与营养物质自循环。

④污染控制效果：工程实施后，地块内土壤酸化得到有效控制，重金属元素有效态含量下降，1 年后土壤铅、锌溶出量削减 10%，有效降低重金属污染向周边环境的扩散。实行生态恢复两年后场地地表水 pH 值达到 5 以上，地表水中的重金属浓度大幅降低，起到保护区域环境的作用。

（4）治理修复技术路线

该历史遗留矿山生态恢复工程（一期）项目采用“不覆土，原位基质改良+直接植被”生态恢复治理技术；用生态学的思想解决矿山环境问题，因地制宜，综合治理；基本不改变原有的地形与土壤结构，无须覆土，在原位进行基质改良后，直接在矿业废弃地上种植植物和撒播种子，柔性改良土壤结构、土壤理化性质，通过调控微生物群落与控制产酸的微生物类群，重建一个人工或半人工的生态系统，通过植物稳定重金属，降低重金属的迁移性，达到治理矿业废弃地污染的目的，实现源头控制重金属污染；水土流失现象得到根本遏制；最终实现土壤环境的稳定与改善。

项目集成了以下技术：酸化预测控制技术、土壤重金属毒性控制技术、微生物群落调控技术、先锋植物与野生植物群落演替技术、土壤原位基质改良与熟化控制技术、水土保持与控制技术、土壤种子库技术。

（5）实施效果

该历史遗留矿山生态恢复工程（一期）项目完成后，可实现排土场边坡治理率达 22%，废弃露天采场生态恢复治理率达 53%，复垦地植被恢复率为 31%，清污分流排水系统实现 30%。在污染控制效果方面，土壤中主要重金属污染物有效态含量下降 60%以上，实施区域地表水中主要重金属污染物浓度下降 75%以上，pH 调整到 4.0～9.0，净产酸量降低 40%以上，产酸微生物的相对丰度降低 80%以上。在植被恢复效果方面，植被覆盖度保持在 90%以上，植物种类数目≥10 种，其中包括乔灌草三种类型，并且乔木≥1 种，灌木≥2 种，形成多层自维持、不退化的植被系统。

项目实施后，能有效治理水土流失、从源头控制水污染及土壤环境污染，改善区域及周边地区的生态环境，减少对下游河水环境的影响，保护下游饮用水水源保护区的水质安全。逐步治理历史遗留的矿山环境问题，遏制生态环境恶化趋势，改善矿区及周边地区的生产和生活环境，促进地区的安定与经济发展，从而获得良好的社会效益、经济效益、环境效益。

（6）成本分析

该历史遗留矿山生态恢复治理工程（一期）总投资 2 548 万元，包括前期准备费用 115 万元、生态恢复工程 2 152 万元、市政工程 281 万元。

（7）经验总结

1）项目前期经验

本项目重点针对该历史遗留矿山的民采民选、排土场等固废堆存场所，对其进行治理，防治污染土壤及地下水，进而防止危害人居环境，逐步实现此区域的生态恢复。对项目区域进行详细的调查是项目设计与实施的保障。为此，项目聘请了专业队伍进行地质灾害勘查并编制勘查报告。

2）项目组织实施经验

①加强领导，健全管理，专人负责。在项目管理方面，由施工单位成立专门的管理机构，并指派专人负责，市环境保护局负责监督管理。项目实施过程中，市环保局、矿部工作人员定期或不定期到项目施工现场，监督施工单位严格按照规定的建设标准进行施工，确保施工材料、施工进度、施工质量符合建设方案要求。施工单位、监理单位也认真履行合同规定，加强对项目施工的监管，完善各项目管理制度，确保在工程施工期间不发生安全生产事故和其他社会治安事件，项目按有关管理要求高质量完成。在项目资金管理上，严格按照基本财务管理要求和环保专项资金管理的有关要求，执行项目资金管理的各项制度规定，确保该项目资金专款专用。项目竣工验收时，由项目建设单位、监理单位、施工

单位、评审专家以及市环保局负责同志共同参加，对照合同要求，严格完成竣工验收工作。

②加强效果监督，长期追责。在长期监测与成效评估方面，聘请第三方专业机构按照国家相关标准进行采样检测，对项目的治理效果出具客观评估报告，保障项目资金的绩效。此外，考虑到该类生态项目的特点，增加养护效果追责时间至 10 年，避免植物在项目竣工验收之后出现退化、导致效果不持续，造成专项资金无效的浪费。

**专家点评**

该案例利用原位基质改良+直接植被对矿山进行生态恢复治理。通过调控微生物群落从根源上抑制产酸，植物固定重金属，协同考虑解决矿山地质灾害、环境污染和生态恢复三大问题，实现重金属污染源头控制，且环境扰动较小。该项目对于植被易生长的南方地区具有较好的参考价值。

## 7.9 老旧工业区污染地块集中治理修复案例

### 7.9.1 上海某大型老旧工业区污染地块集中治理修复项目

（1）项目基本信息

项目类型：大型老旧工业区区域性试点项目，涵盖皮革鞣制加工、化工、金属加工、印刷、废油回收等生产企业污染地块

实施周期：2012 年 4 月至 2020 年 12 月

项目经费：约 6 000 万元

项目进展：示范工程 23 幅地块全部完成

（2）主要污染情况

①地块情况：该大型老旧工业区整体区域土地面积约 6.28 $km^2$，由于该地区产能低效、基础设施落后、环境面貌脏乱差，大量违法搭建厂房布局犬牙交错，消防治安隐患突出，环境污染严重，信访矛盾尖锐。为推进区域协调发展，上海市政府将该地区的综合整治列入了“第五轮环保三年行动计划”的重点任务，并于 2012 年 4 月发布了《某地区综合整治实施方案》。

②修复治理的必要性：根据 2012 年相关规划，该地区场地将再开发为商务办公用地、商业服务用地、居住用地、公园用地、市政用地和教育用地等。当时国家和地方尚未出台土壤污染状况调查评估和治理修复相关技术导则，为保障该地区场地再开发的环境安全和居民健康，上海将该地区土壤污染防治作为典型案例开展地方性管理制度、标准规范和治

理修复技术的创新探索。

③土层及水文地质条件：项目所在区域地层分布为硬质地面、填土、粉质黏土和淤泥质粉质黏土。项目地区濒临长江，地下水层由 5 个承压含水层构成。隔水层一般由黏土层与安山岩组成。在垂直分布上，地下水一般分为浅层（5 m 以上）与深层（30 m 以下）。由于地区地势低下，地下水位普遍较浅，根据现场实际测定，地下水初见水位一般在离地面 1.2～2.5 m，稳定水位则一般在离地面 0.4～2.0 m。

④污染物含量：由于项目执行期较长，其间经历了国家标准从无到有的漫长历程，地块土壤污染状况参考了《土壤环境质量标准》（GB 15618—1995）、《展览会用地土壤环境质量评价标准》（HJ 350—2007）、《美国国家环保局区域用地筛选值》（Regional Screening Levels）、《土壤环境质量　建设用地土壤污染风险管控标准（试行）》（GB 36600—2018），通过初步调查、详细调查以及风险评估等工作，确定 23 个试点地块中共有 96 个详细调查点位超标，关注污染物为重金属砷、镍、铅、铬、锑，半挥发性有机物苯并[*a*]芘、苯并[*a*]蒽、苯并[*b*]荧蒽和总石油烃等。地下水采用《地下水质量标准》（GB/T 14848—2017）中的Ⅳ类标准限值进行评估；调查结果表明，试点地块共有 40 个地下水监测井存在超标情况，地下水中超标污染物为重金属锑和六价铬，挥发性有机物顺式-1,2-二氯乙烯、四氯乙烯、氯乙烯、三氯乙烯，半挥发性有机物苯并[*a*]芘，以及石油烃和氰化物。

⑤风险评估结果：土壤中超风险可接受水平的关注污染物有 16 种，包括重金属 9 种，分别为砷、锌、铊、镉、铅、锑、镍、铬（总铬）、汞；有机物 7 种，分别为双(2-氯乙基)醚、苯并[*a*]蒽、苯并[*b*]荧蒽、苯并[*a*]芘、二苯并[*a,h*]蒽、茚并[1,2,3-*cd*]芘和石油烃。地下水中超风险可接受水平的关注污染物有 6 种，主要包括汞、六价铬、石油烃、四氯乙烯、三氯乙烯以及苯并[*a*]芘。

⑥修复工程量：一期修复试点项目涵盖 23 个地块，土壤污染方量共 17 480 $m^3$，工程理论修复方量 20 980 $m^3$，实际修复完成方量 21 900.94 $m^3$，其中重金属污染土壤 12 372.59 $m^3$，半挥发性有机污染土壤 7 723.35 $m^3$，复合污染土壤 1 805 $m^3$。地下水污染含水层体积为 11 817 $m^3$，方量为 3 940 $m^3$，修复完成方量为 4 010 $m^3$，其中重金属污染地下水 2 408 $m^3$，有机污染地下水 429 $m^3$，复合污染地下水 1 173 $m^3$。

（3）治理修复目标

通过开展基于人体健康的风险评估工作，制定的土壤和地下水修复目标值见表 7.9.1、表 7.9.1-2。

**表 7.9.1-1　土壤污染物修复目标值**

| 土壤中目标污染物 | 修复目标值/（mg/kg） |
| --- | --- |
| 苯并[*a*]蒽 | 0.46 |

| 土壤中目标污染物 | 修复目标值/（mg/kg） |
|---|---|
| 苯并[*b*]荧蒽 | 0.46 |
| 苯并[*a*]芘 | 0.3 |
| 茚并[1,2,3-*cd*]芘 | 0.46 |
| 二苯并[*a,h*]蒽 | 0.33 |
| 双(2-氯乙基)醚 | 0.41 |
| 石油烃（$C_{10}$-$C_{40}$） | 1 504 |
| 铅 | 400 |
| 锌 | 1 087 |
| 砷 | 20 |
| 锑 | 13.9 |
| 镍 | 71.4 |
| 总铬 | 558 |
| 镉 | 9.5 |
| 铊 | 3.23 |
| 汞 | 8.0 |

表 7.9.1-2　地下水污染物修复目标值

| 污染物 | 修复目标/（μg/L） |
|---|---|
| 汞 | 2 |
| 石油烃（$C_{10}$-$C_{40}$） | 1 000 |
| 四氯乙烯 | 300 |
| 三氯乙烯 | 600 |
| 苯并[*a*]芘 | 0.5 |
| 铬（六价） | 967 |

（4）治理修复技术路线

该地区 23 个试点地块分布比较分散。为服务于整个地区污染土壤治理修复的需求，试点项目创新探索“修复基地”的模式，开展污染土壤挖掘清理后运输至修复基地进行异位集中治理修复工作。各污染类型对应的修复技术见表 7.9.1-3，总体修复技术路线如图 7.9.1-1 所示。

表 7.9.1-3　场地污染土修复技术汇总

| 序号 | 污染类型 | 修复工程量/$m^3$ | 修复技术 |
|---|---|---|---|
| 1 | 重金属 | 1.2 万 | 异位土壤淋洗 |
| 2 | 半挥发性有机物（SVOCs） | 0.7 万 | 异位化学氧化 |
| 3 | 重金属和有机物复合污染 | 0.18 万 | 异位土壤淋洗 |

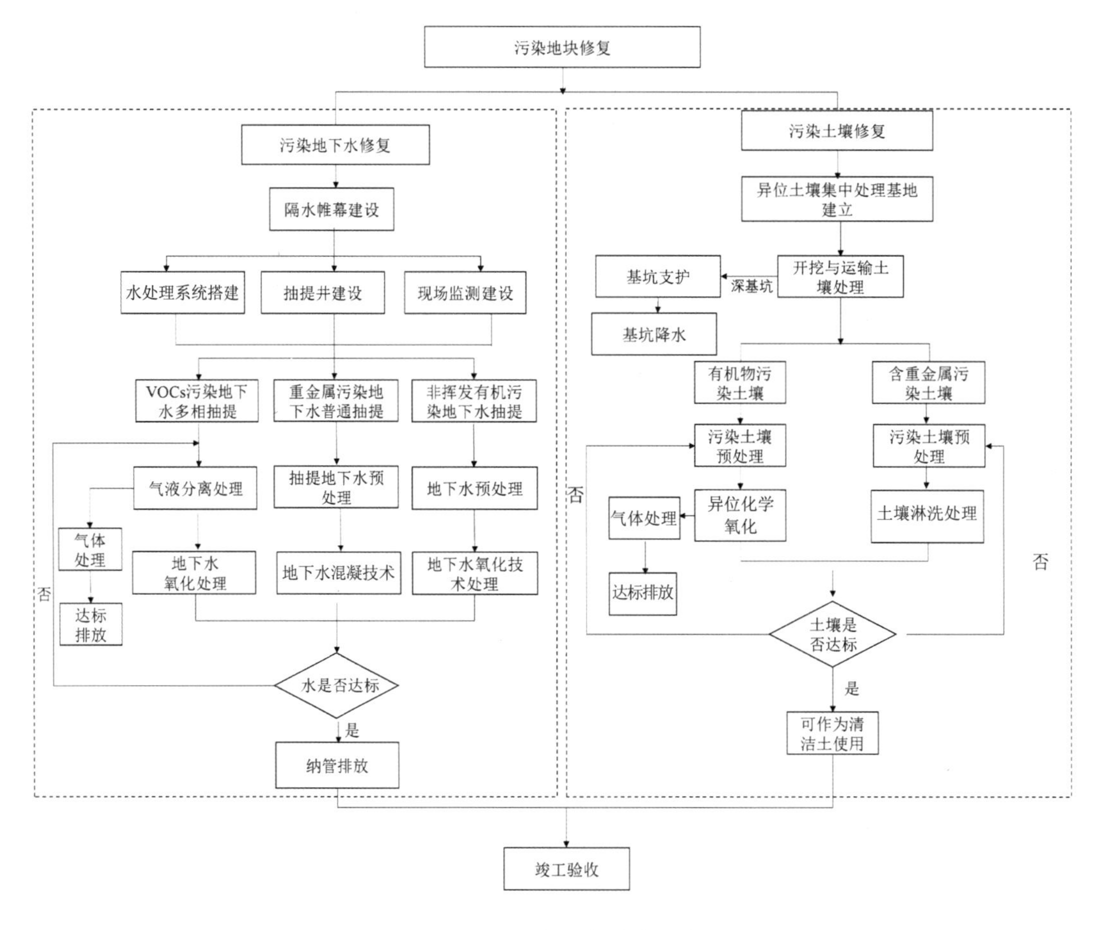


图 7.9.1-1　总体修复技术路线

（5）实施效果

本项目已全面完成 23 幅修复试点地块的土壤和地下水修复治理工作。项目现场如图 7.9.1-2 所示。项目累计完成污染土壤处置 21 900.94 $m^3$，其中重金属污染土壤 12 372.59 $m^3$，半挥发性有机污染土壤 7 723.35 $m^3$，复合污染土壤 1 805 $m^3$。3 幅地块涉及地下水抽提处理施工，累计完成污染地下水处置 4 010 $m^3$，其中重金属污染地下水 2 408 $m^3$，有机污染地下水 429 $m^3$，复合污染地下水 1 173 $m^3$。

污染土壤处置大棚

污染土壤筛分

大棚尾气处理装置

土壤淋洗设备

图 7.9.1-2 现场照片

经效果评估单位验收采样检测，23 幅土壤污染地块所有基坑清挖结果均满足修复技术方案中设定的清挖目标值，所有污染土异位修复后均满足修复技术方案中设定的修复目标值，土壤修复后满足清洁土壤使用要求。修复后清洁土壤由项目业主单位在区域内统一调配消纳去向。

3 幅地下水污染地块抽提后的原位地下水满足技术方案中设定的修复目标值，处理后的废水满足纳管排放要求。

（6）成本分析

该地区整体区域土壤污染状况调查评估与治理修复工程总投资额为 6 000 万元。

（7）经验总结

①普查/规划互动模式。试点项目将地块污染状况和区域用地规划协同互动，首先结合区域的功能区块规划开展前期的土壤环境普查，包括污染源识别、环境监测与不同等级的风险筛查、评估各地块的环境风险，并将土壤环境普查结果回馈指导后续的规划调整与布局优化，实践探索“普查先行+预防性规划”的协同互动模式，争取最大的环境效益、经济效益，目前已在类似的老工业区块转型开发工作中推广应用。

②创新“修复基地”模式。试点项目确定采用建设集中式污染土壤“修复基地”，异位集中修复污染土壤，全过程服务于整个区域的污染土壤治理修复，污染土壤经治理达标后，实现资源化安全再利用和区域内消纳再利用。该模式一可避免修复场地和大型修复设备的重复拆建，节约修复成本；二可集成研发应用各类污染治理技术和装备，为技术、标准等的制定提供试验基地；三可避免原位修复对场地产生的二次污染；四可实现修复后土壤的统筹利用。

③工程与科研兼顾。试点项目围绕土壤污染特点、生态环境整治及地块开发利用的需求，创新研发并应用多项针对各类重金属、有机物以及复合型污染土壤的安全高效修复技术装备。其中，高黏性高含水率土壤淋洗技术、土壤筛分破碎混合搅拌多功能机械斗、车载式模块化自动控制集成处理装备首次应用于大区域污染土壤修复。高级氧化等技术列入了 2017 年国家《土壤污染防治先进技术装备名录》。以该地区土壤修复工程为应用示范支撑市科委社发专项等科研项目研究，产出发明专利 8 项，相关科技成果获得 2017 年度上海市科技进步一等奖。

④管理制度和技术标准产出。以该地区试点项目调查评估、修复治理等相关工作经验积累为重要支撑，上海市土壤污染防治管理工作从最初的转性再开发场地环境保护制度提升到全生命周期管理动态流转环节土壤环境保护制度，再完善到建设用地土壤污染状况调查评估、效果评估评审制度，不断完善、不断优化，陆续出台十余项地方土壤环境管理制度和办法，构建了上海市工业企业及市政场地再开发利用场地环境保护管理体系。借助试点项目工作实践，持续编制完成多项地方性标准、技术规范、导则和指南，进一步规范对污染地块开展的土壤环境调查、风险评估、治理与修复、效果评估等活动。

**专家点评**

该案例是大型老旧工业区区域性试点项目，涉及行业种类较多，涵盖皮革鞣制加工、化工、金属加工、印刷、废油回收等生产企业污染地块,且分布较分散。项目为服务于区域污染土壤治理修复的需求，创新探索“修复基地”的模式，开展污染土壤挖掘清理后运输至修复基地进行异位集中治理修复工作，避免重复拆建，减少二次污染，节约成本。结合区域的功能区块规划开展前期的土壤环境普查，并将普查结果用于指导后续的规划调整与布局优化，实践探索“普查先行+预防性规划”的协同互动模式。本项目为城市老工业片区污染地块的集中整治提供了有价值的参考。

## 7.10 国内外污染地块风险管控案例

### 7.10.1 意大利北部某加油站泄漏影响周边住宅案例

（1）场地概况

地块为意大利北部一个加油站，位于冲积区的平地上。加油站地处一片住宅楼附近，住宅楼地下一层（地下室）与加油站地下储罐相邻，如图 7.10.1-1 所示。

图 7.10.1-1 现场照片

（2）污染特征

加油站周边的居民因检查出了一些异常疾病而产生警觉，后发现住宅楼地下室内充满了苯蒸气。经研究，发现由于加油站地下储罐破裂，石油烃和苯泄漏并扩散到周围土壤中，而土壤中的饱和苯蒸气又挥发迁移到周围住宅楼地下室中。

（3）风险管控和修复

为保证加油站周边居民的健康，公共部门审批通过了该场地风险管控和修复项目。项目获批后，立即弃用加油站并疏散了附近居民，于 2002 年启动了场地的风险管控和修复工作。主要包括：

①清理污染源：清除受污染地表土壤、挖出地下储罐；

②切断传播途径：建造钢筋混凝土阻隔墙（图 7.10.1-2），阻断土壤蒸气扩散到住宅楼。

图 7.10.1-2　钢筋混凝土阻隔墙

③开展土壤修复：启动生物通风系统，对受到污染的深层土壤进行修复。

（4）风险管控和修复效果

风险管控和修复后，该区域规划用于公共设施建设。场地于 2009 年完成修复，通过了加油站所有者和公共部门对开挖土壤基坑及土壤蒸气的双重检测和验收，并获得了公共部门颁发的修复合格证书。

**专家点评**

该案例为地块污染物迁移至周边已开发利用地块范围，造成人体健康风险，而采取修复+风险管控措施的场景。案例对污染来源和浅层污染土壤采取清理措施，针对深层污染土壤采取生物通风的修复措施，同时建设混凝土墙阻隔对周边住宅的扩散影响。地块验收时通过了对开挖土壤基坑及土壤蒸气的双重检测和验收。针对易扩散的 VOCs 污染地块，特别是周边已经进行开发建设的污染地块的全流程管理具有较好的借鉴意义。

## 7.10.2 德国卡尔斯鲁厄历史性保护建筑案例

（1）场地概况

该场地建筑始建于 1547 年，位于德国卡尔斯鲁厄市中心。1946—1973 年，该建筑旁边建有干洗店，造成了土壤和地下水污染，并扩散到该建筑下方。目前该建筑作为历史性保护建筑（图 7.10.2-1），一层为艺术家工作室和店铺，二层用于居住。房屋面积约 200 $m^2$，院子面积约 100 $m^2$。

图 7.10.2-1 场地建筑现状

场地岩性分布向下依次为回填层、砂质粉土层、粉细砂层、细中砂层、中砂含砾石、砾石层。

（2）污染特征

原干洗店导致场地非饱和带以及饱和带都受到氯代烃污染，主要污染物为四氯乙烯（PCE）。

该场地地下水埋深为 3～3.5 m。对于非饱和带，1～2.5 m 深度土壤样品中 PCE 最高含量为 3 800 mg/kg；对于饱和带，3～4 m 深度土壤样品中 PCE 含量最高达 850 mg/kg，4～5 m 深度土壤样品中 PCE 含量为 70 mg/kg，5～6 m 深度土壤样品中 PCE 含量为 6 mg/kg；地下水中氯代烃含量为 40～60 mg/L，表明地下水含水层有残留的非水相液体（NAPL）。

（3）修复活动

该场地采用蒸汽强化抽提的修复方法，修复深度为地下 1～8 m 不等。总体修复目标为土壤蒸气中氯代烃污染物浓度小于 10 $mg/m^3$，地下水中氯代烃污染物浓度小于 10 μg/L。

修复工程分两期开展，第一阶段为场地的中试，约有 50 kg 污染物被抽出。第二阶段于 2010 年开展，历经 8 个月，场地被加热到 92℃，约有 440 kg 污染物被抽出。

（4）修复效果

修复工程结束后，场地达到地下水和土壤蒸气的修复目标。场地保留了监测井，后期开展定期采样，确保主要污染物浓度不反弹。

**专家点评**

欧美国家干洗店历史上因大量使用氯代有机溶剂，成为一类典型的城市污染地块类型，通常会污染地下水，并通过蒸气入侵途径影响地面建筑室内空气。本案例的风险评估和修复措施选择都针对地块现状开展，以地下水和土壤气中的污染物浓度作为修复目标。地块采用蒸气强化的气相抽提方法进行修复，修复完成后，仍采取持续监测的后期管理措施。针对受到周边污染地块影响的已开发建设地块，该案例具有较好的借鉴意义。

### 7.10.3 美国纽约州纽约市商住混合区案例

（1）场地概况

此案例为纽约州“棕地清理项目”案例之一。场地位于纽约市，占地面积约 4 800 $m^2$，建有公园、画廊、停车场、商用住宅、零售店铺等，是一个典型的商住混合区域。

自 1848 年起，场地上先后建设了两个大型煤气罐（后被拆除）和 1 个大型停车场，并在地下埋藏大型汽油罐、储存大量建筑施工材料等，直到 1980 年被重新开发。

（2）污染特征

场地污染物包括钡、砷、铅、镉、汞、PAHs 以及苯系物，各污染物初始浓度均超过纽约州的土壤清洁目标（Soil Cleanup Objective，SCO）。

（3）风险管控活动

由于该场地的金属污染相对集中，地下水污染程度较轻，污染主要集中在公园和停车场区域，采取了以下风险管控措施：

①清理污染源：受污染土壤被挖掘与清洗。

②干净土壤被回填。

③切断暴露途径，保护人体健康：在整个场地的裸露区域上层铺设一层混合着重金属吸附剂的土壤保护层，厚度约为 20 cm。

（4）风险管控效果

场地实现了风险管控目标，污染物浓度均达到美国 EPA 规定的最大污染物浓度标准（Maximum Contaminant Level，MCL），纽约州环境署颁发修复完成证明（Certificate of

Completion，COC）。

场地预留监测井，根据制订的场地管理计划（Site Management Plan，SMP）开展后期管理。场地拥有第二类有限制的土地使用权，即可用于居住、生产、零售等，但有如建筑物一层不可居住等管理要求。

### 7.10.4 美国纽约州布鲁克林商住混合建筑案例

（1）场地概况

该场地面积为 1 400 m$^2$，之前建有沥青铺设的停车场和车库，并建有配套的地下油罐，上述建筑于 20 世纪 90 年代中期被拆除。后来场地被重新开发为 7 层高的商住混用建筑。建筑周围有 2 家修车厂和 1 家电子零器件修理厂。

（2）污染特征

场地土壤和土壤蒸气中的主要污染物包括与石油相关的 VOCs 及其分解产物，以及部分 SVOCs，但是室内空气未受到土壤蒸气引起的污染。

（3）风险管控活动

该案例采取了以下风险管控和修复措施：

①清理污染源：挖掘出约 6 000 m$^3$ 受污染土壤并异地填埋。

②干净的土壤按照设计被回填。

③切断暴露途径，保护人体健康：在场地室外裸露的土壤加装复合式覆盖层。该覆盖系统由混凝土底板和景观组成，即首先在底板上铺设厚度为 2 英尺（60.96 cm）夯实的干净土壤覆盖层，再在上方铺设厚度 20 cm 足以维持植被生长的普通干净土壤。

（4）风险管控效果

场地实现了风险管控目标，纽约州环境署颁发修复完成证明（COC）。

场地预留监测井，根据制订的场地管理计划（SMP）开展后期管理。场地拥有第二类有限制的土地使用权，即可用于居住、生产、零售等，但有如建筑物一层不可居住等管理要求。

### 7.10.5 美国纽约州布朗克斯综合性住宅楼案例

（1）场地概况

该案例位于美国纽约州布朗克斯市。场地占地 5 600 m$^2$，有一栋带有地下商用层的综合性住宅楼，还包括约 1 800 m$^2$ 的开放空间。场地包气带土层向下依次为城市道路填料、粉砂、黏土和砾石等。

（2）污染特征

该场地历史上被用作货运存放场、设备修理站和加油站，对土壤和地下水造成了污染。

主要污染物包括石油烃、氯代溶剂和其他 VOCs、SVOCs、重金属和 PCBs。场地在 0～6 cm 表层土壤检出高浓度的 SVOCs 和重金属，未出现 VOCs 严重超标现象。地下水各种污染物均有检出，石油烃、苯系物等污染物浓度较高。

（3）风险管控活动

该案例主要采取了以下风险管控措施：

①清除污染源：共计 1 600 t 受污染的土壤挖出后异地处理，将地下的储油罐和与之相连的管道移除；

②地下水修复：以原位化学氧化的方式处理地下水，并安装地下水监测井。

③切断传播途径：在原有土壤上面安装分隔板。

④切断传播途径：在景观区域以及表土裸露区域的分隔板上面，铺设厚度 60 英尺的回填土复合覆盖层。

⑤切断传播途径：在建筑物底部安装底板负压系统，用于阻隔土壤蒸气进入室内。

（4）风险管控效果

该案例实现了风险管控目标，同时制订了长期场地管理计划（SMP），定期实施采样分析、监测等后期管理措施。

### 7.10.6 美国纽约州布朗克斯住宅案例

（1）场地概况

该场地约 7 200 m$^2$，其东边有一幢 7 层高的住宅，居住着低收入的老年人，场地区域分布及边界如图 7.10.6-1 所示。

图 7.10.6-1 场地区域分布及边界

（2）污染特征

该场地之前曾作为工业用地，建造有加油站和汽车维修厂等，土壤和地下水受到了污染。主要污染物包括 SVOCs、重金属和其他 VOCs。土壤中 VOCs 含量最高达到 41 mg/kg，SVOCs 含量为 0～1.1 mg/kg，铅含量为 0.11～0.46 mg/kg。地下水样品中检测到的 VOCs 主要包括四氯乙烯、三氯乙烯、二氯乙烷、乙苯、二甲苯和异丙基苯等。

（3）风险管控和修复活动

该案例采取了以下风险管控和修复措施：

①清除污染源：将地下一个 500 加仑（约 1.89 $m^3$）的储油罐及其配套设备移除，并将地表约 2 m 的受污染土壤挖出后异地处理。

②用干净的土壤回填替代原有土壤。

③地下水原位修复：用原位化学氧化的方法，将氧化剂从注射井中注入地下，去除地下水中的 VOCs。

④切断传播途径：为园林景观区域的裸露表土加盖复合式覆盖层，防止污染物经表土影响居民的人体健康。

⑤鉴于目前场地住宅的室内空气没有受到土壤蒸气影响，暂不加装室内空气保护装置。

（4）风险管控和修复效果

场地实现了风险管控的目标，纽约州环境署颁发修复完成证明（COC）。场地预留监测井，根据制订的场地管理计划（SMP）开展后期管理。场地拥有第二类有限制的土地使用权，即可用于居住、生产、零售等，但有如建筑物一层不可居住等管理要求。

## 7.10.7 美国加利福尼亚州圣何塞商业、轻工业和住宅区案例

（1）场地概况

该案例位于美国加利福尼亚州圣何塞附近，整个区域大约 2.56 $km^2$，包括了美国 EPA 的 4 个超级基金场地。该区域在 20 世纪 60 和 70 年代有半导体企业，还有美国海军和美国国家航空航天局（NASA）等的生产设施，由于氯化溶剂（主要是三氯乙烯）从容器和管道中泄漏释放到土壤和地下水中，造成了区域土壤和地下水污染。区域浅层地下水的三氯乙烯污染羽长约 1.5 英里（2.4 km），宽约为 2 000 英尺（600 m）。

该区域现在是商业、研究中心、轻工业和住宅用地。

（2）污染特征

该区域土壤和地下水中均存在污染，主要污染物为 VOCs，以三氯乙烯为主，还包括二氯乙烯、四氯乙烯和氯乙烯。经分析，该区域唯一可能的人体暴露途径是蒸气入侵。

②污染土壤和土壤蒸气。蒸气入侵是该案例污染区域内的最大风险，通过在现存建筑和新建建筑实施风险管控措施，如安装带风力发电机的底板通风系统（SSV），将蒸气收集到

活性炭处置系统，阻止或最大限度地减少蒸气入侵室内，如图 7.10.7-1、图 7.10.7-2 所示。

图 7.10.7-1 带风力发电机的底板通风系统（SSV）

图 7.10.7-2 活性炭处置系统

（3）风险管控措施

①地下水。采取的措施包括：维持向内及向上的水力梯度，在现有阻隔墙内对地下水进行抽提，并定期监测阻隔墙内及邻近的含水层，以监测每一阻隔墙系统的完整性。利用气提塔或在运行的处理系统中设置的液相活性炭进行抽提地下水的处理。识别和密封任何潜在的管道井。

制度控制措施：污染区域的浅层地下水不能用作饮用水，禁止在污染区域内的浅层地下水建新的供水水井。

该案例的底板下蒸气通过系列管道收集到活性炭处置系统，经处置合格后排放到大气中。

### 7.10.8 美国科罗拉多州丹佛市案例

（1）场地概况

案例位于美国科罗拉多州丹佛市，占地 11 英亩，约 4.45 万 $m^2$。

1962—1998 年，该场地一个车间生产步枪瞄准镜和双筒望远镜。业主单位于 1993 年启动了场地调查工作，发现地下水受到了氯代烃污染，其原因是厂房内一台金属表面清洗装置发生了氯代烃清洗剂泄漏事故。随后业主关闭了金属清洗装置，在之后几年仅仅进行了非常小规模的氯代烃清洗作业。1998 年 1 月，场地内东北角的地下水监测井发现氯代烃随地下水扩散到周边的居民区。

经调查确认受影响区域所有的地下水井都未用作饮用水水源，因此本场地地下水污染不会通过饮用产生人体暴露。唯一可能的人体暴露途径就是 VOCs 经蒸气入侵进入室内空气，然后通过呼吸进入人体。

（2）污染特征

场地地下水中的主要污染物为 1,1-二氯乙烯以及三氯乙烯，1,1-二氯乙烯的最高浓度为 1 600 μg/L，几何平均值为 136 μg/L。潜水面埋深为 3.5～15 m。场地包气带土壤未发现明显污染。

1998 年，在场地周边的居民住宅进行室内空气监测，确定是否存在蒸气入侵。经调查，居民住宅室内空气中 1,1-二氯乙烯浓度超过风险管控标准（0.49 μg/$m^3$，2004 年标准修改为 5 μg/$m^3$）。截至 2000 年，共对周边 729 栋建筑物进行了室内空气监测，其中 395 栋建筑超标，测得的最高浓度是 131 μg/$m^3$。因此需要采取风险管控措施。

（3）风险管控措施

由于该工厂泄漏的 1,1-二氯乙烯随着地下水迁移出厂界，导致周边 395 栋居民建筑（独栋别墅）存在环境风险。当地环境署陆续在其中的 381 栋建筑中安装了底板通风系统 SSV（针对带地下室或者板式地基建筑，图 7.10.8-1（a）），或者膜下负压系统（针对带管道空间建筑，图 7.10.8-1（b）），即采用土壤气控制技术作为风险管控手段。

（4）风险管控效果

该案例对安装了风险管控系统的 395 栋建筑物中的 301 栋进行了风险管控效果评估。监测数据显示系统开机一周以内，所有建筑的室内空气中的 1,1-二氯乙烯浓度都可降低到风险管控标准以下。大部分建筑的室内空气中的 1,1-二氯乙烯浓度降低了 1～3 个数量级。在后续 3 年内多次监测，绝大部分室内空气样品都可达标，个别样品可能由于气象条件波动等因素导致略微超标（气压波动、气温波动、风、降水都会影响 VOCs 蒸气入侵的质量通量）。该案例风险管控系统的设备运行很稳定，寿命在 5～15 年。

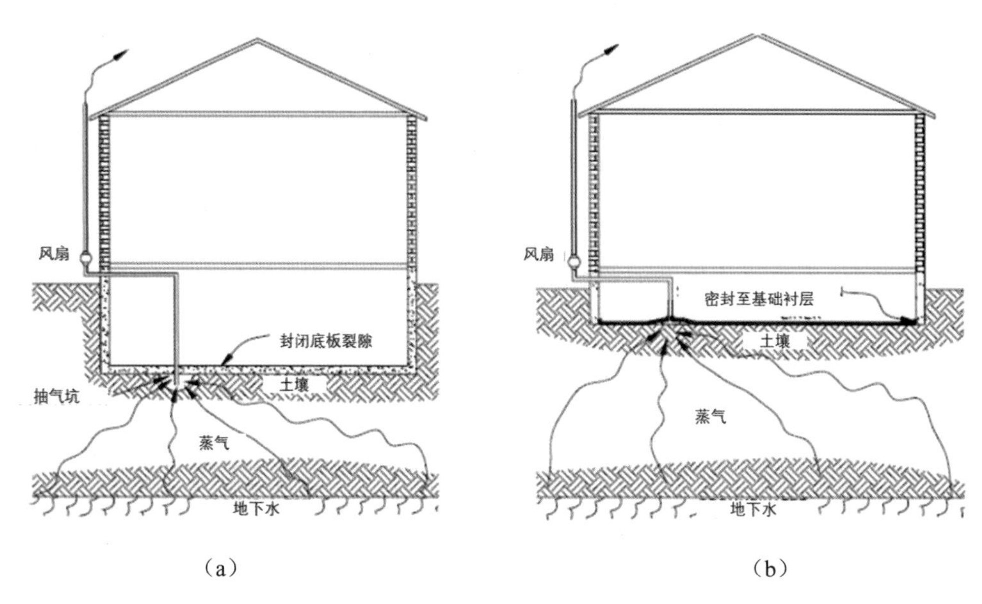


（a） （b）

图 7.10.8-1　底板通风系统和膜下负压系统

**专家点评**

以上 6 个美国案例均属于“修复+风险管控”的设计方案，有的属于污染地块再次开发利用，有的属于已开发利用地块发现污染后的修复与风险管控。通过上述案例，我们可以看到，在精准调查、识别风险的基础上，可以基于科学方法，灵活制订多种治理修复和风险管控相结合的对策，实现地块的安全利用。此外，以蒸气阻隔为代表的一系列风险管控专用技术手段也极具参考价值。

## 7.10.9　意大利米兰市地块再开发过程中应急风险管控案例

案例属于建设用地再开发过程中新发现土壤污染而采取应急风险管控和修复措施的类型。

（1）场地概况

场地面积为 2.4 万 $m^2$，位于米兰市郊区，原为工业用地，主要工艺包括金属表面化学处理和热处理，以及拉拔压延生产线圈、棒材、普通或特殊钢带，生产期间机械加工用油的年消耗量估计为 42.2 t。现为教育用地（米兰理工大学新校区）。

（2）污染特征

场地开发之前调查发现存在砷、镉、总铬、六价铬、汞、镍、铅、铜、锌，以及总石油烃等污染物，随后进行了土壤修复。但是在 2008 年校园建设过程中，发现场地深层土壤存在以前未发现的污染物，包括苯系物、重质烃类和萘，污染区域位于拟建的图书馆区域。

（3）风险管控和修复活动

在相关区域开展补充调查后，主管部门决定对该区域进行应急干预。风险管控和修复措施包括：

①采取水平阻隔技术，快速切断地下有机污染物对人体健康产生影响的潜在途径。采用两层土工膜夹复合低密度聚乙烯（LDPE）膜结构，在膜结构之下有支撑层和导气层，在膜结构上方有 10～50 cm 的水泥或混凝土。LDPE 膜铺设如图 7.10.9-1 所示。

图 7.10.9-1 铺设 LDPE 膜

②采用气相抽提技术，削减地下污染物总量。由 4 口抽提井组成，抽提的含污染物蒸气经催化燃烧器处理，再通过急冷塔冷却，并在吸收塔内中和。随着污染物蒸气浓度降低，将催化燃烧改为活性炭处理工艺。气相抽提管路布设如图 7.10.9-2 所示。

（4）风险管控和修复效果

抽提系统于 2014 年 1 月启动，运行的前 10 个月内地下污染物被大量清除。截至 2019 年，土壤蒸气监测数据显示污染物已达到可接受浓度，土壤气相抽提设备已停止工作，等待最终验收。根据谷歌地球照片，覆膜区域上方已建成建筑，为米兰理工大学教学楼。在修复过程中，该校科研人员对地块内土壤蒸气和地下水进行了监测。

图 7.10.9-2 气相抽提管路布设

**专家点评**

该案例是已修复完成的建设用地再开发过程中新发现土壤污染而采取应急风险管控和修复措施的场景。由于地块污染的复杂性，调查数据往往不能完全反映土壤和地下水污染的全貌，工程实施期间发现新的污染，应该及时补充调查，快速决策，调整方案，有效管控风险。

### 7.10.10 上海某汽车空调企业风险管控与修复案例

案例属于“边生产边修复”类型。某企业长期使用 1,1,1-三氯乙烷（TCA），造成厂区地下水遭受不同程度的污染，对土壤、地下水环境和人体健康构成了潜在威胁。需在不影响企业正常生产的情况下，对污染源进行削减，有效控制风险。

（1）场地概况

位于上海市浦东新区的某汽车空调企业，主要从事汽车空调系统的生产，始建于 20 世纪 80 年代。在生产过程中，曾经使用氯代烃类物质对金属部件进行除油处理，直到 2008 年前后才停止使用氯代烃类清洗剂。在长时间的使用过程中，由于环保意识淡薄、处置失当等原因，造成厂区大面积浅层地下水受到不同程度的污染。

场地内浅层地下水污染区域地面大部分被 30 cm 厚的混凝土所覆盖，下覆第四系地层，岩性分布向下依次为杂填土层、粉质黏土层、砂质粉土层、淤泥质粉质黏土层、黏土层。场地内浅层地下水是赋存于第四系松散岩层中的孔隙潜水，主要位于粉质黏土层和砂质粉土层，地下水位在地下 1.0～1.5 m 处，地下水流向基本为自西向东，流动缓慢，水力坡度约为 0.5‰～1‰。

（2）污染特征

多次监测结果显示：该场地需要修复的范围为生产区的 5 处区域及旧锅炉房。地下水中主要污染物为三氯乙烷（TCA）、二氯乙烷（DCA）、二氯乙烯（DCE）、氯乙烯（VC）等含氯有机物，污染深度介于地面以下 1～9 m，厂内总污染面积约 10 135 $m^2$，污染的含水层体积高达 75 964 $m^3$。

区域 1、区域 3、区域 4、区域 5 以及旧锅炉房区域内地下水污染主要为溶解相氯代烃，其中 VC 最高检出浓度为 0.8 mg/L，DCA 最高检出浓度为 20.5 mg/L，DCE 最高检出浓度为 2.88 mg/L。

区域 2 内存在 DNAPL 污染，DNAPL 主要成分为 TCA，分布面积约 1 400 $m^2$，呈纺锤形分布，主要存在于地下 5～8 m 的范围的砂质粉土层内，厚度在 0.08～2.20 m，地下水中 TCA 浓度最高可达 240 mg/L。

（3）治理修复

针对不同污染区域，采用多种修复技术进行治理修复。针对存在 DNAPL 的区域 2，主要采用多相抽提技术。针对其他溶解相污染区域，采用原位化学还原技术，修复深度为地下 1～9 m，总体修复目标为地下水中氯代烃污染物浓度要小于荷兰干预值（DIV）。

区域 1、区域 3、区域 4、区域 5 和旧锅炉区域选择注射强化还原脱氯修复药剂 EHC，5 个区域 2013—2018 年共计注射了约 160 t EHC 药剂。

区域 2 内的多相抽提处理工程自 2012 年启动，通过区域内安装的 14 口多相抽提井抽提土壤气体和污染地下水，多相抽提装置如图 7.10.10-1 所示。截至 2017 年底完成修复，该区域地下水中氯代烃污染浓度下降了 91.3%～99.5%。

图 7.10.10-1 多相抽提设备

（4）修复效果

区域 1、区域 3、区域 4、区域 5 和旧锅炉区域修复工程结束后，场地达到设定的地下水修复目标。

区域 2 内地下水中氯代烃污染浓度相比修复前下降了 91.3%～99.5%，但仍未达到原定修复目标（荷兰干预值），计划在工厂搬迁之前采用原位化学还原技术进一步修复。

**专家点评**

该案例采用原位修复技术，在不影响企业正常生产的情况下，对污染源进行削减，有效地控制了风险，为“边生产边修复”提供了范例。该案例对于我国在产企业地块存在土壤和地下水污染时如何采取风险管控和后期管理措施具有较强的借鉴意义。

### 7.10.11 广东某在役加油站地块风险管控与修复案例

案例属于在役加油站污染场地的综合修复与风险管控类型。对于运行中的加油站污染场地，采用地下水被动拦截沟、竖直井多相抽提技术以及水平井土壤气相抽提技术相结合的综合修复与风险管控方式，可有效防止场地内污染地下水继续向界外迁移并控制场地内由于土壤气体侵入造成的人体健康危害，同时逐步实现对土壤和地下水污染的修复。

（1）场地概况

该加油站占地面积约 5 300 m$^2$。加油站最早运行于 1997 年，并于 2018 年初进行了双层罐改造工程。改造过程中替换了站内所有埋地的柴油储罐、汽油储罐和输油管道，施工过程中发现加油站内部分区域土壤受到了明显的油品污染。

场地浅层地层分布由上至下依次为杂填层（地面下 0～3 m）、粉质黏土层（地面下 3～6 m）、中砂层（地面下 6 m 以下）。场地浅层地下水的稳定水位埋深在地面下 1.5 m 左右。

（2）污染特征

场地环境调查评估结果表明，加油站西侧约 3 000 m$^2$ 区域的土壤和地下水受到了总石油烃和苯系物的污染，污染范围如图 7.10.11-1 所示。包气带土壤污染深度为地面下 0～1.5 m，污染程度相对较轻。地下水污染深度为地面下 1.5～4.5 m，污染较为严重，地下水样品中总石油烃最高浓度达 150 mg/L，苯的最高浓度达 27 mg/L，地下水中有少量的轻质非水相液体（LNAPL）存在。

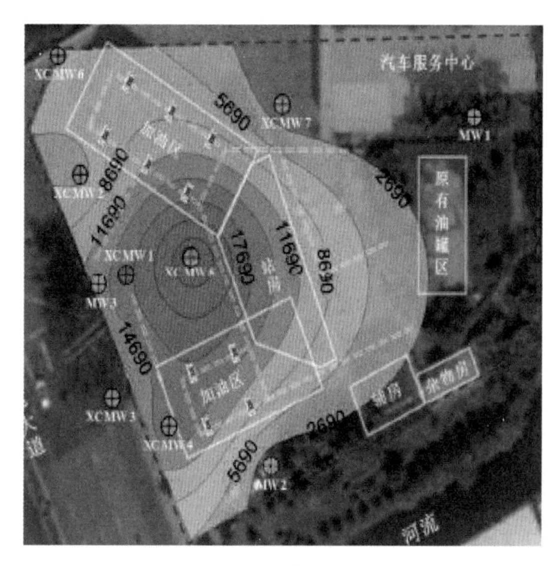


图 7.10.11-1　加油站土壤、地下水污染范围

（3）修复活动

该场地采用了一种综合的修复与风险管控方案。在场地地下水下游西侧边界处安装地下水拦截沟，采用污染地下水被动收集的方法，以水力控制的形式防止场界内污染地下水继续往场界外迁移的同时，在一定程度上修复场界内邻近区域的地下水污染；采用竖直井多相抽提（MPE）技术同步协同修复场地内污染区域的包气带土壤和地下水；采用水平井土壤气相抽提（SVE）技术持续抽提包气带土壤中的气态污染物，以防止土壤气体逸出影响加油站员工的人体健康，同时在一定程度上修复土壤污染。场地修复与风险管控设施总体布局如图 7.10.11-2 所示。拦截沟、多相抽提及气相抽提施工运行如图 7.10.11-3 所示。

总体修复目标为地下水中总石油烃浓度小于 100 mg/L，苯的浓度小于 2.5 mg/L。

该修复与风险管控工程于 2018 年 9 月完成安装施工并开始运行，至 2019 年 12 月阶段性暂停运行，累计运行时间 15 个月。

（4）修复效果

修复与风险管控工程阶段性结束后的土壤和地下水采样监测结果表明，场地达到了预定的修复目标。

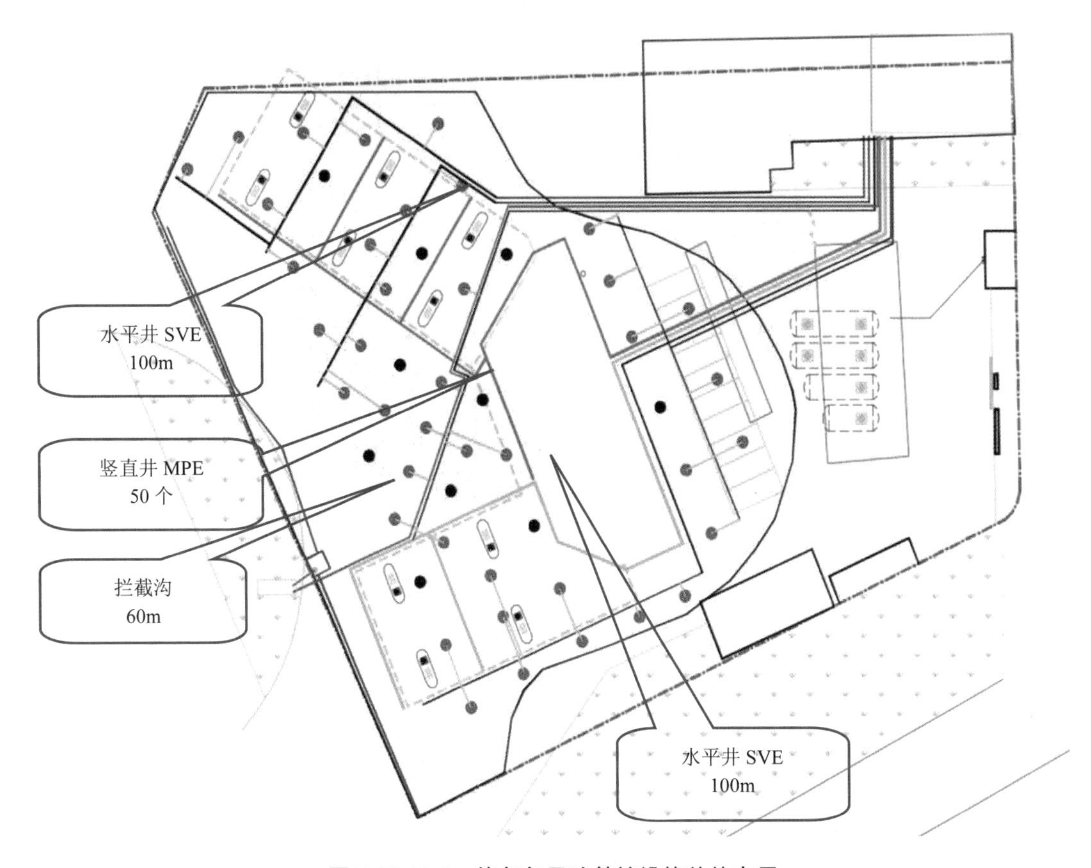


图 7.10.11-2 修复与风险管控设施总体布局

图 7.10.11-3 拦截沟、多相抽提及气相抽提施工运行

场地保留了上述修复与风险管控设施以及地下水监测井，后期将定期开展采样监测工作，确保地下水中的污染物浓度不反弹。如出现地下水中污染物浓度的反弹，则将重启拦截沟、MPE 及 SVE 设施。

**专家点评**

案例属于在役加油站污染场地的综合修复与风险管控的情形。项目采用修复与风险管控相结合的方式，防止污染地下水向界外迁移，同时逐步实现污染修复；采用土壤气相抽提（SVE）技术控制污染土壤气体的扩散并修复土壤污染。项目设置了监测方案，制定了污染物浓度反弹的对策。该案例对于在役加油站地块修复治理、风险管控措施和后期管理具有较好的参考价值。

## 7.10.12　天津某香料油墨厂地块风险管控案例

（1）场地概况

天津市某香料油墨厂地块占地约 47.19 亩。场地历史上先后涉及某香料厂、某油墨股份有限公司两家企业。香料厂存在于 1959—1992 年，其间主要生产二甲苯麝香、葵子麝香和酮麝香等产品；油墨股份有限公司存在于 1998—2004 年，其间主要生产胶印油墨。根据目前掌握的场地利用规划，本场地主要功能为绿地公园，北侧作道路，如图 7.10.12-1 所示。

场地岩性分布向下依次为杂填土层、素填土层、粉质黏土层、粉砂层、粉质黏土层。

（2）污染特征

该地块土壤和地下水受到污染，地块内臭气浓度超标，主要污染物为石油烃、单环芳烃及麝香类等污染物。

图 7.10.12-1　场地平面图

该场地土壤常规关注污染物污染最深至地下 10 m，其中苯的最大污染含量为 1.2 mg/kg，乙苯的最大污染含量为 1 490 mg/kg，间&对-二甲苯的最大污染含量为 3 670 mg/kg，脂肪类石油烃（$C_{12}$-$C_{16}$）的最大污染含量为 9 230 mg/kg，芳香类石油烃（$C_8$-$C_{10}$）的最大污染含量为 3 710 mg/kg，脂肪类石油烃（$C_{12}$–$C_{16}$）的最大污染含量为 1 160 mg/kg，芳香类石油烃（$C_{21}$–$C_{35}$）的最大污染含量为 3 010 mg/kg；非常规化合物中麝香类化合物污染基本覆盖整个场地，检出点位的深度最深至地下 19 m，麝香类污染物中代表性污染物二甲苯麝香最大污染含量高达 3 149 mg/kg。

该场地地下水常规污染的关注污染物为乙苯，最大污染深度为 18 m，最大污染浓度为 52 400 μg/L；非常规麝香类污染和土壤检出结果基本一致，非常规污染物中高浓度污染物 2,3-二氢-1,1,3-三甲基最大污染浓度为 10 500 μg/L。同时，在 5～10 m 水层发现黑色 LNAPL。

（3）修复目标

项目总体修复目标为地块满足绿地公园建设要求；确保地块内空气特征污染物达标，管控污染风险；地块污染风险达到可接受水平，致癌风险＜$10^{-6}$，非致癌风险＜1。

（4）修复活动

该项目土壤/地下水修复采用“污染源处理与工程控制修复相结合，同时配套制度控制”的总体修复策略。即浅层污染土壤/第一层地下水（0～4.6 m）采用源处理技术，深层污染土壤/地下水（4.6～19 m）采用污染源修复技术与切断暴露途径的工程阻隔控制技术相结合的长期管控修复技术，辅以制度控制。

修复工程分两期开展，第一阶段于 2018—2021 年开展，主要为浅层 16 万 $m^3$ 污染土壤清挖外运异位修复、回填、阻隔措施、管控设施施工，以及深层污染土壤及地下水（局部含 NAPL）控制修复，主要采用原位化学氧化（ISCO）技术+垂直/水平阻隔控制系统、地下水曝气（AS）与气相抽提系统、抽出—处理系统。垂直阻隔三轴搅拌桩及水平阻隔层施工见图 7.10.12-2 和图 7.10.12-3。

图 7.10.12-2　垂直阻隔三轴搅拌桩施工

图 7.10.12-3　水平阻隔层施工

第二阶段于2020—2030年开展，深层污染土壤拟通过地下水曝气（AS）与气相抽提（SVE）联用、抽出-处理（P&T）、阻隔技术进行长期控制修复。SVE+AS组合工艺如图7.10.12-4所示。

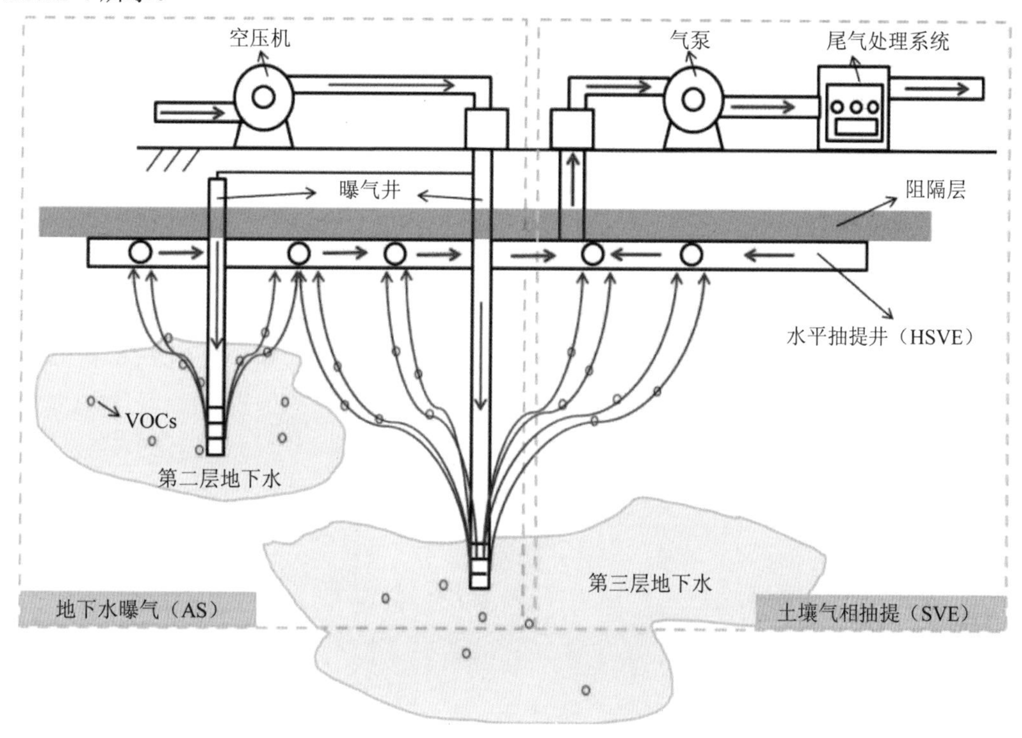


图7.10.12-4 SVE+AS组合工艺示意图

（5）修复/风险管控效果

止水帷幕与水平阻隔系统施工结束后，通过水平阻控收集系统（HSVE系统及AS曝气系统）、地下水抽出处理系统，对场地深层污染物进行为期十年的风险管控，其间定期对大气、地下水污染情况进行监测。管控期中，为方便观测污染物迁移情况，根据现场水文地质条件，在修复范围外地下水上下游布设采样点，后期开展定期采样；管控结束后，确保地块污染风险达到可接受水平，即致癌风险$<10^{-6}$，非致癌风险$<1$。

**专家点评**

该案例地块规划为非敏感利用方式（绿地和道路），土壤/地下水修复采用的总体修复策略为“污染源处理与工程控制修复相结合，同时配套制度控制”，符合地块实际情况，经济技术可行性较强，对我国同类型的污染地块的风险管控和修复具有较好的借鉴意义。